湍流新理论及其应用

翟庆良 著

北 京
冶 金 工 业 出 版 社
2009

内 容 提 要

本书主要介绍了边层流、湍流形成机理与湍流运动、湍流运动基本方程组、有压管道湍流运动、矩形明渠湍流、平板近壁流、不可压缩流体管道进口段、可压缩湍流管道流动和定常湍流边界层等内容。

本书适合于从事湍（紊）流科研的工作者阅读，也可作为本科和研究生的教学用书，同时对从事冶金、化工、水利专业的工程技术人员也有参考价值。

图书在版编目(CIP)数据

湍流新理论及其应用/翟庆良著. —北京：冶金工业出版社，2009.7

ISBN 978-7-5024-4940-7

Ⅰ.湍…　Ⅱ.翟…　Ⅲ.湍流—研究　Ⅳ.O357

中国版本图书馆 CIP 数据核字（2009）第 109089 号

出 版 人　曹胜利
地　　址　北京北河沿大街嵩祝院北巷 39 号，邮编 100009
电　　话　(010)64027926　电子信箱　postmaster@cnmip.com.cn
责任编辑　钱文涛　美术编辑　李　新　版式设计　张　青　孙跃红
责任校对　王永欣　责任印制　牛晓波
ISBN 978-7-5024-4940-7
北京印刷一厂印刷；冶金工业出版社发行；各地新华书店经销
2009 年 7 月第 1 版，2009 年 7 月第 1 次印刷
787mm×1092mm　1/16；14.5 印张；350 千字；220 页；1-1500 册
55.00 元

冶金工业出版社发行部　电话：(010)64044283　传真：(010)64027893
冶金书店　地址：北京东四西大街 46 号(100711)　电话：(010)65289081
（本书如有印装质量问题，本社发行部负责退换）

前　言

许多科学和工程问题，无论理论流体力学、工程流体力学、冶金传输原理，还是传热学、传质学等，都会涉及湍流问题，传统采用时均值处理的方法，其实质是掩盖了湍流问题的本质，尤其是普朗特混合长理论用微观分子运动方法来处理宏观湍流问题则显然是不合理的。

本书作者于1957年毕业于大连工学院（现大连理工大学）水利系，从事大学本科及研究生“流体力学”及相关专业教学与科研工作43年。本书是作者多年坚持不懈地思索教学与科研中存在问题建立起的一种解决湍流问题可行的模型和思维方法，从而形成系统的湍流理论，并建立了相应的数学方程。本书写作始于2001年，至2008年9月定稿。目前因作者已离休，无力完成对理论的验证。作者真诚地希望有条件的同仁对书中提出的湍流理论与方程给予实验并验证，对这些理论与公式提出建设性意见或争论，共同为湍流科学发展做出贡献。

本书提出的边层流概念，解决了涡旋产生地带并确定其位置的问题；所提出的湍流形成机理，可较好地描述层流转变为湍流的过程，阐明在湍流区存在着涡旋微团与无旋转的平移微团运动形成的同介质多相流流场；并指出脉动速度与脉动压力只是现象，而不是湍流的本质。

解决湍流问题的关键是如何建立湍流微分方程从而找到湍流场内的速度分布。本书引入建立多相流微分方程的办法，运用系统与控制体相结合，建立不可压缩流体第一输运公式与可压缩流体第二输运公式，并利用它们导出湍流场内运动的微分方程组。

本书结合具体问题，将有因次方程变成无因次方程。依无因次边界条件暂选含有待定参数的速度分布，将其代入无因次方程中，解出待定参数，一般是通解，再将其加上两个系数，并利用进出口条件，确定它们，最后获得满足各方面条件的速度分布，从而得到流体力学中非线性偏微分方程的解。

对于数学问题，总是要先确定定义域；而在流体运动的流场中，管道与渠道进口段或是边界层问题等均存在着理想流体区域和实际流体区域，须用不同的微分方程求解。因此首先要确定定义域范围，也就是确定理想流体与实际流体运动区域的分界线。本书结合流体运动特点，讲述了确定定义域的方法。

本书对工程湍流问题分析已深入到速度场、涡旋运动速度及其大小、涡旋总量，即涡旋体积分数的计算，这些问题是研究多相流、传热、传质、燃烧等问题的理论基础。

本书作者多年从事大学本科生及研究生流体力学的教学及其科研工作，主讲“理论流体力学”、“工程流体力学”、“冶金传输原理”，内容涉及流体力学、传热学和传质学等方面内容，并在湍流问题和“多相流”的科研方面发表过论文三十余篇，其中三篇入选国际会议，多篇入选“多相流体力学”等全国性会议的论文集。

本书适合于从事湍(紊)流科研工作者阅读，也可作为本科生和研究生的教学用书，同时对从事冶金、化工、水利专业的工程技术人员也有一定的参考价值。本书的读者应具备高等数学及一般工程流体力学的基础。

由于作者的水平所限，书中不妥之处，敬请读者指出。

作 者

2009 年 2 月 1 日

于沈阳

目　　录

1 边 层 流

1.1 边层流区与层外流区的提出

在分析层流充分发展管段断面速度分布时可知，其断面流过的流体平均速度为 v_0。由于流体存在着黏性，紧贴壁面的流体微团受到壁面的摩擦切力作用，故微团平移动能全部转化为旋转动能，其转向依主流方向而成顺时针旋转。先转动起来的微团，又带动相邻的微团成逆时针方向转动，这样各微团之间形成类似主动轮与被动轮的关系，主动轮转向为顺时针方向，被动轮转向为逆时针方向，主动轮与被动轮直径、转速近似相等，而转向相反，这样，在紧贴壁面就呈现出原地转动的一层流体，如图 1-1-1 所示。

由于紧贴壁面的相邻两微团原地转动且方向相反，造成流经它们表面的流体微团不能转动；但因为它们只原地转动，也会对来流产生阻力作用，使来流平移速度降低很多，形成一层只有平移运动的流层，如图 1-1-1 上平行线所示，称为微团平移层。微团平移层速度很小，因而对经过它表面速度大的流体微团也产生阻力，此力仍然以剪力方式作用，故使平移运动来流的部分动能转变为旋转动能，形成既有平移又有旋转运动的流层。依此类推，出现如图 1-1-1 所示的单一平移及平移与旋转流层相间的流谱。这样，流区厚度可以通过断面平均速度 v_0 与断面速度分布曲线交点 c 确定，如图 1-1-2 所示，过 c 点作平行于壁面的直线，其线下则是此流区范围，称之为边层流区。该区域内的流体为边层流。

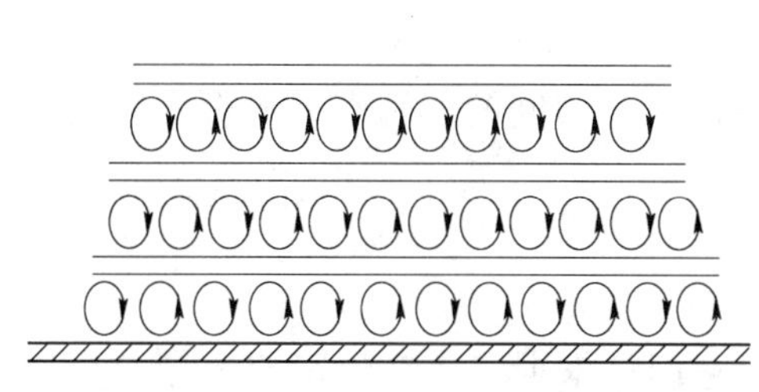

图 1-1-1　边层流内微团运动示意图

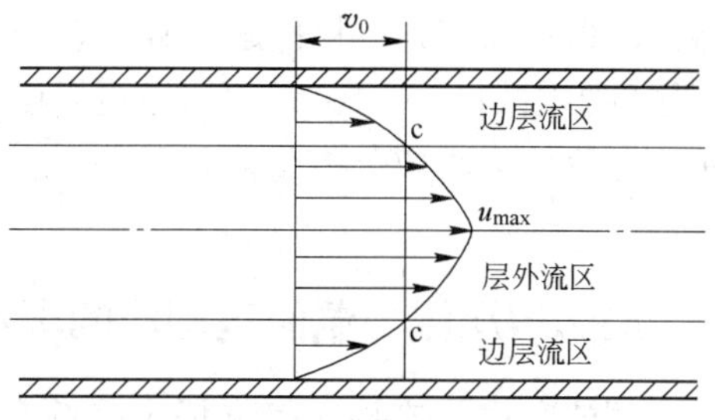

图 1-1-2　边层流区与层外流区示意图

边层流区中各层流体微团成层状运动，各层流体微团互不混杂。边层流区之外的流区称之为层外流区。

根据质量守恒原则，通过管道各断面流量应为常量，而边层流区的速度均小于平均速度 v_0，为保证断面流量不变，必须加大层外流区的流速。流体微团旋转速度不能反映流量，所以只能加大层外流区流体微团的平移速度，由此根据质量守恒原则在建立数学模型时，设层外流区流体微团只具有平移速度而无旋转速度，这也就是层外流区的流谱的特点。

能量守恒原则，过去在管道流动中应用过，为保持能量守恒，一切能量损失由压力下降来提供；在能量互相转化时，压能可以转化为位能，也可以转化为动能，如文德利水表就是根据压能转化为动能的原理制造的。

现在遇到的问题是壁面对开始就具有断面平均速度 v_0 的微团施以剪切力作用，使它变成原地旋转涡旋而失去平移速度。一个物体的动能应该包括平移与转动两个方面，而且两者之间可以互相转化。这当然可以理解为在平移动能全部转化为旋转动能的过程中，能量损耗由压力损失来提供。而旋转动能不能反映流量，这样造成断面上流量减少。可是根据流量守恒定律，沿流程各断面上流量必须相等，由此引起管中心处的速度增加到 $u_{max} = 2v_0$，以保持流量不变。那么管中心增加的速度 v_0 从何而来呢？由于压能可以直接转化为平移动能，所以增加的速度是由压力下降转化而来。

通过以上分析，压能不仅在沿程断面变化时转化为平移动能，而且在同一个断面上，也会间接地转化为旋转动能。

综上所述，层流边层流区中平移与平移兼有旋转运动流层相间存在，各层之间流体微团互不混杂。层外流区为平移运动流层，各平移流层的微团互不混杂，即层外流区的所有流体微团只有平移运动而无旋转运动。

谈到这里，读者可能要问，有没有湍流边层流问题与湍流层外流问题。回答是有，但本章暂不详述，只有讲完第 2 章湍流形成机理后，才能回答这个问题。

1.2　边界层与边层流、层外流的区别

边界层与边层流、层外流在应用领域上有所不同，具体区别如下：

边界层是将流场划分为理想流体与实际流体，以便分别应用理想流体与实际流体运动微分方程来研究它们。

但边界层仅应用于绕流物体与潜体运动的问题。它不能应用于明渠和管道流动。

而边层流、层外流可以应用于任何流场，也就是说，所有流场均存在着边层流区与层外流区。即使研究边界层问题也存在着边层流区与层外流区，只不过在研究边界层内的边层流区的界限划分上，又必须依靠边界层方法解决实际流体与理想流体的分区问题，然后应用实际流体运动微分方程解决边界层内各断面速度分布问题，否则无法得出边层流的范围。

1.3　层流边层流与湍流边层流的理论作用

边层流和层外流是任何流场中客观存在的，它们是根据三大守恒定律推导分析出来的，为今后流体运动研究提供了方便。

层流边层流为层流转化湍流的机理分析提供依据；湍流边层流为建立湍流运动微分方程提供了可能性，并为传热传质、多相流理论分析提供了理论基础。

1.4　层流边层流

流场不同，划分边层流范围和方法也有所差异。现分别对有压管道进口段、平板边界层和明渠三种流场加以讨论。

1.4.1　层流边层流的形成

无论哪种流体流动情况，均有进口段流层形成问题，但其形成过程和机理都是一样

的。现以平板层流边界层成因为例进行说明。

层流平板边界层成因可以认为，由于速度为 u_0 的来流，具有动力黏度 μ，使它受到壁面对它的剪力作用，流体微团由平移运动转变为原地旋转运动。由于流体是由微团组成，旋转为顺时针，必然影响相邻的微团朝逆时针方向旋转，结果壁面上出现方向相反、相间微团旋转层的原地运动，如图 1-4-1 所示。

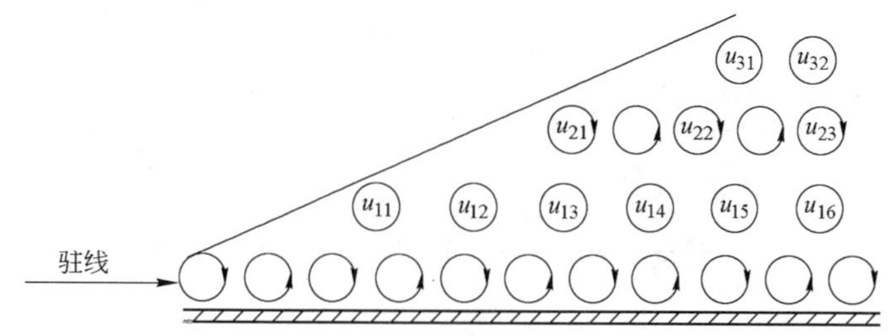

图 1-4-1 边界层形成机理示意图

来流微团正对就地旋转层时，形成驻线。当紧贴驻线上层的来流微团流经几个原地旋转微团并受其阻力影响后，开始明显减速，所以 $u_{11} < u_0$。来流微团以 u_{11} 前进，继续累积式地受到壁面上原地旋转微团的阻力作用，使来流微团速度连续地下降，则 $u_{11} > u_{12}$，结果形成一层只有平移运动的微团，而且速度很低。为什么微团不旋转呢，如图 1-4-2 所示，壁面上原地旋转的相邻微团，转向相反，使得对上层流体微团不能显示转动作用；又因为壁面上原地旋转微团没有平移速度，对其上层平移运动的来流虽然起阻力作用，但因原地旋转微团是流体，而不是壁面，形成阻力小些，结果使其上形成一层只有很低平移速度的流层。

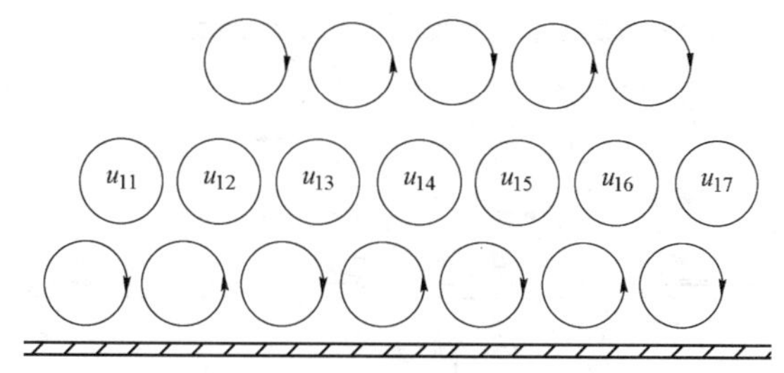

图 1-4-2 平移层形成原因示意图

只有平移运动流体微团构成的流层，其速度低于其上层来流速度，因而对其上层流体起着切力作用，由于是运动着的流体，其切力比壁面对流体的作用小些，结果使来流产生旋转，但不能使其失去全部平移速度，所以出现一层既有平移又有旋转的流层。

根据板长不同，依照上述推论，可以得到相应的不同层数的平移流层与平移兼旋转流层相间的边界层。

1.4.2 层流边层流的划分

1.4.2.1 *层流平板边界层*

本书所谈流动为定常流，而且是不可压缩流体。平板边界层为理想流体，其速度均

为 u_0。

假设已知层流边界层厚度变化表达式以及层内速度分布函数，并依此将它们绘于图1-4-3。由此计算出沿板长不同断面上层内的平均流速 v_{01}、v_{02} 等，它们各自与所在断面速度分布曲线有一交点，如 b、c 等，连接 a、b、c 等点，得一曲线 abc，其线下就是边层流区，其外就是层外流区。

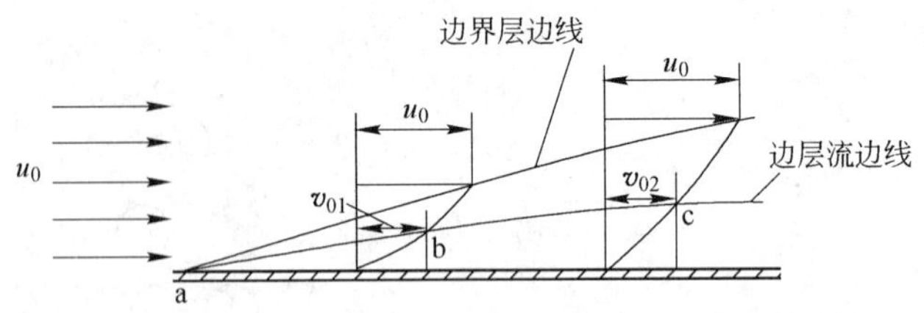

图 1-4-3 层流平板边界层内边层流区示意图

1.4.2.2 有压圆管层流进口段

讨论仍限定为不可压缩流体定常流运动。理想流体与实际流体分界线以及实际流体区速度分布规律，将在第 7 章确定，根据它们，可以在相应条件下绘出理想流体与实际流体运动分界线，以及各断面的实际流体区的速度分布。管道流动特点是流量沿流程各断面保持不变，断面平均速度与各断面速度分布各有交点，将这些交点连成曲线，即曲线 abcd，其下则为边层流区，如图 1-4-4 所示，其外为层外流区。层外流区又分为实际流体区与理想流体区，边层流区边线与理想流体、实际流体的分界线之间为实际流体层外流区；理想流体与实际流体分界线之外为理想流体层外流区。

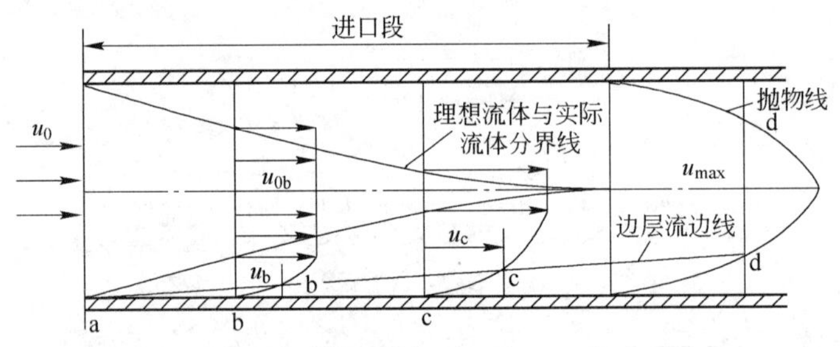

图 1-4-4 层流管道进口段边层流区示意图

1.4.2.3 明渠层流充分发展段

壁面对流体运动影响是有限的，从边界层理论足以说明这一点。但明渠又与边界层流不同，它有自由面，按此特点明渠又有低水位与高水位之分。低水位时，壁底影响可以到达自由水面，高水位时，壁底对流体运动影响不能到达水面。

明渠在工程上可按断面形状分为矩形和梯形等，关于不同断面上的速度分布均在第 5 章讨论，这里仅仅作定性的描述，用以说明边层流区划定方法。

明渠特点为有自由面，水深一定，流量一定。绘出断面速度分布，过断面平均速度与其交点作一平行于水面的直线，如图 1-4-5 所示，该线以下为边层流区，其外为层外流区。

高水位与低水位明渠有所不同，在高水位时，首先要确定渠底对流体运动的影响范

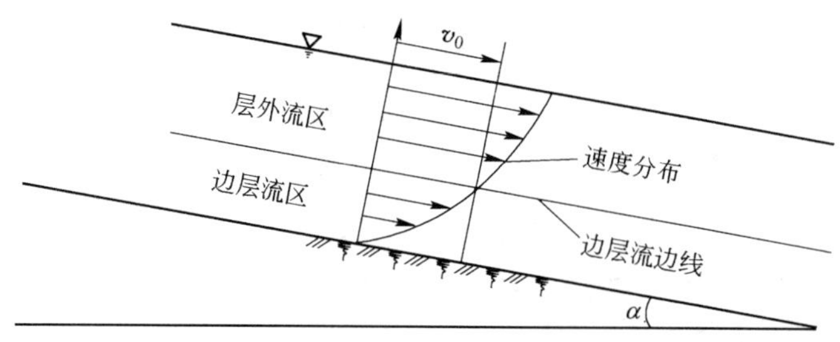

图 1-4-5 层流低水位明渠边层流区划分示意图

围。这个范围可以通过求解进口段边界层曲线而得到。这里仅作定性分析。

高水位明渠边层流区划定方法如图 1-4-6 所示。

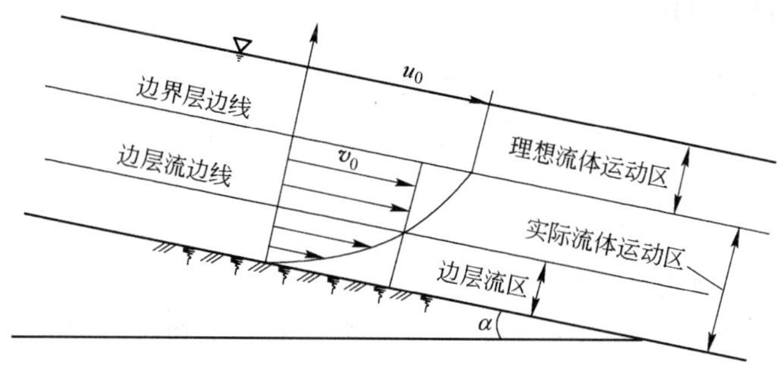

图 1-4-6 层流高水位明渠边层流区划分示意图

高水位明渠边层流特点是层外流区分为两区：一区是边层流边线与边界层边线之间的实际流体区；另一区是边界层边线与自由水面之间的区域，这个区是理想流体区域。

1.5 湍流边层流

1.5.1 湍流边层流的定义

以上谈的均为层流边层流问题，同样也有湍流边层流问题。湍流边层流是在层流转化为湍流后出现的，要把这个问题彻底弄清楚，须研究完第 2 章湍流形成机理后才能深入理解。现仅仅定性地讲述其与层流边层流的区别。

湍流边层流是指在湍流的流场情况下近壁存在的边层流区，其“边”是指近壁，其“层”是指流体微团运动是成层状，各层间的流体微团互不混杂。湍流边层流厚度随湍流强度增加而变薄。无论怎么薄，至少存在三层，如图 1-5-1 所示，即紧贴壁面的原地旋转层，其相邻两个微团转向相反；贴于其上的平移流层，其流体微团只有平移运动；此层之上是平移兼旋转流层，该层微团既有平移运动又有旋转运动，相邻流体微团的旋转方向也相反。凡是顺时针转向的为主动微团，逆时针转动的为被动微团，但它们的直径和转速相等。所有微团运动，无论有否旋转，均在所在流层中运动，没有互相混杂的现象。从这个意义来讲，边层流是属于层流性质。

湍流边层流区之外，也有层外流区，它与层流时层外流区有本质的差别。根据湍流的相应强度，有相应的具有垂直于主流方向分速度的涡旋微团，从边层流边界上不断地进入

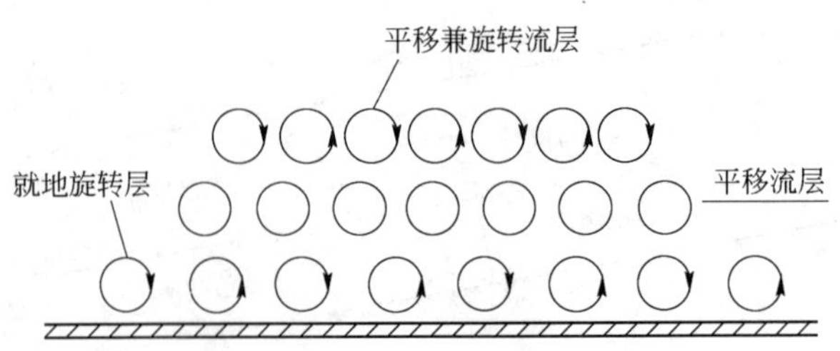

图 1-5-1　湍流边层流流层最薄时运动情况示意图

到层外流区，形成分散相，而原来的只有平移运动的微团为连续相。这样湍流层外流区就形成类似于多相流的情况。

1.5.2　湍流边层流的划分

湍流边层流区的划定步骤与层流边层流区划分一样。只是由于湍流断面速度分布比层流时均匀得多，平均速度 v_0 与最大速度相比之差要小得多，由此得出湍流边层流区的流层厚度就薄得多。

现分几种情况，介绍如下。

1.5.2.1　*有压湍流充分发展管段*

有压湍流充分发展管段边层流划分仍然先根据断面上速度分布与断面平均速度的交点，过该点绘平行于管壁的直线，线下即为边层流区，如图 1-5-2 所示。

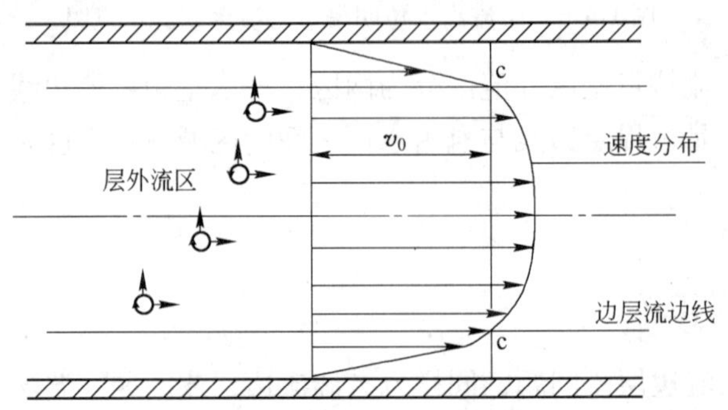

图 1-5-2　充分发展湍流管段边层流划分示意图

1.5.2.2　*明渠*

明渠分为水浅与水深两种情况，这样分是因为壁底对湍流影响是有一定范围的。水浅时边层流（如图 1-5-3 所示）产生的涡旋可以斜冲到自由水面，而水深时则不能达到水面，而是经过一段距离就消失了。

水深时，层外流区分为两部分：一部分为实际流体区，另一部分为理想流体区。而涡旋运动不能进入理想流体区，如图 1-5-4 所示。

1.5.2.3　*平板*

湍流平板前缘总是存在一段层流区，所谓湍流平板是指能成为湍流的部分。

湍流平板的特点之一是没有固定流量的限制。平板各断面的速度分布是各不相同的，因此必须按各断面速度分布计算出流量，然后求其平均速度 v_{01}、v_{02}、v_{03} 等。将各

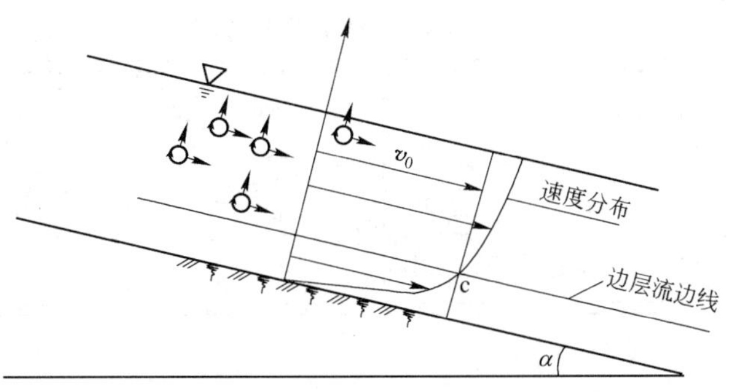

图 1-5-3 湍流低水位明渠边层流区划分示意图

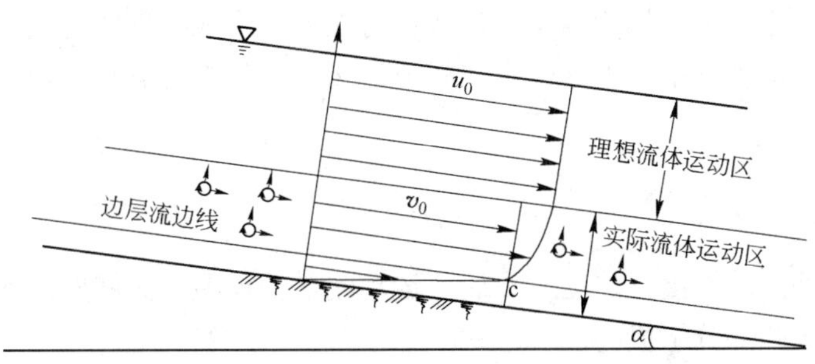

图 1-5-4 湍流高水位明渠边层流区划分示意图

断面平均速度与各自的断面速度分布交点连成曲线，如图 1-5-5 所示的曲线 abcd，曲线以下为边层流区，其外则为层外流区。层外流区又分为实际流体层外流区与理想流体层外流区。而边层流区界面产生的涡旋，只能在实际流体中运动，根本冲不到理想流体区。

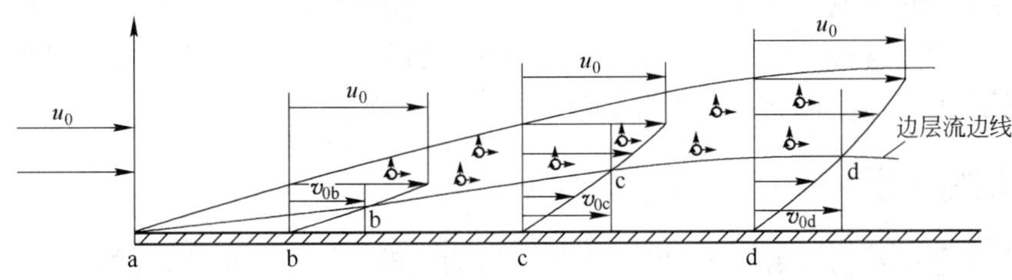

图 1-5-5 湍流平板边界层中边层流区划分示意图

1.5.2.4 有压湍流管道进口段

管道流动的特点是沿管道各断面流量不变。只要绘出进口段各断面速度分布，将其与各自断面平均速度的交点连成曲线，如图 1-5-6 中曲线 abcd，该曲线以下为边层流区，其外为层外流区。层外流区Ⅰ为实际流体区，层外流区Ⅱ为理想流体区。涡旋微团在边层流界面上间歇地产生后，斜冲入层外流区Ⅰ，在它运动到理想流体与实际流体分界面处时，因其存在条件速度梯度消失，涡旋微团也消失，实际是将旋转动能在外界条件改变下，逐渐转化为平移动能。

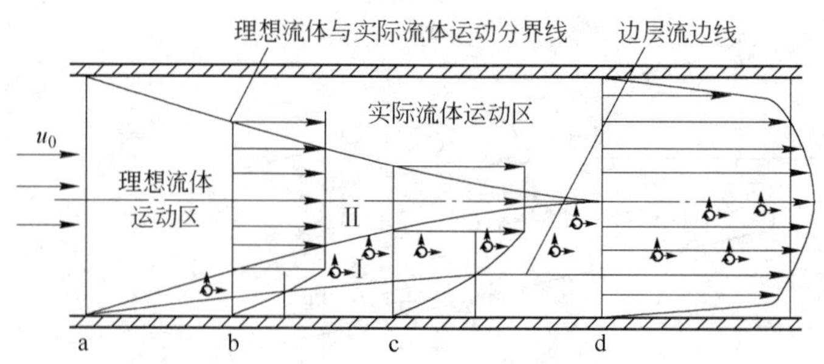

图1-5-6　有压管道湍流进口段边层流区示意图

以上所述中，凡是涉及到理想流体与实际流体分界线和速度分布的问题，将在以后各有关章节中分别讨论；关于涡旋运动的形成，将在湍流形成机理的有关章节中加以讨论。

边层流是运用物理学中三大守恒定律对流体运动进行综合分析得出的，因此它的理论基础稳固。

1.6　概念梳理

边层流与层外流的提出，建立起了层流运动流谱的模型。其间的层流运动实际是由边层流区与层外流区两部分组成的。

边层流区是微团平移流层与微团平移兼旋转流层相间存在的流层，两相邻的旋转微团，转向相反、转速相同，微团直径大小一样。

层外流区，微团成层的只有平移运动。该区虽有速度分布，存在速度梯度，但不能产生涡旋运动。

湍流流场也有边层流与层外流两区域。不过湍流边层流区厚度比层流时薄得多，而且其层数也随湍流强度加大而变少，但最少也存在着三层。

边层流界面间歇地产生具有垂直于主流方向分速度的涡旋，不断地输送到层外流区。

层外流区除只具有平移运动微团外，还有相当数量运动涡旋，而它们又是根据边界条件的变化而消失，即旋转动能转化为平移动能。

1.7　连续性问题

流体本身存在着动力黏度μ，它使得流体运动呈现连续性。由于流体具有连续性，才可以用数学中的连续函数作为工具来描述流体运动要素变化规律。

流体是连续介质，是由它本身物性所决定的，而不是假设。由于宏观研究流体运动的需要，假设组成它的最小单元是质点，各质点之间无空隙地紧密相连，一个质点动，相邻的质点也跟着动。每个质点都有自己的运动要素，如压力、速度等。

流体运动客观上有变形、旋转等现象，为了描述它们，采用比质点大得多的流体微团作为研究对象。微团是由若干个流体质点所组成，其中各质点可有不同的速度，使整个微团出现变形、旋转与整体平移等现象。根据具体情况的不同，微团可以只有平移，或只有旋转，或兼有之。

无论是质点还是微团，它们在流体运动中都是紧密相邻而无缝隙的。

边层流概念提出并不影响连续性。现以管道层流运动为例具体分析一下。研究断面上速度分布的连续性，是以平移速度为对象的。壁面上，原地旋转微团，平移速度为零，与其上相邻的流层，则具有较低的平移速度，其值不为零，但接近为零，没有突变问题；在平移流层之上，是一层既有平移又有旋转的流体微团，而我们只研究平移速度，该速度大于其下层的平移速度，并逐渐变化，依此类推，层流管道断面速度分布是连续变化的，可以用连续函数描述它。

湍流管道边层流与层外流提出也不会对断面速度分布连续性产生影响。从平移速度角度来看，湍流边层流与层流边层流一样，只是其厚度薄而已，速度分布仍然呈连续性。

层外流就不同了，由于从边层流界面上间歇地产生相当数量涡旋微团斜冲进来，扰乱原来成层的平行流层而成为湍流。涡旋微团有沿主流方向的平移速度，但其值较小，它也有垂直于主流方向的速度和旋转速度。

涡旋微团旋转不能反映流量，只有它平行于主流方向的分速度才能体现流量，但这一分速度比周围的只有平移运动的微团速度低。因此，管道湍流时，断面速度分布如图 1-7-1 所示，说明断面速度分布已呈现不连续分布的规律，无法用数学函数来描述它，但速度分布仍是湍流特征的重要标志。

湍流本身或与湍流有关联的学科均重视的问题是湍流边层流界面上，在相应的湍流度下产生多少数量的涡旋，其直径多大，速度如何。要解决这些问题，关键是要知道边层流界面上速度梯度。要得到速度梯度，就必须使一个断面速度连续地分布，如图 1-7-2 所示，并使这个断面速度分布计算出的流量与图 1-7-1 所示速度分布算得的流量相等。

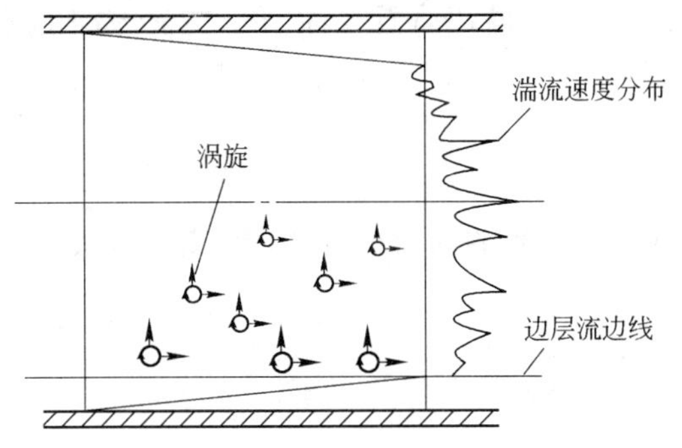

图 1-7-1 湍流管道速度分布示意图

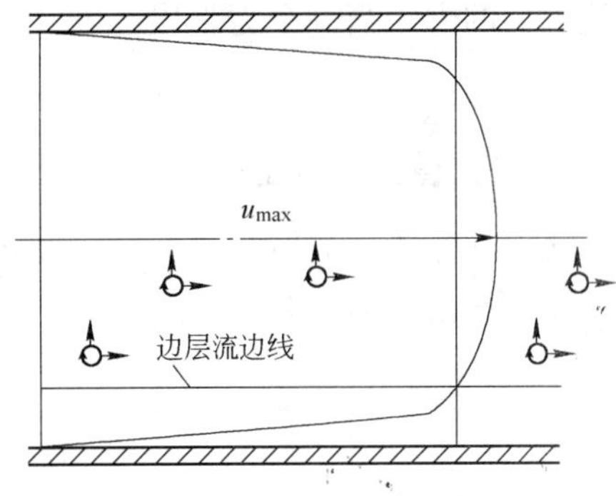

图 1-7-2 湍流管道速度分布模化示意图

由于已知湍流边层流内速度分布满足连续性，既然这个层的边界层界面产生涡旋，就设想有一个对应产生此涡旋的速度梯度。据此，建立起微分方程，并解出管道断面速度分布，就是图 1-7-2 所示的图形。

本章所谈问题，是后续章节研究问题的出发点，也是以后各章研究分析问题的基础。

2　湍流形成机理与湍流运动

2.1　概述

本章以第 1 章提出的边层流概念为出发点，分析湍流形成机理与湍流运动特点。由于外界条件与边界条件的不同，其湍流形成机理与湍流状态的特征也有所差异。因此，须对有压管道流动充分发展段、管道流动进口段、平板边界流动和明渠流动几种情况分别地加以讨论。

本书讨论问题是基于流体力学中有关概念、公式和定理进行的；因此要用到物理学中一些力学定律，并结合具体边界条件，综合地进行分析与讨论。

2.2　层流转变为湍流过程

由流体力学雷诺实验可知，当沿管道中运动的红色流线破碎时，说明整个管道已形成湍流。这表明流动中出现的微团，除有沿主流方向运动的分速度外，还有垂直于主流方向运动的分速度。这个微团是怎么产生的？以力学的观点来分析，这个微团一定受到垂直于主流方向的力，当这个力足以克服微团的惯性力时，它就出现这个垂直于主流方向的分速度。

2.2.1　有压管道充分发展段

管道壁面无论如何光滑，总是有相对的高低不平，有的壁面本身就存在着高度大小不同的粗糙分布，如图 2-2-1 所示。

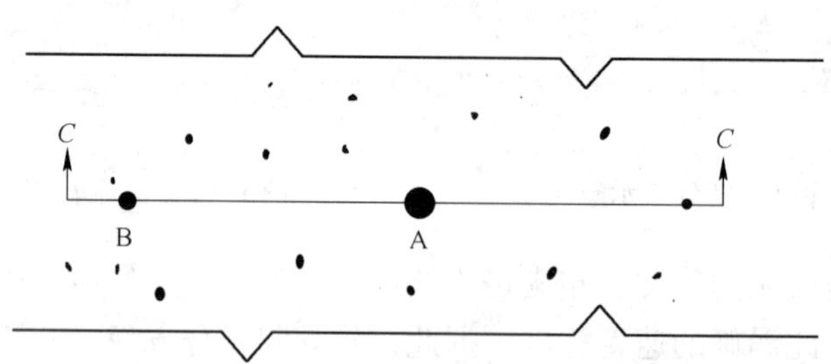

图 2-2-1　管内壁粗糙分布示意图

将图 2-2-1 作 $C—C$ 剖面，示于图 2-2-2 上，可以看清边层流内流体微团经过大小不同粗糙流谱的情况。为便于说明，将粗糙 A 处流动放大，并标出受力情况，如图 2-2-3 所示。

边层流中，紧贴壁面的一层是原地旋转微团，两相邻微团转向相反。顺时针转的微团为主动微团，逆时针转的微团为被动微团，它们转速相同，大小相同。紧贴这层之上的一

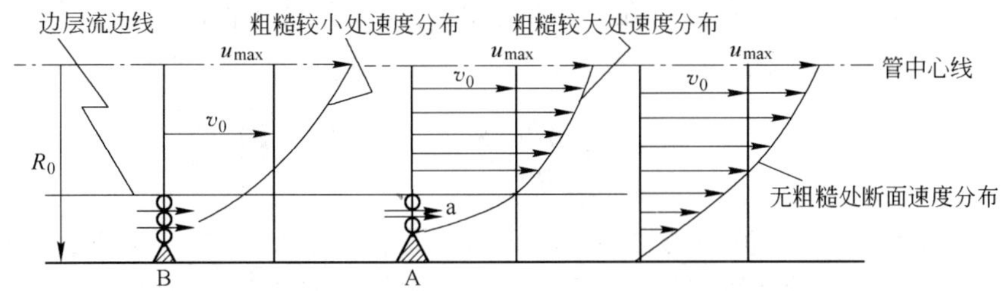

图 2-2-2 粗糙对速度分布影响示意图

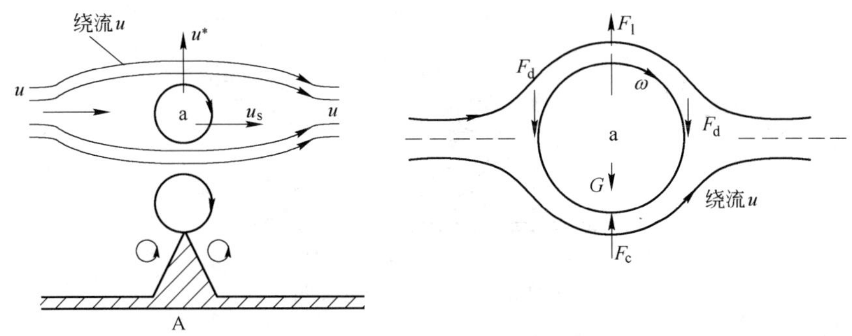

图 2-2-3 粗糙 A 顶部旋转微团 a 周围流动情况与受力分析示意图

层是速度很低的平移运动微团。在它之上的一层是既有旋转又有平移运动的微团层，同样，相邻的两个微团转向相反，转速一样，大小相同。所以造成其上一层流体微团没有转动速度，只有平移速度，其值比下层平移速度稍大。

当雷诺数加大后，断面平均速度 v_0 与断面速度分布均变化，其交点 c 也变化，变化结果使边层流厚度变薄。在某个雷诺数下，这个厚度恰好衔接壁面粗糙最高顶部，如图 2-2-2 的粗糙 A 处所示。为研究方便起见，将它取出放大，如图 2-2-3 所示。

粗糙 A 顶上数第三层，正好为边层流界面，微团 a 既有平移又有顺时针旋转。并且微团 a 周围有绕流，而上边流速高，下边流速低，由伯努利方程可知，上边压力小，下边压力大，所以有上下压力差。

由流体力学可知，在流体中一物体有旋转，周围有绕流，则这个物体一定受到升力作用。结合这里微团 a，其升力表达式可以写成如下形式：

$$F_l = \pi\rho(u - u_s)d_s^3\omega \tag{2-2-1}$$

式中，u 为微团绕流速度；u_s 为微团平移速度；d_s 为微团直径；ρ 为流体密度；ω 为微团旋转速度。

式（2-2-1）中微团旋转速度 ω 实际上由两部分组成，即

$$\omega = \omega_1 + \omega_2 \tag{2-2-2}$$

ω_1 是管道断面平均速度 v_0，在壁面引起的剪切力作用下，使其转变为旋转速度，其表达式为：

$$\omega_1 = \frac{1.58}{r_s}\sqrt{v_0^2 - u_s^2} \tag{2-2-3}$$

式中，r_s 为微团半径；u_s 为微团所在位置的速度。其计算对于管道而言，为式（2-2-4），如下：

$$u_s = \frac{\gamma h_f}{4\mu l}(R^2 - r^2) \tag{2-2-4}$$

式中，R 为管道半径；μ 为流体动力黏度；h_f 为管道沿程水头损失；γ 为流体重度。

式（2-2-4）中，r 的计算采用式（2-2-5），式中符号如图 2-2-4 所示。

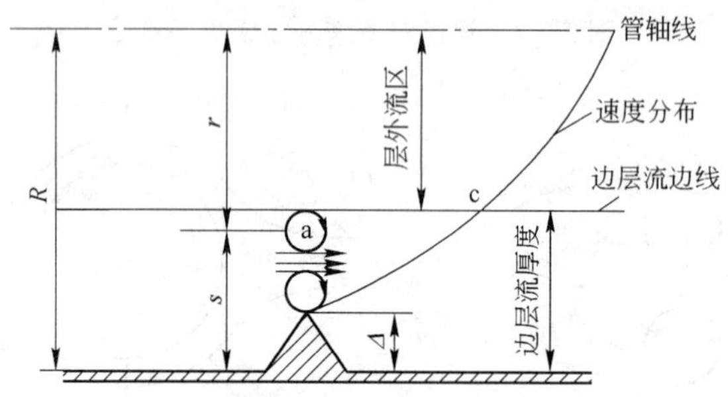

图 2-2-4　公式的符号说明

$$r = R - (\Delta + 5r_s) \tag{2-2-5}$$

图 2-2-4 中，s 用式（2-2-6）表示：

$$s = \Delta + 2.5d_s = \Delta + 5r_s \tag{2-2-6}$$

式中，Δ 为壁面粗糙 A 的高度；r_s 为流体旋转微团半径。

ω_2 为断面速度分布在旋转微团 a 处速度梯度所引起的旋转速度，对充分发展管道而言，它的计算公式为

$$\omega_2 = \frac{\gamma h_f r}{4\mu l} \tag{2-2-7}$$

由图 2-2-4 可以看出，粗糙 A 处使流线产生弯曲，使得流体微团 a 受到一个瞬时离心力作用，该离心力由下式计算：

$$F_c = \frac{mu_s^2}{\Delta + 5r_s} \tag{2-2-8}$$

式中，m 为流体微团质量。

综上所述，流体微团 a 受到升力、瞬时离心力以及向上的微弱压差作用，当这些力的合力足以克服微团本身的惯性力时，就会使微团产生垂直于主流方向的横向运动分速度，一旦微团运动，就会受到周围流体运动的阻力。由流体力学可知，运动物体阻力可分为三个区：一是斯托克斯区；二是阿连区；三是牛顿区。那么涡旋微团垂直于主流方向运动时，属于哪个区呢？通过推导的公式验证，只有运用牛顿区阻力公式，得到的结果才有物理意义。对于涡旋微团而言，其牛顿区阻力公式为：

$$F_d = 0.055\rho d_s^2 u_s^{*2} \tag{2-2-9}$$

式中，F_d 为涡旋微团受到的阻力；d_s 为涡旋微团直径；u_s^* 为涡旋微团垂直于主流方向的运动速度。

根据图 2-2-3 涡旋微团 a 受力分析，利用牛顿第二定律，建立其运动微分方程为：

$$\frac{\mathrm{d}u_s^*}{\mathrm{d}t} = 6(u - u_s)\omega - g - \frac{0.33}{d_s}u_s^{*2}$$

$$u_s^*\Big|_{t=0} = 0$$

令式中

$$6(u - u_s)\omega - g = k_1 \tag{2-2-10}$$

$$\frac{0.33}{d_s} = k_2 \tag{2-2-11}$$

解出

$$u_s^* = \frac{\sqrt{k_1}(\mathrm{e}^{2t\sqrt{k_1k_2}} - 1)}{\sqrt{k_2}(\mathrm{e}^{2t\sqrt{k_1k_2}} + 1)} \tag{2-2-12}$$

对涡旋横向运动速度的分析，当 $6(u-u_s)\omega$ 大于重力加速度 g 时，u_s^* 为零；即使两者相等，u_s^* 也是零，这从式（2-2-12）可以看到。

当 $t>0$ 时，ω 值比较大，使得升力大于重力，使微团冲出所在流层。一旦它离开所在流层，即离开边层流的界面后，其 ω 值只剩下 ω_2，而 ω_1 已经不存在，使得它的升力下降。而且由式（2-2-7）可以看出 ω_2 随着 r 值上升而变小，当 r 值为零时，ω_2 为零，即在管轴线上 ω_2 为零。

雷诺实验管径比较小，当流量达到某一个值，边层流界面上已经有横向运动的涡旋出现，不过它运动的距离小，是边层流附近的位置，但这部分流动已经破裂为湍流。当实验管中平均速度大到一定程度，在边层流界面上引起的升力足够大，大大超过重力，使垂直于主流方向运动的涡旋可以冲到管轴线，这时整个管道成为湍流。

在某一个流态下，边层流界面首先变成湍流的说明如图 2-2-5 所示。

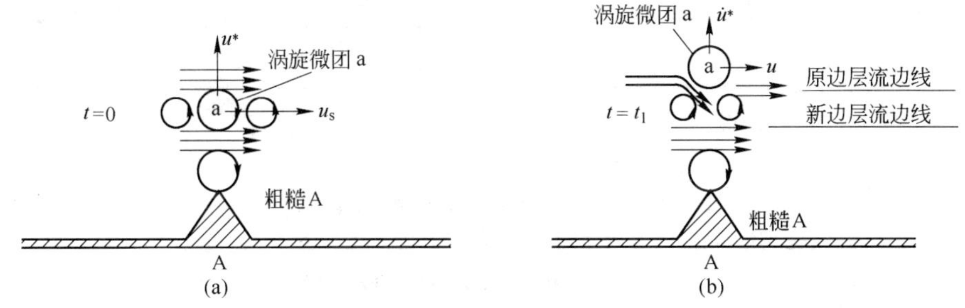

图 2-2-5　边层流界面首先变湍流说明示意图

（a）$t=0$；（b）$t>0$

当微团 a 向上运动，离开所在流层，就表明它冲断其顶部只有平移运动的流层，涡旋分为左右两部分，右边部分由于惯性作用继续向前方运动；而原微团所在位置左右两侧微团平移速度比较低，右边微团惯性向前，只有左边微团可以充填微团 a 离开后的空穴，但是它的速度比该层平移速度低，这样只有微团 a 冲断的平移流层左边的流体向下冲入空穴，如图 2-2-5（b）所示。

这种现象说明，边层流界面上方的平移流层中的微团，冲入边层流界面，使其失去原来成层运动现象，这一出一进表明各层之间有微团交换，边层流界面附近首先成为湍流区，使得边层流厚度变薄。

2.2.2　有压管道进口段

进口段的特点，是管中有一锥形理想流体运动区。层流是实际流体，因此层流变为湍流只有在实际流体的层流运动中进行，不会发展到理想流体区域。

进口段层流转变为湍流的机理与充分发展段层流转变为湍流是一样的。

2.2.3　明渠

明渠特点为有自由面，因而应分为水深与水浅两种情况分别讨论其层流转化为湍流问题。水浅时，湍流可以到达自由面；而水深时，湍流只有在距渠底、渠侧壁一定范围内出现。渠中间为理想流体，不会出现湍流。

层流矩形明渠边层流划分如图 2-2-6 所示。

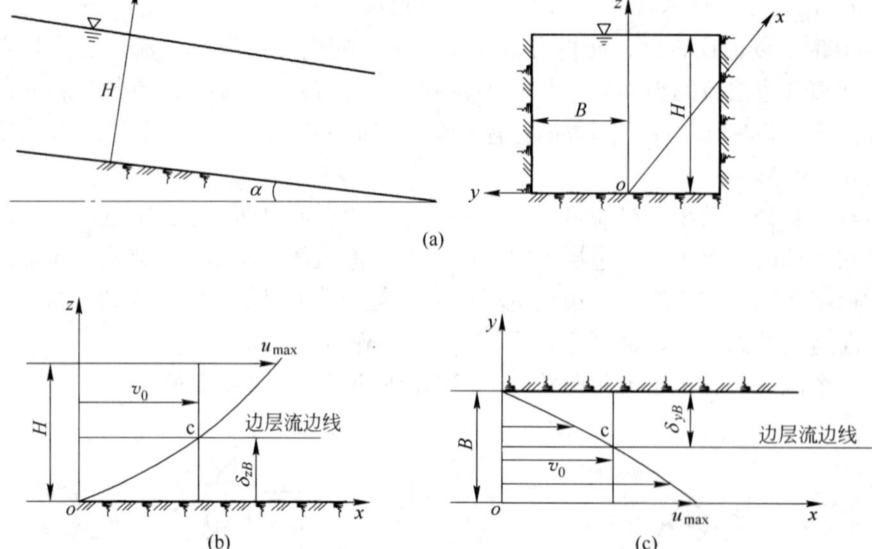

图 2-2-6　层流矩形明渠边层流划分示意图

（a）矩形明渠断面与坐标选定示意图；（b）$y=0$，xoz 平面边层流边线示意图；（c）$z=H$，xoy 平面边层流边线示意图

渠底边层流界面处，流经最高粗糙顶部时，顺时针旋转的微团在瞬时离心力帮助下，受升力作用，会产生横向运动，冲断其上部只有平移运动的流层；被冲断流层左边的微团，顺势充填刚斜向上运动的微团所留下的空穴。这就说明原边层流界线下移，原边层流上边一部分层流层被破坏，这就是湍流出现的特征。

涡旋微团运动速度，在 x 方向为 u_x，在 y 方向为 u_{szy}^*，其表达式为：

$$u_{szy}^* = \sqrt{\frac{6(u - u_{sy})\omega_y - g}{0.33/d_{sy}}} \tag{2-2-13}$$

式中，u_{szy}^* 为 ω_y 引起的涡旋微团穿过 xoy 平面的速度；u_{sy} 为 ω_y 引起的涡旋微团在 x 方向

的速度；d_{sy} 为 ω_y 引起的涡旋直径。

渠底边层流界面，在某一个流态下，产生涡旋垂直于主流方向运动如图 2-2-7 所示。

$$u_{sy} = \sqrt{u^2 - \frac{2}{5} r_{sy}^2 \omega_y^2} \tag{2-2-14}$$

渠侧壁边层流界面产生横向（y 方向）运动涡旋，如图 2-2-8 所示。在侧壁边层流界面上产生横向运动涡旋，其速度表达式为：

$$u_{syz}^* = \sqrt{\frac{6(u - u_{sz})\omega_z}{0.33/d_{sz}}} \tag{2-2-15}$$

$$u_{sz} = \sqrt{u^2 - \frac{2}{5} r_{sz}^2 \omega_z^2} \tag{2-2-16}$$

式中，u_{syz}^* 为 ω_z 引起的涡旋微团穿过 xoz 平面的速度；u_{sz} 为 ω_z 引起的涡旋微团在 x 方向速度；d_{sz} 为 ω_z 引起的涡旋微团直径。

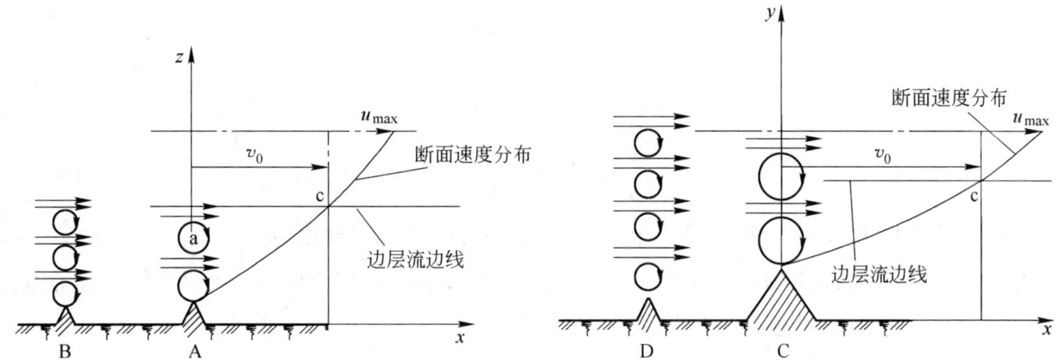

图 2-2-7 渠底边层流产生湍流示意图

图 2-2-8 明渠侧壁边层流界面产生涡旋示意图

2.2.4 平板边界层

层流平板边界层转变为湍流时，其特点是二维二元流动，其在 x 方向速度分布如图 2-2-9 所示。其在 y 方向速度分布如图 2-2-10 所示。

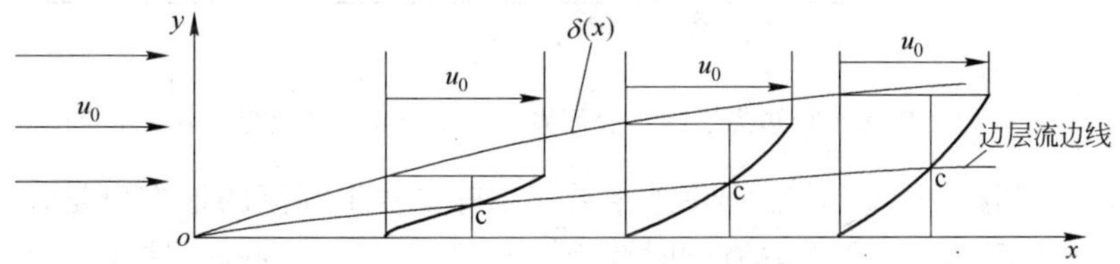

图 2-2-9 层流边界层内 u（x，y）分布示意图

层流平板边界层内涡旋旋转速度表达式为：

$$\omega_z = \frac{1}{2}\left(\frac{\partial v}{\partial x} - \frac{\partial u}{\partial y}\right) \tag{2-2-17}$$

x 方向上，涡旋 a 受到的升力分力为 F_{lx}，形成的分速度为：

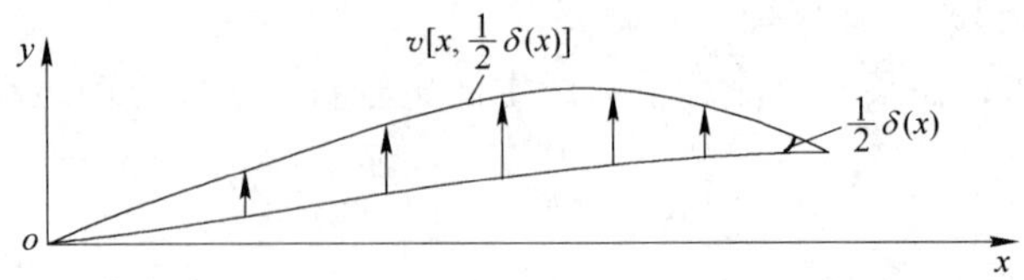

图 2-2-10　层流平板边界层内 $y=\frac{1}{2}\delta(x)$ 时 $v(x, y)$ 分布示意图

$$v_s^* = \sqrt{\frac{6(v-v_s)\omega_{z0}}{0.33/d_s}} \tag{2-2-18}$$

y 方向上，涡旋 a 受到的升力分力为 F_{ly}，形成的分速度为：

$$u_s^* = \sqrt{\frac{6(u-u_s)\omega_{\bar{z}}}{0.33/d_s}} \tag{2-2-19}$$

式中

$$\omega_{z0} = \frac{1}{2}\frac{\partial v}{\partial x}$$

$$\omega_{\bar{z}} = \frac{1}{2}\frac{\partial u}{\partial y}$$

$$d_s = \sqrt{\frac{10\nu}{\omega_z}} \tag{2-2-20}$$

如图 2-2-11 所示，涡旋 a 是二维二元变化，它在 x 方向速度为 $u_s(x, y)$ 与 $v^*(x, y)$ 之和；在 y 方向速度为 v_s 与 u_s^* 之和。由于 y 方向速度的作用，一旦层流转变为湍流，其边界层厚度要比层流边界层厚度大得多。

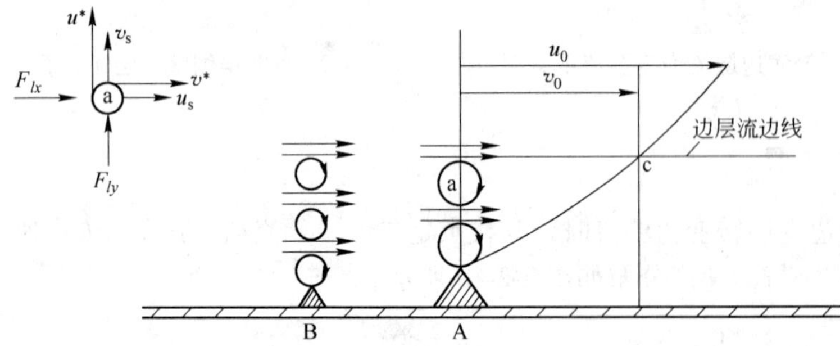

图 2-2-11　层流平板边界层内边层流界面上微团 a 运动及受力分析示意图

像前边所谈问题一样，层流平板边界层内，首先发生湍流的地方也是在边层流界面上。在某一个来流速度 u_0 下，具有顺时针旋转的微团 a，经过壁面粗糙最高点时，由于该处形成的速度梯度大，产生的升力也大，加之粗糙造成的离心力，克服微团 a 的惯性阻力，产生垂直于 x 方向分速度 u_s^*，使微团 a 脱离所在流层，加上其原有 y 方向分速度 v_s，它立刻冲破边层流外的一些平移流层；而其留下的空穴，由冲破的平移流层左边的平移微团充填。这样，原有的边层流界面被破坏，其上平移流层也相应被冲断一些，成为一个湍流地带。

小结：

（1）实际流体运动区内，存在着边层流区，首先发生湍流的地点就在这个界面上。

（2）层流转变为湍流，开始是局部的，也就是说，层流中有湍流出现在近壁的边层流之外，当流场中平均速度加大达到一定程度，湍流才能扩散到整个层流流场，使其成湍流。

（3）湍流流场在紧贴壁面处总是有边层流存在，只是很薄而已，它是保证湍流状态的条件。

（4）当外界条件与边界条件在某一情况下，层流与湍流总是相伴存在的。

（5）判别层流中某处是否为湍流，主要观察该处有没有垂直于主流方向运动分速度的涡旋存在。

（6）湍流的范围应该用垂直于主流方向运动涡旋所能达到的地方为界限。

2.3 湍流状态

第2.2节讨论层流中出现湍流地带，本节研究湍流状态如何保持；某一点出现涡旋，其垂直于主流方向运动的频率f如何计算；当流动条件改变时，湍流如何发展；湍流场脉动速度是怎么产生的，其实质是什么；湍流是否均存在脉动压力，什么样的湍流场出现脉动压；湍流场中流线的状态如何等。所有这些问题，须分别就有压管道充分发展段、有压管道进口段、明渠和平板边界层四种情况加以讨论。

2.3.1 有压管道充分发展段

在某一个雷诺数下，壁面最高的粗糙处恰好在边层流界面以下附近，流经粗糙顶部的涡旋斜向上运动，当流态固定时，粗糙何时产生第二次斜向上运动的涡旋呢？也就是说这个粗糙A，如图2-3-1所示，它产生上升涡旋的频率是什么呢？

分析认为，涡旋产生点是在点速度梯度下形成的，或者说，通过该点速度分布是连续的，而且这个连续应有一定范围。如图2-3-1中，最高粗糙Δ_A处，其顶部在边层流界面c_A以下原来就是连续的速度分布，所不同的是边层流界面c_A以上，因为涡旋微团a脱离所在层流层后，斜冲而上，造成其上的平移流层连续性破坏，速度分布失去连续性，不能形成速度梯度，也就不能在原处产生涡旋微团a。当涡旋微团a向上经过$3d_s$的距离后，则能使速度分布曲线fg恢复原状。这样，在原处可以重新产生涡旋微团a。其发生的频率为：

$$f=\frac{u_s^*}{3d_s} \tag{2-3-1}$$

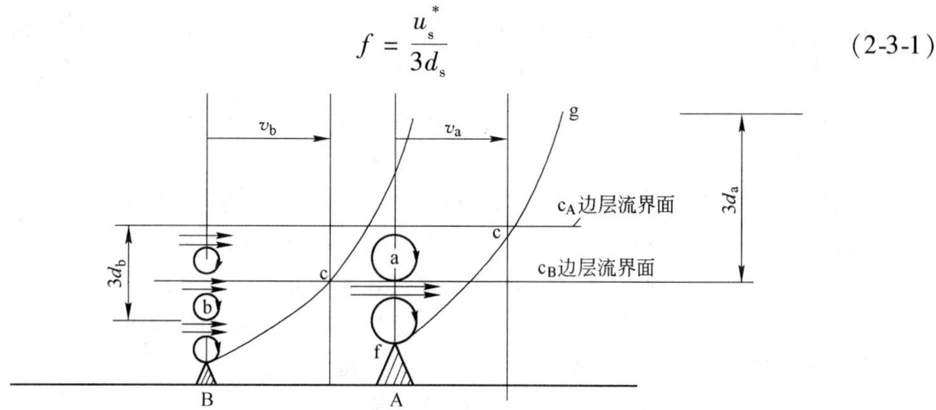

图2-3-1 湍流发展与涡旋产生频率规定方法示意图

式中，u_s^* 为涡旋微团垂直于主流方向分速度；d_s 为涡旋微团直径。

当管道流速加大后，断面速度分布改变，平均速度也加大。此刻，原来边层流界面已消失，新的边层流界面通过 c_B，即通过次高粗糙 Δ_B 的顶部。这时，流经其顶部顺时针旋转的微团 b，受到升力作用，使它达到克服其惯性阻力的作用，开始产生横向运动，斜冲到层外流区，如图 2-3-1 所示。粗糙 Δ_B 的数量比 Δ_A 多，产生的涡旋微团数量也多，说明管道湍流程度加强，涡旋直径变小。那么粗糙 Δ_A 还会产生横向运动的涡旋吗？粗糙 Δ_A 已进入边层流以外的层外区，该区由于存在相应数量来自边层流界面处产生的具有横向运动分速度的涡旋，破坏了断面速度分布的连续性，根本无法形成连续的速度分布梯度，所以就不会再产生涡旋；另一方面，粗糙 Δ_A 已失去边层流界面以下形成 ω_1 的条件。同理推下去，管道愈加大速度，近壁区速度梯度也加大，边层流厚度变得也愈薄，接近边层流界面的粗糙愈来愈多愈来愈小，产生横向运动的涡旋数量也愈大，其直径也愈小，结果管道湍流强度也愈大。

湍流实质上不存在脉动速度。在湍流管道中的某一点连续测量沿轴向速度，其结果如图 2-3-2 所示。图 2-3-2 说明，任一点的速度时均值是常数，它满足外界条件不变下出现定常流的结论。但在一段较短时间内，某点速度是随时间变化的。为什么出现这种情况呢？原因是在湍流管道中，在某一个流态下，有相应数量来自边层流界面的涡旋，它们是分散相，既有平移速度又有旋转速度，其平移速度有垂直于主流与平行于主流两个方向。测速仪只能测流体微团平移速度，当流到测点的是平移运动的微团时，其所测数值则高；当流到测点的是涡旋微团，其所测数值则低，而且不同涡旋微团其平移速度也不同，结果如同图 2-3-2 所示的情况。各涡旋大小不同，其平移速度也不同，而且均低于相应的连续相的平移速度。

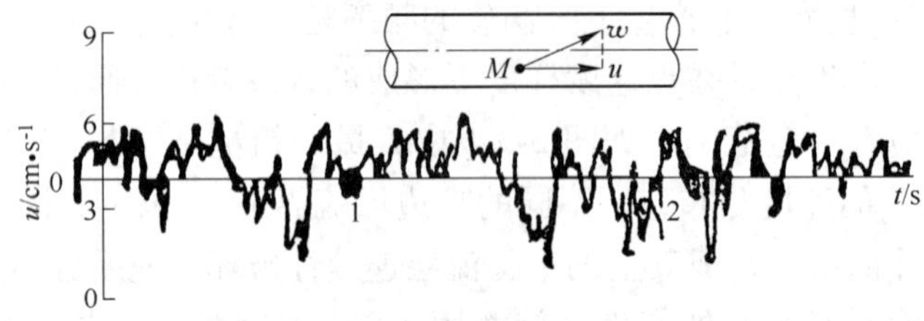

图 2-3-2　湍流管道轴向速度变化

在湍流管道中，测 y 方向和 z 方向速度，也会出现脉动现象。由于连续相在这两个方向没有速度，当没有涡旋微团经过测点时，速度为零，只有当涡旋微团经过测点时，才出现速度。由于涡旋微团是分散相，而且，各涡旋微团的平移速度不同，测出的速度有时为零，有时有值，且各值不同，所以出现脉动现象。

湍流管中流线不是光滑曲线，而是多变的折线，如图 2-3-3 所示。当 $t=t_1$ 时，通过 A 点的涡旋微团，其平移速度比较小，方向为斜上；在它矢径上点 1 处，正好是只有平移运动的微团，其速度是水平的，速度值较大；在其矢径点 2 处，又是斜向上方的涡旋微团，其速度值较小；在其矢径上点 3 处，是由对面壁面边层流界面送来的斜向下涡旋微团，其速度值较小；在它矢径上点 4 处，是水平运动无旋微团，其速度值较大。当 $t=t_2$ 时，在 B 点，也同样可以示意地绘出通过它的瞬时流线。

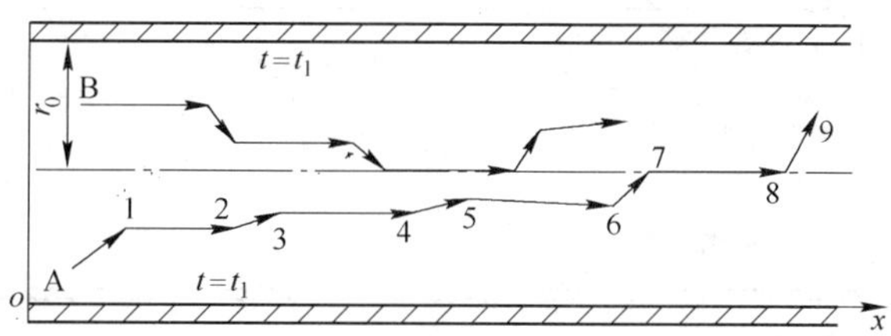

图 2-3-3 湍流管道流线示意图

由流体力学可知，流线是光滑曲线。光滑曲线出现的条件是流体微团都是连续的，这对层流运动是存在的，所以在层流运动中，可以绘出光滑的流线来；而对湍流运动而言，其流场中存在着相应数目的大小不同的涡旋微团运动，它们是分散相，而只有平移运动的微团是连续相，但由于平移运动微团被分散相散布其中，无法绘出连续的光滑的流线，而只能绘出连续不光滑的折线。

湍流脉动压力是否存在，在什么条件下存在，在什么条件下不存在，具体问题具体分析。在有压湍流管道中充分发展管段上，管壁有脉动压力，而在其进口段管壁上，就没有脉动压力。因为进口段管中心区为理想流体，在边层流界面上产生的涡旋不能穿过理想流体运动区，无法冲击到对面壁面，也就没有脉动压力现象。

有压湍流充分发展段壁面脉动压力 p' 是怎么产生的？因为是圆形壁面，贴近壁面均为边层流。在某一断面平均速度 v_0 下，壁面上最高粗糙 Δ_1 临近边层流界面，开始产生横向运动涡旋微团。由于这批粗糙的数量一般情况下是较少的，断面速度分布产生的速度梯度也小，产生的涡旋微团直径大，沿径向走的距离也短，根本达不到管轴线位置，涡旋消失，壁面上压力平稳。

当平均速度 v_0 继续加大，次高粗糙 Δ_2 开始临近下移后的边层流界面，开始产生横向运动涡旋。由于 Δ_2 粗糙数量多于 Δ_1，产生涡旋数目也多，加之在边层流界面处，速度梯度加大，产生涡旋直径也变小；其沿径向运动距离也加大，可以冲过轴线，有的涡旋到达对面壁面，并对壁面形成微弱的冲击，壁面上压力开始产生波动。

当平均速度 v_0 继续加大，壁面上更小的粗糙 Δ_3 临近再次下移后的边层流界面，开始产生横向运动涡旋。由于 Δ_3 数量多于 Δ_2，产生涡旋数量也多于 Δ_2；此处，速度梯度也加大，产生涡旋直径变小，其径向速度加大，可以直冲对面管壁，将其径向速度转化为壁面上瞬时压力，而消失其旋转动能，剩下其平移速度。结论是：管壁上所谓的脉动压力，就是横向运动的涡旋对壁面的冲击力。

2.3.2 有压管道进口段

此处仅对有压管道进口段的特殊情况加以说明。进口段有理想流体区，湍流运动不会扩展到理想流体运动区。边层流界面输送的横向运动涡旋，其径向运动只能在实际流体区进行，不能进入中间理想流体区，当然也就无法冲到对面壁面上，因此管壁上不会呈现脉动压力现象。由于边层流界面输送的涡旋只能在实际流体区运动，而实际流体区中间又是锥形理想流体区，所以涡旋微团消失只能在理想流体与实际流体分界面上或实际流体区内；沿管圆周内壁的边层流界面产生的涡旋运动不能穿过管轴线，而达到对面实际流体区，所以其流线形状如图 2-3-4 所示。

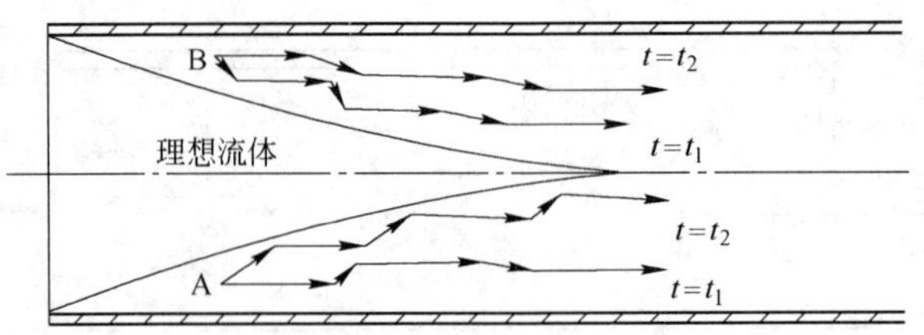

图 2-3-4　管道进口段湍流流线变化示意图

2.3.3　明渠

这里不讨论明渠进口段，仅谈充分发展段湍流情况；只谈矩形明渠，分为水面宽水也深与水面窄水也浅两种情况来讨论。

水面宽水也深情况如图 2-3-5 所示，这种情况下，涡旋分别产生在渠底与侧壁边层流界面上；脉动速度现象分别发生在渠底与侧壁两个实际流体运动区，前者为 x 方向，后者为 y 方向；渠底边层流界面产生的涡旋斜向上运动，当升力与重力近似相等时消失，侧壁产生涡旋斜向前运动，当达到理想流体边线时消失，即在没有速度梯度的地方消失；流线形状，湍流渠底如图 2-3-5（d）所示，渠侧壁如图 2-3-5（e）所示。

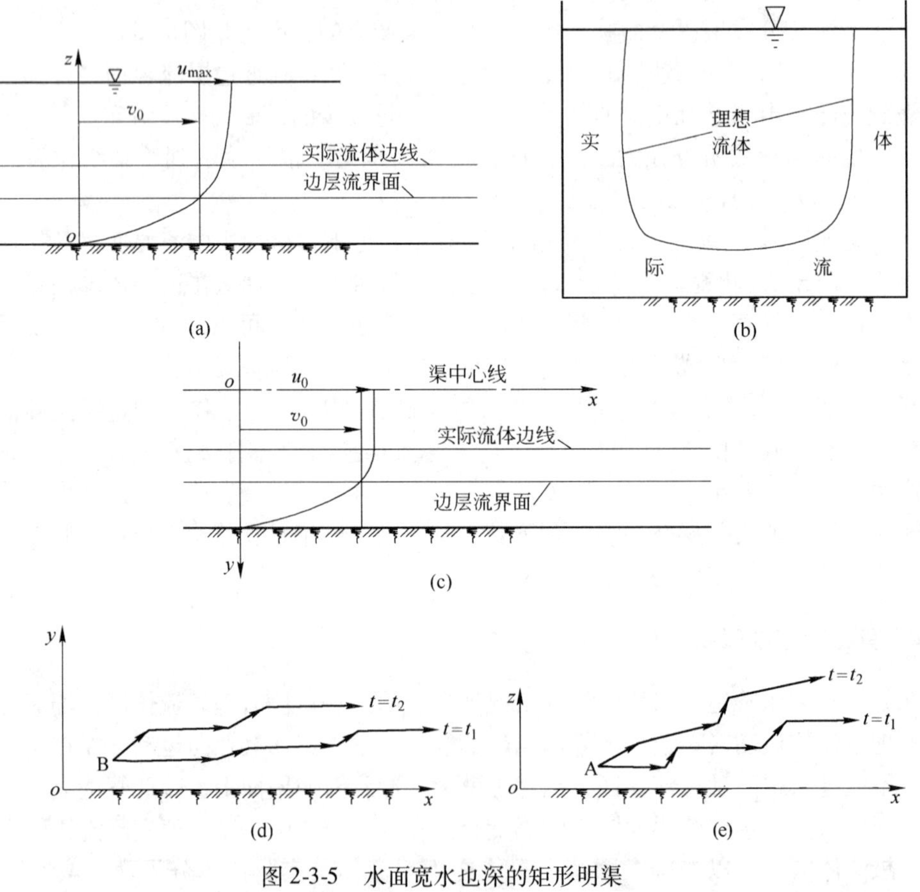

图 2-3-5　水面宽水也深的矩形明渠

（a）纵断面示意图；（b）横断面示意图；（c）侧壁面示意图；

（d）湍流渠侧流线示意图；（e）湍流渠底流线示意图

水面窄水也浅的矩形明渠如图 2-3-6 所示。这种情况下，没有压力脉动现象；在渠底及侧壁边层流界面上分别产生的涡旋运动，引起速度在 x、y 和 z 三个方向有脉动。涡旋受重力影响的，当它所受重力与升力平衡时则消失；涡旋不受重力影响，运动到中间速度梯度为零处则消失；流线形状多变。

速度分布如图 2-3-6 所示。

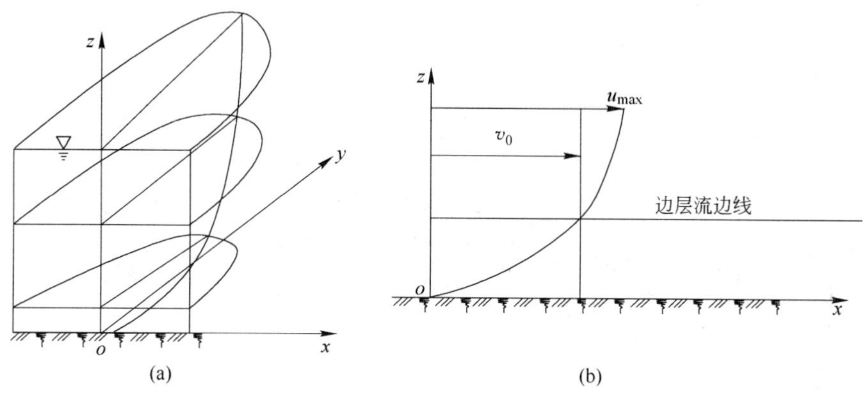

图 2-3-6 湍流矩形明渠水面窄水也浅速度分布示意图

(a) 整体速度分布示意图；(b) 断面速度分布示意图

2.3.4 平板边界层

湍流平板边界层流体运动属于二维二元问题，其速度分布 $u(x, y)$ 和 $v(x, y)$ 如图 2-3-7 所示，其形成的涡旋旋转速度为：

$$\omega_z = \frac{1}{2}\left(\frac{\partial v}{\partial x} - \frac{\partial u}{\partial y}\right) \tag{2-3-2}$$

式(2-3-2) 可分为

$$\omega_z = \omega_{z0} + \omega_{\bar{z}} \tag{2-3-3}$$

$$\omega_{z0} = \frac{1}{2}\frac{\partial v}{\partial x} \tag{2-3-4}$$

$$\omega_{\bar{z}} = \frac{1}{2}\frac{\partial u}{\partial y} \tag{2-3-5}$$

在边层流区，流体微团受壁面摩擦力作用，将该断面平均速度的部分转为旋转速度，而且是顺时针方向，以 ω_1 表示，当涡旋微团 ω_1 经过边层流界面时，正好在最高粗糙的顶部，这时该处 $\omega_{\bar{z}}$ 也最大。在 ω_1 与 $\omega_{\bar{z}}$ 同时作用下，微团产生 y 方向升力；同时在 ω_{z0} 作用下，产生 x 方向升力，克服阻力后，产生斜向上的运动，其值为：

$$v_s = \sqrt{(u_s^*)^2 + (v_s^*)^2} \tag{2-3-6}$$

对于速度脉动现象，当测 x 方向的速度 $u(x, y)$ 时，正好测点是涡旋微团，它在 x 方向分速度为：

$$u_{sy} = v_s^* + u_s \tag{2-3-7}$$

式中，$u_{sy} < u$，因此出现速度在 x 方向脉动；当测 y 方向速度 $v(x, y)$ 时，正好测点是涡旋微团，其在 y 方向的分速度为

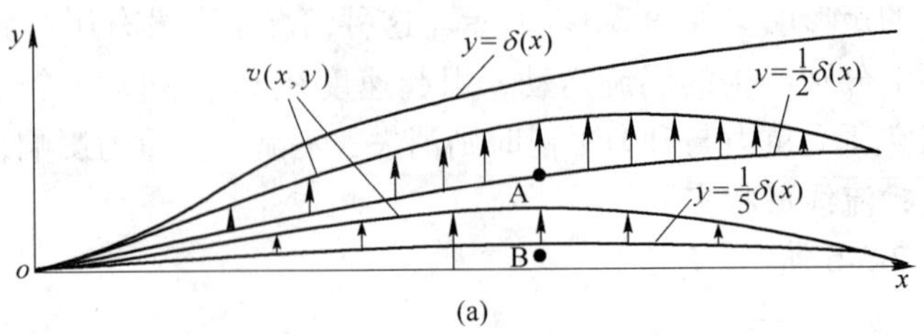

(a)

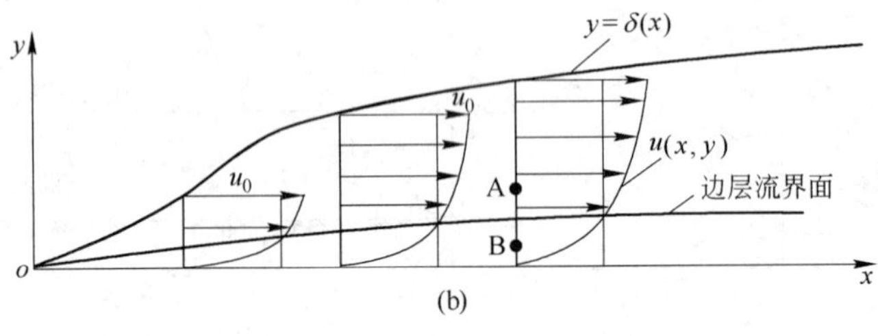

(b)

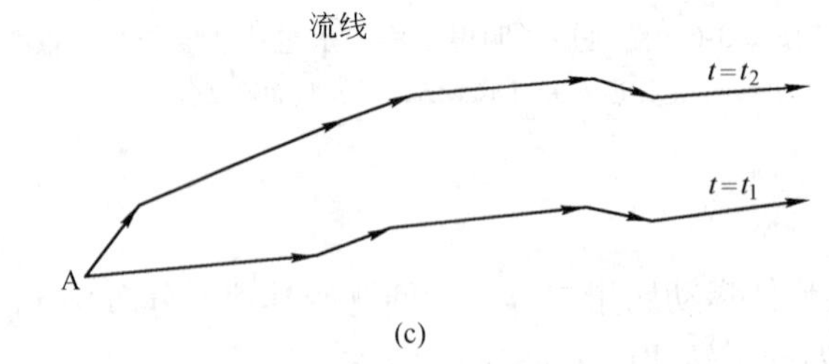

(c)

图 2-3-7　湍流平板边界层示意图

$$v_{sx} = u_s^* + v_s \tag{2-3-8}$$

式中，u_s 为涡旋在 x 方向平移速度；v_s 为涡旋在 y 方向平移速度；u_s^* 为涡旋在垂直于 x 方向分速度；v_s^* 为涡旋在垂直于 y 方向分速度。

涡旋运动到平板中间后，重力与升力近似相等，同时，又因为中间以后的 $v(x, y)$ 分布形成与前部速度梯度相反，成抵消作用，这样，涡旋失去 u_s^* 与 v_s^* 而消失，成为平移运动微团。流线特点如图 2-3-7(c)所示。在这里不存在压力脉动现象。

2.4　流态判别方法

以有压管道流动为例，当研究进口段流态时，其直径问题如何解决？有压管道中间部分为理想流体，不在流态判别范围。当管径很大时，按计算为湍流，而实际却为层流。当研究非圆形管道时，以水力半径代替直径，将流场形态特点变成圆形，则失去其对流动的影响。当然，在没有弄清湍流形成的机理之前，利用雷诺数并结合实际，对解决实际问题起到了应有作用。

当弄清湍流形成的机理后，结合具体问题的边界条件、壁面特点和形成流场的状况，找出速度分布规律，确定边层流的厚度，计算垂直于主流方向运动涡旋到达的最远距离，以便确定湍流范围，计算出涡旋数量，确定湍流旋转速度。这里也仅谈原则，具体方法必须结合具体流动问题才能说清楚，读者详见后续各章有关内容。

2.5 能量方程

研究湍流形成机理，须应用物理学中能量守恒定律，其在物理学中一般形式为：

$$E = \frac{1}{2}mv^2 + \frac{1}{2}I\omega^2 + mgh_c \tag{2-5-1}$$

式中，E 为刚体总动能；m 为刚体质量；I 为刚体转动惯量；ω 为刚体旋转速度；g 为重力加速度；h_c 为刚体中心高度。

将式(2-5-1)变成适合球体的形式，将 I 用球体转动惯量替换。

$$E_{球} = \frac{1}{2}mv^2 + \frac{1}{5}mr^2\omega^2 + mgh_c \tag{2-5-2}$$

将式(2-5-2)改为适合流体球形微团的形式，其质量为 m，则可写成：

$$e_r = \frac{1}{2}v^2 + \frac{1}{5}r^2\omega^2 + gh_c \tag{2-5-3}$$

式(2-5-3)适合于明渠，若让它适合有压管道流动，则可写成

$$e_r = \frac{1}{2}v^2 + \frac{1}{5}r^2\omega^2 + \frac{p}{\rho} \tag{2-5-4}$$

一个流体微团，在运动过程中，克服阻力要消耗能量，进行能量形式转化过程中，也要消耗能量，这一切都由微团本身的压能下降来完成。这样，作为一个流体微团，在运动过程中只考虑动能守恒就可以了，即：

$$e_{rv} = \frac{1}{2}v_s^2 + \frac{1}{5}r_s^2\omega^2 = 常数 \tag{2-5-5}$$

式(2-5-5)说明一个微团开始时只有平移速度而无旋转速度，则其动能就是：

$$e_{rv} = \frac{1}{2}v_0^2 \tag{2-5-6}$$

当它在外力作用下，形成涡旋后，则它总动能不变，即

$$\frac{1}{2}u^2 = \frac{1}{2}u_s^2 + \frac{1}{5}r_s^2\omega^2 \tag{2-5-7}$$

2.6 涡旋直径与转速关系

设涡旋微团为球体，如图 2-6-1 所示。在球面上取一段 ds 微弧张，其微环筒面积为：

$$\mathrm{d}A = 2\pi r \cdot r\cos\theta\mathrm{d}\theta \tag{2-6-1}$$

根据牛顿内摩擦定律：

$$\tau = \mu\frac{\mathrm{d}u}{\mathrm{d}n} \tag{2-6-2}$$

球面上一点的摩擦力应表示为：

$$\tau = \mu\cos\theta\omega \tag{2-6-3}$$

则微环筒面上摩擦力为：

$$\mathrm{d}T = \tau\mathrm{d}A = 2\pi r^2\cos^2\theta\mu\omega\mathrm{d}\theta \tag{2-6-4}$$

微环筒面上摩擦力对 z 轴力矩为：

$$dM = 2\pi\mu\omega r^3\cos^3\theta d\theta \tag{2-6-5}$$

整个球面上摩擦力对 z 轴的力矩：

$$M = 4\pi\mu\omega r^3\int_0^{\frac{\pi}{2}}\cos^3\theta d\theta \tag{2-6-6}$$

积分得：

$$M = \frac{8}{3}\pi\mu\omega r^3 \tag{2-6-7}$$

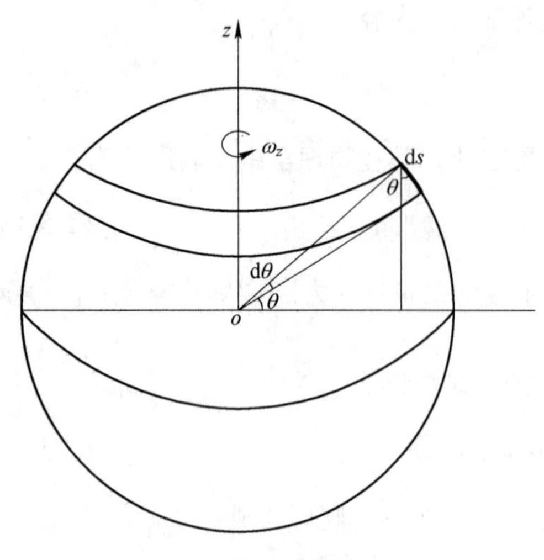

图 2-6-1　涡旋球体示意图

由于问题的特殊性，先有涡旋球体转动，其旋转动能为：

$$E_\omega = \frac{1}{2}I\omega^2 \tag{2-6-8}$$

式中，I 为涡旋球体转动惯量；ω 为涡旋球体转动速度。

当涡旋球体转动时，必然引起周围流体对它形成摩擦阻力。这阻力又对涡旋球体转轴形成阻力矩 M。当 M 与 E_ω 相等时，涡旋球体达到平衡，其转速为匀速。

$$M = E_\omega \tag{2-6-9}$$

由式(2-6-8)和式(2-6-9)得涡旋转速与其半径关系为：

$$r_s = \sqrt{\frac{10\nu}{\omega}} \tag{2-6-10}$$

式(2-6-10)说明，转速大，涡旋半径小，运动黏度愈大，涡旋半径也愈大。

小结：本章在第 1 章边层流概念基础之上，研究各种边界条件下的湍流形成的机理与湍流状态变化；同时探讨了流态判别方法的原则；结合流体微团的特点，引入适合其运动的能量方程；推导出涡旋直径与其转速之间的关系式。所有这些问题，不但有其本身的应用意义，而且也是分析、研究和讨论后续各章的理论基础。

后续各章研究均限定在流体运动为定常流的情况下进行。

3　湍流运动基本方程组

由前两章的分析可知湍流运动的特点是存在着涡旋，它是引起湍流附加剪应力的根源。涡旋在湍流中是分散相，而只有平移运动的流体微团是连续相，连续相在湍流运动起主导作用。湍流运动实质是同介质的多相流。因此，依据三大守恒定律，从拉格朗日方法出发，以欧拉方法为归宿，运用多相流观点，建立湍流运动基本方程组。

3.1　湍流系统积分方程组

在湍流流场中划出一有限大小的分离体，如图 3-1-1 所示，作为研究系统，它在运动过程中与外界没有质量交换，对它应用三大守恒定律，建立湍流系统积分方程组。

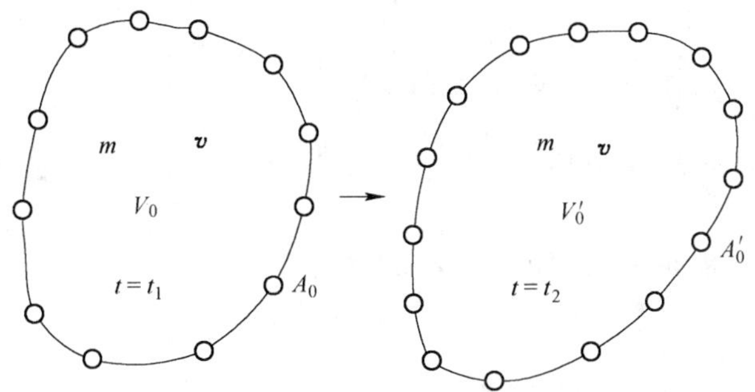

图 3-1-1　系统运动示意图

3.1.1　系统质量守恒积分方程

如图 3-1-1 所示，系统质量为 m。在运动过程中，服从质量守恒定律，对其运用拉格朗日方法，得其数学表达式：

$$\frac{\mathrm{D}m}{\mathrm{D}t} = \frac{\mathrm{D}}{\mathrm{D}t}\iiint_{V_0}\rho \mathrm{d}V_0 = 0 \tag{3-1-1}$$

式中，$\frac{\mathrm{D}}{\mathrm{D}t}$为微团或系统导数，$\frac{\mathrm{D}}{\mathrm{D}t} = \frac{\partial}{\partial t} + u\frac{\partial}{\partial x} + v\frac{\partial}{\partial y} + w\frac{\partial}{\partial z}$；$\rho$ 为流体密度；t 为时间。

3.1.2　系统动量守恒积分方程

如图 3-1-1 所示，系统在运动过程中，其动量发生变化，且变化服从动量守恒定律，即系统动量对时间的变化率等于外界作用在系统上的合力，其数学表达式为：

$$\frac{\mathrm{D}J}{\mathrm{D}t} = \frac{\mathrm{D}}{\mathrm{D}t}\iiint_{V_0}\rho(\varphi \boldsymbol{v}_{\mathrm{s}} + \varphi_1 \boldsymbol{v})\mathrm{d}V_0 = \iiint_{V_0}\boldsymbol{f}\rho \mathrm{d}V_0 + \oint_{A_0}\boldsymbol{p}_{\mathrm{n}}\mathrm{d}A \tag{3-1-2}$$

式中，J 为系统中动量；φ 为涡旋在系统中占的体积分数；$\boldsymbol{f}$ 为单位质量所受的质量力；$\boldsymbol{p}_n$ 为作用在系统表面上的应力矢量。

$$\varphi_1 = 1 - \varphi \tag{3-1-3}$$

3.1.3　系统动量矩守恒积分方程

系统对某点的动量矩为 L_0，它对时间的变化率等于外界作用在系统上所有外力对该点力矩之和，其数学表达式：

$$\begin{aligned}\frac{\mathrm{D}L_0}{\mathrm{D}t} &= \frac{\mathrm{D}}{\mathrm{D}t}\iiint_{V_0}[\boldsymbol{r}\times(\varphi\boldsymbol{v}_s + \varphi_1\boldsymbol{v})]\mathrm{d}V_0 \\ &= \iiint_{V_0}(\boldsymbol{r}\times\rho\boldsymbol{f})\mathrm{d}V_0 + \oint_{A_0}(\boldsymbol{r}\times\boldsymbol{p}_n)\mathrm{d}A_0\end{aligned} \tag{3-1-4}$$

3.1.4　系统能量守恒积分方程

外界传入系统的热量与外力对系统作用之和，等于系统总能量 E 对时间的变化率。其数学表达式为：

$$\begin{aligned}\frac{\mathrm{D}E}{\mathrm{D}t} &= \frac{\mathrm{D}}{\mathrm{D}t}\iiint_{V_0}\rho\left(e + \varphi\frac{v_s^2}{2} + \varphi_1\frac{v^2}{2}\right)\mathrm{d}V_0 \\ &= \oint_A \boldsymbol{n}\cdot\boldsymbol{q}_\lambda\mathrm{d}A + \iiint_{V_0}\rho q_R\mathrm{d}V_0 + \iiint_{V_0}\boldsymbol{f}\cdot\rho(\varphi\boldsymbol{v}_s + \varphi_1\boldsymbol{v})A\mathrm{d}V_0 + \\ &\quad \oint_{A_0}\boldsymbol{p}_n\cdot(\varphi^{2/3}\boldsymbol{v}_s + \varphi_2\boldsymbol{v})\mathrm{d}A_0\end{aligned} \tag{3-1-5}$$

$$\varphi_2 = 1 - \varphi^{2/3} \tag{3-1-6}$$

式中，φ 为涡旋在单位流体体积中占的体积分数；$\varphi^{2/3}$ 为涡旋在单位面积流体上占的面积分数；V_0 为系统体积；A_0 为系统表面面积；$\boldsymbol{v}_s$ 为涡旋微团速度矢量；$\boldsymbol{v}$ 为无旋流体微团速度矢量；v_s 为涡旋微团速度标量；v 为无旋微团速度标量；e 为流体分子能量；q_R 为热辐射率；q_λ 为外界通过系统表面的导热方式传热率。

3.2　湍流第一输运公式

流体力学中，用拉格朗日方法得到的积分公式，是对运动着的系统而言的。要搞清一个流场中流体运动参数变化情况，必须跟踪所有的流体系统，这样工作量很大，以致无法完成。鉴于这种情况，流体力学研究史上出现另一种研究流体运动的方法，称之为欧拉方法。欧拉方法是在流场中划出分离体作为固定不动空间，称之为控制体，研究通过固定空间的流体运动参数变化的情况。至于通过该点的流体微团是哪一个，却不用管它。因为流场是固定的，其中空间点也是固定可数的，所以研究起来就很方便。

欧拉法虽好，但它划出的分离体是控制体，是不动的。不动的物理体是无法对它应用三大守恒定律的，也就得不到其对时间的变化率。而实际上，流场的流体总是运动的，于是将控制体内的流体取为系统，它的外表面与控制体表面吻合，两者体积相同。因为系统是运动的，对它可以应用三大守恒定律。经过一个 Δt 时间，系统运动到新的位置。当 $\Delta t \to 0$ 时，得到系统物理量对时间的变化率。而这时系统与控制体重合，从而也就适合讨论控制体物理量对时间的变化率。系统的积分方程、转化为控制体积分方程，联系这个转化过程的桥梁，就是输运公式。

输运公式分为第一输运公式与第二输运公式。第一输运公式，研究的流体是不可压缩流体，第二输运公式，研究的流体为可压缩流体。

在湍流场中，系统与控制体的关系如图 3-2-1 所示。开始重合，Δt 时间后，系统运动到新的位置，当 $\Delta t\to0$ 时，它们近似重合。由于限定研究对象为不可压缩流体，所以系统在运动过程中只有形状改变，而体积不变。

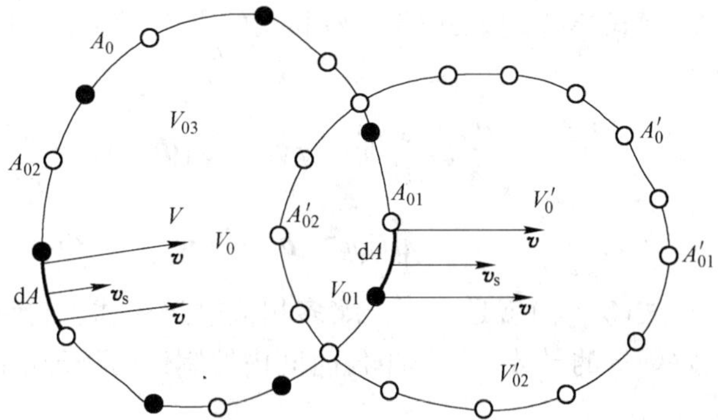

图 3-2-1 不可压缩流体系统与控制体关系示意图
控制体边界—●●●；系统边界—○○○；
A—控制体表面面积；V—控制体体积；A_0—系统表面面积；
V_0—系统体积；A'_0—系统运动 Δt 后在新位置表面面积；
V'_0—系统运动 Δt 后在新位置的体积；
A_{01}—V'_{02} 与 V_{01} 的交界面，$A_{02}=A_0-A_{01}$；A'_{02}—V_{01} 与 V_{03} 的交界面，$A'_{01}=A'_0-A'_{02}$

利用图 3-2-1，首先研究系统导数，设系统中分散相物理量为 $\boldsymbol{\Phi}_s$，连续相物理量为 $\boldsymbol{\Phi}$，则其总量为：

$$I_m=\iiint_{V_0}[\varphi\boldsymbol{\Phi}_s(r,t)+\varphi_1\boldsymbol{\Phi}(r,t)]\mathrm{d}V_0 \tag{3-2-1}$$

当 $\Delta t\to0$ 时，系统物理量对时间的变化率为：

$$\begin{aligned}\lim_{\Delta t\to0}\frac{\Delta I_m}{\Delta t}=&\lim_{\Delta t\to0}\frac{1}{\Delta t}\left\{\iiint_{V_{01}}[\varphi\boldsymbol{\Phi}_s(r,t+\Delta t)+\varphi_1\boldsymbol{\Phi}(r,t+\Delta t)-\right.\\&\left.\varphi\boldsymbol{\Phi}_s(r,t)+\varphi_1\boldsymbol{\Phi}(r,t)]\mathrm{d}V_0\right\}+\\&\lim_{\Delta t\to0}\frac{1}{\Delta t}\left\{\iiint_{V'_{02}}[\varphi\boldsymbol{\Phi}_s(r,t+\Delta t)+\varphi_1\boldsymbol{\Phi}(r,t+\Delta t)]\mathrm{d}V_0-\right.\\&\left.\iiint_{V_{03}}[\varphi\boldsymbol{\Phi}_s(r,t)+\varphi_1\boldsymbol{\Phi}(r,t)]\mathrm{d}V_0\right\}\end{aligned} \tag{3-2-2}$$

式(3-2-2)中，第一个大括弧的积分，当利用数学的中值定理，可写成：

$$\lim_{\Delta t\to0}\frac{\Delta I_m}{\Delta t}=\lim_{\Delta t\to0}\frac{\Delta t}{\Delta t}\left\{\iiint_{V_{01}}\left(\varphi\frac{\partial\boldsymbol{\Phi}_s}{\partial t}+\varphi_1\frac{\partial\boldsymbol{\Phi}}{\partial t}\right)\mathrm{d}V_0\right\} \tag{3-2-3}$$

第二个大括弧内，第一项与第二项的积分，分别利用计算边界面流出的流量得到：

$$\begin{aligned}&\iiint_{V'_{02}}[\varphi\boldsymbol{\Phi}_s(r,t+\Delta t)+\varphi_1\boldsymbol{\Phi}(r,t+\Delta t)]\mathrm{d}V_0\\\approx&\iint_{A_{01}}[\varphi^{2/3}\boldsymbol{\Phi}_s(\boldsymbol{v}_s\cdot\boldsymbol{n})+\varphi_2\boldsymbol{\Phi}(\boldsymbol{v}\cdot\boldsymbol{n})]\Delta t\mathrm{d}A_0\end{aligned} \tag{3-2-4}$$

$$\begin{aligned}&\iiint_{V_{03}}[\varphi\boldsymbol{\Phi}_s(r,t)+\varphi_1\boldsymbol{\Phi}(r,t)]\mathrm{d}V_0\\\approx&-\iint_{A_{02}}[\varphi^{2/3}\boldsymbol{\Phi}_s(\boldsymbol{v}_s\cdot\boldsymbol{n})+\varphi_2\boldsymbol{\Phi}(\boldsymbol{v}\cdot\boldsymbol{n})]\Delta t\mathrm{d}A_0\end{aligned} \tag{3-2-5}$$

将式(3-2-3)、式(3-2-4)和式(3-2-5)代入式(3-2-2)，并令 $\Delta t \to 0$，则 $V_0 \to V$，$A_0 \to A$，则得：

$$\frac{\mathrm{D}I_{\mathrm{m}}}{\mathrm{D}t} = \frac{\mathrm{D}}{\mathrm{D}t}\iiint_{V_0}(\varphi\boldsymbol{\Phi}_{\mathrm{s}} + \varphi_1\boldsymbol{\Phi})\,\mathrm{d}V_0 = \iiint_V\left(\varphi\frac{\partial\boldsymbol{\Phi}_{\mathrm{s}}}{\partial t} + \varphi_1\frac{\partial\boldsymbol{\Phi}}{\partial t}\right)\mathrm{d}V + \oiint_A[\varphi^{2/3}\boldsymbol{\Phi}_{\mathrm{s}}(\boldsymbol{v}_{\mathrm{s}}\cdot\boldsymbol{n}) + \varphi_2\boldsymbol{\Phi}(\boldsymbol{v}\cdot\boldsymbol{n})]\,\mathrm{d}A \tag{3-2-6}$$

式(3-2-6)就是不可压缩多相流输运公式，也称之为第一输运公式。它表明，控制体内物理量的导数，等于单位时间内控制体内物理量的增量与通过控制体表面流出的物理量之和。

3.3 不可压缩湍流积分方程组

3.3.1 质量守恒积分方程

将 $\Phi_{\mathrm{s}}=\rho$，$\Phi=\rho$，$I_{\mathrm{m}}=m$，代入式(3-2-6)，然后代入式(3-1-1)，则：

$$\frac{\mathrm{D}m}{\mathrm{D}t} = -\iiint_V\frac{\partial\rho}{\partial t}\mathrm{d}V = \oiint_A[\varphi^{2/3}\rho(\boldsymbol{v}_{\mathrm{s}}\cdot\boldsymbol{n}) + \varphi_2\rho(\boldsymbol{v}\cdot\boldsymbol{n})]\,\mathrm{d}A \tag{3-3-1}$$

式(3-3-1)表明，单位时间通过控制面 A 流出的湍流质量，等于同时间内控制体内质量减少量。

3.3.2 动量守恒积分方程

令 $\boldsymbol{\Phi}_{\mathrm{s}}=\rho\boldsymbol{v}_{\mathrm{s}}$，$\boldsymbol{\Phi}=\rho\boldsymbol{v}$，$I_{\mathrm{m}}=J$，代入式(3-2-6)，然后代入式(3-1-2)，则：

$$\iiint_V\boldsymbol{f}\rho\,\mathrm{d}V + \oiint_A\boldsymbol{p}_{\mathrm{n}}\mathrm{d}A - \oiint_A[\varphi^{2/3}\rho\boldsymbol{v}_s(\boldsymbol{v}_{\mathrm{s}}\cdot\boldsymbol{n}) + \varphi_2\,\rho(\boldsymbol{v}\cdot\boldsymbol{n})]\,\mathrm{d}A = \frac{\partial}{\partial t}\iiint_V[\varphi(\rho\boldsymbol{v}_{\mathrm{s}}) + \varphi_1(\rho\boldsymbol{v})]\,\mathrm{d}V \tag{3-3-2}$$

式(3-3-2)表明，作用在控制体内湍流上的合外力，加上单位时间通过控制面流入控制体的湍流动量，等于控制体内的湍流动量对时间的变化率。

3.3.3 动量矩守恒积分方程

令 $\boldsymbol{\Phi}=\rho(\boldsymbol{r}\times\boldsymbol{v})$，$\boldsymbol{\Phi}_{\mathrm{s}}=\boldsymbol{r}\times\rho\boldsymbol{v}_{\mathrm{s}}$，$I_{\mathrm{m}}=L_0$，代入式(3-2-6)，然后代入式(3-1-4)，则：

$$\frac{\partial}{\partial t}\iiint_V[\boldsymbol{r}\times(\varphi\rho\boldsymbol{v}_{\mathrm{s}} + \varphi_1\rho\boldsymbol{v})]\,\mathrm{d}V = \iiint_V(\boldsymbol{r}\times\boldsymbol{f})\rho\,\mathrm{d}V + \oiint_A(\boldsymbol{r}\times\boldsymbol{p}_{\mathrm{n}})\,\mathrm{d}A - \oiint_A\{\boldsymbol{r}\times[\varphi^{2/3}\rho\boldsymbol{v}_{\mathrm{s}}(\boldsymbol{v}_{\mathrm{s}}\cdot\boldsymbol{n}) + \varphi_2\rho\boldsymbol{v}(\boldsymbol{v}\cdot\boldsymbol{n})]\}\,\mathrm{d}A \tag{3-3-3}$$

式(3-3-3)表明，作用在控制体内湍流上所有外力对某点的合力矩，与单位时间内通过控制面流入的湍流对同一点动量矩之和，等于控制体内湍流对该点动量矩对时间的变化率。

3.3.4 能量守恒积分方程

令 $\Phi_{\mathrm{s}}=\rho\left(e+\frac{v_{\mathrm{s}}^2}{2}\right)$，$\Phi=\rho\left(e+\frac{v^2}{2}\right)$，$I_{\mathrm{m}}=E$，代入式(3-2-6)，然后代入式(3-1-5)，

则：

$$\frac{\partial}{\partial t}\iiint_V \rho\left(e+\frac{v_s^2}{2}+\frac{v^2}{2}\right)\mathrm{d}V$$

$$=\oint_A \boldsymbol{n}\cdot\boldsymbol{q}_\lambda \mathrm{d}A-\oint_A\left[\varphi^{2/3}\rho\left(e+\frac{v_s^2}{2}\right)(\boldsymbol{v}_s\cdot\boldsymbol{n})+\varphi_2\rho\left(e+\frac{v^2}{2}\right)(\boldsymbol{v}\cdot\boldsymbol{n})\right]\mathrm{d}A+\iiint_V q_R \mathrm{d}V+$$

$$\iiint_V \boldsymbol{f}\cdot(\rho\varphi\boldsymbol{v}_s+\rho\varphi_1\boldsymbol{v})\mathrm{d}V+\oint_A[\boldsymbol{p}_n\cdot(\varphi^{2/3}\boldsymbol{v}_s+\varphi_2\boldsymbol{v})]\mathrm{d}A \tag{3-3-4}$$

式(3-3-4)表明，单位时间内传给控制体内湍流的热量及外力对控制体内湍流所做的功与通过控制面流入的湍流能量之和，等于控制体内湍流能量对时间的变化率。

3.4　不可压缩湍流微分方程组

3.4.1　连续性微分方程

将式(3-3-1)中面积分变成体积分，则：

$$\iiint_V\left(\frac{\partial\rho}{\partial t}+\varphi^{2/3}\rho_s\nabla\cdot\boldsymbol{v}_s+\varphi_2\rho\nabla\cdot\boldsymbol{v}\right)\mathrm{d}V=0 \tag{3-4-1}$$

式(3-4-1)积分为零，只能被积函数为零，则

$$\frac{\partial\rho}{\partial t}+\varphi^{2/3}\rho_s\nabla\cdot\boldsymbol{v}_s+\varphi_2\rho\nabla\cdot\boldsymbol{v}=0 \tag{3-4-2}$$

3.4.2　动量微分方程

将式(3-3-2)中面积分变成体积分，则：

$$\iiint_V\left[\boldsymbol{f}\rho+\nabla\cdot\boldsymbol{P}-(\varphi^{2/3}\rho\nabla\cdot\boldsymbol{v}_s\boldsymbol{v}_s+\varphi_2\rho\nabla\cdot\boldsymbol{v}\boldsymbol{v})-\frac{\partial}{\partial t}(\varphi\rho\boldsymbol{v}_s+\varphi_1\rho\boldsymbol{v})\right]\mathrm{d}V=0 \tag{3-4-3}$$

式(3-4-3)积分为零，则

$$\frac{\partial}{\partial t}(\varphi\rho\boldsymbol{v}_s+\varphi_1\rho\boldsymbol{v})+\varphi^{2/3}\rho\nabla\cdot\boldsymbol{v}_s\boldsymbol{v}_s+\varphi_2\rho\nabla\cdot\boldsymbol{v}\boldsymbol{v}=\boldsymbol{f}\rho+\nabla\cdot\boldsymbol{P} \tag{3-4-4}$$

3.4.3　动量矩微分方程

式(3-3-3)中，

$$\oint_A\{\boldsymbol{r}\times[\varphi^{2/3}\rho\boldsymbol{v}_s(\boldsymbol{v}_s\cdot\boldsymbol{n})+\varphi_2\rho\boldsymbol{v}(\boldsymbol{v}\cdot\boldsymbol{n})]\}\mathrm{d}A$$

$$=\oint_A\boldsymbol{n}\cdot[\boldsymbol{r}\times(\varphi^{2/3}\rho\boldsymbol{v}_s\boldsymbol{v}_s+\varphi_2\rho\boldsymbol{v}\boldsymbol{v})]\mathrm{d}A$$

$$=\iiint_V\nabla\cdot[\boldsymbol{r}\times(\varphi^{2/3}\rho\boldsymbol{v}_s\boldsymbol{v}_s+\varphi_2\rho\boldsymbol{v}\boldsymbol{v})]\mathrm{d}V \tag{3-4-5}$$

$$\oint_A(\boldsymbol{r}\times\boldsymbol{p}_n)\mathrm{d}A=\oint_A(\boldsymbol{r}\times\boldsymbol{n}\cdot\boldsymbol{P})\mathrm{d}A=\oint_A\boldsymbol{n}\cdot(\boldsymbol{r}\times\boldsymbol{P})\mathrm{d}A$$

$$=\iiint_V\nabla\cdot(\boldsymbol{r}\times\boldsymbol{P})\mathrm{d}V \tag{3-4-6}$$

式中，$\boldsymbol{P}$ 为应力张量；$\boldsymbol{r}$ 为参变矢量。

将式(3-4-5)，式(3-4-6)代回式(3-3-3)，则：

$$\iiint_V \left\{ \frac{\partial}{\partial t}[\boldsymbol{r} \times (\varphi\rho\boldsymbol{v}_s + \varphi_1\rho\boldsymbol{v})] - (\boldsymbol{r} \times \boldsymbol{f})\rho - \nabla\cdot(\boldsymbol{r} \times \boldsymbol{P}) + \nabla\cdot[\boldsymbol{r} \times (\varphi^{2/3}\rho\boldsymbol{v}_s\boldsymbol{v}_s + \varphi_2\rho\boldsymbol{v}\boldsymbol{v})] \right\} dV = 0 \tag{3-4-7}$$

式(3-4-7)积分为零，则一定是被积函数式为零。

$$\frac{\partial}{\partial t}[\boldsymbol{r} \times \rho(\boldsymbol{v}_s\boldsymbol{v}_s + \varphi_1\boldsymbol{v}\boldsymbol{v})] + \nabla\cdot\boldsymbol{v}_s(\varphi^{2/3}\rho)(\boldsymbol{r} \times \boldsymbol{v}_s) + \nabla\cdot\boldsymbol{v}(\varphi_2\rho)(\boldsymbol{r} \times \boldsymbol{v}) = (\boldsymbol{r} \times \boldsymbol{f})\rho(\varphi + \varphi_1) + \nabla\cdot(\boldsymbol{r} \times \boldsymbol{P}) \tag{3-4-8}$$

3.4.4 能量微分方程

将式(3-3-4)中面积分转变为体积分。

$$\oint_A \boldsymbol{n} \cdot \boldsymbol{q}_\lambda dA = \iiint_V \nabla\cdot\boldsymbol{q}_\lambda dV = \iiint_V \nabla\cdot\nabla T dV \tag{3-4-9}$$

$$\begin{aligned}&\oint_A \left[\varphi^{2/3}\rho\left(e + \frac{v_{0s}^2}{2}\right)(\boldsymbol{v}_s \cdot \boldsymbol{n}) + \varphi_2\rho\left(e + \frac{v_0^2}{2}\right)(\boldsymbol{v} \cdot \boldsymbol{n})\right] dA \\ &= \oint_A \boldsymbol{n} \cdot \left[\varphi^{2/3}\rho\left(e + \frac{v_{0s}^2}{2}\right)\boldsymbol{v}_s + \varphi_2\rho\left(e + \frac{v_0^2}{2}\right)\boldsymbol{v}\right] dA \\ &= \iiint_V \nabla\cdot\left[\varphi^{2/3}\rho\left(e + \frac{v_{0s}^2}{2}\right)\boldsymbol{v}_s + \varphi_2\rho\left(e + \frac{v_0^2}{2}\right)\boldsymbol{v}\right] dV\end{aligned} \tag{3-4-10}$$

$$\begin{aligned}&\oint_A [\boldsymbol{p}_n \cdot (\varphi^{2/3}\boldsymbol{v}_s + \varphi_2\boldsymbol{v})] dA \\ &= \oint_A [\boldsymbol{n} \cdot \boldsymbol{P} \cdot (\varphi^{2/3}\boldsymbol{v}_s + \varphi_2\boldsymbol{v})] dA \\ &= \iiint_V \nabla\cdot\boldsymbol{P} \cdot (\varphi^{2/3}\boldsymbol{v}_s + \varphi_2\boldsymbol{v}) dV\end{aligned} \tag{3-4-11}$$

将式(3-4-9)，式(3-4-10)和式(3-4-11)代回式(3-3-4)，则：

$$\iiint_V \left\{ \frac{\partial}{\partial t}\left[\rho\left(e + \frac{v_s^2}{2} + \frac{v^2}{2}\right)\right] + \nabla\cdot\left[\varphi^{2/3}\rho\left(e + \frac{v_s^2}{2}\right)\boldsymbol{v}_s + \varphi_2\rho\left(e + \frac{v^2}{2}\right)\boldsymbol{v}\right] - \nabla\cdot\nabla T - q_R - \boldsymbol{f} \cdot \rho(\varphi\boldsymbol{v}_s + \varphi_1\boldsymbol{v}) - \nabla\cdot\boldsymbol{P} \cdot (\varphi^{2/3}\boldsymbol{v}_s + \varphi_2\boldsymbol{v}) \right\} dV = 0 \tag{3-4-12}$$

由上式积分为零，则

$$\frac{\partial}{\partial t}\left[\rho\left(e + \frac{v_s^2}{2} + \frac{v^2}{2}\right)\right] + \nabla\cdot\left[\varphi^{2/3}\rho\left(e + \frac{v_s^2}{2}\right)\boldsymbol{v}_s + \varphi_2\rho\left(e + \frac{v^2}{2}\right)\boldsymbol{v}\right] = \nabla\cdot\nabla T + q_R + \boldsymbol{f} \cdot \rho(\varphi\boldsymbol{v}_s + \varphi_1\boldsymbol{v}) + \nabla\cdot\boldsymbol{P} \cdot (\varphi^{2/3}\boldsymbol{v}_s + \varphi_2\boldsymbol{v}) \tag{3-4-13}$$

3.5 湍流第二输运公式

当系统中为可压缩湍流时，它在运动过程中，不但形状改变，而且其体积也在变化。当 $\Delta t \to 0$ 时，系统的导数与控制体的导数相等。这个等式，就是湍流第二输运公式。

在可压缩湍流场中，绘出如图 3-5-1 所示的系统与控制体关系，开始时它们重合，当

经过 Δt 时，系统运动到新的位置，体积也发生变化。湍流第二输运公式，其推导过程与第一输运公式推导是一样的，唯一的区别是，湍流第二输运公式将系统中湍流是可压缩的特点引入推导过程之中，运用图 3-5-1，以数学方式写成：

$$\frac{\mathrm{D}I_{\mathrm{m}}}{\mathrm{D}t}=\frac{\mathrm{D}}{\mathrm{D}t}\iiint_{V_0}(\varphi\Phi_{\mathrm{s}}+\varphi_1\Phi)\mathrm{d}V_0=\iiint_{V_0}\left[\frac{\mathrm{D}}{\mathrm{D}t}(\varphi\Phi_{\mathrm{s}}\mathrm{d}V_0)+\frac{\mathrm{D}}{\mathrm{D}t}(\varphi_1\Phi\mathrm{d}V_0)\right]$$

$$=\iiint_{V_0}\left[\varphi\mathrm{d}V_0\frac{\mathrm{D}\Phi_{\mathrm{s}}}{\mathrm{D}t}+\varphi\Phi_{\mathrm{s}}\frac{\mathrm{D}(\mathrm{d}V_0)}{\mathrm{D}t}+\varphi_1\mathrm{d}V_0\frac{\mathrm{D}\Phi}{\mathrm{D}t}+\Phi\varphi_1\frac{\mathrm{D}(\mathrm{d}V_0)}{\mathrm{D}t}\right] \tag{3-5-1}$$

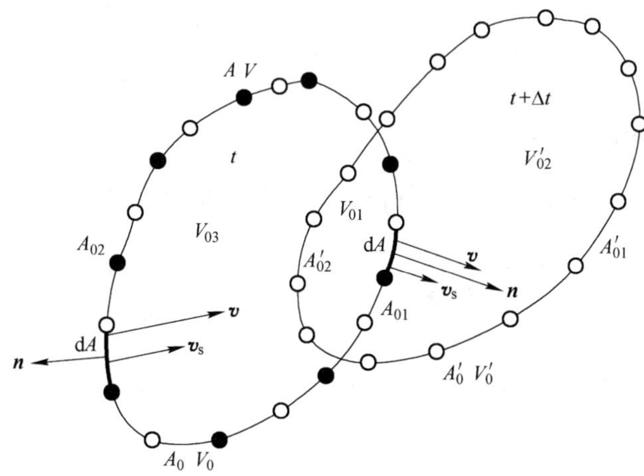

图 3-5-1　可压缩湍流系统与控制体关系示意图

控制体边界—●●●—；系统边界—○○○—；

A—控制体表面；V—控制体体积；A_0—系统表面；V_0—系统体积；

A'_0—系统运动 Δt 后，新位置表面面积；V'_0—系统运动 Δt 后，新位置时体积；

A_{01}—V'_{02} 与 V_{01} 交界面，$A_{02}=A_0-A_{01}$；A'_{02}—V_{01} 与 V_{03} 交界面，$A'_{01}=A'_0-A'_{02}$

根据散度定义，结合湍流特点，分别定义分散相和连续相散度为：

$$\nabla\cdot\boldsymbol{v}_{\mathrm{s}}=\frac{\varphi\mathrm{D}(\mathrm{d}V_0)}{\mathrm{d}V_0\mathrm{D}t} \tag{3-5-2}$$

$$\nabla\cdot\boldsymbol{v}=\frac{\varphi_1\mathrm{D}(\mathrm{d}V_0)}{\mathrm{d}V_0\mathrm{D}t} \tag{3-5-3}$$

将式(3-5-2)，式(3-5-3)代入式(3-5-1)，则：

$$\frac{\mathrm{D}I_{\mathrm{m}}}{\mathrm{D}t}=\iiint_{V_0}\left(\varphi\frac{\mathrm{D}\Phi_{\mathrm{s}}}{\mathrm{D}t}+\Phi_{\mathrm{s}}\nabla\cdot\boldsymbol{v}_{\mathrm{s}}+\varphi_1\frac{\mathrm{D}\Phi}{\mathrm{D}t}+\Phi\nabla\cdot\boldsymbol{v}\right)\mathrm{d}V_0$$

$$=\iiint_{V}\left[\left(\varphi\frac{\mathrm{D}\Phi_{\mathrm{s}}}{\mathrm{D}t}+\Phi_{\mathrm{s}}\nabla\cdot\boldsymbol{v}_{\mathrm{s}}\right)+\left(\varphi_1\frac{\mathrm{D}\Phi}{\mathrm{D}t}+\Phi\nabla\cdot\boldsymbol{v}\right)\right]\mathrm{d}V \tag{3-5-4}$$

3.6　可压缩湍流积分方程组

3.6.1　质量守恒积分方程

令 $\Phi_{\mathrm{s}}=\rho$，$\Phi=\rho$，$I_{\mathrm{m}}=m$，代入式(3-5-4)，然后代入式(3-1-1)。

$$\frac{\mathrm{D}m}{\mathrm{D}t} = \iiint_V \left[\frac{\mathrm{D}\rho}{\mathrm{D}t} + \rho(\nabla\cdot \boldsymbol{v}_s + \nabla\cdot \boldsymbol{v})\right]\mathrm{d}V = 0 \tag{3-6-1}$$

3.6.2　动量守恒积分方程

令 $I_m = J$, $\Phi_s = \rho\boldsymbol{v}_s$, $\Phi = \rho\boldsymbol{v}$, 代入式(3-5-4)，然后代入式(3-1-2)。

$$\frac{\mathrm{D}J}{\mathrm{D}t} = \iiint_V \left\{(\varphi\boldsymbol{v}_s + \varphi_1\boldsymbol{v})\frac{\mathrm{D}\rho}{\mathrm{D}t} + \rho\left(\varphi\frac{\mathrm{D}\boldsymbol{v}_s}{\mathrm{D}t} + \varphi_1\frac{\mathrm{D}\boldsymbol{v}}{\mathrm{D}t}\right) + \rho[\boldsymbol{v}_s(\nabla\cdot \boldsymbol{v}_s) + \boldsymbol{v}(\nabla\cdot \boldsymbol{v})]\right\}\mathrm{d}V$$

$$= \iiint_V \boldsymbol{f}\rho\mathrm{d}V + \oint_A \boldsymbol{p}_n\mathrm{d}A \tag{3-6-2}$$

3.6.3　动量矩守恒积分方程

令 $I_m = L_0$, $\Phi_s = \boldsymbol{r}\times\rho\boldsymbol{v}_s$, $\Phi = \boldsymbol{r}\times\rho\boldsymbol{v}$, 代入式(3-5-4)，然后代入式(3-1-4)，

$$\frac{\mathrm{D}L_0}{\mathrm{D}t} = \iiint_V \left[\varphi\frac{\mathrm{D}(\boldsymbol{r}\times\rho\boldsymbol{v}_s)}{\mathrm{D}t} + (\boldsymbol{r}\times\rho\boldsymbol{v}_s)\nabla\cdot \boldsymbol{v}_s + \varphi_1\frac{\mathrm{D}(\boldsymbol{r}\times\rho\boldsymbol{v})}{\mathrm{D}t} + \boldsymbol{r}\times(\rho\boldsymbol{v})\nabla\cdot \boldsymbol{v}\right]\mathrm{d}V$$

$$= \iiint_V (\boldsymbol{r}\times\rho\boldsymbol{f})\mathrm{d}V + \oint_A (\boldsymbol{r}\times\boldsymbol{p}_n)\mathrm{d}A \tag{3-6-3}$$

3.6.4　能量守恒积分方程

$I_m = E$, $\Phi_s = \rho\left(e + \frac{v_s^2}{2}\right)$, $\Phi = \rho\left(e + \frac{v^2}{2}\right)$, 代入式(3-5-4)，然后代入式(3-1-5)，

$$\frac{\mathrm{D}E}{\mathrm{D}t} = \iiint_V \left\{\varphi\frac{\mathrm{D}}{\mathrm{D}t}\left[\rho\left(e + \frac{v_s^2}{2}\right)\right] + \rho\left(e + \frac{v_s^2}{2}\right)\nabla\cdot \boldsymbol{v}_s + \varphi_1\frac{\mathrm{D}}{\mathrm{D}t}\left[\rho\left(e + \frac{v^2}{2}\right)\right] + \rho\left(e + \frac{v^2}{2}\right)\nabla\cdot \boldsymbol{v}\right\}\mathrm{d}V$$

$$= \oint_A \boldsymbol{n}\cdot\boldsymbol{q}_\lambda\mathrm{d}A + \iiint_V \rho q_R\mathrm{d}V + \iiint_V \boldsymbol{f}\cdot\rho(\varphi\boldsymbol{v}_s + \varphi_1\boldsymbol{v})\mathrm{d}V + \oint_A \boldsymbol{p}_n\cdot(\varphi^{2/3}\boldsymbol{v}_s + \varphi_2\boldsymbol{v})\mathrm{d}A \tag{3-6-4}$$

3.7　广义牛顿定律

关于广义牛顿定律，很多流体力学中均有推导和论证。此节只是为应用而引入广义牛顿定律，故不作推导。牛顿定律，是联系应力与应变的关系，对可压缩流体运动，其表达式为：

$$p_{xx} = -p + 2\mu\frac{\partial u}{\partial x} - \frac{2}{3}\mu\nabla\cdot \boldsymbol{v} \tag{3-7-1}$$

$$p_{yy} = -p + 2\mu\frac{\partial v}{\partial y} - \frac{2}{3}\mu\nabla\cdot \boldsymbol{v} \tag{3-7-2}$$

$$p_{zz} = -p + 2\mu\frac{\partial w}{\partial z} - \frac{2}{3}\mu\nabla\cdot \boldsymbol{v} \tag{3-7-3}$$

$$p_{yx} = p_{xy} = \mu\left(\frac{\partial v}{\partial x} + \frac{\partial u}{\partial y}\right) \tag{3-7-4}$$

$$p_{zx}=p_{xz}=\mu\left(\frac{\partial w}{\partial x}+\frac{\partial u}{\partial z}\right) \tag{3-7-5}$$

$$p_{yz}=p_{zy}=\mu\left(\frac{\partial v}{\partial z}+\frac{\partial w}{\partial y}\right) \tag{3-7-6}$$

对不可压缩流体运动，其表达式为 $\nabla\cdot\boldsymbol{v}=0$，其他不变，即：

$$p_{xx}=-p+2\mu\frac{\partial u}{\partial x} \tag{3-7-7}$$

$$p_{yy}=-p+2\mu\frac{\partial v}{\partial y} \tag{3-7-8}$$

$$p_{zz}=-p+2\mu\frac{\partial w}{\partial z} \tag{3-7-9}$$

张量的分解：

$$\begin{aligned}\boldsymbol{P}&=\boldsymbol{p}_x\boldsymbol{i}+\boldsymbol{p}_y\boldsymbol{j}+\boldsymbol{p}_z\boldsymbol{k}\\&=(p_{xx}\boldsymbol{i}+p_{xy}\boldsymbol{j}+p_{xz}\boldsymbol{k})\boldsymbol{i}+(p_{yx}\boldsymbol{i}+p_{yy}\boldsymbol{j}+p_{yz}\boldsymbol{k})\boldsymbol{j}+\\&\quad(p_{zx}\boldsymbol{i}+p_{zy}\boldsymbol{j}+p_{zz}\boldsymbol{k})\boldsymbol{k}\end{aligned} \tag{3-7-10}$$

3.8　湍流剪应力的分解

湍流中存在着涡旋运动，由它引起附加剪应力。因此，湍流中应分为由连续相引起的黏性剪应力与由涡旋运动引起的附加剪应力。当湍流中涡旋体积分数为 φ，则其面积分数为 $\varphi^{2/3}$，则附加剪应力为：

x 方向附加剪应力　$$\tau'_x=\varphi^{2/3}(p'_{yx}+p'_{zx}) \tag{3-8-1}$$

y 方向附加剪应力　$$\tau'_y=\varphi^{2/3}(p'_{xy}+p'_{zy}) \tag{3-8-2}$$

z 方向附加剪应力　$$\tau'_z=\varphi^{2/3}(p'_{xz}+p'_{yz}) \tag{3-8-3}$$

黏性剪应力为：

x 方向黏性剪应力　$$\tau_x=(1-\varphi^{2/3})(p_{yx}+p_{zx}) \tag{3-8-4}$$

y 方向黏性剪应力　$$\tau_y=(1-\varphi^{2/3})(p_{xy}+p_{zy}) \tag{3-8-5}$$

z 方向黏性剪应力　$$\tau_z=(1-\varphi^{2/3})(p_{xz}+p_{yz}) \tag{3-8-6}$$

3.9　涡旋公式分解

$$\omega_x=\frac{1}{2}\left(\frac{\partial w}{\partial y}-\frac{\partial v}{\partial z}\right)=\omega_{x^0}+\omega_{\bar{x}} \tag{3-9-1}$$

$$\omega_y=\frac{1}{2}\left(\frac{\partial u}{\partial z}-\frac{\partial w}{\partial x}\right)=\omega_{y^0}+\omega_{\bar{y}} \tag{3-9-2}$$

$$\omega_z=\frac{1}{2}\left(\frac{\partial v}{\partial x}-\frac{\partial u}{\partial y}\right)=\omega_{z^0}+\omega_{\bar{z}} \tag{3-9-3}$$

3.10　附加剪应力涡旋平移速度及其图解

3.10.1　附加剪应力以涡旋平移速度表示

$$\varphi^{2/3}(p'_{yx} + p'_{zx}) = \varphi^{2/3}\rho(u^*_{y\bar{z}}u_{\bar{z}} + u^*_{zy0}u_{y0}) \tag{3-10-1}$$

$$\varphi^{2/3}(p'_{xy} + p'_{zy}) = \varphi^{2/3}\rho(v^*_{xz0}v_{z0} + v^*_{z\bar{x}}v_{\bar{x}}) \tag{3-10-2}$$

$$\varphi^{2/3}(p'_{xz} + p'_{yz}) = \varphi^{2/3}\rho(w^*_{x\bar{y}}w_{\bar{y}} + w^*_{yx0}w_{x0}) \tag{3-10-3}$$

3.10.2　涡旋平移速度图解说明

涡旋平移速度图解说明如图 3-10-1 ~ 图 3-10-6 所示。

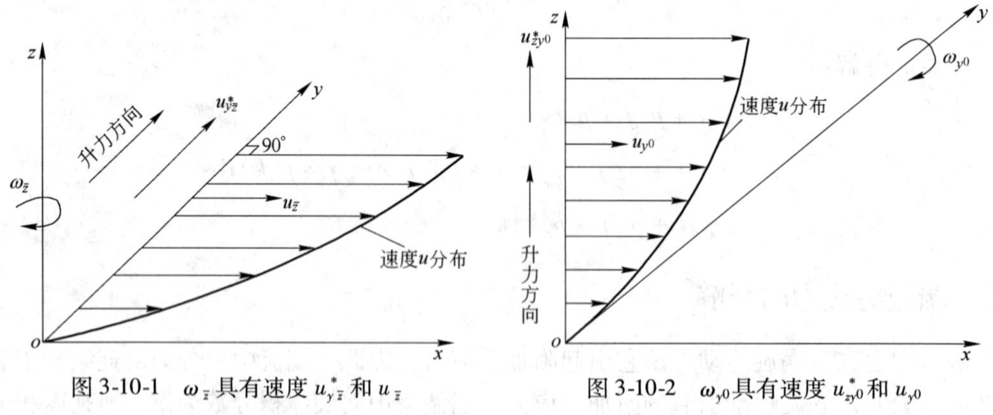

图 3-10-1　$\omega_{\bar{z}}$ 具有速度 $u^*_{y\bar{z}}$ 和 $u_{\bar{z}}$　　图 3-10-2　ω_{y0} 具有速度 u^*_{zy0} 和 u_{y0}

图 3-10-1 和图 3-10-2 中：$u^*_{y\bar{z}}$ 为由涡旋 $\omega_{\bar{z}}$ 引起升力，使其产生垂直穿过 xoz 平面的速度；$u_{\bar{z}}$ 为具有 $\omega_{\bar{z}}$ 的涡旋沿 x 方向速度；u^*_{zy0} 为由涡旋 ω_{y0} 引起升力，使其产生垂直穿过 xoy 平面的速度；u_{y0} 为具有 ω_{y0} 的涡旋沿 x 方向速度。

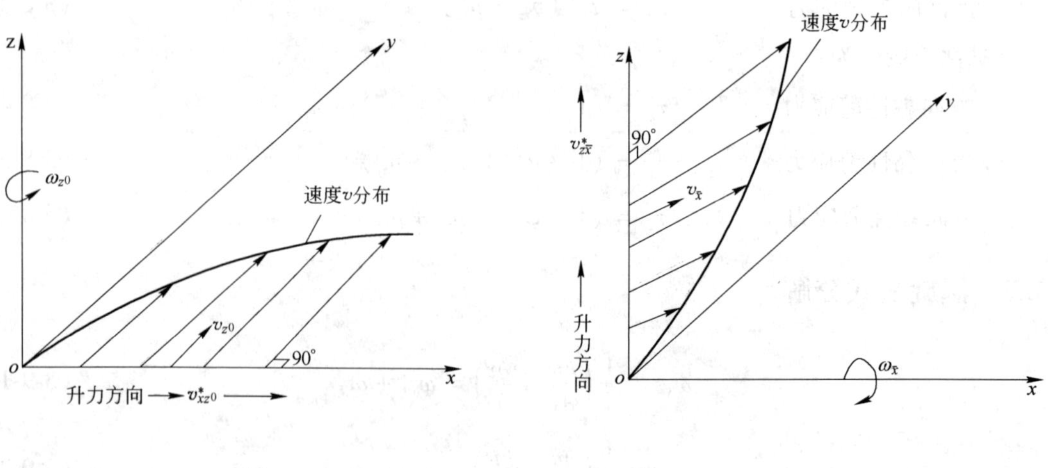

图 3-10-3　ω_{z0} 具有速度 v^*_{xz0} 和 v_{z0}　　图 3-10-4　$\omega_{\bar{x}}$ 具有速度 $v^*_{z\bar{x}}$ 和 $v_{\bar{x}}$

图 3-10-3 与图 3-10-4 中：v^*_{xz0} 为由涡旋 ω_{z0} 引起的升力，使其产生垂直穿过 yoz 平面的

速度；v_{z0}为具有 ω_{z0}的涡旋沿 y 方向速度；$v_{z\bar{x}}^*$ 为由 $\omega_{\bar{x}}$ 涡旋引起升力，使其产生垂直穿过 xoy 平面的速度；$v_{\bar{x}}$ 为具有 $\omega_{\bar{x}}$ 的涡旋沿 y 方向速度。

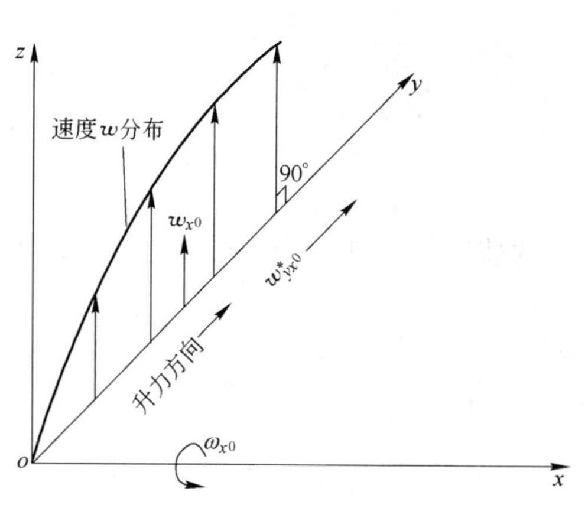

图 3-10-5 ω_{x0}具有速度 w_{yx0}^*和 w_{x0}

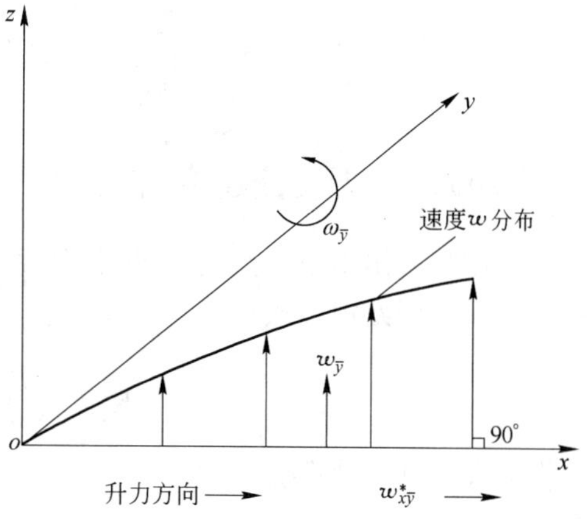

图 3-10-6 $\omega_{\bar{y}}$具有速度 $w_{x\bar{y}}^*$ 和 $w_{\bar{y}}$

图 3-10-5 与图 3-10-6 中：w_{yx0}^*为由涡旋 ω_{x0}引起升力，使其垂直穿过 xoz 平面的速度；w_{x0}为涡旋 ω_{x_0}沿 z 方向速度；$w_{x\bar{y}}^*$ 为由涡旋 $\omega_{\bar{y}}$ 引起升力，使其垂直穿过 yoz 平面的速度；$w_{\bar{y}}$ 为涡旋 $\omega_{\bar{y}}$ 沿 z 方向速度。

3.11 涡旋平行连续相速度公式

要使湍流运动微分方程数目与未知函数数目相等，必须将分散相函数与连续相函数联系起来。这样，方程组才能封闭。为此，应用式(2-5-8)，现将它写成物理方程：

$$u^2 = u_s^2 + \frac{2}{5}r_s\omega^2 \tag{3-11-1}$$

式中，r_s 是涡旋半径，将它用式(2-6-11)置换，则有：

$$u_s = \sqrt{u^2 - 4\nu\omega} \tag{3-11-2}$$

流体旋转微团，在边层流界面上产生涡旋运动，即一边旋转，一边以垂直于连续相速度 v^* 做平移运动，而且还保留部分能量，使它仍然具有平行于连续相速度 u_s。当它进入层外流区后，它到什么地方，就自动调节其能量与该点平行流的能量相等。

在直角坐标系下，涡旋在湍流场中平行于连续相速度表达式如下：

x 方向，由图 3-10-1 与图 3-10-2 可知：

$$u_{\bar{z}} = \sqrt{u^2 - 4\nu\omega_{\bar{z}}} = \sqrt{u^2 - 2\nu\frac{\partial u}{\partial y}} \tag{3-11-3}$$

$$u_{y0} = \sqrt{u^2 - 4\nu\omega_{y0}} = \sqrt{u^2 - 2\nu\frac{\partial u}{\partial z}} \tag{3-11-4}$$

y 方向，由图 3-10-3 与图 3-10-4 可知：

$$v_{\bar{x}} = \sqrt{v^2 - 4\nu\omega_{\bar{x}}} = \sqrt{v^2 - 2\nu\frac{\partial v}{\partial z}} \tag{3-11-5}$$

$$v_{z0} = \sqrt{v^2 - 4\nu\omega_{z0}} = \sqrt{v^2 - 2\nu\frac{\partial v}{\partial x}} \tag{3-11-6}$$

z 方向，由图 3-10-5 与图 3-10-6 可知：

$$w_{\bar{y}} = \sqrt{w^2 - 4\nu\omega_{\bar{y}}} = \sqrt{w^2 - 2\nu \frac{\partial w}{\partial x}} \tag{3-11-7}$$

$$w_{x0} = \sqrt{w^2 - 4\nu\omega_{x0}} = \sqrt{w^2 - 2\nu \frac{\partial w}{\partial y}} \tag{3-11-8}$$

3.12　涡旋垂直无旋流速度公式

涡旋在升力作用下，具有垂直于无旋平行流的速度 v^*。其计算公式为式(2-2-12)，现将它写成物理方程形式：

$$v^* = \sqrt{\frac{k_1}{k_2}} \frac{e^{2t\sqrt{k_1k_2}} - 1}{e^{2t\sqrt{k_1k_2}} + 1} \tag{3-12-1}$$

将上式作近似处理后，为：

$$v^* = \frac{tk_1}{1 + t\sqrt{k_1k_2}} \tag{3-12-2}$$

式中，k_2 由式(2-2-11)计算，并用式(2-6-11)置换它，为：

$$k_2 = 0.052\nu^{-\frac{1}{2}}\omega^{\frac{1}{2}} \tag{3-12-3}$$

$$k_1 = 6(v - v_s)\omega = 6(v - \sqrt{v^2 - 4\nu\omega})\omega \tag{3-12-4}$$

将 k_1 作近似处理后，为：

$$k_1 = \frac{12\nu\omega^2}{v} \tag{3-12-5}$$

$$k_1k_2 = 0.63\nu^{\frac{1}{2}}\omega^{\frac{5}{2}}v^{-1} \tag{3-12-6}$$

将式(3-12-5)与式(3-12-6)代入式(3-12-2)

$$v^* = \frac{12t\nu\omega^2v^{-1}}{1 + t\sqrt{0.63\nu^{\frac{1}{2}}\omega^{\frac{5}{2}}v^{-1}}} \tag{3-12-7}$$

在直角坐标系中，v^* 计算公式为：

垂直 x 轴：

$$u^*_{y\bar{z}} = \frac{12t\nu\omega_{\bar{z}}^2u^{-1}}{1 + t\sqrt{0.63\nu^{\frac{1}{2}}\omega_{\bar{z}}^{\frac{5}{2}}u^{-1}}} = \frac{3t\nu\left(\frac{\partial u}{\partial y}\right)^2u^{-1}}{1 + t\sqrt{0.11\nu^{\frac{1}{2}}\left(\frac{\partial u}{\partial y}\right)^{\frac{5}{2}}u^{-1}}} \tag{3-12-8}$$

$$u^*_{zy0} = \frac{12t\nu\omega_{y0}^2u^{-1}}{1 + t\sqrt{0.63\nu^{\frac{1}{2}}\omega_{y0}^{\frac{5}{2}}u^{-1}}} = \frac{3t\nu\left(\frac{\partial u}{\partial z}\right)^2u^{-1}}{1 + t\sqrt{0.11\nu^{\frac{1}{2}}\left(\frac{\partial u}{\partial z}\right)^{\frac{5}{2}}u^{-1}}} \tag{3-12-9}$$

垂直 y 轴：

$$v^*_{xz0} = \frac{12t\nu\omega_{z0}^2v^{-1}}{1 + t\sqrt{0.63\nu^{\frac{1}{2}}\omega_{z0}^{\frac{5}{2}}v^{-1}}} = \frac{3t\nu\left(\frac{\partial v}{\partial x}\right)^2v^{-1}}{1 + t\sqrt{0.11\nu^{\frac{1}{2}}\left(\frac{\partial v}{\partial x}\right)^{\frac{5}{2}}v^{-1}}} \tag{3-12-10}$$

$$v_{z\bar{x}}^{*} = \frac{12t\nu\omega_{\bar{x}}^{2}v^{-1}}{1 + t\sqrt{0.63\nu^{\frac{1}{2}}\omega_{\bar{x}}^{\frac{5}{2}}v^{-1}}} = \frac{3t\nu\left(\frac{\partial v}{\partial z}\right)^{2}v^{-1}}{1 + t\sqrt{0.11\nu\left(\frac{\partial v}{\partial z}\right)^{\frac{5}{2}}v^{-1}}} \tag{3-12-11}$$

垂直 z 轴：

$$w_{x\bar{y}}^{*} = \frac{12t\nu\omega_{\bar{y}}^{2}w^{-1}}{1 + t\sqrt{0.63\nu^{\frac{1}{2}}\omega_{\bar{y}}^{\frac{5}{2}}w^{-1}}} = \frac{3t\nu\left(\frac{\partial w}{\partial x}\right)^{2}w^{-1}}{1 + t\sqrt{0.11\nu^{\frac{1}{2}}\left(\frac{\partial w}{\partial x}\right)^{\frac{5}{2}}w^{-1}}} \tag{3-12-12}$$

$$w_{yx0}^{*} = \frac{12t\nu\omega_{x0}^{2}w^{-1}}{1 + t\sqrt{0.63\nu^{\frac{1}{2}}\omega_{x0}^{\frac{5}{2}}w^{-1}}} = \frac{3t\nu\left(\frac{\partial w}{\partial y}\right)^{2}w^{-1}}{1 + t\sqrt{0.11\nu^{\frac{1}{2}}\left(\frac{\partial w}{\partial y}\right)^{\frac{5}{2}}w^{-1}}} \tag{3-12-13}$$

3.13　涡旋平移速度自积

在 x 方向，分别有 y 平面与 z 平面上的涡旋平移速度自积，为 $u_{y\bar{z}}^{*}u_{\bar{z}}$ 与 $u_{zy0}^{*}u_{y0}$。由式(3-11-3)与式(3-12-8)，有

$$u_{y\bar{z}}^{*}u_{\bar{z}} = \frac{3t\nu\left(\frac{\partial u}{\partial y}\right)^{2}u^{-1}\left(u^{2} - 2\nu\frac{\partial u}{\partial y}\right)^{\frac{1}{2}}}{1 + t\sqrt{0.11\nu^{\frac{1}{2}}\left(\frac{\partial u}{\partial y}\right)^{\frac{5}{2}}u^{-1}}} \tag{3-13-1}$$

由上式近似处理后，为：

$$u_{y\bar{z}}^{*}u_{\bar{z}} = 3\nu t\left(\frac{\partial u}{\partial y}\right)^{2} \tag{3-13-2}$$

由式(3-11-4)与式(3-12-9)，有：

$$u_{zy0}^{*}u_{y0} = \frac{3\nu t\left(\frac{\partial u}{\partial z}\right)^{2}u^{-1}\left(u^{2} - 2\nu\frac{\partial u}{\partial z}\right)^{\frac{1}{2}}}{1 + t\sqrt{0.11\nu^{\frac{1}{2}}\left(\frac{\partial u}{\partial z}\right)^{\frac{5}{2}}u^{-1}}} \tag{3-13-3}$$

作近似处理后，有

$$u_{zy0}^{*}u_{y0} = 3\nu t\left(\frac{\partial u}{\partial z}\right)^{2} \tag{3-13-4}$$

在 y 方向，分别有 x 平面与 z 平面上涡旋平移速度，为 $v_{z\bar{x}}^{*}v_{\bar{x}}$ 与 $v_{xz0}^{*}v_{z0}$。由式(3-12-11)与式(3-11-5)，有：

$$v_{z\bar{x}}^{*}v_{\bar{x}} = \frac{3t\nu\left(\frac{\partial v}{\partial z}\right)^{2}v^{-1}\left(v^{2} - 2\nu\frac{\partial v}{\partial z}\right)^{\frac{1}{2}}}{1 + t\sqrt{0.11\nu^{\frac{1}{2}}\left(\frac{\partial v}{\partial z}\right)^{\frac{5}{2}}v^{-1}}} \tag{3-13-5}$$

近似处理，为：

$$v_{z\bar{x}}^{*}v_{\bar{x}} = 3\nu t\left(\frac{\partial v}{\partial z}\right)^{2} \tag{3-13-6}$$

由式(3-12-10)与式(3-11-6)，有：

$$v_{xz0}^{*}v_{z0} = \frac{3t\nu\left(\frac{\partial v}{\partial x}\right)^{2}v^{-1}\left(v^{2} - 2\nu\frac{\partial v}{\partial x}\right)^{\frac{1}{2}}}{1 + t\sqrt{0.11\nu^{\frac{1}{2}}\left(\frac{\partial v}{\partial x}\right)^{\frac{5}{2}}v^{-1}}} \tag{3-13-7}$$

作近似处理，为：

$$v_{xz0}^{*}v_{z0} = 3\nu t\left(\frac{\partial v}{\partial x}\right)^{2} \tag{3-13-8}$$

在 z 方向，分别有 x 平面与 y 平面上涡旋平移速度自积为 $w_{x\bar{y}}^{*}w_{\bar{y}}$，$w_{yx0}^{*}w_{x0}$。由式(3-12-12)与式(3-11-7)，有

$$w_{x\bar{y}}^{*}w_{\bar{y}} = \frac{3t\nu\left(\frac{\partial w}{\partial x}\right)^{2}w^{-1}\left(w^{2} - 2\nu\frac{\partial w}{\partial x}\right)^{\frac{1}{2}}}{1 + t\sqrt{0.11\nu^{\frac{1}{2}}\left(\frac{\partial w}{\partial x}\right)^{\frac{5}{2}}w^{-1}}} \tag{3-13-9}$$

作近似处理，有

$$w_{x\bar{y}}^{*}w_{\bar{y}} = 3t\nu\left(\frac{\partial w}{\partial x}\right)^{2} \tag{3-13-10}$$

由式(3-12-13)与式(3-11-8)，有：

$$w_{yx0}^{*}w_{x0} = \frac{3\nu t\left(\frac{\partial w}{\partial y}\right)^{2}w^{-1}\left(w^{2} - 2\nu\frac{\partial w}{\partial y}\right)^{\frac{1}{2}}}{1 + t\sqrt{0.11\nu^{\frac{1}{2}}\left(\frac{\partial w}{\partial y}\right)^{\frac{5}{2}}w^{-1}}} \tag{3-13-11}$$

作近似处理，有

$$w_{yx0}^{*}w_{x0} = 3\nu t\left(\frac{\partial w}{\partial y}\right)^{2} \tag{3-13-12}$$

3.14　附加剪应力以连续相速度表示

要使湍流微分方程组封闭，必须将分散相运动要素转化为用连续相运动要素表示。

首先，必须将湍流附加剪应力转化为以连续相速度表示，x 方向、y 方向和 z 方向分别利用式(3-13-2)与式(3-13-4)、式(3-13-6)与式(3-13-8)以及式(3-13-10)与式(3-13-12)，代入式(3-10-1)、式(3-10-2)和式(3-10-3)，则

$$\varphi^{2/3}(p'_{yx} + p'_{zx}) = \varphi^{2/3}\rho\nu t\left[\left(\frac{\partial u}{\partial y}\right)^{2} + \left(\frac{\partial u}{\partial z}\right)^{2}\right] \tag{3-14-1}$$

$$\varphi^{2/3}(p'_{xy} + p'_{zy}) = \varphi^{2/3}\rho\nu t\left[\left(\frac{\partial v}{\partial x}\right)^{2} + \left(\frac{\partial v}{\partial z}\right)^{2}\right] \tag{3-14-2}$$

$$\varphi^{2/3}(p'_{xz} + p'_{yz}) = \varphi^{2/3}\rho\nu t\left[\left(\frac{\partial w}{\partial x}\right)^{2} + \left(\frac{\partial w}{\partial y}\right)^{2}\right] \tag{3-14-3}$$

3.15 涡旋平移速度表达式

涡旋形成条件不同，其平行于坐标轴的平移速度也各不同。沿同一个坐标轴有两个涡旋平移速度，取其平均值，作为涡旋平移运动代表速度。

由式(3-11-3)与式(3-11-4)，取：

$$u_s = \frac{1}{2}(u_{\bar{z}} + u_{y0}) \approx u - \frac{\nu}{2u}\left(\frac{\partial u}{\partial y} + \frac{\partial u}{\partial z}\right) \tag{3-15-1}$$

由式(3-11-5) 与式(3-11-6)，取：

$$v_s = \frac{1}{2}(v_{\bar{x}} + v_{z0}) \approx v - \frac{\nu}{2v}\left(\frac{\partial v}{\partial z} + \frac{\partial v}{\partial x}\right) \tag{3-15-2}$$

由式(3-11-7) 与式(3-11-8)，取：

$$w_s = \frac{1}{2}(w_{\bar{y}} + w_{x0}) \approx w - \frac{\nu}{2w}\left(\frac{\partial w}{\partial x} + \frac{\partial w}{\partial y}\right) \tag{3-15-3}$$

以上各节，为建立流体运动微分方程组做好准备工作。流体运动分为层流与湍流，湍流的定义是指其流场中有涡旋斜穿其平移运动流层的运动；而层流，其层间则没有涡旋穿行。

无论层流还是湍流，均分可压缩和不可压缩两种情况。不可压缩流体运动，以第一输运公式为出发点；可压缩流体，以第二输运公式为出发点，下边将分别建立其运动微分方程组。

3.16 层流不可压缩运动微分方程组

层流运动是指其流体微团均在各自所在的流层中运动。当各层之间有速度微差时，各层内流体微团自身也有旋转运动，但强度较弱，不能配合层间速度微差产生升力作用，使微团沿垂直流层方向运动，克服惯性而脱离所在流层。整个流场中所有流体微团，无论是有旋转还是无旋转的，均处于层间做平移运动。这就是层流运动所定义的范围。

3.16.1 连续性方程

当 $I_m = m$，$\Phi_s = 0$　$\varphi = 0, \rho =$ 常数，由式(3-2-1)得：

$$\frac{\mathrm{D}m}{\mathrm{D}t} = \rho \oint_A (\boldsymbol{n} \cdot \boldsymbol{v}) \mathrm{d}A = \rho \iiint_V (\nabla \cdot \boldsymbol{v}) \mathrm{d}V$$

将上式代入式(3-1-1)有：

$$\frac{\mathrm{D}m}{\mathrm{D}t} = \rho \iiint_V (\nabla \cdot \boldsymbol{v}) \mathrm{d}V = 0 \tag{3-16-1}$$

由此得：

$$\nabla \cdot \boldsymbol{v} = 0 \tag{3-16-2}$$

这就是流体力学中，不可压缩流体连续性微分方程。

3.16.2 动量方程

令 $\Phi_s = 0$，$\varphi = 0$，$\Phi = \rho\boldsymbol{v}$，$I_m = J$，代入式(3-2-6)，

$$\frac{\mathrm{D}J}{\mathrm{D}t} = \iiint_V \frac{\partial(\rho \boldsymbol{v})}{\partial t}\mathrm{d}V + \oiint_A \rho \boldsymbol{v}(\boldsymbol{v} \cdot \boldsymbol{n})\mathrm{d}A$$

将上式代入式(3-1-2)：

$$\iiint_V \frac{\partial(\rho \boldsymbol{v})}{\partial t}\mathrm{d}V + \oiint_A \rho \boldsymbol{v}(\boldsymbol{v} \cdot \boldsymbol{n})\mathrm{d}A = \iiint_V \boldsymbol{f}\rho \mathrm{d}V + \oiint_A \boldsymbol{p}_{\mathrm{n}}\mathrm{d}A \tag{3-16-3}$$

因为

$$\oiint_A (\boldsymbol{n} \cdot \boldsymbol{v})\rho \boldsymbol{v}\mathrm{d}A = \iiint_V (\nabla \cdot \boldsymbol{v})\rho \boldsymbol{v}\mathrm{d}V$$

$$\oiint_A \boldsymbol{p}_{\mathrm{n}}\mathrm{d}A = \iiint_V \nabla \cdot \boldsymbol{P}\mathrm{d}V$$

则式(3-16-3)可以化为

$$\rho \frac{\partial \boldsymbol{v}}{\partial t} + \rho \boldsymbol{v} \cdot \nabla \boldsymbol{v} = \boldsymbol{f}\rho + \nabla \cdot \boldsymbol{P} \tag{3-16-4}$$

除以 ρ，

$$\frac{\partial \boldsymbol{v}}{\partial t} + \boldsymbol{v} \cdot \nabla \boldsymbol{v} = \boldsymbol{f} + \frac{1}{\rho}\nabla \cdot \boldsymbol{P} \tag{3-16-5}$$

这就是流体力学中，不可压缩流层流运动动量微分方程式。现将张量散度进一步展开：

$$\begin{aligned}
\nabla \cdot \boldsymbol{P} &= \nabla \cdot (\boldsymbol{p}_x \boldsymbol{i} + \boldsymbol{p}_y \boldsymbol{j} + \boldsymbol{p}_z \boldsymbol{k}) = \nabla \cdot (\boldsymbol{p}_x \boldsymbol{i}) + \nabla \cdot (\boldsymbol{p}_y \boldsymbol{j}) + \nabla \cdot (\boldsymbol{p}_z \boldsymbol{k}) \\
&= \nabla \cdot (\boldsymbol{p}_{xx}\boldsymbol{ii} + \boldsymbol{p}_{xy}\boldsymbol{ji} + \boldsymbol{p}_{xz}\boldsymbol{ki}) + \nabla \cdot (\boldsymbol{p}_{yx}\boldsymbol{ij} + \boldsymbol{p}_{yy}\boldsymbol{jj} + \boldsymbol{p}_{yz}\boldsymbol{kj}) + \nabla \cdot (\boldsymbol{p}_{zx}\boldsymbol{ik} + \boldsymbol{p}_{zy}\boldsymbol{jk} + \boldsymbol{p}_{zz}\boldsymbol{kk}) \\
&= \left(\frac{\partial p_{xx}}{\partial x} + \frac{\partial p_{xy}}{\partial y} + \frac{\partial p_{xz}}{\partial z}\right)\boldsymbol{i} + \left(\frac{\partial p_{yx}}{\partial x} + \frac{\partial p_{yy}}{\partial y} + \frac{\partial p_{yz}}{\partial z}\right)\boldsymbol{j} + \left(\frac{\partial p_{zx}}{\partial x} + \frac{\partial p_{zy}}{\partial y} + \frac{\partial p_{zz}}{\partial z}\right)\boldsymbol{k}
\end{aligned} \tag{3-16-6}$$

$$\begin{aligned}
\frac{1}{\rho}\left(\frac{\partial p_{xx}}{\partial x} + \frac{\partial p_{xy}}{\partial y} + \frac{\partial p_{xz}}{\partial z}\right) &= \frac{1}{\rho}\left\{\frac{\partial}{\partial x}\left(-p + 2\mu \frac{\partial u}{\partial x}\right) + \frac{\partial}{\partial y}\left[\mu\left(\frac{\partial v}{\partial x} + \frac{\partial u}{\partial y}\right)\right] + \frac{\partial}{\partial z}\left[\mu\left(\frac{\partial w}{\partial x} + \frac{\partial u}{\partial z}\right)\right]\right\} \\
&= -\frac{1}{\rho}\frac{\partial p}{\partial x} + 2\nu \frac{\partial^2 u}{\partial x^2} + \nu\left(\frac{\partial^2 v}{\partial x \partial y} + \frac{\partial^2 u}{\partial y^2}\right) + \nu\left(\frac{\partial^2 w}{\partial x \partial z} + \frac{\partial^2 u}{\partial z^2}\right)
\end{aligned} \tag{3-16-7}$$

由于 $\nabla \cdot \boldsymbol{v} = \frac{\partial u}{\partial x} + \frac{\partial v}{\partial y} + \frac{\partial w}{\partial z}$，则 $\frac{\partial^2 w}{\partial z \partial x} = -\left(\frac{\partial^2 u}{\partial x^2} + \frac{\partial^2 v}{\partial y \partial x}\right)$，代入式(3-16-7)中，整理后得：

$$\begin{aligned}
&-\frac{1}{\rho}\frac{\partial p}{\partial x} + 2\nu \frac{\partial^2 u}{\partial x^2} + \nu \frac{\partial^2 v}{\partial x \partial y} + \nu \frac{\partial^2 u}{\partial y^2} - \nu \frac{\partial^2 u}{\partial x^2} - \frac{\partial^2 v}{\partial y \partial x} + \nu \frac{\partial^2 u}{\partial z^2} \\
&= -\frac{1}{\rho}\frac{\partial p}{\partial x} + \nu\left(\frac{\partial^2 u}{\partial x^2} + \frac{\partial^2 u}{\partial y^2} + \frac{\partial^2 u}{\partial z^2}\right)
\end{aligned} \tag{3-16-8}$$

同理：

$$\frac{1}{\rho}\left(\frac{\partial p_{yx}}{\partial x} + \frac{\partial p_{yy}}{\partial y} + \frac{\partial p_{yz}}{\partial z}\right) = -\frac{1}{\rho}\frac{\partial p}{\partial y} + \nu\left(\frac{\partial^2 v}{\partial x^2} + \frac{\partial^2 v}{\partial y^2} + \frac{\partial^2 v}{\partial z^2}\right) \tag{3-16-9}$$

$$-\frac{1}{\rho}\frac{\partial p}{\partial z} + \nu\left(\frac{\partial^2 w}{\partial x^2} + \frac{\partial^2 w}{\partial y^2} + \frac{\partial^2 w}{\partial z^2}\right) \tag{3-16-10}$$

将式(3-16-8)、式(3-16-9)和式(3-16-10)代回式(3-16-5)，并将所得结果分开三个方向，则：

$$\frac{\partial u}{\partial t}+u\frac{\partial u}{\partial x}+v\frac{\partial u}{\partial y}+w\frac{\partial u}{\partial z}=f_x-\frac{1}{\rho}\frac{\partial p}{\partial x}+\nu\left(\frac{\partial^2 u}{\partial x^2}+\frac{\partial^2 u}{\partial y^2}+\frac{\partial^2 u}{\partial z^2}\right) \tag{3-16-11}$$

$$\frac{\partial v}{\partial t}+u\frac{\partial v}{\partial x}+v\frac{\partial v}{\partial y}+w\frac{\partial v}{\partial z}=f_y-\frac{1}{\rho}\frac{\partial p}{\partial y}+\nu\left(\frac{\partial^2 v}{\partial x^2}+\frac{\partial^2 v}{\partial y^2}+\frac{\partial^2 v}{\partial z^2}\right) \tag{3-16-12}$$

$$\frac{\partial w}{\partial t}+u\frac{\partial w}{\partial x}+v\frac{\partial w}{\partial y}+w\frac{\partial w}{\partial z}=f_z-\frac{1}{\rho}\frac{\partial p}{\partial z}+\nu\left(\frac{\partial^2 w}{\partial x^2}+\frac{\partial^2 w}{\partial y^2}+\frac{\partial^2 w}{\partial z^2}\right) \tag{3-16-13}$$

这就是流体力学中不可压缩流体层流运动的动量方程式。

3.16.3　动量矩方程

令 $\Phi_s=0$　$\varphi=0$，$\boldsymbol{\Phi}=\boldsymbol{r}\times\rho\boldsymbol{v}$，$I_m=L$，代入式(3-2-6)，然后代入式(3-1-4)

$$\begin{aligned}\frac{\mathrm{D}L}{\mathrm{D}t}&=\frac{\mathrm{D}}{\mathrm{D}t}\iiint_V \boldsymbol{r}\times\rho\boldsymbol{v}\mathrm{d}V\\&=\iiint_V\frac{\partial}{\partial t}(\boldsymbol{r}\times\rho\boldsymbol{v})\mathrm{d}V+\oint_A\boldsymbol{r}\times\rho\boldsymbol{v}(\boldsymbol{v}\cdot\boldsymbol{n})\mathrm{d}A\\&=\iiint_V(\boldsymbol{r}\times\rho\boldsymbol{f})\mathrm{d}V+\oint_A(\boldsymbol{r}\times\boldsymbol{p}_n)\mathrm{d}A\end{aligned} \tag{3-16-14}$$

式(3-16-14)中，

$$\begin{aligned}\oint_A(\boldsymbol{r}\times\rho\,\boldsymbol{v})(\boldsymbol{v}\cdot\boldsymbol{n})\mathrm{d}A&=\oint_A(\boldsymbol{v}\cdot\boldsymbol{n})(\boldsymbol{r}\times\rho\boldsymbol{v})\mathrm{d}A\\&=\oint_A(\boldsymbol{n}\cdot\boldsymbol{v})(\boldsymbol{r}\times\rho\boldsymbol{v})\mathrm{d}A\\&=\iiint_V(\nabla\cdot\boldsymbol{v})(\boldsymbol{r}\times\rho\boldsymbol{v})\mathrm{d}V\end{aligned} \tag{3-16-15}$$

$$\oint_A(\boldsymbol{r}\times\boldsymbol{p}_n)\mathrm{d}A=\oint\boldsymbol{n}\cdot(\boldsymbol{r}\times\boldsymbol{p}_n)\mathrm{d}A=\iiint_V\nabla\cdot(\boldsymbol{r}\times\boldsymbol{p}_n)\mathrm{d}V \tag{3-16-16}$$

将式(3-16-15)和式(3-16-16)代入式(3-16-14)，则：

$$\begin{aligned}&\iiint_V\frac{\partial}{\partial t}(\boldsymbol{r}\times\rho\boldsymbol{v})\mathrm{d}V+\iiint_V\nabla\cdot\boldsymbol{v}(\boldsymbol{r}\times\rho\boldsymbol{v})\mathrm{d}V\\&=\iiint_V(\boldsymbol{r}\times\rho\boldsymbol{f})\mathrm{d}V+\iiint_V\nabla\cdot(\boldsymbol{r}\times p)\mathrm{d}V\end{aligned} \tag{3-16-17}$$

将式(3-16-17)去掉积分号，则：

$$\frac{\partial}{\partial t}(\boldsymbol{r}\times\rho\boldsymbol{v})+\nabla\cdot\boldsymbol{v}(\boldsymbol{r}\times\rho\boldsymbol{v})=\boldsymbol{r}\times\rho\boldsymbol{f}+\nabla\cdot(\boldsymbol{r}\times\boldsymbol{P}) \tag{3-16-18}$$

将上式除以 ρ，则：

$$\frac{\partial}{\partial t}(\boldsymbol{r}\times\boldsymbol{v})+\boldsymbol{v}\cdot\nabla(\boldsymbol{r}\times\boldsymbol{v})=\boldsymbol{r}\times\boldsymbol{f}+\frac{1}{\rho}\nabla\cdot(\boldsymbol{r}\times\boldsymbol{P}) \tag{3-16-19}$$

上式中：

$$\begin{aligned}\boldsymbol{v}\cdot\nabla(\boldsymbol{r}\times\boldsymbol{v})&=\boldsymbol{v}\cdot\nabla[(r_y w-r_z v)\boldsymbol{i}+(r_z u-r_x w)\boldsymbol{j}+(r_x v-r_y u)\boldsymbol{k}]\\&=\left[u\frac{\partial}{\partial x}(r_y w-r_z v)+v\frac{\partial}{\partial y}(r_y w-r_z v)+w\frac{\partial}{\partial z}(r_y w-r_z v)\right]\boldsymbol{i}+\end{aligned}$$

$$\left[u\frac{\partial}{\partial x}(r_z u - r_x w) + v\frac{\partial}{\partial y}(r_z u - r_x w) + w\frac{\partial}{\partial z}(r_z u - r_x w)\right]\boldsymbol{j} +$$

$$\left[u\frac{\partial}{\partial x}(r_x v - r_y u) + v\frac{\partial}{\partial y}(r_x v - r_y u) + w\frac{\partial}{\partial z}(r_x v - r_y u)\right]\boldsymbol{k} \tag{3-16-20}$$

$$\begin{aligned}\nabla\cdot(\boldsymbol{r}\times\boldsymbol{P}) &= \nabla\cdot[(r_y\boldsymbol{p}_z - r_z\boldsymbol{p}_y)\boldsymbol{i} + (r_z\boldsymbol{p}_x - r_x\boldsymbol{p}_z)\boldsymbol{j} + (r_x\boldsymbol{p}_y - r_y\boldsymbol{p}_x)\boldsymbol{k}]\\ &= \left[r_y\left(\frac{\partial p_{zx}}{\partial x} + \frac{\partial p_{zy}}{\partial y} + \frac{\partial p_{zz}}{\partial z}\right) - r_z\left(\frac{\partial p_{yx}}{\partial x} + \frac{\partial p_{yy}}{\partial y} + \frac{\partial p_{yz}}{\partial z}\right)\right]\boldsymbol{i} +\\ &\quad \left[r_z\left(\frac{\partial p_{xx}}{\partial x} + \frac{\partial p_{xy}}{\partial y} + \frac{\partial p_{xz}}{\partial z}\right) - r_x\left(\frac{\partial p_{zx}}{\partial x} + \frac{\partial p_{zy}}{\partial y} + \frac{\partial p_{zz}}{\partial z}\right)\right]\boldsymbol{j} +\\ &\quad \left[r_x\left(\frac{\partial p_{yx}}{\partial x} + \frac{\partial p_{yy}}{\partial y} + \frac{\partial p_{yz}}{\partial z}\right) - r_y\left(\frac{\partial p_{xx}}{\partial x} + \frac{\partial p_{xy}}{\partial y} + \frac{\partial p_{xz}}{\partial z}\right)\right]\boldsymbol{k}\end{aligned} \tag{3-16-21}$$

$$\boldsymbol{r}\times\boldsymbol{v} = (r_y w - r_z v)\boldsymbol{i} + (r_z u - r_x w)\boldsymbol{j} + (r_x v - r_y u)\boldsymbol{k} \tag{3-16-22}$$

$$\boldsymbol{r}\times\boldsymbol{f} = (r_y f_z - r_z f_y)\boldsymbol{i} + (r_z f_x - r_x f_z)\boldsymbol{j} + (r_x f_y - r_y f_x)\boldsymbol{k} \tag{3-16-23}$$

将式(3-16-20)、式(3-16-21)、式(3-16-22)和式(3-16-23)代入式(3-16-19),

$$\begin{aligned}&\frac{\partial}{\partial t}(r_y w - r_z v) + u\frac{\partial}{\partial x}(r_y w - r_z v) + v\frac{\partial}{\partial y}(r_y w - r_z v) + w\frac{\partial}{\partial z}(r_y w - r_z v)\\ &= r_y f_z - r_z f_y + \frac{1}{\rho}\left[r_y\left(\frac{\partial p_{zx}}{\partial x} + \frac{\partial p_{zy}}{\partial y} + \frac{\partial p_{zz}}{\partial z}\right) - r_z\left(\frac{\partial p_{yx}}{\partial x} + \frac{\partial p_{yy}}{\partial y} + \frac{\partial p_{yz}}{\partial z}\right)\right]\end{aligned} \tag{3-16-24}$$

$$\begin{aligned}&\frac{\partial}{\partial t}(r_z u - r_x w) + u\frac{\partial}{\partial x}(r_z u - r_x w) + v\frac{\partial}{\partial y}(r_z u - r_x w) + w\frac{\partial}{\partial z}(r_z u - r_x w)\\ &= r_z f_x - r_x f_z + \frac{1}{\rho}\left[r_z\left(\frac{\partial p_{xx}}{\partial x} + \frac{\partial p_{xy}}{\partial y} + \frac{\partial p_{xz}}{\partial z}\right) - r_x\left(\frac{\partial p_{zx}}{\partial x} + \frac{\partial p_{zy}}{\partial y} + \frac{\partial p_{zz}}{\partial z}\right)\right]\end{aligned} \tag{3-16-25}$$

$$\begin{aligned}&\frac{\partial}{\partial t}(r_x v - r_z u) + u\frac{\partial}{\partial x}(r_x v - r_y u) + v\frac{\partial}{\partial y}(r_x v - r_y u) + w\frac{\partial}{\partial z}(r_x v - r_y u)\\ &= r_x f_y - r_y f_x + \frac{1}{\rho}\left[r_x\left(\frac{\partial p_{yx}}{\partial x} + \frac{\partial p_{yy}}{\partial y} + \frac{\partial p_{yz}}{\partial z}\right) - r_y\left(\frac{\partial p_{xx}}{\partial x} + \frac{\partial p_{xy}}{\partial y} + \frac{\partial p_{xz}}{\partial z}\right)\right]\end{aligned} \tag{3-16-26}$$

因为

$$\nabla\cdot\boldsymbol{v} = \frac{\partial u}{\partial x} + \frac{\partial v}{\partial y} + \frac{\partial w}{\partial z} = 0$$

由此得:

$$\frac{\partial^2 u}{\partial z\partial x} = -\left(\frac{\partial^2 w}{\partial z^2} + \frac{\partial^2 v}{\partial y\partial z}\right) \tag{3-16-27}$$

$$\frac{\partial^2 v}{\partial y\partial z} = -\left(\frac{\partial^2 w}{\partial z^2} + \frac{\partial^2 u}{\partial x\partial z}\right) \tag{3-16-28}$$

$$\frac{\partial^2 w}{\partial z\partial y} = -\left(\frac{\partial^2 v}{\partial y^2} + \frac{\partial^2 u}{\partial x\partial y}\right) \tag{3-16-29}$$

利用以前有关公式，以及式(3-16-27)、式(3-16-28)和式(3-16-29)，对式(3-16-24)~式(3-16-26)进行简化，并注意到 $\boldsymbol{r}$ 是参变量，不参加微积分运算，则:

$$\begin{aligned}&r_y\frac{\partial w}{\partial t} - r_z\frac{\partial v}{\partial t} + u\left(r_y\frac{\partial w}{\partial x} - r_z\frac{\partial v}{\partial x}\right) + v\left(r_y\frac{\partial w}{\partial y} - r_z\frac{\partial v}{\partial y}\right) + w\left(r_y\frac{\partial w}{\partial z} - r_z\frac{\partial v}{\partial z}\right)\\ &= r_y f_z - r_z f_y + \frac{1}{\rho}\left(r_z\frac{\partial p}{\partial y} - r_y\frac{\partial p}{\partial z}\right) + \nu\left[r_y\left(\frac{\partial^2 w}{\partial x^2} + \frac{\partial^2 u}{\partial z\partial x} + \frac{\partial^2 w}{\partial y^2} + \frac{\partial^2 v}{\partial z\partial y} + 2\frac{\partial^2 w}{\partial z^2}\right) -\right.\end{aligned}$$

$$r_z\left(\frac{\partial^2 v}{\partial x^2}+\frac{\partial^2 u}{\partial y\partial x}+2\frac{\partial^2 v}{\partial y^2}+\frac{\partial^2 v}{\partial z^2}+\frac{\partial^2 w}{\partial y\partial z}\right)\Bigg] \tag{3-16-30}$$

$$\begin{aligned}&r_z\frac{\partial u}{\partial t}-r_x\frac{\partial w}{\partial t}+u\left(r_z\frac{\partial u}{\partial x}-r_x\frac{\partial w}{\partial x}\right)+v\left(r_z\frac{\partial u}{\partial y}-r_x\frac{\partial w}{\partial y}\right)+w\left(r_z\frac{\partial u}{\partial z}-r_x\frac{\partial w}{\partial z}\right)\\
&=r_zf_x-r_xf_z+\frac{1}{\rho}\left(r_x\frac{\partial p}{\partial z}-r_z\frac{\partial p}{\partial x}\right)+\nu\Bigg[r_z\left(2\frac{\partial^2 u}{\partial x^2}+\frac{\partial^2 u}{\partial y^2}+\frac{\partial^2 v}{\partial x\partial y}+\frac{\partial^2 u}{\partial z^2}+\frac{\partial^2 w}{\partial x\partial z}\right)-\\
&r_x\left(\frac{\partial^2 w}{\partial x^2}+\frac{\partial^2 u}{\partial z\partial x}+\frac{\partial^2 w}{\partial y^2}+\frac{\partial^2 v}{\partial x\partial y}+\frac{\partial^2 u}{\partial z^2}+\frac{\partial^2 w}{\partial x\partial z}\right)-\\
&r_x\left(\frac{\partial^2 w}{\partial x^2}+\frac{\partial^2 u}{\partial z\partial x}+\frac{\partial^2 w}{\partial y^2}+\frac{\partial^2 v}{\partial z\partial y}+2\frac{\partial^2 w}{\partial z^2}\right)\Bigg]\end{aligned} \tag{3-16-31}$$

$$\begin{aligned}&r_x\frac{\partial v}{\partial t}-r_z\frac{\partial u}{\partial t}+u\left(r_x\frac{\partial v}{\partial x}-r_y\frac{\partial u}{\partial x}\right)+v\left(r_x\frac{\partial v}{\partial y}-r_y\frac{\partial u}{\partial y}\right)+w\left(r_x\frac{\partial v}{\partial z}-r_y\frac{\partial u}{\partial z}\right)\\
&=r_xf_y-r_yf_x+\frac{1}{\rho}\left(r_y\frac{\partial p}{\partial x}-r_x\frac{\partial p}{\partial y}\right)+\nu\Bigg[r_x\left(\frac{\partial^2 v}{\partial x^2}+\frac{\partial^2 u}{\partial y\partial x}+2\frac{\partial^2 v}{\partial y^2}+\frac{\partial^2 v}{\partial z^2}+\frac{\partial^2 w}{\partial y\partial z}\right)-\\
&r_y\left(2\frac{\partial^2 u}{\partial x^2}+\frac{\partial^2 u}{\partial y^2}+\frac{\partial^2 v}{\partial x\partial y}+\frac{\partial^2 u}{\partial z^2}+\frac{\partial^2 w}{\partial x\partial z}\right)\Bigg]\end{aligned} \tag{3-16-32}$$

利用式(3-16-27)、式(3-16-28)和式(3-16-29)可以将式(3-16-30)~式(3-16-32)进一步简化为:

$$\begin{aligned}&r_y\frac{\partial w}{\partial t}-r_z\frac{\partial v}{\partial t}+r_yw\frac{\partial w}{\partial x}-r_zv\frac{\partial v}{\partial x}\\
&=r_yf_z-r_zf_y+\frac{1}{\rho}\left(r_z\frac{\partial p}{\partial y}-r_y\frac{\partial p}{\partial z}\right)+\nu\Bigg[r_y\left(\frac{\partial^2 w}{\partial x^2}+\frac{\partial^2 w}{\partial y^2}+\frac{\partial^2 w}{\partial z^2}\right)-\\
&r_z\left(\frac{\partial^2 v}{\partial x^2}+\frac{\partial^2 v}{\partial y^2}+\frac{\partial^2 v}{\partial z^2}\right)\Bigg]\end{aligned} \tag{3-16-33}$$

$$\begin{aligned}&r_z\frac{\partial u}{\partial t}-r_x\frac{\partial w}{\partial t}+r_zu\frac{\partial u}{\partial x}-r_xw\frac{\partial w}{\partial x}\\
&=r_zf_x-r_xf_z+\frac{1}{\rho}\left(r_x\frac{\partial p}{\partial z}-r_z\frac{\partial p}{\partial x}\right)+\nu\Bigg[r_z\left(\frac{\partial^2 u}{\partial x^2}+\frac{\partial^2 u}{\partial y^2}+\frac{\partial^2 u}{\partial z^2}\right)-\\
&r_x\left(\frac{\partial^2 w}{\partial x^2}+\frac{\partial^2 w}{\partial y^2}+\frac{\partial^2 w}{\partial z^2}\right)\Bigg]\end{aligned} \tag{3-16-34}$$

$$\begin{aligned}&r_x\frac{\partial v}{\partial t}-r_z\frac{\partial u}{\partial t}+r_xv\frac{\partial v}{\partial x}-r_yu\frac{\partial u}{\partial x}\\
&=r_xf_y-r_yf_x+\frac{1}{\rho}\left(r_y\frac{\partial p}{\partial x}-r_x\frac{\partial p}{\partial y}\right)+\nu\Bigg[r_x\left(\frac{\partial^2 v}{\partial x^2}+\frac{\partial^2 v}{\partial y^2}+\frac{\partial^2 v}{\partial z^2}\right)-\\
&r_y\left(\frac{\partial^2 u}{\partial x^2}+\frac{\partial^2 u}{\partial y^2}+\frac{\partial^2 u}{\partial z^2}\right)\Bigg]\end{aligned} \tag{3-16-35}$$

3.16.4 能量方程

令 $\Phi_s=0$, $\rho=$ 常数, $\Phi=\rho\left(e+\frac{v'^2}{2}\right)$, $I_m=E$, 代入式(3-2-6), 然后代入式(3-1-5), 得:

$$\iiint_V \frac{\partial}{\partial t}\left[\rho\left(e+\frac{v'^2}{2}\right)\right]\mathrm{d}V + \oint_A \rho\left(e+\frac{v'^2}{2}\right)(\boldsymbol{v}\cdot\boldsymbol{n})\mathrm{d}A$$

$$= \oint_A \boldsymbol{n}\cdot\boldsymbol{q}_\lambda \mathrm{d}A + \iiint_V \rho q_{\mathrm{R}}\mathrm{d}V + \iiint_V \boldsymbol{f}\cdot\rho\boldsymbol{v}\mathrm{d}V + \oint_A \boldsymbol{p}_{\mathrm{n}}\cdot\boldsymbol{v}\mathrm{d}A \tag{3-16-36}$$

式中

$$\begin{aligned}\oint_A \rho\left(e+\frac{v'^2}{2}\right)(\boldsymbol{v}\cdot\boldsymbol{n})\mathrm{d}A &= \oint_A (\boldsymbol{v}\cdot\boldsymbol{n})\rho\left(e+\frac{v'^2}{2}\right)\mathrm{d}A \\ &= \oint_A \boldsymbol{n}\cdot\boldsymbol{v}\rho\left(e+\frac{v'^2}{2}\right)\mathrm{d}A \\ &= \iiint_V \boldsymbol{\nabla}\cdot\boldsymbol{v}\rho\left(e+\frac{v'^2}{2}\right)\mathrm{d}V\end{aligned} \tag{3-16-37}$$

$$\oint_A \boldsymbol{n}\cdot\boldsymbol{q}_\lambda = \iiint_V \boldsymbol{\nabla}\cdot\boldsymbol{q}_\lambda \mathrm{d}V \tag{3-16-38}$$

$$\oint_A \boldsymbol{p}_{\mathrm{n}}\cdot\boldsymbol{v}\mathrm{d}A = \oint_A \boldsymbol{n}\cdot\boldsymbol{p}_{\mathrm{n}}\cdot\boldsymbol{v}\mathrm{d}A = \iiint_V \boldsymbol{\nabla}\cdot\boldsymbol{p}_{\mathrm{n}}\cdot\boldsymbol{v}\mathrm{d}V \tag{3-16-39}$$

将式(3-16-37)、式(3-16-38)和式(3-16-39)代入式(3-16-36)，

$$\iiint_V \frac{\partial}{\partial t}\rho\left(e+\frac{v'^2}{2}\right)\mathrm{d}V + \iiint_V \boldsymbol{\nabla}\cdot\boldsymbol{v}\rho\left(e+\frac{v'^2}{2}\right)\mathrm{d}V$$

$$= \iiint_V \boldsymbol{\nabla}\cdot\boldsymbol{q}_\lambda \mathrm{d}V + \iiint_V \rho q_{\mathrm{R}}\mathrm{d}V + \iiint_V \boldsymbol{f}\cdot\rho\cdot\boldsymbol{v}\mathrm{d}V + \iiint_V \boldsymbol{\nabla}\cdot\boldsymbol{p}_{\mathrm{n}}\cdot\boldsymbol{v}\mathrm{d}V \tag{3-16-40}$$

式(3-16-40)去掉积分、除以ρ，则：

$$\frac{\partial}{\partial t}\left(e+\frac{v'^2}{2}\right)+\boldsymbol{v}\cdot\boldsymbol{\nabla}\left(e+\frac{v^2}{2}\right)$$

$$=\frac{1}{\rho}\boldsymbol{\nabla}\cdot(\boldsymbol{\nabla}\lambda T)+q_{\mathrm{R}}+\boldsymbol{f}\cdot\boldsymbol{v}+\frac{1}{\rho}\boldsymbol{\nabla}\cdot\boldsymbol{P}\cdot\boldsymbol{v} \tag{3-16-41}$$

式中

$$v'^2 = u^2+v^2+w^2 \tag{3-16-42}$$

$$\boldsymbol{q}_\lambda = \boldsymbol{\nabla}(\lambda T) \tag{3-16-43}$$

将式(3-16-41)中$\boldsymbol{\nabla}\cdot\boldsymbol{P}\cdot\boldsymbol{v}$展开为：

$$\begin{aligned}\boldsymbol{\nabla}\cdot\boldsymbol{P}\cdot\boldsymbol{v} &= \boldsymbol{\nabla}\cdot(\boldsymbol{p}_x u+\boldsymbol{p}_y v+\boldsymbol{p}_z w) = \boldsymbol{\nabla}\cdot\boldsymbol{p}_x u+\boldsymbol{\nabla}\cdot\boldsymbol{p}_y v+\boldsymbol{\nabla}\cdot\boldsymbol{p}_z w \\ &= \boldsymbol{\nabla}\cdot(p_{xx}\boldsymbol{i}+p_{xy}\boldsymbol{j}+p_{xz}\boldsymbol{k})u+\boldsymbol{\nabla}\cdot(p_{yx}\boldsymbol{i}+p_{yy}\boldsymbol{j}+p_{yz}\boldsymbol{k})v+\boldsymbol{\nabla}\cdot(p_{zx}\boldsymbol{i}+p_{zy}\boldsymbol{j}+p_{zz}\boldsymbol{k})w \\ &= u\left(\frac{\partial p_{xx}}{\partial x}+\frac{\partial p_{xy}}{\partial y}+\frac{\partial p_{xz}}{\partial z}\right)+v\left(\frac{\partial p_{yx}}{\partial x}+\frac{\partial p_{yy}}{\partial y}+\frac{\partial p_{yz}}{\partial z}\right)+w\left(\frac{\partial p_{zx}}{\partial x}+\frac{\partial p_{zy}}{\partial y}+\frac{\partial p_{zz}}{\partial z}\right)\end{aligned} \tag{3-16-44}$$

将式(3-16-44)，代回式(3-16-41)，

$$\frac{\partial}{\partial t}\left(e+\frac{v'^2}{2}\right)+u\frac{\partial}{\partial x}\left(e+\frac{v'^2}{2}\right)+v\frac{\partial}{\partial y}\left(e+\frac{v'^2}{2}\right)+w\frac{\partial}{\partial z}\left(e+\frac{v'^2}{2}\right)$$

$$=\frac{\lambda}{\rho}\left(\frac{\partial^2 T}{\partial x^2}+\frac{\partial^2 T}{\partial y^2}+\frac{\partial^2 T}{\partial z^2}\right)+q_R+f_x u+f_y v+f_z w+\frac{1}{\rho}\left[u\left(\frac{\partial p_{xx}}{\partial x}+\frac{\partial p_{xy}}{\partial y}+\frac{\partial p_{xz}}{\partial z}\right)+\right.$$

$$\left.v\left(\frac{\partial p_{yx}}{\partial x}+\frac{\partial p_{yy}}{\partial y}+\frac{\partial p_{yz}}{\partial z}\right)+w\left(\frac{\partial p_{zx}}{\partial x}+\frac{\partial p_{zy}}{\partial y}+\frac{\partial p_{zz}}{\partial z}\right)\right] \tag{3-16-45}$$

将上式最后一项展开，为：

$$u\left[-\frac{1}{\rho}\frac{\partial p}{\partial x}+\nu\left(\frac{\partial^2 u}{\partial x^2}+\frac{\partial^2 u}{\partial y^2}+\frac{\partial^2 u}{\partial z^2}\right)\right]+v\left[-\frac{1}{\rho}\frac{\partial p}{\partial y}+\nu\left(\frac{\partial^2 v}{\partial x^2}+\frac{\partial^2 v}{\partial y^2}+\frac{\partial^2 v}{\partial z^2}\right)+\right.$$
$$\left.w\left[-\frac{1}{\rho}\frac{\partial p}{\partial z}+\nu\left(\frac{\partial^2 w}{\partial x^2}+\frac{\partial^2 w}{\partial y^2}+\frac{\partial^2 w}{\partial z^2}\right)\right]\right] \quad (3\text{-}16\text{-}46)$$

将式(3-16-46)代回式(3-16-45)，则：

$$\frac{\partial}{\partial t}\left[e+\frac{1}{2}(u^2+v^2+w^2)+u\frac{\partial}{\partial x}\left[e+\frac{1}{2}(u^2+v^2+w^2)\right]+\right.$$
$$\left.v\frac{\partial}{\partial y}\left[e+\frac{1}{2}(u^2+v^2+w^2)\right]+w\frac{\partial}{\partial z}\left[e+\frac{1}{2}(u^2+v^2+w^2)\right]\right.$$
$$=\frac{\lambda}{\rho}\left(\frac{\partial^2 T}{\partial x^2}+\frac{\partial^2 T}{\partial y^2}+\frac{\partial^2 T}{\partial z^2}\right)+q_R+f_x u+f_y v+f_z w+u\left[-\frac{1}{\rho}\frac{\partial p}{\partial x}+\nu\left(\frac{\partial^2 u}{\partial x^2}+\frac{\partial^2 u}{\partial y^2}+\frac{\partial^2 u}{\partial z^2}\right)\right]+$$
$$v\left[-\frac{1}{\rho}\frac{\partial p}{\partial y}+\nu\left(\frac{\partial^2 v}{\partial x^2}+\frac{\partial^2 v}{\partial y^2}+\frac{\partial^2 v}{\partial z^2}\right)\right]+w\left[-\frac{1}{\rho}\frac{\partial p}{\partial z}+\nu\left(\frac{\partial^2 w}{\partial x^2}+\frac{\partial^2 w}{\partial y^2}+\frac{\partial^2 w}{\partial z^2}\right)\right] \quad (3\text{-}16\text{-}47)$$

3.17 层流可压缩运动微分方程组

将第二输运公式(3-5-4)作为本问题讨论的出发点。

3.17.1 连续性方程

令 $I_m=m$，$\Phi=\rho$，$\varphi=0$，$\Phi_s=0$，代入式(3-5-4)，然后，代入式(3-1-1)。

$$\frac{\mathrm{D}m}{\mathrm{D}t}=\iiint_V\left(\frac{\mathrm{D}\rho}{\mathrm{D}t}+\rho\,\nabla\cdot\boldsymbol{v}\right)\mathrm{d}V=0 \quad (3\text{-}17\text{-}1)$$

由此：

$$\frac{\mathrm{D}\rho}{\mathrm{D}t}+\rho\,\nabla\cdot\boldsymbol{v}=0 \quad (3\text{-}17\text{-}2)$$

3.17.2 动量方程

令 $I_m=J$，$\Phi_s=0$，$\Phi=\rho\boldsymbol{v}$，$\boldsymbol{v}_s=0$，$\varphi=0$，代入式(3-5-4)，然后代入式(3-1-2)

$$\iiint_V\left[\frac{\mathrm{D}}{\mathrm{D}t}(\rho\boldsymbol{v})+\boldsymbol{\rho v}\,\nabla\cdot\boldsymbol{v}\right]\mathrm{d}V=\iiint_V\rho\boldsymbol{\rho}\mathrm{d}V+\oiint_A\boldsymbol{p}_n\mathrm{d}A \quad (3\text{-}17\text{-}3)$$

上式除 ρ，去掉积分，

$$\frac{\boldsymbol{v}}{\rho}\frac{\mathrm{D}\rho}{\mathrm{D}t}+\frac{\mathrm{D}\boldsymbol{v}}{\mathrm{D}t}+\boldsymbol{v}(\nabla\cdot\boldsymbol{v})=\boldsymbol{f}+\frac{1}{\rho}(\nabla\cdot\boldsymbol{P}) \quad (3\text{-}17\text{-}4)$$

将式(3-17-2)代入上式左端为：

$$\frac{\mathrm{D}\boldsymbol{v}}{\mathrm{D}t}=\boldsymbol{f}+\frac{1}{\rho}\nabla\cdot\boldsymbol{P} \quad (3\text{-}17\text{-}5)$$

将上式展开：

$$\frac{\partial u}{\partial t}+u\frac{\partial u}{\partial x}+v\frac{\partial u}{\partial y}+w\frac{\partial u}{\partial z}=f_x+\frac{1}{\rho}\left(\frac{\partial p_{xx}}{\partial x}+\frac{\partial p_{xy}}{\partial y}+\frac{\partial p_{xz}}{\partial z}\right) \quad (3\text{-}17\text{-}6)$$

$$\frac{\partial v}{\partial t}+u\frac{\partial v}{\partial x}+v\frac{\partial v}{\partial y}+w\frac{\partial v}{\partial z}=f_y+\frac{1}{\rho}\left(\frac{\partial p_{yx}}{\partial x}+\frac{\partial p_{yy}}{\partial y}+\frac{\partial p_{yz}}{\partial z}\right) \quad (3\text{-}17\text{-}7)$$

$$\frac{\partial w}{\partial t}+u\frac{\partial w}{\partial x}+v\frac{\partial w}{\partial y}+w\frac{\partial w}{\partial z}=f_z+\frac{1}{\rho}\left(\frac{\partial p_{zx}}{\partial x}+\frac{\partial p_{zy}}{\partial y}+\frac{\partial p_{zz}}{\partial z}\right) \quad (3\text{-}17\text{-}8)$$

式中
$$p_{xx}=-p+2\mu\frac{\partial u}{\partial x}-\frac{2}{3}\mu(\nabla\cdot v)\tag{3-17-9}$$
$$p_{yy}=-p+2\mu\frac{\partial v}{\partial y}-\frac{2}{3}\mu(\nabla\cdot v)\tag{3-17-10}$$
$$p_{zz}=-p+2\mu\frac{\partial w}{\partial z}-\frac{2}{3}\mu(\nabla\cdot v)\tag{3-17-11}$$

将式(3-17-9)、式(3-17-10)和式(3-17-11)分别代入式(3-17-6)、式(3-17-7)和式(3-17-8)，$p_{xy}=p_{yx}$，$p_{xz}=p_{zx}$，$p_{yz}=p_{zy}$，将 p_{xz}，p_{yz}和 p_{xy} 均换成速度表达式，则：

$$\begin{aligned}&\frac{\partial u}{\partial t}+u\frac{\partial u}{\partial x}+v\frac{\partial u}{\partial y}+w\frac{\partial u}{\partial z}\\&=f_x-\frac{1}{\rho}\frac{\partial p}{\partial x}+\nu\left(\frac{4}{3}\frac{\partial^2 u}{\partial x^2}+\frac{\partial^2 u}{\partial y^2}+\frac{\partial^2 u}{\partial z^2}\right)+\frac{1}{3}\nu\left(\frac{\partial^2 v}{\partial y\partial x}+\frac{\partial^2 w}{\partial z\partial x}\right)\end{aligned}\tag{3-17-12}$$

$$\begin{aligned}&\frac{\partial v}{\partial t}+u\frac{\partial v}{\partial x}+v\frac{\partial v}{\partial y}+w\frac{\partial v}{\partial z}\\&=f_y-\frac{1}{\rho}\frac{\partial p}{\partial y}+\nu\left(\frac{\partial^2 v}{\partial x^2}+\frac{4}{3}\frac{\partial^2 v}{\partial y^2}+\frac{\partial^2 v}{\partial z^2}\right)+\frac{1}{3}\nu\left(\frac{\partial^2 w}{\partial z\partial y}+\frac{\partial^2 u}{\partial x\partial y}\right)\end{aligned}\tag{3-17-13}$$

$$\begin{aligned}&\frac{\partial w}{\partial t}+u\frac{\partial w}{\partial x}+v\frac{\partial w}{\partial y}+w\frac{\partial w}{\partial z}\\&=f_z-\frac{1}{\rho}\frac{\partial p}{\partial z}+\nu\left(\frac{\partial^2 w}{\partial x^2}+\frac{\partial^2 w}{\partial y^2}+\frac{4}{3}\frac{\partial^2 w}{\partial z^2}\right)+\frac{1}{3}\nu\left(\frac{\partial^2 u}{\partial x\partial z}+\frac{\partial^2 v}{\partial y\partial z}\right)\end{aligned}\tag{3-17-14}$$

3.17.3　动量矩方程

将 $I_{\mathrm{m}}=L$，$\Phi_{\mathrm{s}}=0$，$\varphi=0$，$\boldsymbol{\Phi}=\boldsymbol{r}\times\rho\boldsymbol{v}$，代入式(3-5-4)，然后代入式(3-1-4)，

$$\frac{\mathrm{D}L}{\mathrm{D}t}=\iiint_V\left[\frac{\mathrm{D}}{\mathrm{D}t}(\boldsymbol{r}\times\rho\boldsymbol{v})+(\boldsymbol{r}\times\rho\boldsymbol{v})\,\nabla\cdot\boldsymbol{v}\right]\mathrm{d}V=(\boldsymbol{r}\times\rho\boldsymbol{f})\,\mathrm{d}V+\oiint_A(\boldsymbol{r}\times\boldsymbol{p}_{\mathrm{n}})\,\mathrm{d}A\tag{3-17-15}$$

将上式中面积分变成体积分，则：

$$\frac{\mathrm{D}}{\mathrm{D}t}(\boldsymbol{r}\times\rho\boldsymbol{v})+(\boldsymbol{r}\times\rho\boldsymbol{v})\nabla\cdot\boldsymbol{v}=\boldsymbol{r}\times\rho\boldsymbol{f}+\nabla\cdot(\boldsymbol{r}\times\boldsymbol{P})\tag{3-17-16}$$

因 $\boldsymbol{r}$ 是参变量，故上式可写成：

$$\boldsymbol{r}\times\frac{\mathrm{D}}{\mathrm{D}t}(\rho\boldsymbol{v})+(\boldsymbol{r}\times\rho\boldsymbol{v})\nabla\cdot\boldsymbol{v}=\boldsymbol{r}\times\rho\boldsymbol{f}+\nabla\cdot(\boldsymbol{r}\times\boldsymbol{P})\tag{3-17-17}$$

将上式第一项展开，则上式为：

$$\boldsymbol{r}\times\left(\rho\frac{\mathrm{D}\boldsymbol{v}}{\mathrm{D}t}+\boldsymbol{v}\frac{\mathrm{D}\rho}{\mathrm{D}t}\right)+(\boldsymbol{r}\times\rho\boldsymbol{v})\nabla\cdot\boldsymbol{v}=\boldsymbol{r}\times\rho\boldsymbol{f}+\nabla\cdot(\boldsymbol{r}\times\boldsymbol{P})\tag{3-17-18}$$

将上式除以 ρ，则：

$$\boldsymbol{r}\times\frac{\mathrm{D}\boldsymbol{v}}{\mathrm{D}t}+\boldsymbol{r}\times\frac{\boldsymbol{v}}{\rho}\frac{\mathrm{D}\rho}{\mathrm{D}t}+(\boldsymbol{r}\times\boldsymbol{v})\nabla\cdot\boldsymbol{v}=\boldsymbol{r}\times\boldsymbol{f}+\frac{1}{\rho}\nabla\cdot(\boldsymbol{r}\times\boldsymbol{P})\tag{3-17-19}$$

将式(3-17-2)代入式(3-17-19)，置换 $\nabla\cdot\boldsymbol{v}$ 后，则上式变为：

$$\boldsymbol{r}\times\frac{\mathrm{D}\boldsymbol{v}}{\mathrm{D}t}=\boldsymbol{r}\times\boldsymbol{f}+\frac{1}{\rho}\nabla\cdot(\boldsymbol{r}\times\boldsymbol{P})\tag{3-17-20}$$

对上式中 $\nabla\cdot(\boldsymbol{r}\times\boldsymbol{P})$ 进行推演：

$$\begin{aligned}
\nabla\cdot(\boldsymbol{r}\times\boldsymbol{P}) &= \nabla\cdot[\boldsymbol{r}\times(\boldsymbol{p}_x i+\boldsymbol{p}_y j+\boldsymbol{p}_z k)] \\
&= \nabla\cdot\{\boldsymbol{i}[r_y(p_{xz}\boldsymbol{i}+p_{yz}\boldsymbol{j}+p_{zz}\boldsymbol{k})-r_z(p_{xy}\boldsymbol{i}+p_{yy}\boldsymbol{j}+p_{zy}\boldsymbol{k})]+ \\
&\quad \boldsymbol{j}[r_z(p_{xx}\boldsymbol{i}+p_{yx}\boldsymbol{j}+p_{zx}\boldsymbol{k})-r_x(p_{xz}\boldsymbol{i}+p_{yz}\boldsymbol{j}+p_{zz}\boldsymbol{k})]+ \\
&\quad \boldsymbol{k}[r_x(p_{xy}\boldsymbol{i}+p_{yy}\boldsymbol{j}+p_{zy}\boldsymbol{k})-r_y(p_{xx}\boldsymbol{i}+p_{yx}\boldsymbol{j}+p_{zx}\boldsymbol{k})]\} \\
&= r_y\left(\frac{\partial p_{xz}}{\partial x}\boldsymbol{i}+\frac{\partial p_{yz}}{\partial x}\boldsymbol{j}+\frac{\partial p_{zz}}{\partial x}\boldsymbol{k}\right)-r_z\left(\frac{\partial p_{xy}}{\partial x}\boldsymbol{i}+\frac{\partial p_{yy}}{\partial x}\boldsymbol{j}+\frac{\partial p_{zy}}{\partial x}\boldsymbol{k}\right)+ \\
&\quad r_z\left(\frac{\partial p_{xx}}{\partial y}\boldsymbol{i}+\frac{\partial p_{yx}}{\partial y}\boldsymbol{j}+\frac{\partial p_{zx}}{\partial y}\boldsymbol{k}\right)-r_x\left(\frac{\partial p_{xz}}{\partial y}\boldsymbol{i}+\frac{\partial p_{yz}}{\partial y}\boldsymbol{j}+\frac{\partial p_{zz}}{\partial y}\boldsymbol{k}\right)+ \\
&\quad r_x\left(\frac{\partial p_{xy}}{\partial z}\boldsymbol{i}+\frac{\partial p_{yy}}{\partial z}\boldsymbol{j}+\frac{\partial p_{zy}}{\partial z}\boldsymbol{k}\right)-r_y\left(\frac{\partial p_{xx}}{\partial z}\boldsymbol{i}+\frac{\partial p_{yx}}{\partial z}\boldsymbol{j}+\frac{\partial p_{zx}}{\partial z}\boldsymbol{k}\right) \\
&= r_y\frac{\partial p}{\partial z}-r_z\frac{\partial p}{\partial y}+\mu\left[r_y\left(\frac{\partial^2 w}{\partial x^2}+\frac{\partial^2 w}{\partial y\partial x}+\frac{2}{3}\frac{\partial^2 w}{\partial z^2}+\frac{1}{3}\frac{\partial^2 w}{\partial x\partial z}\right)-\right. \\
&\quad \left.r_z\left(\frac{\partial^2 v}{\partial x^2}+\frac{\partial^2 v}{\partial z\partial x}+\frac{2}{3}\frac{\partial^2 v}{\partial y^2}+\frac{1}{3}\frac{\partial^2 v}{\partial x\partial y}\right)\right]+r_z\frac{\partial p}{\partial x}-r_x\frac{\partial p}{\partial z}+ \\
&\quad \mu\left[r_z\left(\frac{\partial^2 u}{\partial y^2}+\frac{\partial^2 u}{\partial z\partial y}+\frac{2}{3}\frac{\partial^2 u}{\partial x^2}+\frac{1}{3}\frac{\partial^2 u}{\partial x\partial y}\right)-r_x\left(\frac{\partial^2 w}{\partial y^2}+\frac{\partial^2 w}{\partial x\partial y}+\frac{2}{3}\frac{\partial^2 w}{\partial y^2}+\frac{1}{3}\frac{\partial^2 w}{\partial y\partial z}\right)\right]+ \\
&\quad r_x\frac{\partial p}{\partial y}-r_y\frac{\partial p}{\partial x}+\mu\left[r_x\left(\frac{\partial^2 v}{\partial z^2}+\frac{\partial^2 v}{\partial x\partial z}+\frac{2}{3}\frac{\partial^2 v}{\partial y^2}+\frac{1}{3}\frac{\partial^2 v}{\partial z\partial y}\right)-\right. \\
&\quad \left.r_y\left(\frac{\partial^2 u}{\partial z^2}+\frac{\partial^2 u}{\partial y\partial z}+\frac{2}{3}\frac{\partial^2 u}{\partial x^2}+\frac{1}{3}\frac{\partial^2 u}{\partial x\partial z}\right)\right]
\end{aligned} \tag{3-17-21}$$

将式(3-17-21)代入式(3-17-20),展开其他各项,按三个转轴列出动量矩方程:

$$\begin{aligned}
& r_y\frac{\partial w}{\partial t}-r_z\frac{\partial v}{\partial t}+r_y w\frac{\partial w}{\partial z}-r_z v\frac{\partial v}{\partial y} \\
&= r_y f_z-r_z f_y+\frac{1}{\rho}\left(r_y\frac{\partial p}{\partial z}-r_z\frac{\partial p}{\partial y}\right)+\nu\left[r_y\left(\frac{\partial^2 w}{\partial x^2}+\frac{\partial^2 w}{\partial y\partial x}+\frac{2}{3}\frac{\partial^2 w}{\partial z^2}+\frac{1}{3}\frac{\partial^2 w}{\partial x\partial z}\right)-\right. \\
&\quad \left.r_z\left(\frac{\partial^2 v}{\partial x^2}+\frac{\partial^2 v}{\partial z\partial x}+\frac{2}{3}\frac{\partial^2 v}{\partial y^2}+\frac{1}{3}\frac{\partial^2 v}{\partial x\partial y}\right)\right]
\end{aligned} \tag{3-17-22}$$

$$\begin{aligned}
& r_z\frac{\partial u}{\partial t}-r_x\frac{\partial w}{\partial t}+r_z u\frac{\partial u}{\partial x}-r_x w\frac{\partial w}{\partial z} \\
&= r_z f_x-r_x f_z+\frac{1}{\rho}\left(r_z\frac{\partial p}{\partial x}-r_x\frac{\partial p}{\partial z}\right)+\nu\left[r_z\left(\frac{\partial^2 u}{\partial y^2}+\frac{\partial^2 u}{\partial z\partial y}+\frac{2}{3}\frac{\partial^2 u}{\partial x^2}+\frac{1}{3}\frac{\partial^2 u}{\partial x\partial y}\right)-\right. \\
&\quad \left.r_x\left(\frac{\partial^2 w}{\partial y^2}+\frac{\partial^2 w}{\partial x\partial y}+\frac{2}{3}\frac{\partial^2 w}{\partial y^2}+\frac{1}{3}\frac{\partial^2 w}{\partial y\partial z}\right)\right]
\end{aligned} \tag{3-17-23}$$

$$\begin{aligned}
& r_x\frac{\partial v}{\partial t}-r_y\frac{\partial u}{\partial t}+r_x v\frac{\partial v}{\partial y}-r_y u\frac{\partial u}{\partial x} \\
&= r_x f_y-r_y f_x+\frac{1}{\rho}\left(r_x\frac{\partial p}{\partial y}-r_y\frac{\partial p}{\partial x}\right)+\nu\left[r_x\left(\frac{\partial^2 v}{\partial z^2}+\frac{\partial^2 v}{\partial x\partial z}+\frac{2}{3}\frac{\partial^2 v}{\partial y^2}+\frac{1}{3}\frac{\partial^2 v}{\partial z\partial y}\right)-\right. \\
&\quad \left.r_y\left(\frac{\partial^2 u}{\partial z^2}+\frac{\partial^2 u}{\partial y\partial z}+\frac{2}{3}\frac{\partial^2 u}{\partial x^2}+\frac{1}{3}\frac{\partial^2 u}{\partial x\partial z}\right)\right]
\end{aligned} \tag{3-17-24}$$

3.17.4　能量方程

将 $I_m = E, \Phi_s = 0, \varphi = 0, \Phi = \rho\left(e + \frac{v'^2}{2}\right)$，代入式(3-5-4)，然后代入式(3-1-5)，则：

$$\iiint_V \left[\frac{\mathrm{D}\rho\left(e + \frac{v'^2}{2}\right)}{\mathrm{D}t} + \rho\left(e + \frac{v'^2}{2}\right)\boldsymbol{\nabla}\cdot\boldsymbol{v}\right]\mathrm{d}V$$

$$= \iiint_V \rho q_{\mathrm{R}}\mathrm{d}V + \oint_A \boldsymbol{n}\cdot\boldsymbol{q}_\lambda \mathrm{d}A + \iiint_V \rho\,\boldsymbol{v}\cdot\boldsymbol{f}\mathrm{d}V + \oint_A (\boldsymbol{p}_{\mathrm{n}}\cdot\boldsymbol{v})\mathrm{d}A$$

将上式面积分变成体积分，然后去掉积分号，则：

$$\frac{\mathrm{D}}{\mathrm{D}t}\left[\rho\left(e + \frac{v'^2}{2}\right)\right] + \rho\left(e + \frac{v'^2}{2}\right)\boldsymbol{\nabla}\cdot\boldsymbol{v} = \boldsymbol{\lambda}\boldsymbol{\nabla}\cdot\boldsymbol{\nabla}\boldsymbol{T} + \rho q_{\mathrm{R}} + \boldsymbol{f}\cdot\rho\boldsymbol{v} + \boldsymbol{\nabla}\cdot(\boldsymbol{p}_{\mathrm{n}}\cdot\boldsymbol{v}) \tag{3-17-25}$$

将式(3-17-2)代入上式等号左边，则：

$$\frac{\mathrm{D}}{\mathrm{D}t}\left[\rho\left(e + \frac{v'^2}{2}\right)\right] - \left(e + \frac{v'^2}{2}\right)\frac{\mathrm{D}\rho}{\mathrm{D}t} \tag{3-17-26}$$

展开上式中的第一项，

$$\frac{\mathrm{D}}{\mathrm{D}t}\left[\rho\left(e + \frac{v'^2}{2}\right)\right] = \left(e + \frac{v'^2}{2}\right)\frac{\partial\rho}{\partial t} + \rho\frac{\partial}{\partial t}\left(e + \frac{v'^2}{2}\right) + u\left[\left(e + \frac{v'^2}{2}\right)\frac{\partial\rho}{\partial x} + \rho\frac{\partial}{\partial x}\left(e + \frac{v'^2}{2}\right)\right] +$$

$$v\left[\left(e + \frac{v'^2}{2}\right)\frac{\partial}{\partial y}\rho + \rho\frac{\partial}{\partial y}\left(e + \frac{v'^2}{2}\right)\right] + w\left[\left(e + \frac{v'^2}{2}\right)\frac{\partial\rho}{\partial z} + \rho\frac{\partial}{\partial z}\left(e + \frac{v'^2}{2}\right)\right]$$

$$= \left(e + \frac{v'^2}{2}\right)\left(\frac{\partial\rho}{\partial t} + u\frac{\partial\rho}{\partial x} + v\frac{\partial\rho}{\partial y} + w\frac{\partial\rho}{\partial z}\right) + \rho\left[\frac{\partial}{\partial t}\left(e + \frac{v'^2}{2}\right) + u\frac{\partial}{\partial x}\left(e + \frac{v'^2}{2}\right) +\right.$$

$$\left. v\frac{\partial}{\partial y}\left(e + \frac{v'^2}{2}\right) + w\frac{\partial}{\partial z}\left(e + \frac{v'^2}{2}\right)\right]$$

$$= \left(e + \frac{v'^2}{2}\right)\frac{\mathrm{D}\rho}{\mathrm{D}t} + \rho\frac{\mathrm{D}}{\mathrm{D}t}\left(e + \frac{v'^2}{2}\right) \tag{3-17-27}$$

将式(3-17-27)代回式(3-17-26)，然后将结果代回式(3-17-25)

$$\rho\frac{\mathrm{D}}{\mathrm{D}t}\left(e + \frac{v'^2}{2}\right) = \boldsymbol{\lambda}\,\boldsymbol{\nabla}\cdot\boldsymbol{\nabla}\boldsymbol{T} + \rho\,q_{\mathrm{R}} + \boldsymbol{f}\cdot\rho\,\boldsymbol{v} + \boldsymbol{\nabla}\cdot(\boldsymbol{p}_{\mathrm{n}}\cdot\boldsymbol{v}) \tag{3-17-28}$$

将上式除以 ρ，则：

$$\frac{\mathrm{D}}{\mathrm{D}t}\left(e + \frac{v'^2}{2}\right) = \frac{\boldsymbol{\lambda}}{\rho}\boldsymbol{\nabla}\cdot\boldsymbol{\nabla}\boldsymbol{T} + q_{\mathrm{R}} + \boldsymbol{f}\cdot\boldsymbol{v} + \frac{1}{\rho}\boldsymbol{\nabla}\cdot(\boldsymbol{p}_{\mathrm{n}}\cdot\boldsymbol{v}) \tag{3-17-29}$$

对上式中右边最后一项进行演算：

$$\frac{1}{\rho}\boldsymbol{\nabla}\cdot(\boldsymbol{p}_{\mathrm{n}}\cdot\boldsymbol{v}) = \frac{1}{\rho}\boldsymbol{\nabla}\cdot(\boldsymbol{P}\cdot\boldsymbol{v}) = \frac{1}{\rho}\boldsymbol{\nabla}\cdot[(\boldsymbol{p}_x i + \boldsymbol{p}_y j + \boldsymbol{p}_z k)(u_i + v_j + w_k)]$$

$$= \boldsymbol{\nabla}\cdot(u\boldsymbol{p}_x + v\boldsymbol{p}_y + w\boldsymbol{p}_z) = \boldsymbol{\nabla}\cdot(u\boldsymbol{p}_x) + \boldsymbol{\nabla}\cdot(v\boldsymbol{p}_y) + \boldsymbol{\nabla}\cdot(w\boldsymbol{p}_z)$$

$$= u\left[-\frac{1}{\rho}\frac{\partial p}{\partial x} + \nu\left(\frac{4}{3}\frac{\partial^2 u}{\partial x^2} + \frac{\partial^2 u}{\partial y^2} + \frac{\partial^2 u}{\partial z^2} + \frac{1}{3}\frac{\partial^2 v}{\partial y\partial x} + \frac{1}{3}\frac{\partial^2 w}{\partial z\partial x}\right)\right] +$$

$$v\left[-\frac{1}{\rho}\frac{\partial p}{\partial y} + \nu\left(\frac{\partial^2 v}{\partial x^2} + \frac{4}{3}\frac{\partial^2 v}{\partial y^2} + \frac{\partial^2 v}{\partial z^2} + \frac{1}{3}\frac{\partial^2 u}{\partial x\partial y} + \frac{1}{3}\frac{\partial^2 w}{\partial y\partial z}\right)\right] +$$

$$w\left[-\frac{1}{\rho}\frac{\partial p}{\partial z}+\nu\left(\frac{\partial^2 w}{\partial x^2}+\frac{\partial^2 w}{\partial y^2}+\frac{4}{3}\frac{\partial^2 w}{\partial z^2}+\frac{1}{3}\frac{\partial^2 u}{\partial x\partial z}+\frac{1}{3}\frac{\partial^2 v}{\partial z\partial y}\right)\right]+$$
$$\left[-\frac{p}{\rho}+\nu\left(\frac{4}{3}\frac{\partial u}{\partial x}-\frac{2}{3}\frac{\partial v}{\partial y}-\frac{2}{3}\frac{\partial w}{\partial z}\right)\right]\frac{\partial u}{\partial x}+$$
$$\left[-\frac{p}{\rho}+\nu\left(-\frac{2}{3}\frac{\partial u}{\partial x}+\frac{4}{3}\frac{\partial v}{\partial y}-\frac{2}{3}\frac{\partial w}{\partial z}\right)\right]\frac{\partial v}{\partial y}+$$
$$\left[-\frac{p}{\rho}+\nu\left(-\frac{2}{3}\frac{\partial u}{\partial x}-\frac{2}{3}\frac{\partial v}{\partial y}+\frac{4}{3}\frac{\partial w}{\partial z}\right)\right]\frac{\partial w}{\partial z}+$$
$$\nu\left[\left(\frac{\partial v}{\partial x}+\frac{\partial u}{\partial y}\right)^2+\left(\frac{\partial w}{\partial y}+\frac{\partial v}{\partial z}\right)^2+\left(\frac{\partial u}{\partial z}+\frac{\partial w}{\partial x}\right)^2\right] \tag{3-17-30}$$

将式(3-17-30)代回式(3-17-29),则:

$$\frac{\mathrm{D}}{\mathrm{D}t}\left(e+\frac{v'^2}{2}\right)=\frac{1}{\rho}\left(\frac{\partial^2 T}{\partial x^2}+\frac{\partial^2 T}{\partial y^2}+\frac{\partial^2 T}{\partial z^2}\right)+q_{\mathrm{R}}+f_y w-f_z v+f_z u-f_x w+f_x v-f_y u+$$
$$u\left[-\frac{1}{\rho}\frac{\partial p}{\partial x}+\nu\left(\frac{4}{3}\frac{\partial^2 u}{\partial x^2}+\frac{\partial^2 u}{\partial y^2}+\frac{\partial^2 u}{\partial z^2}+\frac{1}{3}\frac{\partial^2 v}{\partial y\partial x}+\frac{1}{3}\frac{\partial^2 w}{\partial z\partial x}\right)\right]+$$
$$v\left[-\frac{1}{\rho}\frac{\partial p}{\partial y}+\nu\left(\frac{\partial^2 v}{\partial x^2}+\frac{4}{3}\frac{\partial^2 v}{\partial y^2}+\frac{\partial^2 v}{\partial z}+\frac{1}{3}\frac{\partial^2 u}{\partial x\partial y}+\frac{1}{3}\frac{\partial^2 w}{\partial y\partial z}\right)\right]+$$
$$w\left[-\frac{1}{\rho}\frac{\partial p}{\partial z}+\nu\left(\frac{\partial^2 w}{\partial x^2}+\frac{\partial^2 w}{\partial y^2}+\frac{4}{3}\frac{\partial^2 w}{\partial z^2}+\frac{1}{3}\frac{\partial^2 u}{\partial x\partial z}+\frac{1}{3}\frac{\partial^2 v}{\partial z\partial y}\right)\right]+$$
$$\left[-\frac{p}{\rho}+\nu\left(\frac{4}{3}\frac{\partial u}{\partial x}-\frac{2}{3}\frac{\partial v}{\partial y}-\frac{2}{3}\frac{\partial w}{\partial z}\right)\right]\frac{\partial u}{\partial x}+$$
$$\left[-\frac{p}{\rho}+\nu\left(-\frac{2}{3}\frac{\partial u}{\partial x}+\frac{4}{3}\frac{\partial v}{\partial y}-\frac{2}{3}\frac{\partial w}{\partial z}\right)\right]\frac{\partial v}{\partial y}+$$
$$\left[-\frac{p}{\rho}+\nu\left(-\frac{2}{3}\frac{\partial u}{\partial x}-\frac{2}{3}\frac{\partial v}{\partial y}+\frac{4}{3}\frac{\partial w}{\partial z}\right)\right]\frac{\partial w}{\partial z}+$$
$$\nu\left[\left(\frac{\partial v}{\partial x}+\frac{\partial u}{\partial y}\right)^2+\left(\frac{\partial w}{\partial y}+\frac{\partial v}{\partial z}\right)^2+\left(\frac{\partial u}{\partial z}+\frac{\partial w}{\partial x}\right)^2\right] \tag{3-17-31}$$

3.18 湍流不可压缩运动微分方程组

利用第一输运公式,依次导出湍流不可压缩运动的连续性方程、动量方程、动量矩方程和能量方程。

3.18.1 连续性方程

令 $I_{\mathrm{m}}=m$,$\Phi_{\mathrm{s}}=\rho$、$\Phi=\rho$,$\rho=$常数,代入式(3-2-6),然后代入式(3-1-1),

$$\oiint_A\left[\varphi^{2/3}\rho(\boldsymbol{v}_{\mathrm{s}}\cdot\boldsymbol{n})+\varphi_2\rho(\boldsymbol{v}\cdot\boldsymbol{n})\right]\mathrm{d}A$$
$$=\oiint_A\left[(\boldsymbol{v}_{\mathrm{s}}\cdot\boldsymbol{n})\varphi^{2/3}\rho+(\boldsymbol{v}\cdot\boldsymbol{n})\varphi_2\rho\right]\mathrm{d}A$$
$$=\oiint_A\boldsymbol{n}\cdot(\boldsymbol{v}_{\mathrm{s}}\varphi^{2/3}\rho+\boldsymbol{v}\varphi_2\rho)\,\mathrm{d}A$$
$$=\iiint_V\nabla\cdot(\boldsymbol{v}_{\mathrm{s}}\varphi^{2/3}\rho+\boldsymbol{v}\varphi_2\rho)\,\mathrm{d}V=0$$

$$\varphi^{2/3}\ \nabla\cdot v_s + \varphi_2\ \nabla\cdot \boldsymbol{v} = 0 \tag{3-18-1}$$

$$\nabla\cdot \boldsymbol{v}_s = -\frac{\varphi_2}{\varphi^{2/3}}\nabla\cdot \boldsymbol{v} \tag{3-18-2}$$

3.18.2　动量方程

将 $\boldsymbol{\Phi}_s = \rho\boldsymbol{v}_s, \boldsymbol{\Phi} = \rho\boldsymbol{v}, I_m = J$，代入式(3-2-6)，然后代入式(3-1-2)，

$$\iiint_V \frac{\partial}{\partial t}[\varphi(\rho\boldsymbol{v}_s) + \varphi_1(\rho\boldsymbol{v})]\mathrm{d}V + \oint_A[\varphi^{2/3}\rho\boldsymbol{v}_s(\boldsymbol{v}_s\cdot\boldsymbol{n}) + \varphi_2\rho\boldsymbol{v}(\boldsymbol{v}\cdot\boldsymbol{n})]\mathrm{d}A$$

$$= \iiint_V \boldsymbol{f}\rho\mathrm{d}V + \oint_A \boldsymbol{n}\cdot\boldsymbol{p}_n\mathrm{d}A \tag{3-18-3}$$

将上式面积分变成体积分，则，

$$\oint_A[\varphi^{2/3}\rho\boldsymbol{v}_s(\boldsymbol{v}_s\cdot\boldsymbol{n}) + \varphi_2\rho\boldsymbol{v}(\boldsymbol{v}\cdot\boldsymbol{n})]\mathrm{d}A = \oint_A(n\cdot\boldsymbol{v}_s)\varphi^{2/3}\rho\boldsymbol{v}_s\mathrm{d}A + \oint_A(n\cdot\boldsymbol{v})\varphi_2\rho\boldsymbol{v}\mathrm{d}A$$

$$= \iiint_V \nabla\cdot\boldsymbol{v}_s\varphi^{2/3}\rho\boldsymbol{v}_s\mathrm{d}V + \iiint_V \nabla\cdot\boldsymbol{v}\varphi_2\rho\boldsymbol{v}\mathrm{d}V \tag{3-18-4}$$

$$\oint_A \boldsymbol{n}\cdot\boldsymbol{p}_n\mathrm{d}A = \iiint_V \nabla\cdot\boldsymbol{p}_n\mathrm{d}V = \iiint_V \nabla\cdot\boldsymbol{P}\mathrm{d}V \tag{3-18-5}$$

将式(3-18-4)和式(3-18-5)代回式(3-18-3)，去掉积分，

$$\varphi\rho\frac{\partial\boldsymbol{v}_s}{\partial t} + \rho\varphi_1\frac{\partial\boldsymbol{v}}{\partial t} + \rho\varphi^{2/3}\boldsymbol{v}_s\cdot\nabla\boldsymbol{v}_s + \rho\varphi_2\boldsymbol{v}\cdot\nabla\boldsymbol{v} = \boldsymbol{f}\rho + \nabla\cdot\boldsymbol{P} \tag{3-18-6}$$

式中，$\boldsymbol{P}$ 为张量。

将上式除以 ρ，

$$\varphi\frac{\partial\boldsymbol{v}_s}{\partial t} + (1-\varphi)\frac{\partial\boldsymbol{v}}{\partial t} + \varphi^{2/3}(\boldsymbol{v}_s\cdot\nabla)\boldsymbol{v}_s + (1-\varphi^{2/3})(\boldsymbol{v}\cdot\nabla)\boldsymbol{v} = \boldsymbol{f} + \frac{1}{\rho}\nabla\cdot\boldsymbol{P} \tag{3-18-7}$$

简化 $\nabla\cdot\boldsymbol{v}_s$，则，

$$\varphi\frac{\partial\boldsymbol{v}_s}{\partial t} + (1-\varphi)\frac{\partial\boldsymbol{v}}{\partial t} + (\boldsymbol{v}\cdot\nabla)[\boldsymbol{v} - \boldsymbol{v}_s + \varphi^{2/3}(\boldsymbol{v}_s - \boldsymbol{v})] = \boldsymbol{f} + \frac{1}{\rho}\nabla\cdot\boldsymbol{P} \tag{3-18-8}$$

上式右边展开为：

$$\boldsymbol{f} + \frac{1}{\rho}\nabla\cdot\boldsymbol{P} = f_x + f_y + f_z + \frac{1}{\rho}\nabla\cdot(\boldsymbol{p}_x\boldsymbol{i} + \boldsymbol{p}_y\boldsymbol{j} + \boldsymbol{p}_z\boldsymbol{k}) \tag{3-18-9}$$

将式(3-18-9)中含散度项展开：

$$\frac{1}{\rho}\left[\frac{\partial}{\partial x}(p_{xx}\boldsymbol{i} + p_{xy}\boldsymbol{j} + p_{xz}\boldsymbol{k}) + \frac{\partial}{\partial y}(p_{yx}\boldsymbol{i} + p_{yy}\boldsymbol{j} + p_{yz}\boldsymbol{k}) + \frac{\partial}{\partial z}(p_{zx}\boldsymbol{i} + p_{zy}\boldsymbol{j} + p_{zz}\boldsymbol{k})\right]$$

$$= \frac{1}{\rho}\left[\frac{\partial}{\partial x}(p_{xx}) + \frac{\partial}{\partial y}(p_{yx}) + \frac{\partial}{\partial z}(p_{zx})\right]\boldsymbol{i} + \frac{1}{\rho}\left[\frac{\partial}{\partial x}(p_{xy}) + \frac{\partial}{\partial y}(p_{yy}) + \frac{\partial}{\partial z}(p_{zy})\right]\boldsymbol{j} +$$

$$\frac{1}{\rho}\left[\frac{\partial}{\partial x}(p_{xz}) + \frac{\partial}{\partial y}(p_{yz}) + \frac{\partial}{\partial z}(p_{zz})\right]\boldsymbol{k} \tag{3-18-10}$$

将上式中的剪应力分为黏性剪应力与湍流附加剪应力两部分，则：

$$\frac{1}{\rho}\left\{\left[\frac{\partial p_{xx}}{\partial x} + (1-\varphi^{2/3})\left(\frac{\partial p_{yx}}{\partial y} + \frac{\partial p_{zx}}{\partial z}\right) + \varphi^{2/3}\left(\frac{\partial p'_{yx}}{\partial y} + \frac{\partial p'_{zx}}{\partial z}\right)\right]\boldsymbol{i} +\right.$$

$$\left[\frac{\partial p_{yy}}{\partial y} + (1-\varphi^{2/3})\left(\frac{\partial p_{xy}}{\partial x} + \frac{\partial p_{zy}}{\partial z}\right) + \varphi^{2/3}\left(\frac{\partial p'_{xy}}{\partial x} + \frac{\partial p'_{zy}}{\partial z}\right)\right]\boldsymbol{j} +$$

$$\left[\frac{\partial p_{zz}}{\partial z}+(1-\varphi^{2/3})\left(\frac{\partial p_{xz}}{\partial x}+\frac{\partial p_{yz}}{\partial y}\right)+\varphi^{2/3}\left(\frac{\partial p'_{xz}}{\partial x}+\frac{\partial p'_{yz}}{\partial y}\right)\right]\boldsymbol{k}\Bigg\} \tag{3-18-11}$$

将式(3-14-1)~式(3-14-3),湍流附加剪应力代入式(3-18-11)则:

$$\left[-\frac{1}{\rho}\frac{\partial p}{\partial x}+2\nu\frac{\partial^2 u}{\partial x^2}+(1-\varphi^{2/3})\left(\frac{\partial^2 v}{\partial y\partial x}+\frac{\partial^2 u}{\partial y^2}+\frac{\partial^2 w}{\partial x\partial z}+\frac{\partial^2 u}{\partial z^2}\right)+\right.$$
$$\left.6\varphi^{2/3}\nu t\left(\frac{\partial u}{\partial y}\frac{\partial^2 u}{\partial y^2}+\frac{\partial u}{\partial z}\frac{\partial^2 u}{\partial x^2}\right)\right]\boldsymbol{i}+\left[-\frac{1}{\rho}\frac{\partial p}{\partial y}+2\nu\frac{\partial^2 v}{\partial y^2}+(1-\varphi^{2/3})\right.$$
$$\left.\left(\frac{\partial^2 u}{\partial y\partial x}+\frac{\partial^2 v}{\partial x^2}+\frac{\partial^2 w}{\partial y\partial z}+\frac{\partial^2 v}{\partial z^2}\right)+\varphi^{2/3}6\nu t\left(\frac{\partial v}{\partial x}\frac{\partial^2 v}{\partial x^2}+\frac{\partial v}{\partial z}\frac{\partial^2 v}{\partial z^2}\right)\right]\boldsymbol{j}+$$
$$\left[-\frac{1}{\rho}\frac{\partial p}{\partial z}+2\nu\frac{\partial^2 w}{\partial z^2}+(1-\varphi^{2/3})\left(\frac{\partial^2 u}{\partial z\partial x}+\frac{\partial^2 w}{\partial x^2}+\frac{\partial^2 v}{\partial z\partial y}+\frac{\partial^2 w}{\partial y^2}\right)+\right.$$
$$\left.\varphi^{2/3}6\nu t\left(\frac{\partial w}{\partial x}\frac{\partial^2 w}{\partial x^2}+\frac{\partial w}{\partial y}\frac{\partial^2 w}{\partial y^2}\right)\right]\boldsymbol{k} \tag{3-18-12}$$

将式(3-18-8)等号左边$(\boldsymbol{v}\cdot\nabla)[\boldsymbol{v}-\boldsymbol{v}_s+\varphi^{2/3}(\boldsymbol{v}_s-\boldsymbol{v})]$项展开:

$$\begin{aligned}
&(\boldsymbol{v}\cdot\nabla)[\boldsymbol{v}-\boldsymbol{v}_s+\varphi^{2/3}(\boldsymbol{v}_s-\boldsymbol{v})]\\
&=u\frac{\partial(\boldsymbol{v}-\boldsymbol{v}_s)}{\partial x}+v\frac{\partial(\boldsymbol{v}-\boldsymbol{v}_s)}{\partial y}+w\frac{\partial(\boldsymbol{v}-\boldsymbol{v}_s)}{\partial z}+\\
&\quad\varphi^{2/3}\left[u\frac{\partial(\boldsymbol{v}_s-\boldsymbol{v})}{\partial x}+v\frac{\partial(\boldsymbol{v}_s-\boldsymbol{v})}{\partial y}+w\frac{\partial(\boldsymbol{v}_s-\boldsymbol{v})}{\partial z}\right]\\
&=u\left[\frac{\partial(u-u_s)}{\partial x}\boldsymbol{i}+\frac{\partial(v-v_s)}{\partial x}\boldsymbol{j}+\frac{\partial(w-w_s)}{\partial x}\boldsymbol{k}\right]+\\
&\quad v\left[\frac{\partial(u-u_s)}{\partial y}\boldsymbol{i}+\frac{\partial(v-v_s)}{\partial y}\boldsymbol{j}+\frac{\partial(w-w_s)}{\partial y}\boldsymbol{k}\right]+\\
&\quad w\left[\frac{\partial(u-u_s)}{\partial z}\boldsymbol{i}+\frac{\partial(v-v_s)}{\partial z}\boldsymbol{j}-\frac{\partial(w-w_s)}{\partial z}\boldsymbol{k}\right]+\\
&\quad\varphi^{2/3}\left\{u\left[\frac{\partial(u_s-u)}{\partial x}\boldsymbol{i}+\frac{\partial(v_s-v)}{\partial x}\boldsymbol{j}+\frac{\partial(w_s-w)}{\partial x}\boldsymbol{k}\right]+\right.\\
&\quad v\left[\frac{\partial(u_s-u)}{\partial y}\boldsymbol{i}+\frac{\partial(v_s-v)}{\partial y}\boldsymbol{j}+\frac{\partial(w_s-w)}{\partial y}\boldsymbol{k}\right]+\\
&\quad\left.w\left[\frac{\partial(u_s-u)}{\partial z}\boldsymbol{i}+\frac{\partial(v_s-v)}{\partial z}\boldsymbol{j}+\frac{\partial(w_s-w)}{\partial z}\boldsymbol{k}\right]\right\}
\end{aligned} \tag{3-18-13}$$

将式(3-18-12)代入式(3-18-9),然后将式(3-18-9)与式(3-18-13)代回式(3-18-8),按三维坐标分开:

$$\varphi\frac{\partial u_s}{\partial t}+(1-\varphi)\frac{\partial u}{\partial t}+u\frac{\partial(u-u_s)}{\partial x}+v\frac{\partial(u-u_s)}{\partial y}+$$
$$w\frac{\partial(u-u_s)}{\partial z}+\varphi^{2/3}\left[u\frac{\partial(u_s-u)}{\partial x}+v\frac{\partial(u_s-u)}{\partial y}+w\frac{\partial(u_s-u)}{\partial z}\right]$$
$$=f_x-\frac{1}{\rho}\frac{\partial p}{\partial x}+\nu\left[\left(\frac{\partial^2 u}{\partial x^2}+\frac{\partial^2 u}{\partial y^2}+\frac{\partial^2 u}{\partial z^2}\right)-\varphi^{2/3}\left(\frac{\partial^2 v}{\partial y\partial x}+\frac{\partial^2 u}{\partial y^2}+\frac{\partial^2 w}{\partial x\partial z}+\frac{\partial^2 u}{\partial z^2}\right)\right]+$$

$$6\varphi^{2/3}\nu t\left(\frac{\partial u}{\partial y}\frac{\partial^2 u}{\partial y^2}+\frac{\partial u}{\partial z}\frac{\partial^2 u}{\partial z^2}\right) \tag{3-18-14}$$

$$\varphi\frac{\partial v_s}{\partial t}+(1-\varphi)\frac{\partial v}{\partial t}+u\frac{\partial(v-v_s)}{\partial x}+v\frac{\partial(v-v_s)}{\partial y}+$$
$$w\frac{\partial(v-v_s)}{\partial z}+\varphi^{2/3}\left[u\frac{\partial(v_s-v)}{\partial x}+v\frac{\partial(v_s-v)}{\partial y}+w\frac{\partial(v_s-v)}{\partial z}\right]$$
$$=f_y-\frac{1}{\rho}\frac{\partial p}{\partial y}+\nu\left[\left(\frac{\partial^2 v}{\partial x^2}+\frac{\partial^2 v}{\partial y^2}+\frac{\partial^2 v}{\partial z^2}\right)-\varphi^{2/3}\left(\frac{\partial^2 u}{\partial y\partial x}+\frac{\partial^2 v}{\partial x^2}+\frac{\partial^2 w}{\partial y\partial z}+\frac{\partial^2 v}{\partial z^2}\right)\right]+$$
$$6\varphi^{2/3}\nu t\left(\frac{\partial v}{\partial x}\frac{\partial^2 v}{\partial x^2}+\frac{\partial v}{\partial z}\frac{\partial^2 v}{\partial z^2}\right) \tag{3-18-15}$$

$$\varphi\frac{\partial w_s}{\partial t}+(1-\varphi)\frac{\partial w}{\partial t}+u\frac{\partial(w-w_s)}{\partial x}+v\frac{\partial(w-w_s)}{\partial y}+$$
$$w\frac{\partial(w-w_s)}{\partial z}+\varphi^{2/3}\left[u\frac{\partial(w_s-w)}{\partial x}+v\frac{\partial(w_s-w)}{\partial y}+w\frac{\partial(w_s-w)}{\partial z}\right]$$
$$=f_z-\frac{1}{\rho}\frac{\partial p}{\partial z}+\nu\left[\left(\frac{\partial^2 w}{\partial x^2}+\frac{\partial^2 w}{\partial y^2}+\frac{\partial^2 w}{\partial z^2}\right)-\varphi^{2/3}\left(\frac{\partial^2 u}{\partial z\partial x}+\frac{\partial^2 w}{\partial x^2}+\frac{\partial^2 v}{\partial z\partial y}+\frac{\partial^2 w}{\partial y^2}\right)\right]+$$
$$6\varphi^{2/3}\nu t\left(\frac{\partial w}{\partial x}\frac{\partial^2 w}{\partial x^2}+\frac{\partial w}{\partial y}\frac{\partial^2 w}{\partial y^2}\right) \tag{3-18-16}$$

将式(3-18-14)～式(3-18-16)中的涡旋速度转变为用连续相速度表示并将式(3-15-1)～式(3-15-3)，代入式(3-18-14)～式(3-18-16)对应的式子的左端，

$$\varphi\frac{\partial u_s}{\partial t}+(1-\varphi)\frac{\partial u}{\partial t}=\frac{\partial u}{\partial t}+\varphi\frac{\partial(u_s-u)}{\partial t}=\frac{\partial u}{\partial t}+\varphi\frac{\partial}{\partial t}\left[-\frac{\nu}{2u}\left(\frac{\partial u}{\partial y}+\frac{\partial u}{\partial z}\right)\right]$$
$$=\frac{\partial u}{\partial t}-\varphi\frac{\partial}{\partial t}\left[\frac{\nu}{2u}\left(\frac{\partial u}{\partial y}+\frac{\partial u}{\partial z}\right)\right] \tag{3-18-17}$$

$$u\frac{\partial}{\partial x}(u-u_s)=u\frac{\partial}{\partial x}\left[\frac{\nu}{2u}\left(\frac{\partial u}{\partial y}+\frac{\partial u}{\partial z}\right)\right]=u\left[\frac{\nu}{2u^2}\frac{\partial u}{\partial x}\left(\frac{\partial u}{\partial y}+\frac{\partial u}{\partial z}\right)+\frac{\nu}{2u}\left(\frac{\partial^2 u}{\partial y\partial x}+\frac{\partial^2 u}{\partial z\partial x}\right)\right]$$
$$=\frac{\nu}{2}\left[-\frac{1}{u}\frac{\partial u}{\partial x}\left(\frac{\partial u}{\partial y}+\frac{\partial u}{\partial z}\right)+\left(\frac{\partial^2 u}{\partial y\partial x}+\frac{\partial^2 u}{\partial z\partial x}\right)\right] \tag{3-18-18}$$

$$v\frac{\partial}{\partial y}(u-u_s)=v\frac{\partial}{\partial y}\left[\frac{\nu}{2u}\left(\frac{\partial u}{\partial y}+\frac{\partial u}{\partial z}\right)\right]=v\left[-\frac{\nu}{2u^2}\frac{\partial u}{\partial y}\left(\frac{\partial u}{\partial y}+\frac{\partial u}{\partial z}\right)+\frac{\nu}{2u}\left(\frac{\partial^2 u}{\partial y^2}+\frac{\partial^2 u}{\partial z\partial y}\right)\right]$$
$$=\frac{\nu}{2}\left[-\frac{v}{u^2}\frac{\partial u}{\partial y}\left(\frac{\partial u}{\partial y}+\frac{\partial u}{\partial z}\right)+\frac{v}{u}\left(\frac{\partial^2 u}{\partial y^2}+\frac{\partial^2 u}{\partial z^2}\right)\right] \tag{3-18-19}$$

$$w\frac{\partial}{\partial z}(u-u_s)=\frac{\nu}{2}\left[-\frac{w}{u^2}\frac{\partial u}{\partial z}\left(\frac{\partial u}{\partial y}+\frac{\partial u}{\partial z}\right)+\frac{w}{u}\left(\frac{\partial^2 u}{\partial y\partial z}+\frac{\partial^2 u}{\partial z^2}\right)\right] \tag{3-18-20}$$

令式(3-18-18)＋式(3-18-19)＋式(3-18-20)，则：

$$\frac{\nu}{2}\left[\frac{\partial^2 u}{\partial y\partial x}+\frac{\partial^2 u}{\partial z\partial x}+\frac{v}{u}\left(\frac{\partial^2 u}{\partial y^2}+\frac{\partial^2 u}{\partial z\partial y}\right)+\frac{w}{u}\left(\frac{\partial^2 u}{\partial y\partial z}+\frac{\partial^2 u}{\partial z^2}\right)-\right.$$
$$\left.\left(\frac{1}{u}\frac{\partial u}{\partial x}+\frac{v}{u^2}\frac{\partial u}{\partial y}+\frac{w}{u^2}\frac{\partial u}{\partial z}\right)\left(\frac{\partial u}{\partial y}+\frac{\partial u}{\partial z}\right)\right] \tag{3-18-21}$$

$$\varphi^{2/3}u\frac{\partial(u_s-u)}{\partial x}=\varphi^{2/3}u\frac{\partial}{\partial x}\left[-\frac{\nu}{2u}\left(\frac{\partial u}{\partial y}+\frac{\partial u}{\partial z}\right)\right]$$

$$=\varphi^{2/3}u\left[\frac{\nu}{2u^2}\frac{\partial u}{\partial x}\left(\frac{\partial u}{\partial y}+\frac{\partial u}{\partial z}\right)-\frac{\nu}{2u}\left(\frac{\partial^2 u}{\partial y\partial x}-\frac{\partial^2 u}{\partial z\partial x}\right)\right]$$

$$=\varphi^{2/3}\frac{\nu}{2}\left[\frac{1}{u}\frac{\partial u}{\partial x}\left(\frac{\partial u}{\partial y}+\frac{\partial u}{\partial z}\right)-\left(\frac{\partial^2 u}{\partial y\partial x}+\frac{\partial^2 u}{\partial z\partial x}\right)\right] \tag{3-18-22}$$

$$\varphi^{2/3}v\frac{\partial}{\partial y}(u_s-u)=\varphi^{2/3}\frac{\nu}{2}v\frac{\partial}{\partial y}\left[-\frac{1}{u}\left(\frac{\partial u}{\partial y}+\frac{\partial u}{\partial z}\right)\right]$$

$$=\frac{\nu}{2}\varphi^{2/3}\left[\frac{v}{u^2}\left(\frac{\partial u}{\partial y}+\frac{\partial u}{\partial z}\right)-\frac{v}{u}\left(\frac{\partial^2 u}{\partial y^2}+\frac{\partial u}{\partial z\partial y}\right)\right] \tag{3-18-23}$$

$$\frac{\nu}{2}\varphi^{2/3}w\frac{\partial}{\partial z}(u_s-u)=\frac{\nu}{2}\varphi^{2/3}\left[\frac{w}{u^2}\frac{\partial u}{\partial z}\left(\frac{\partial u}{\partial y}+\frac{\partial u}{\partial z}\right)-\frac{w}{u}\left(\frac{\partial^2 u}{\partial y\partial z}+\frac{\partial^2 u}{\partial z^2}\right)\right] \tag{3-18-24}$$

令式(3-18-22)+式(3-18-23)+式(3-18-24),则:

$$\frac{\nu}{2}\varphi^{2/3}\left[\left(\frac{1}{u}\frac{\partial u}{\partial x}+\frac{v}{u^2}\frac{\partial u}{\partial y}+\frac{w}{u^2}\frac{\partial u}{\partial z}\right)\left(\frac{\partial u}{\partial y}+\frac{\partial u}{\partial z}\right)-\right.$$

$$\left.\left(\frac{\partial^2 u}{\partial y\partial x}+\frac{\partial^2 u}{\partial z\partial x}\right)+\frac{v}{u}\left(\frac{\partial^2 u}{\partial y^2}+\frac{\partial^2 u}{\partial z\partial y}\right)+\frac{w}{u}\left(\frac{\partial^2 u}{\partial y\partial z}+\frac{\partial^2 u}{\partial z^2}\right)\right] \tag{3-18-25}$$

令式(3-18-21)+式(3-18-25),则:

$$\frac{\nu}{2}\left\{(1-\varphi^{2/3})\left[\frac{\partial^2 u}{\partial y\partial x}+\frac{\partial^2 u}{\partial z\partial x}+\frac{v}{u}\left(\frac{\partial^2 u}{\partial y^2}+\frac{\partial^2 u}{\partial z\partial y}\right)+\frac{w}{u}\left(\frac{\partial^2 u}{\partial y\partial z}+\frac{\partial^2 u}{\partial z^2}\right)\right]+\right.$$

$$\left.(\varphi^{2/3}-1)\left(\frac{1}{u}\frac{\partial u}{\partial x}+\frac{v}{u^2}\frac{\partial u}{\partial y}+\frac{w}{u^2}\frac{\partial u}{\partial z}\right)\left(\frac{\partial u}{\partial y}+\frac{\partial u}{\partial z}\right)\right\} \tag{3-18-26}$$

同理,对式(3-18-15)和式(3-18-16)等号左边均进行相应处理后为:

$$\frac{\nu}{2}\left\{(1-\varphi^{2/3})\left[\frac{u}{v}\left(\frac{\partial^2 v}{\partial z\partial x}+\frac{\partial^2 v}{\partial x^2}\right)+\frac{\partial^2 v}{\partial z\partial y}+\frac{\partial^2 v}{\partial x\partial y}+\frac{w}{v}\left(\frac{\partial^2 v}{\partial z^2}+\frac{\partial^2 v}{\partial x\partial z}\right)\right]+(\varphi^{2/3}-1)\right.$$

$$\left.\left(\frac{u}{v^2}\frac{\partial u}{\partial x}+\frac{1}{v}\frac{\partial u}{\partial y}+\frac{w}{v^2}\frac{\partial v}{\partial z}\right)\left(\frac{\partial v}{\partial z}+\frac{\partial v}{\partial x}\right)\right\} \tag{3-18-27}$$

$$\frac{\nu}{2}\left\{(1-\varphi^{2/3})\left[\frac{u}{v}\left(\frac{\partial^2 w}{\partial x^2}+\frac{\partial^2 w}{\partial y\partial x}\right)+\frac{v}{w}\left(\frac{\partial^2 w}{\partial x\partial y}+\frac{\partial^2 w}{\partial y^2}\right)+\left(\frac{\partial^2 w}{\partial x\partial z}+\frac{\partial^2 w}{\partial z\partial y}\right)\right]+\right.$$

$$\left.(\varphi^{2/3}-1)\left(\frac{u}{w^2}\frac{\partial w}{\partial x}+\frac{v}{w}\frac{\partial w}{\partial y}+\frac{1}{w}\frac{\partial w}{\partial z}\right)\left(\frac{\partial w}{\partial x}+\frac{\partial w}{\partial y}\right)\right\} \tag{3-18-28}$$

将式(3-18-26)、式(3-18-27)和式(3-18-28)分别代入式(3-18-14)~式(3-18-16):

$$\frac{\partial u}{\partial t}-\varphi\frac{\partial}{\partial t}\left[\frac{\nu}{2u}\left(\frac{\partial u}{\partial y}+\frac{\partial u}{\partial z}\right)\right]+\frac{\nu}{2}\left\{(1-\varphi^{2/3})\left[\frac{\partial^2 u}{\partial y\partial x}+\frac{\partial^2 u}{\partial z\partial x}+\frac{v}{u}\left(\frac{\partial^2 u}{\partial y^2}+\frac{\partial^2 u}{\partial z\partial y}\right)+\right.\right.$$

$$\left.\left.\frac{w}{u}\left(\frac{\partial^2 u}{\partial y\partial z}+\frac{\partial^2 u}{\partial z^2}\right)\right]+(\varphi^{2/3}-1)\frac{1}{u}\left(\frac{\partial u}{\partial x}+\frac{v}{u^2}\frac{\partial u}{\partial y}+\frac{w}{u^2}\frac{\partial u}{\partial z}\right)\left(\frac{\partial u}{\partial y}+\frac{\partial u}{\partial z}\right)\right\}$$

$$=f_x-\frac{1}{\rho}\frac{\partial p}{\partial x}+\nu\left[\left(\frac{\partial^2 u}{\partial x^2}+\frac{\partial^2 u}{\partial y^2}+\frac{\partial^2 u}{\partial z^2}\right)-\varphi^{2/3}\left(\frac{\partial^2 v}{\partial y\partial x}+\frac{\partial^2 u}{\partial y^2}+\frac{\partial^2 w}{\partial x\partial z}+\frac{\partial^2 u}{\partial z^2}\right)\right]+$$

$$6\varphi^{2/3}\nu t\left(\frac{\partial u}{\partial y}\frac{\partial^2 u}{\partial y^2}+\frac{\partial u}{\partial z}\frac{\partial^2 u}{\partial z^2}\right) \tag{3-18-29}$$

$$\frac{\partial v}{\partial t}-\varphi\frac{\partial}{\partial t}\left[\frac{\nu}{2v}\left(\frac{\partial v}{\partial z}+\frac{\partial v}{\partial x}\right)\right]+\frac{\nu}{2}\left\{(1-\varphi^{2/3})\left[\frac{u}{v}\left(\frac{\partial^2 v}{\partial z\partial x}+\frac{\partial^2 v}{\partial x^2}\right)+\frac{\partial^2 v}{\partial z\partial y}+\frac{\partial^2 v}{\partial x\partial y}+\frac{w}{v}\left(\frac{\partial^2 v}{\partial z^2}+\frac{\partial^2 v}{\partial x\partial z}\right)\right]+\right.$$

$$(\varphi^{2/3}-1)\left(\frac{u}{v^2}\frac{\partial u}{\partial x}+\frac{1}{v}\frac{\partial v}{\partial y}+\frac{w}{v^2}\frac{\partial v}{\partial z}\right)\left(\frac{\partial v}{\partial z}+\frac{\partial v}{\partial x}\right)\Bigg\}$$

$$=f_y-\frac{1}{\rho}\frac{\partial p}{\partial y}+\nu\left[\left(\frac{\partial^2 v}{\partial x^2}+\frac{\partial^2 v}{\partial y^2}+\frac{\partial^2 v}{\partial z^2}\right)-\varphi^{2/3}\left(\frac{\partial^2 u}{\partial y\partial x}+\frac{\partial^2 v}{\partial x^2}+\frac{\partial^2 w}{\partial y\partial z}+\frac{\partial^2 v}{\partial z^2}\right)\right]+$$

$$6\varphi^{2/3}\nu t\left(\frac{\partial v}{\partial x}\frac{\partial^2 v}{\partial x^2}+\frac{\partial v}{\partial z}\frac{\partial^2 v}{\partial z^2}\right) \tag{3-18-30}$$

$$\frac{\partial w}{\partial t}-\varphi\frac{\partial}{\partial t}\left[\frac{\nu}{2w}\left(\frac{\partial w}{\partial x}+\frac{\partial w}{\partial y}\right)\right]+\frac{\nu}{2}\Bigg\{(1-\varphi^{2/3})\left[\frac{u}{w}\left(\frac{\partial^2 w}{\partial x^2}+\frac{\partial^2 w}{\partial y\partial x}\right)+\right.$$

$$\left.\frac{v}{w}\left(\frac{\partial^2 v}{\partial x\partial y}+\frac{\partial^2 w}{\partial y^2}\right)+\frac{\partial^2 w}{\partial x\partial z}+\frac{\partial^2 w}{\partial z\partial y}\right]+(\varphi^{2/3}-1)\left(\frac{u}{w^2}\frac{\partial w}{\partial x}+\frac{v}{w}\frac{\partial w}{\partial y}+\frac{1}{w}\frac{\partial w}{\partial z}\right)\left(\frac{\partial w}{\partial x}+\frac{\partial w}{\partial y}\right)\Bigg\}$$

$$=f_z-\frac{1}{\rho}\frac{\partial p}{\partial z}+\nu\left(\frac{\partial^2 w}{\partial x^2}+\frac{\partial^2 w}{\partial y^2}+\frac{\partial^2 w}{\partial z^2}\right)+6\varphi^{2/3}\nu t\left(\frac{\partial w}{\partial x}\frac{\partial^2 w}{\partial x^2}+\frac{\partial w}{\partial y}\frac{\partial^2 w}{\partial y^2}\right) \tag{3-18-31}$$

3.18.3 动量矩方程

令 $I_m=L_0$，$\boldsymbol{\Phi}_s=\boldsymbol{r}\times\rho\,\boldsymbol{v}_s$，$\boldsymbol{\Phi}=\boldsymbol{r}\times\rho\,\boldsymbol{v}$，代入式(3-2-6)，然后代入式(3-1-4)，则：

$$\iiint_V\left[\varphi\frac{\partial}{\partial t}(\boldsymbol{r}\times\rho\,\boldsymbol{v}_s)+\varphi_1\frac{\partial}{\partial t}(\boldsymbol{r}\times\rho\,\boldsymbol{v})\right]\mathrm{d}V+$$

$$\oiint_A\left[\varphi^{2/3}(\boldsymbol{r}\times\rho\,\boldsymbol{v}_s)(\boldsymbol{v}_s\cdot\boldsymbol{n})+\varphi_2(\boldsymbol{r}\times\rho\boldsymbol{v})(\boldsymbol{v}\cdot\boldsymbol{n})\right]\mathrm{d}A$$

$$=\iiint_V(\boldsymbol{r}\times\rho\boldsymbol{f})\mathrm{d}V+\oiint_A\boldsymbol{r}\times\boldsymbol{p}_n\mathrm{d}A \tag{3-18-32}$$

将式(3-18-32)面积分变成体积分，去掉积分号，则：

$$\varphi\frac{\partial}{\partial t}(\boldsymbol{r}\times\rho\,\boldsymbol{v}_s)+\varphi_1\frac{\partial}{\partial t}(\boldsymbol{r}\times\rho\,\boldsymbol{v})+\boldsymbol{v}_s\cdot\nabla\varphi^{2/3}(\boldsymbol{r}\times\rho\,\boldsymbol{v}_s)+\boldsymbol{v}\cdot\nabla\varphi_2(\boldsymbol{r}\times\rho\boldsymbol{v})$$

$$=\boldsymbol{r}\times\rho\boldsymbol{f}+\nabla\cdot(\boldsymbol{r}\times\boldsymbol{p}_n) \tag{3-18-33}$$

因为 ρ 是常数，全式除以 ρ，将等号左边推演为：

$$\frac{\partial}{\partial t}(\boldsymbol{r}\times\boldsymbol{v})+\varphi\frac{\partial}{\partial t}[\boldsymbol{r}\times(\boldsymbol{v}_s-\boldsymbol{v})]+\boldsymbol{v}\cdot\nabla(\boldsymbol{r}\times\boldsymbol{v})+\varphi^{2/3}[\boldsymbol{v}_s\cdot\nabla(\boldsymbol{r}\times\boldsymbol{v}_s)-\boldsymbol{v}\cdot\nabla(\boldsymbol{r}\times\boldsymbol{v})]$$

$$=\boldsymbol{r}\times\boldsymbol{f}+\frac{1}{\rho}\nabla\cdot(\boldsymbol{r}\times\boldsymbol{P}) \tag{3-18-34}$$

将式(3-18-34)按直角坐标系展开，最后演化为只有连续相参变量来表达。

$$\frac{\partial}{\partial t}(\boldsymbol{r}\times\boldsymbol{v})=\frac{\partial}{\partial t}(r_y w-r_z v)\boldsymbol{i}+\frac{\partial}{\partial t}(r_z u-r_x w)\boldsymbol{j}+\frac{\partial}{\partial t}(r_x v-r_y u)\boldsymbol{k} \tag{3-18-35}$$

$$\varphi\frac{\partial}{\partial t}[\boldsymbol{r}\times(\boldsymbol{v}_s-\boldsymbol{v})]=\varphi\frac{\partial}{\partial t}\{[r_y(w_s-w)-r_z(v_s-v)]\boldsymbol{i}+[r_z(u_s-u)-r_x(w_s-w)]\boldsymbol{j}+$$

$$[r_x(v_s-v)-r_y(u_s-u)]\boldsymbol{k}\} \tag{3-18-36}$$

$$\boldsymbol{v}\cdot\nabla(\boldsymbol{r}\times\boldsymbol{v})=\boldsymbol{v}\cdot\nabla[(r_y w-r_z v)\boldsymbol{i}+(r_z u-r_x w)\boldsymbol{j}+(r_x v-r_y u)\boldsymbol{k}]$$

$$=\left[u\frac{\partial}{\partial x}(r_y w-r_z v)+v\frac{\partial}{\partial y}(r_y w-r_z v)+w\frac{\partial}{\partial z}(r_y w-r_z v)\right]\boldsymbol{i}+$$

$$\left[u\frac{\partial}{\partial x}(r_z u - r_x w) + v\frac{\partial}{\partial y}(r_z u - r_x w) + w\frac{\partial}{\partial z}(r_z u - r_x w)\right]\boldsymbol{j} +$$

$$\left[u\frac{\partial}{\partial x}(r_x v - r_y u) + v\frac{\partial}{\partial y}(r_x v - r_y u) + w\frac{\partial}{\partial z}(r_x v - r_y u)\right]\boldsymbol{k} \tag{3-18-37}$$

$$\varphi^{2/3}[\boldsymbol{v}_s \cdot \nabla(\boldsymbol{r}\times\boldsymbol{v}_s) - \boldsymbol{v}\cdot\nabla(\boldsymbol{r}\times\boldsymbol{v})] = \varphi^{2/3}\Big\{\Big[u_s\frac{\partial}{\partial x}(r_y w_s - r_z v_s) - u\frac{\partial}{\partial x}(r_y w - r_z v) +$$

$$v_s\frac{\partial}{\partial y}(r_y w_s - r_z v_s) - v\frac{\partial}{\partial y}(r_y w - r_z v) + w_s\frac{\partial}{\partial z}(r_y w_s - r_z v_s) - w\frac{\partial}{\partial z}(r_y w - r_z v)\Big]\boldsymbol{i} +$$

$$\Big[u_s\frac{\partial}{\partial x}(r_z u_s - r_x w_s) - u\frac{\partial}{\partial x}(r_z u - r_x w) + v_s\frac{\partial}{\partial y}(r_z u_s - r_x w_s) - v\frac{\partial}{\partial y}(r_z u - r_x w) +$$

$$w_s\frac{\partial}{\partial z}(r_z u_s - r_x w_s) - w\frac{\partial}{\partial z}(r_z u - r_x w)\Big]\boldsymbol{j} + \Big[u_s\frac{\partial}{\partial x}(r_x v_s - r_y u_s) - u\frac{\partial}{\partial x}(r_x v - r_y u) +$$

$$v_s\frac{\partial}{\partial y}(r_x v_s - r_y u_s) - v\frac{\partial}{\partial y}(r_x v - r_y u) + w_s\frac{\partial}{\partial z}(r_x v_s - r_y u_s) - w\frac{\partial}{\partial z}(r_x v - r_y u)\Big]\boldsymbol{k}\Big\}$$

$$= \varphi^{2/3}\Big\{\Big[r_y\left(u_s\frac{\partial w_s}{\partial x} - u\frac{\partial w}{\partial x} + v_s\frac{\partial w_s}{\partial y} - v\frac{\partial w}{\partial y} + w_s\frac{\partial w_s}{\partial z} - w\frac{\partial w}{\partial z}\right) +$$

$$r_z\left(u\frac{\partial v}{\partial x} - u_s\frac{\partial v_s}{\partial x} + v\frac{\partial v}{\partial y} - v_s\frac{\partial v_s}{\partial y} + w\frac{\partial v}{\partial z} - w\frac{\partial v_s}{\partial z}\right)\Big]\boldsymbol{i} +$$

$$\Big[r_z\left(u_s\frac{\partial u_s}{\partial x} - u\frac{\partial u}{\partial x} + v_s\frac{\partial u_s}{\partial y} - v\frac{\partial u}{\partial y} + w_s\frac{\partial w_s}{\partial z} - w\frac{\partial u}{\partial z}\right) +$$

$$r_x\left(u\frac{\partial w}{\partial x} - u_s\frac{\partial w_s}{\partial x} + v\frac{\partial w}{\partial y} - v_s\frac{\partial w_s}{\partial y} + w\frac{\partial w}{\partial z} - w_s\frac{\partial w_s}{\partial z}\right)\Big]\boldsymbol{j} +$$

$$\Big[r_x\left(u_s\frac{\partial v_s}{\partial x} - u\frac{\partial v}{\partial x} + v_s\frac{\partial v_s}{\partial y} - v\frac{\partial v}{\partial y} + w_s\frac{\partial v_s}{\partial z} - w\frac{\partial v}{\partial z}\right) +$$

$$r_y\left(u\frac{\partial u}{\partial x} - u_s\frac{\partial u_s}{\partial x} + v\frac{\partial u}{\partial y} - v_s\frac{\partial u_s}{\partial y} + w\frac{\partial u}{\partial z} - w_s\frac{\partial u_s}{\partial z}\right)\Big]\boldsymbol{k}\Big\} \tag{3-18-38}$$

将式(3-18-38)中分散相涡旋速度转化为用连续相速度表示，为此，利用式(3-15-1)~式(3-15-3)进行转化。

$$\varphi^{2/3}\frac{\nu}{2}\Big\{r_y\Big[-\frac{1}{u}\left(\frac{\partial w}{\partial x}\right)\left(\frac{\partial u}{\partial z} + \frac{\partial u}{\partial y}\right) + \frac{u}{w^2}\left(\frac{\partial w}{\partial x}\right)\left(\frac{\partial w}{\partial x} + \frac{\partial w}{\partial y}\right) - \frac{u}{w}\left(\frac{\partial^2 w}{\partial x^2} + \frac{\partial^2 w}{\partial y\partial x}\right) -$$

$$\frac{1}{v}\left(\frac{\partial w}{\partial y}\right)\left(\frac{\partial v}{\partial x} + \frac{\partial v}{\partial z}\right) + \frac{v}{w^2}\left(\frac{\partial w}{\partial y}\right)\left(\frac{\partial w}{\partial x} + \frac{\partial w}{\partial y}\right) - \frac{1}{w}\left(\frac{\partial^2 w}{\partial x\partial y} + \frac{\partial^2 w}{\partial y^2}\right) - \left(\frac{\partial^2 w}{\partial x\partial z} + \frac{\partial^2 w}{\partial y\partial z}\right)\Big] +$$

$$r_z\Big[\frac{1}{u}\left(\frac{\partial v}{\partial x}\right)\left(\frac{\partial u}{\partial y} + \frac{\partial u}{\partial z}\right) - \frac{u}{v^2}\left(\frac{\partial v}{\partial x}\right)\left(\frac{\partial v}{\partial x} + \frac{\partial v}{\partial z}\right) + \frac{u}{v}\left(\frac{\partial^2 v}{\partial x^2} + \frac{\partial^2 v}{\partial z\partial x}\right) + \left(\frac{\partial^2 v}{\partial x\partial y} + \frac{\partial^2 v}{\partial z\partial y}\right) +$$

$$\frac{1}{w}\left(\frac{\partial v}{\partial z}\right)\left(\frac{\partial w}{\partial x} + \frac{\partial w}{\partial y}\right) - \frac{w}{v^2}\left(\frac{\partial v}{\partial z}\right)\left(\frac{\partial v}{\partial x} + \frac{\partial v}{\partial z}\right) + \frac{w}{v}\left(\frac{\partial^2 w}{\partial x\partial z} + \frac{\partial^2 v}{\partial z^2}\right)\Big]\Big\} \tag{3-18-39}$$

$$\frac{\varphi^{2/3}\nu}{2}\Big\{r_z\Big[-\left(\frac{\partial^2 u}{\partial y\partial x} + \frac{\partial^2 u}{\partial z\partial x}\right) - \frac{1}{v}\left(\frac{\partial u}{\partial y}\right)\left(\frac{\partial v}{\partial x} + \frac{\partial v}{\partial z}\right) + \frac{v}{u^2}\left(\frac{\partial u}{\partial y}\right)\left(\frac{\partial u}{\partial y} + \frac{\partial u}{\partial z}\right) -$$

$$\frac{v}{u}\left(\frac{\partial^2 u}{\partial y^2} + \frac{\partial^2 u}{\partial z\partial y}\right) - \frac{1}{w}\left(\frac{\partial u}{\partial z}\right)\left(\frac{\partial w}{\partial x} + \frac{\partial w}{\partial y}\right) + \frac{w}{u^2}\left(\frac{\partial u}{\partial z}\right)\left(\frac{\partial u}{\partial y} + \frac{\partial u}{\partial z}\right) - \frac{w}{u}\left(\frac{\partial^2 u}{\partial y\partial z} + \frac{\partial^2 u}{\partial z^2}\right)\Big] +$$

$$r_x\Big[\frac{1}{u}\left(\frac{\partial w}{\partial x}\right)\left(\frac{\partial u}{\partial y} + \frac{\partial u}{\partial z}\right) - \frac{u}{w^2}\left(\frac{\partial w}{\partial x}\right)\left(\frac{\partial w}{\partial x} + \frac{\partial w}{\partial y}\right) + \frac{u}{w}\left(\frac{\partial^2 w}{\partial x^2} + \frac{\partial^2 w}{\partial y\partial x}\right) + \frac{1}{v}\left(\frac{\partial w}{\partial y}\right)$$

$$\left(\frac{\partial v}{\partial x}+\frac{\partial v}{\partial z}\right)-\frac{v}{w^2}\left(\frac{\partial w}{\partial y}\right)\left(\frac{\partial w}{\partial x}+\frac{\partial w}{\partial y}\right)+\frac{v}{w}\left(\frac{\partial^2 w}{\partial x\partial y}+\frac{\partial^2 w}{\partial y^2}\right)+\left(\frac{\partial^2 w}{\partial x\partial z}+\frac{\partial^2 w}{\partial y^2}\right)\Big]\Big\} \tag{3-18-40}$$

$$\frac{\varphi^{2/3}\nu}{2}\Big\{r_x\Big[-\frac{1}{u}\left(\frac{\partial v}{\partial x}\right)\left(\frac{\partial u}{\partial y}+\frac{\partial u}{\partial z}\right)+\frac{u}{v^2}\left(\frac{\partial v}{\partial x}\right)\left(\frac{\partial v}{\partial x}+\frac{\partial v}{\partial z}\right)-\left(\frac{\partial^2 v}{\partial x^2}+\frac{\partial^2 v}{\partial z\partial x}\right)-$$

$$\left(\frac{\partial^2 v}{\partial x\partial y}+\frac{\partial^2 v}{\partial z\partial y}\right)-\frac{1}{w}\left(\frac{\partial v}{\partial z}\right)\left(\frac{\partial w}{\partial x}+\frac{\partial w}{\partial y}\right)+\frac{w}{v^2}\left(\frac{\partial v}{\partial z}\right)\left(\frac{\partial v}{\partial x}+\frac{\partial v}{\partial z}\right)-\frac{w}{v}\left(\frac{\partial^2 v}{\partial x\partial z}+\frac{\partial^2 v}{\partial z^2}\right)\Big]+$$

$$r_y\Big[\left(\frac{\partial^2 u}{\partial y\partial x}+\frac{\partial^2 u}{\partial z\partial x}\right)+\frac{1}{v}\left(\frac{\partial u}{\partial y}\right)\left(\frac{\partial v}{\partial x}+\frac{\partial v}{\partial z}\right)-\frac{v}{u^2}\left(\frac{\partial u}{\partial y}\right)\left(\frac{\partial u}{\partial y}+\frac{\partial u}{\partial z}\right)+\frac{v}{u}\left(\frac{\partial^2 u}{\partial y^2}+\frac{\partial^2 u}{\partial z\partial y}\right)+$$

$$\frac{1}{w}\left(\frac{\partial u}{\partial z}\right)\left(\frac{\partial w}{\partial x}+\frac{\partial w}{\partial y}\right)-\frac{w}{u^2}\left(\frac{\partial u}{\partial z}\right)\left(\frac{\partial u}{\partial y}+\frac{\partial u}{\partial z}\right)+\frac{w}{u}\left(\frac{\partial^2 u}{\partial y\partial z}+\frac{\partial^2 u}{\partial z^2}\right)\Big]\Big\} \tag{3-18-41}$$

式(3-18-39)、式(3-18-40)和式(3-18-41)是数学方法推导的结果，由于是研究实际问题，必须按物理意义来决定留项，据此为

$$\frac{\varphi^{2/3}\nu}{2}\left[r_z\left(\frac{\partial^2 v}{\partial x\partial z}+\frac{\partial^2 v}{\partial z\partial y}\right)-r_y\left(\frac{\partial^2 w}{\partial x\partial y}+\frac{\partial^2 w}{\partial y^2}+\frac{\partial^2 w}{\partial x\partial z}+\frac{\partial^2 w}{\partial y\partial z}\right)\right] \tag{3-18-42}$$

$$\frac{\varphi^{2/3}\nu}{2}\left[r_x\left(\frac{\partial^2 w}{\partial x\partial z}+\frac{\partial^2 w}{\partial y^2}\right)-r_z\left(\frac{\partial^2 u}{\partial y\partial x}+\frac{\partial^2 u}{\partial z\partial x}\right)\right] \tag{3-18-43}$$

$$\frac{\varphi^{2/3}\nu}{2}\left[r_y\left(\frac{\partial^2 u}{\partial y\partial x}+\frac{\partial^2 u}{\partial z\partial x}\right)-r_x\left(\frac{\partial^2 v}{\partial x^2}+\frac{\partial^2 v}{\partial z\partial x}+\frac{\partial^2 v}{\partial x\partial y}+\frac{\partial^2 v}{\partial z\partial y}\right)\right] \tag{3-18-44}$$

现对式(3-18-34)中$\frac{1}{\rho}\nabla\cdot(\boldsymbol{r}\times\boldsymbol{P})$项进行推演。

$$\begin{aligned}\frac{1}{\rho}\nabla\cdot(\boldsymbol{r}\times\boldsymbol{P})&=\frac{1}{\rho}\nabla\cdot[(\boldsymbol{r}\times\boldsymbol{p}_x)\boldsymbol{i}+(\boldsymbol{r}\times\boldsymbol{p}_y)\boldsymbol{j}+(\boldsymbol{r}\times\boldsymbol{p}_z)\boldsymbol{k}]\\&=\frac{1}{\rho}\left[\frac{\partial}{\partial x}(\boldsymbol{r}\times\boldsymbol{p}_x)+\frac{\partial}{\partial y}(\boldsymbol{r}\times\boldsymbol{p}_y)+\frac{\partial}{\partial z}(\boldsymbol{r}\times\boldsymbol{p}_z)\right]\end{aligned} \tag{3-18-45}$$

下面对式(3-18-45)分三项进行推导：

$$\begin{aligned}\frac{1}{\rho}\frac{\partial}{\partial x}(\boldsymbol{r}\times\boldsymbol{p}_x)&=\frac{1}{\rho}\frac{\partial}{\partial x}[(r_yp_{xz}-r_zp_{xy})\boldsymbol{i}+(r_zp_{xx}-r_xp_{xz})\boldsymbol{j}+(r_xp_{xy}-r_yp_{xx})\boldsymbol{k}]\\&=\frac{1}{\rho}\Big\{\Big[r_y\left(\frac{\partial p_{xz}}{\partial x}+\frac{\partial p'_{xz}}{\partial x}\right)-r_z\left(\frac{\partial p_{xy}}{\partial x}+\frac{\partial p'_{xy}}{\partial x}\right)\Big]\boldsymbol{i}+\\&\quad\Big[r_z\frac{\partial p_{xx}}{\partial x}-r_x\left(\frac{\partial p_{xz}}{\partial x}+\frac{\partial p'_{xz}}{\partial x}\right)\Big]\boldsymbol{j}+\Big[r_x\left(\frac{\partial p_{xy}}{\partial x}+\frac{\partial p'_{xy}}{\partial x}\right)-r_y\frac{\partial p_{xx}}{\partial x}\Big]\boldsymbol{k}\Big\}\\&=\nu\Big\{r_y\Big[(1-\varphi^{2/3})\left(\frac{\partial^2 u}{\partial z\partial x}+\frac{\partial^2 w}{\partial x^2}\right)+6\varphi^{2/3}t\frac{\partial w}{\partial x}\frac{\partial^2 w}{\partial x^2}\Big]-\\&\quad r_z\Big[(1-\varphi^{2/3})\left(\frac{\partial^2 u}{\partial y\partial x}+\frac{\partial^2 v}{\partial x^2}\right)+6\varphi^{2/3}t\frac{\partial v}{\partial x}\frac{\partial^2 v}{\partial x^2}\Big]\Big\}\boldsymbol{i}+\\&\quad\Big\{r_z\left(-\frac{\partial p}{\rho\partial x}+2\nu\frac{\partial^2 u}{\partial x^2}\right)-r_x\nu\Big[(1-\varphi^{2/3})\left(\frac{\partial^2 u}{\partial z\partial x}+\frac{\partial^2 w}{\partial x^2}\right)+6\varphi^{2/3}t\frac{\partial w}{\partial x}\frac{\partial^2 w}{\partial x^2}\Big]\Big\}\boldsymbol{j}+\\&\quad\Big\{\nu r_x\Big[(1-\varphi^{2/3})\left(\frac{\partial^2 u}{\partial y\partial x}+\frac{\partial^2 v}{\partial x^2}\right)+6\varphi^{2/3}t\frac{\partial v}{\partial x}\frac{\partial^2 v}{\partial x^2}\Big]-\\&\quad r_y\left(-\frac{\partial p}{\partial x}+2\nu\frac{\partial^2 u}{\partial x^2}\right)\Big\}\boldsymbol{k}\end{aligned} \tag{3-18-46}$$

$$\frac{1}{\rho}\frac{\partial}{\partial y}(\boldsymbol{r}\times\boldsymbol{p}_y)=\frac{1}{\rho}\frac{\partial}{\partial y}\left[(r_y p_{yz}-r_z p_{yy})\boldsymbol{i}+(r_z p_{yx}-r_x p_{yz})\boldsymbol{j}+(r_x p_{yy}-r_y p_{yx})\boldsymbol{k}\right]$$

$$=\frac{1}{\rho}\left\{\left[r_y\left(\frac{\partial}{\partial y}p_{yz}+\frac{\partial}{\partial y}p'_{yz}\right)-r_z\frac{\partial}{\partial y}p_{yy}\right]\boldsymbol{i}+\right.$$

$$\left[r_z\left(\frac{\partial}{\partial y}p_{yx}+\frac{\partial}{\partial y}p'_{yx}\right)-r_x\left(\frac{\partial}{\partial y}p_{yz}+\frac{\partial}{\partial y}p'_{yz}\right)\right]\boldsymbol{j}+$$

$$\left.\left[r_x\frac{\partial}{\partial y}p_{yy}-r_y\left(\frac{\partial}{\partial y}p_{yx}+\frac{\partial}{\partial y}p'_{yx}\right)\right]\boldsymbol{k}\right\}$$

$$=\left\{\nu r_y\left[(1-\varphi^{2/3})\left(\frac{\partial^2 v}{\partial z\partial y}+\frac{\partial^2 w}{\partial y^2}\right)+6\varphi^{2/3}t\frac{\partial v}{\partial y}\frac{\partial^2 v}{\partial y^2}\right]-r_z\left(-\frac{\partial p}{\rho\,\partial y}+2\nu\frac{\partial^2 v}{\partial y^2}\right)\right\}\boldsymbol{i}+$$

$$\left\{\nu r_z\left[(1-\varphi^{2/3})\left(\frac{\partial^2 v}{\partial x\partial y}+\frac{\partial^2 u}{\partial y^2}\right)+6\varphi^{2/3}t\frac{\partial u}{\partial y}\frac{\partial^2 u}{\partial y^2}\right]-\right.$$

$$\left.\nu r_x\left[(1-\varphi^{2/3})\left(\frac{\partial^2 v}{\partial z\partial y}+\frac{\partial^2 w}{\partial y^2}\right)+6\varphi^{2/3}t\frac{\partial w}{\partial y}\frac{\partial^2 w}{\partial y^2}\right]\right\}\boldsymbol{j}+$$

$$\left\{r_x\left(-\frac{\partial p}{\rho\,\partial y}+2\nu\frac{\partial^2 v}{\partial y^2}\right)-\nu r_y\left[(1-\varphi^{2/3})\left(\frac{\partial^2 v}{\partial x\partial y}+\frac{\partial^2 v}{\partial y^2}\right)+\right.\right.$$

$$\left.\left.6\varphi^{2/3}t\frac{\partial u}{\partial y}\frac{\partial^2 u}{\partial y^2}\right]\right\}\boldsymbol{k} \tag{3-18-47}$$

$$\frac{1}{\rho}\frac{\partial}{\partial z}(\boldsymbol{r}\times\boldsymbol{p}_z)=\frac{1}{\rho}\frac{\partial}{\partial z}\left[(r_y p_{zz}-r_z p_{zy})\boldsymbol{i}+r_z(p_{zx}-r_x p_{zz})\boldsymbol{j}+(r_x p_{zy}-r_y p_{zx})\boldsymbol{k}\right]$$

$$=\frac{1}{\rho}\left\{\left[r_y\frac{\partial p_{zz}}{\partial z}-r_z\left(\frac{\partial p_{zy}}{\partial z}+\frac{\partial p'_{zy}}{\partial z}\right)\right]\boldsymbol{i}+\left[r_z\left(\frac{\partial p_{zx}}{\partial z}+\frac{\partial p'_{zx}}{\partial z}\right)-r_x\frac{\partial p_{zz}}{\partial z}\right]\boldsymbol{j}+\right.$$

$$\left.\left[r_x\left(\frac{\partial p_{zy}}{\partial z}+\frac{\partial p'_{zy}}{\partial z}\right)-r_y\left(\frac{\partial p_{zx}}{\partial z}+\frac{\partial p'_{zx}}{\partial z}\right)\right]\boldsymbol{k}\right\}$$

$$=\left\{r_y\left(-\frac{\partial p}{\rho\,\partial z}+2\nu\frac{\partial^2 w}{\partial z^2}\right)-\nu r_z\left[(1-\varphi^{2/3})\left(\frac{\partial^2 w}{\partial y\partial z}+\frac{\partial^2 v}{\partial z^2}\right)+6\varphi^{2/3}t\frac{\partial v}{\partial z}\frac{\partial^2 v}{\partial z^2}\right]\right\}\boldsymbol{i}+$$

$$\left\{\nu r_z\left[(1-\varphi^{2/3})\left(\frac{\partial^2 w}{\partial x\partial z}+\frac{\partial^2 u}{\partial z^2}\right)+6\varphi^{2/3}t\left(\frac{\partial u}{\partial z}\frac{\partial^2 u}{\partial z^2}\right)\right]-\right.$$

$$\left.r_x\left(-\frac{1}{\rho}\frac{\partial p}{\partial z}+2\nu\frac{\partial^2 w}{\partial z^2}\right)\right\}\boldsymbol{j}+\nu\left\{r_x\left[(1-\varphi^{2/3})\left(\frac{\partial^2 w}{\partial y\partial z}+\frac{\partial^2 v}{\partial z^2}\right)+\right.\right.$$

$$\left.\left.6\varphi^{2/3}t\frac{\partial v}{\partial z}\frac{\partial^2 v}{\partial z}\right]-r_y\left[(1-\varphi^{2/3})\left(\frac{\partial^2 w}{\partial x\partial z}+\frac{\partial^2 u}{\partial z^2}\right)+6\varphi^{2/3}t\frac{\partial u}{\partial z}\frac{\partial^2 u}{\partial z^2}\right]\right\}\boldsymbol{k} \tag{3-18-48}$$

将式(3-18-46)、式(3-18-47)和式(3-18-48)按对各轴具有实际力矩意义进行组合，分别为式(3-18-49)、式(3-18-50)和式(3-18-51)三项：

$$\frac{1}{\rho}\left(r_z\frac{\partial p}{\partial y}-r_y\frac{\partial p}{\partial z}\right)+\nu\left\{r_y\left[(1-\varphi^{2/3})\left(\frac{\partial^2 w}{\partial x^2}+\frac{\partial^2 w}{\partial y^2}-\frac{\partial^2 w}{\partial x\partial z}\right)+\right.\right.$$

$$2\frac{\partial^2 w}{\partial z^2}+6\varphi^{2/3}t\left(\frac{\partial w}{\partial x}\frac{\partial^2 w}{\partial x^2}+\frac{\partial w}{\partial y}\frac{\partial^2 w}{\partial y^2}\right)\right]-r_z\left[(1-\varphi^{2/3})\left(\frac{\partial^2 v}{\partial x^2}+\frac{\partial^2 v}{\partial z^2}-\frac{\partial^2 v}{\partial x\partial y}\right)+$$

$$\left.\left.2\frac{\partial^2 v}{\partial y^2}+6\varphi^{2/3}t\left(\frac{\partial v}{\partial x}\frac{\partial^2 v}{\partial x^2}+\frac{\partial v}{\partial z}\frac{\partial^2 v}{\partial z^2}\right)\right]\right\} \tag{3-18-49}$$

$$\frac{1}{\rho}\left(r_x\frac{\partial p}{\partial z}-r_z\frac{\partial p}{\partial x}\right)+\nu\left\{r_z\left[(1-\varphi^{2/3})\left(\frac{\partial^2 u}{\partial y^2}+\frac{\partial^2 u}{\partial z^2}-\frac{\partial^2 u}{\partial y\partial x}\right)+\right.\right.$$

$$2\frac{\partial^2 u}{\partial x^2}+6\varphi^{2/3}t\left(\frac{\partial u}{\partial y}\frac{\partial^2 u}{\partial y^2}+\frac{\partial u}{\partial z}\frac{\partial^2 u}{\partial z^2}\right)\Big]-r_x\Big[(1-\varphi^{2/3})\left(\frac{\partial^2 w}{\partial x^2}+\frac{\partial^2 w}{\partial y^2}-\frac{\partial^2 w}{\partial y\partial z}\right)+$$

$$2\frac{\partial^2 w}{\partial z^2}+6\varphi^{2/3}t\left(\frac{\partial w}{\partial x}\frac{\partial^2 w}{\partial x^2}+\frac{\partial w}{\partial y}\frac{\partial^2 w}{\partial y^2}\right)\Big]\Big\} \tag{3-18-50}$$

$$\frac{1}{\rho}\left(r_y\frac{\partial p}{\partial x}-r_x\frac{\partial p}{\partial y}\right)+\nu\Big\{r_x\Big[(1-\varphi^{2/3})\left(\frac{\partial^2 v}{\partial x^2}+\frac{\partial^2 v}{\partial z^2}-\frac{\partial^2 v}{\partial z\partial y}\right)+$$

$$2\frac{\partial^2 v}{\partial y^2}+6\varphi^{2/3}t\left(\frac{\partial v}{\partial z}\frac{\partial^2 v}{\partial z^2}+\frac{\partial v}{\partial x}\frac{\partial^2 v}{\partial x^2}\right)\Big]-r_y\Big[(1-\varphi^{2/3})\left(\frac{\partial^2 u}{\partial y^2}+\frac{\partial^2 u}{\partial z^2}-\frac{\partial^2 u}{\partial z\partial x}\right)+$$

$$2\frac{\partial^2 u}{\partial x^2}+6\varphi^{2/3}t\left(\frac{\partial u}{\partial y}\frac{\partial^2 u}{\partial y^2}+\frac{\partial u}{\partial z}\frac{\partial^2 u}{\partial z^2}\right)\Big]\Big\} \tag{3-18-51}$$

将式(3-18-36)写成用连续相速度表示的式子

$$\varphi\nu\Big\{r_y\frac{\partial}{\partial t}\Big[\frac{1}{2w}\left(\frac{\partial w}{\partial x}+\frac{\partial w}{\partial y}\right)\Big]-r_z\frac{\partial}{\partial t}\Big[\frac{1}{2v}\left(\frac{\partial v}{\partial x}+\frac{\partial v}{\partial z}\right)\Big]\Big\}\boldsymbol{i}+$$

$$\varphi\nu\Big\{r_z\frac{\partial}{\partial t}\Big[\frac{1}{2u}\left(\frac{\partial u}{\partial y}+\frac{\partial u}{\partial z}\right)\Big]-r_x\frac{\partial}{\partial t}\Big[\frac{1}{2w}\left(\frac{\partial w}{\partial x}+\frac{\partial w}{\partial y}\right)\Big]\Big\}\boldsymbol{j}+$$

$$\varphi\nu\Big\{r_x\frac{\partial}{\partial t}\Big[\frac{1}{2v}\left(\frac{\partial v}{\partial x}+\frac{\partial v}{\partial z}\right)\Big]-r_y\frac{\partial}{\partial t}\Big[\frac{1}{2u}\left(\frac{\partial u}{\partial y}+\frac{\partial u}{\partial z}\right)\Big]\Big\}\boldsymbol{k} \tag{3-18-52}$$

将式(3-18-35)、式(3-18-52)、式(3-18-37)、式(3-18-42)、式(3-18-43)、式(3-18-44)、式(3-18-49)、式(3-18-50)和式(3-18-51)代入式(3-18-34)，然后按三个坐标轴分为三式，

$$\frac{\partial}{\partial t}(r_y w-r_z v)+\varphi\nu\Big\{r_y\frac{\partial}{\partial t}\Big[\frac{1}{2w}\left(\frac{\partial w}{\partial x}+\frac{\partial w}{\partial y}\right)\Big]-r_z\frac{\partial}{\partial t}\Big[\frac{1}{2v}\left(\frac{\partial v}{\partial x}+\frac{\partial v}{\partial z}\right)\Big]\Big\}+$$

$$u\frac{\partial}{\partial x}(r_y w-r_z v)+v\frac{\partial}{\partial y}(r_y w-r_z v)+w\frac{\partial}{\partial z}(r_y w-r_z v)+$$

$$\frac{1}{2}\varphi^{2/3}\nu\Big[r_z\left(\frac{\partial^2 v}{\partial x\partial z}+\frac{\partial^2 v}{\partial z\partial y}\right)-r_y\left(\frac{\partial^2 w}{\partial x\partial y}+\frac{\partial^2 w}{\partial y^2}+\frac{\partial^2 w}{\partial x\partial z}+\frac{\partial^2 w}{\partial y\partial z}\right)\Big]$$

$$=r_y f_z-r_z f_y+\frac{1}{\rho}\left(r_z\frac{\partial p}{\partial y}-r_y\frac{\partial p}{\partial z}\right)+\nu\Big\{r_y\Big[(1-\varphi^{2/3})\left(\frac{\partial^2 w}{\partial x^2}+\frac{\partial^2 w}{\partial y^2}-\frac{\partial^2 w}{\partial x\partial z}\right)+$$

$$2\frac{\partial^2 w}{\partial z^2}+6\varphi^{2/3}t\left(\frac{\partial w}{\partial x}\frac{\partial^2 w}{\partial x^2}+\frac{\partial w}{\partial y}\frac{\partial^2 w}{\partial y^2}\right)\Big]-r_z\Big[(1-\varphi^{2/3})\left(\frac{\partial^2 v}{\partial x^2}+\frac{\partial^2 v}{\partial z^2}-\frac{\partial^2 v}{\partial x\partial y}\right)+$$

$$2\frac{\partial^2 v}{\partial y^2}+6\varphi^{2/3}t\left(\frac{\partial v}{\partial x}\frac{\partial^2 v}{\partial x^2}+\frac{\partial v}{\partial z}\frac{\partial^2 v}{\partial z^2}\right)\Big]\Big\} \tag{3-18-53}$$

$$\frac{\partial}{\partial t}(r_z u-r_x w)+\varphi\nu\Big\{r_z\frac{\partial}{\partial t}\Big[\frac{1}{2u}\left(\frac{\partial u}{\partial y}+\frac{\partial u}{\partial z}\right)\Big]-r_x\frac{\partial}{\partial t}\Big[\frac{1}{2w}\left(\frac{\partial w}{\partial x}+\frac{\partial w}{\partial y}\right)\Big]\Big\}+$$

$$u\frac{\partial}{\partial x}(r_z u-r_x w)+v\frac{\partial}{\partial y}(r_z u-r_x w)+w\frac{\partial}{\partial z}(r_z u-r_x w)+\varphi^{2/3}\nu$$

$$\Big[r_x\left(\frac{\partial^2 w}{\partial x\partial z}+\frac{\partial^2 w}{\partial y^2}\right)-r_z\left(\frac{\partial^2 u}{\partial y\partial x}+\frac{\partial^2 u}{\partial z\partial x}\right)\Big]=r_z f_x-r_x f_z+\frac{1}{\rho}\left(r_x\frac{\partial p}{\partial z}-r_z\frac{\partial p}{\partial x}\right)+$$

$$\nu\Big\{r_z\Big[(1-\varphi^{2/3})\left(\frac{\partial^2 u}{\partial y^2}+\frac{\partial^2 u}{\partial z^2}-\frac{\partial^2 u}{\partial y\partial x}\right)+2\frac{\partial^2 u}{\partial x^2}+6\varphi^{2/3}t\left(\frac{\partial u}{\partial y}\frac{\partial^2 u}{\partial y^2}+\frac{\partial u}{\partial z}\frac{\partial^2 u}{\partial z^2}\right)\Big]-$$

$$r_x\Big[(1-\varphi^{2/3})\left(\frac{\partial^2 w}{\partial x^2}+\frac{\partial^2 w}{\partial y^2}-\frac{\partial^2 w}{\partial y\partial z}\right)+2\frac{\partial^2 w}{\partial z^2}+6\varphi^{2/3}t\left(\frac{\partial w}{\partial x}\frac{\partial^2 w}{\partial x^2}+\frac{\partial w}{\partial y}\frac{\partial^2 w}{\partial y^2}\right)\Big]\Big\} \tag{3-18-54}$$

$$\frac{\partial}{\partial t}(r_x v - r_y u) + \varphi\nu\left\{r_x \frac{\partial}{\partial t}\left[\frac{1}{2v}\left(\frac{\partial v}{\partial x}+\frac{\partial v}{\partial y}\right)\right] - r_y \frac{\partial}{\partial t}\left[\frac{1}{2u}\left(\frac{\partial u}{\partial y}+\frac{\partial u}{\partial z}\right)\right]\right\} +$$

$$u\frac{\partial}{\partial x}(r_x v - r_y u) + v\frac{\partial}{\partial y}(r_x v - r_y u) + w\frac{\partial}{\partial z}(r_x v - r_y u) +$$

$$\frac{1}{2}\varphi^{2/3}\nu\left[r_y\left(\frac{\partial^2 u}{\partial y\partial x}+\frac{\partial^2 u}{\partial z\partial x}\right) - r_x\left(\frac{\partial^2 v}{\partial x^2}+\frac{\partial^2 v}{\partial z\partial x}+\frac{\partial^2 v}{\partial x\partial y}+\frac{\partial^2 v}{\partial z\partial y}\right)\right]$$

$$= r_x f_y - r_y f_x + \frac{1}{\rho}\left(r_y\frac{\partial p}{\partial x} - r_x\frac{\partial p}{\partial y}\right) + \nu\left\{r_x\left[(1-\varphi^{2/3})\left(\frac{\partial^2 v}{\partial x^2}+\frac{\partial^2 v}{\partial z^2}-\frac{\partial^2 v}{\partial z\partial y}\right) +\right.\right.$$

$$2\frac{\partial^2 v}{\partial y^2} + 6\varphi^{2/3}t\left(\frac{\partial v}{\partial z}\frac{\partial^2 v}{\partial z^2}+\frac{\partial v}{\partial x}\frac{\partial^2 v}{\partial x^2}\right)\right] - r_y\left[(1-\varphi^{2/3})\left(\frac{\partial^2 u}{\partial y^2}+\frac{\partial^2 u}{\partial z^2}-\frac{\partial^2 u}{\partial z\partial x}\right) +$$

$$\left.\left. 2\frac{\partial^2 u}{\partial x^2} + 6\varphi^{2/3}t\left(\frac{\partial u}{\partial y}\frac{\partial^2 u}{\partial y}+\frac{\partial u}{\partial z}\frac{\partial^2 u}{\partial z^2}\right)\right]\right\} \tag{3-18-55}$$

3.18.4 能量方程

令 $\Phi_s = \rho\left(e + \frac{v_s'^2}{2}\right)$，$\Phi = \rho\left(e + \frac{v'^2}{2}\right)$，$I_m = E$ 代入式(3-2-6)，然后代入式(3-1-5)，则：

$$\iiint_V \frac{\partial}{\partial t}\left[\varphi\rho\left(e + \frac{v_s'^2}{2}\right) + \varphi_1\rho\left(e + \frac{v'^2}{2}\right)\right]dV +$$

$$\oint_A\left[\varphi^{2/3}\rho\left(e + \frac{v_s'^2}{2}\right)(\boldsymbol{v}_s\cdot\boldsymbol{n}) + \varphi_2\rho\left(e+\frac{v'^2}{2}\right)(\boldsymbol{v}\cdot\boldsymbol{n})\right]dA$$

$$= \oint_A \boldsymbol{n}\cdot(\lambda\nabla T)\,dA + \iiint_V \rho q_R\,dV + \iiint_V \boldsymbol{f}\cdot\rho\,(\varphi\boldsymbol{v}_s + \varphi_1\boldsymbol{v})\,dV +$$

$$\oint_A \boldsymbol{p}_n\cdot(\varphi^{2/3}\boldsymbol{v}_s + \varphi_2\boldsymbol{v})\cdot\boldsymbol{n}\,dA \tag{3-18-56}$$

式中 $v_s'^2 = u_s^2 + v_s^2 + w_s^2$，将式(3-18-56)面积分变成体积分：

$$\oint_A\left[\varphi^{2/3}\rho\left(e + \frac{v_s'^2}{2}\right)(\boldsymbol{v}_s\cdot\boldsymbol{n}) + \varphi_2\rho\left(e+\frac{v'^2}{2}\right)(\boldsymbol{v}\cdot\boldsymbol{n})\right]dA$$

$$= \oint_A\left[\varphi^{2/3}\rho(\boldsymbol{n}\cdot\boldsymbol{v}_s)\left(e+\frac{v_s'^2}{2}\right) + \varphi_2\rho(\boldsymbol{n}\cdot\boldsymbol{v})\left(e+\frac{v'^2}{2}\right)\right]dA$$

$$= \iiint_V\left[\varphi^{2/3}\rho\,\nabla\cdot\boldsymbol{v}_s\left(e+\frac{v_s'^2}{2}\right) + \varphi_2\rho\,\nabla\cdot\boldsymbol{v}\left(e+\frac{v'^2}{2}\right)\right]dV \tag{3-18-57}$$

$$\oint_A \boldsymbol{n}\cdot(\lambda\nabla T)\,dA = \iiint_V \nabla\cdot(\lambda\nabla T)\,dV \tag{3-18-58}$$

$$\oint_A \boldsymbol{p}_n\cdot(\varphi^{2/3}\boldsymbol{v}_s + \varphi_2\boldsymbol{v})\cdot\boldsymbol{n}\,dA = \oint_A\left[\boldsymbol{n}\cdot(\varphi^{2/3}\boldsymbol{v}_s+\varphi_2\boldsymbol{v})\cdot\boldsymbol{P}\right]dA$$

$$= \iiint_V \nabla\cdot\left[(\varphi^{2/3}\boldsymbol{v}_s+\varphi_2\boldsymbol{v})\cdot\boldsymbol{P}\right]dV \tag{3-18-59}$$

将式(3-18-57)、式(3-18-58)和式(3-18-59)代入式(3-18-56)，去掉积分，除以 ρ，则：

$$\frac{\partial}{\partial t}\left[\varphi\left(e+\frac{v_s'^2}{2}\right)+\varphi_1\left(e+\frac{v'^2}{2}\right)\right] + \varphi^{2/3}\nabla\cdot\boldsymbol{v}_s\left(e+\frac{v_s'^2}{2}\right) + \varphi_2\,\nabla\cdot\boldsymbol{v}\left(e+\frac{v'^2}{2}\right)$$

$$= \frac{1}{\rho}\nabla\cdot(\lambda\nabla T) + q_R + \boldsymbol{f}\cdot(\varphi\boldsymbol{v}_s+\varphi_1\boldsymbol{v}) + \frac{1}{\rho}\nabla\cdot[(\varphi^{2/3}\boldsymbol{v}_s+\varphi_2\boldsymbol{v})\cdot\boldsymbol{P}] \tag{3-18-60}$$

对式(3-18-60)各项依次推演如下：

$$\frac{\partial}{\partial t}\left[\varphi\left(e+\frac{v'^2_s}{2}\right)+\varphi_1\left(e+\frac{v'^2}{2}\right)\right]=\frac{\partial}{\partial t}\left[\varphi\left(e+\frac{v'^2_s}{2}\right)+(1-\varphi)\left(e+\frac{v'^2}{2}\right)\right]$$

$$=\frac{\partial}{\partial t}\left[\left(e+\frac{v'^2}{2}\right)+\varphi\left(\frac{v'^2_s}{2}-\frac{v'^2}{2}\right)\right]=\frac{\partial}{\partial t}\left[\left(e+\frac{v'^2}{2}\right)+\frac{1}{2}\varphi(v'^2_s-v'^2)\right]$$

$$=\frac{\partial}{\partial t}\left[e+\frac{1}{2}(u^2+v^2+w^2)\right]+\frac{1}{2}\varphi\frac{\partial}{\partial t}\left\{\left[u-\frac{\nu}{2u}\left(\frac{\partial u}{\partial y}+\frac{\partial u}{\partial z}\right)\right]^2+\left[v-\frac{\nu}{2v}\left(\frac{\partial v}{\partial x}+\frac{\partial v}{\partial z}\right)\right]^2+\right.$$

$$\left.\left[w-\frac{\nu}{2w}\left(\frac{\partial w}{\partial x}+\frac{\partial w}{\partial y}\right)\right]^2-(u^2+v^2+w^2)\right\}$$

$$=\frac{\partial}{\partial t}\left[e+\frac{1}{2}(u^2+v^2+w^2)\right]-\frac{\nu}{2}\varphi\frac{\partial}{\partial t}\left(\frac{\partial u}{\partial y}+\frac{\partial u}{\partial z}+\frac{\partial v}{\partial x}+\frac{\partial v}{\partial z}+\frac{\partial w}{\partial x}+\frac{\partial w}{\partial y}\right) \tag{3-18-61}$$

$$\varphi^{2/3}\nabla\cdot\boldsymbol{v}_s\left(e+\frac{v'^2_s}{2}\right)+\varphi_2\nabla\cdot\boldsymbol{v}\left(e+\frac{v'^2}{2}\right)=-\varphi_2\nabla\cdot\boldsymbol{v}\left(e+\frac{v'^2}{2}\right)$$

$$=\frac{1}{2}\varphi_2\nabla\cdot\boldsymbol{v}(v'^2-v'^2_s)=\frac{\nu}{2}\varphi_2\nabla\cdot\boldsymbol{v}\left(\frac{\partial u}{\partial y}+\frac{\partial u}{\partial z}+\frac{\partial v}{\partial x}+\frac{\partial v}{\partial z}+\frac{\partial w}{\partial x}+\frac{\partial w}{\partial y}\right)$$

$$=\frac{1}{2}\nu\nabla\cdot\boldsymbol{v}\left(\frac{\partial u}{\partial y}+\frac{\partial u}{\partial z}+\frac{\partial v}{\partial x}+\frac{\partial v}{\partial z}+\frac{\partial w}{\partial x}+\frac{\partial w}{\partial y}\right)-\varphi^{2/3}\frac{\nu}{2}\nabla\cdot\boldsymbol{v}$$

$$\left(\frac{\partial u}{\partial y}+\frac{\partial u}{\partial z}+\frac{\partial v}{\partial x}+\frac{\partial v}{\partial z}+\frac{\partial w}{\partial x}+\frac{\partial w}{\partial y}\right) \tag{3-18-62}$$

值得注意的是，湍流不可压缩流体运动$\nabla\cdot\boldsymbol{v}\neq0$。

$$\frac{1}{\rho}\nabla\cdot(\lambda\nabla T)=\frac{\lambda}{\rho}\left(\frac{\partial^2 T}{\partial x^2}+\frac{\partial^2 T}{\partial y^2}+\frac{\partial^2 T}{\partial z^2}\right) \tag{3-18-63}$$

$$\boldsymbol{f}\cdot(\varphi\boldsymbol{v}_s+\varphi_1\boldsymbol{v})=\boldsymbol{f}\cdot[\varphi\boldsymbol{v}_s+(1-\varphi)\boldsymbol{v}]=\boldsymbol{f}\cdot\boldsymbol{v}+\boldsymbol{f}\cdot\varphi(\boldsymbol{v}_s-\boldsymbol{v})$$

$$=\boldsymbol{f}\cdot\boldsymbol{v}+\varphi[f_x(u_s-u)+f_y(v_s-v)+f_z(w_s-w)]$$

$$=f_x\left[u-\frac{1}{2}\varphi\nu\frac{1}{u}\left(\frac{\partial u}{\partial y}+\frac{\partial u}{\partial z}\right)\right]+f_y\left[v-\frac{1}{2}\varphi\frac{\nu}{v}\left(\frac{\partial v}{\partial x}+\frac{\partial v}{\partial z}\right)\right]+$$

$$f_z\left[w-\frac{1}{2}\varphi\frac{\nu}{w}\left(\frac{\partial w}{\partial x}+\frac{\partial w}{\partial y}\right)\right] \tag{3-18-64}$$

$$\frac{1}{\rho}\nabla\cdot[(\varphi^{2/3}\boldsymbol{v}_s+\varphi_2\boldsymbol{v})\cdot\boldsymbol{P}]=\frac{1}{\rho}\nabla\cdot[\varphi^{2/3}\boldsymbol{v}_s\cdot\boldsymbol{P}+(1-\varphi^{2/3})\boldsymbol{v}\cdot\boldsymbol{P}]$$

$$=\frac{1}{\rho}\nabla\cdot(\boldsymbol{v}\cdot\boldsymbol{P})+\frac{1}{\rho}\varphi^{2/3}\nabla\cdot[(\boldsymbol{v}_s-\boldsymbol{v})\cdot\boldsymbol{P}]$$

$$=\frac{1}{\rho}\nabla\cdot(\boldsymbol{v}\cdot\boldsymbol{P})-\frac{\varphi^{2/3}}{\rho}\frac{\nu}{2}\left\{\frac{\partial}{\partial x}\left[\frac{1}{u}\left(\frac{\partial u}{\partial y}+\frac{\partial u}{\partial z}\right)p_{xx}\right]+\right.$$

$$\left.\frac{\partial}{\partial y}\left[\frac{1}{v}\left(\frac{\partial v}{\partial x}+\frac{\partial v}{\partial z}\right)p_{yy}\right]+\frac{\partial}{\partial z}\left[\frac{1}{w}\left(\frac{\partial w}{\partial x}+\frac{\partial w}{\partial y}\right)p_{zz}\right]\right\}$$

$$=\frac{1}{\rho}\nabla\cdot(\boldsymbol{v}\cdot\boldsymbol{P})-\frac{1}{2}\frac{\varphi^{2/3}\nu}{\rho}\left\{\left[-\frac{1}{u^2}\left(\frac{\partial u}{\partial x}\right)\left(\frac{\partial u}{\partial y}+\frac{\partial u}{\partial z}\right)+\frac{1}{u}\left(\frac{\partial^2 u}{\partial y\partial x}+\frac{\partial^2 u}{\partial z\partial x}\right)\right]p_{xx}+\right.$$

$$\left.\frac{1}{u}\left(\frac{\partial u}{\partial y}+\frac{\partial u}{\partial z}\right)\left(-\frac{\partial p}{\partial x}+2\mu\frac{\partial^2 u}{\partial x^2}\right)\right\}-\frac{1}{2}\frac{\varphi^{2/3}\nu}{\rho}$$

$$\left\{\left[-\frac{1}{v^2}\left(\frac{\partial v}{\partial y}\right)\left(\frac{\partial v}{\partial x}+\frac{\partial v}{\partial z}\right)+\frac{1}{v}\left(\frac{\partial^2 v}{\partial x\partial y}+\frac{\partial^2 v}{\partial z\partial y}\right)\right]p_{yy}+\right.$$

$$\frac{1}{v}\left(\frac{\partial v}{\partial x}+\frac{\partial v}{\partial z}\right)\left(-\frac{\partial p}{\partial y}+2\mu\frac{\partial^2 v}{\partial y^2}\right)\Big\}-\frac{1}{2}\frac{\varphi^{2/3}}{\rho}\nu$$

$$\Big\{\Big[-\frac{1}{w^2}\left(\frac{\partial w}{\partial z}\right)\left(\frac{\partial w}{\partial x}+\frac{\partial w}{\partial y}\right)+\frac{1}{w}\left(\frac{\partial^2 w}{\partial x\partial z}+\frac{\partial^2 w}{\partial y\partial z}\right)\Big]p_{zz}+$$

$$\frac{1}{w}\left(\frac{\partial w}{\partial x}+\frac{\partial w}{\partial y}\right)\left(-\frac{\partial p}{\partial z}+2\mu\frac{\partial^2 w}{\partial z^2}\right)\Big\}$$

$$=\frac{1}{\rho}\nabla\cdot(\boldsymbol{v}\cdot\boldsymbol{P})+\frac{1}{2}\varphi^{2/3}\frac{\nu}{\rho}$$

$$\Big\{\Big[\frac{1}{u}\left(\frac{\partial^2 u}{\partial y\partial x}+\frac{\partial^2 u}{\partial z\partial x}\right)+\frac{1}{v}\left(\frac{\partial^2 v}{\partial x\partial y}+\frac{\partial^2 v}{\partial z\partial y}\right)+\frac{1}{w}\left(\frac{\partial^2 w}{\partial x\partial z}+\frac{\partial^2 w}{\partial z\partial y}\right)\Big]p+$$

$$\frac{1}{u}\left(\frac{\partial u}{\partial y}+\frac{\partial u}{\partial z}\right)\frac{\partial p}{\partial x}+\frac{1}{v}\left(\frac{\partial v}{\partial x}+\frac{\partial v}{\partial z}\right)\frac{\partial p}{\partial y}+\frac{1}{w}\left(\frac{\partial w}{\partial x}+\frac{\partial w}{\partial y}\right)\frac{\partial p}{\partial z}\Big\} \quad (3\text{-}18\text{-}65)$$

在推导过程中忽略高阶小量，作近似处理，得式(3-18-65)。将式(3-18-61)、式(3-18-62)、式(3-18-63)、式(3-18-64)和式(3-18-65)表示的各项代回式(3-18-60)，则：

$$\frac{\partial}{\partial t}\Big[e+\frac{1}{2}(u^2+v^2+w^2)\Big]-\frac{\nu}{2}\varphi\frac{\partial}{\partial t}\left(\frac{\partial u}{\partial y}+\frac{\partial u}{\partial z}+\frac{\partial v}{\partial x}+\frac{\partial v}{\partial z}+\frac{\partial w}{\partial x}+\frac{\partial w}{\partial y}\right)+$$

$$\frac{1}{2}\varphi^{2/3}\nu\nabla\cdot\boldsymbol{v}\left(\frac{\partial u}{\partial y}+\frac{\partial u}{\partial z}+\frac{\partial v}{\partial x}+\frac{\partial v}{\partial z}+\frac{\partial w}{\partial x}+\frac{\partial w}{\partial y}\right)=\frac{\lambda}{\rho}\left(\frac{\partial^2 T}{\partial x^2}+\frac{\partial^2 T}{\partial y^2}+\frac{\partial^2 T}{\partial z^2}\right)+q_{\mathrm{R}}+f_x$$

$$\Big[u-\frac{1}{2}\varphi\frac{\nu}{u}\left(\frac{\partial u}{\partial y}+\frac{\partial u}{\partial z}\right)\Big]+f_y\Big[v-\frac{1}{2}\varphi\frac{\nu}{v}\left(\frac{\partial v}{\partial x}+\frac{\partial v}{\partial z}\right)\Big]+f_z\Big[w-\frac{1}{2}\varphi\frac{\nu}{w}\left(\frac{\partial w}{\partial x}+\frac{\partial w}{\partial y}\right)\Big]+$$

$$\frac{1}{\rho}\nabla\cdot(\boldsymbol{v}\cdot\boldsymbol{P})+\frac{1}{2}\varphi^{2/3}\frac{\nu}{\rho}\Big\{\Big[\frac{1}{u}\left(\frac{\partial^2 u}{\partial y\partial x}+\frac{\partial^2 u}{\partial z\partial x}\right)+\frac{1}{v}\left(\frac{\partial^2 v}{\partial x\partial y}+\frac{\partial^2 v}{\partial z\partial y}\right)+$$

$$\frac{1}{w}\left(\frac{\partial^2 w}{\partial x\partial z}+\frac{\partial^2 w}{\partial y\partial z}\right)\Big]p+\frac{1}{u}\left(\frac{\partial u}{\partial y}+\frac{\partial u}{\partial z}\right)\frac{\partial p}{\partial x}+\frac{1}{v}\left(\frac{\partial v}{\partial x}+\frac{\partial v}{\partial z}\right)\frac{\partial p}{\partial y}+\frac{1}{w}\left(\frac{\partial w}{\partial x}+\frac{\partial w}{\partial y}\right)\frac{\partial p}{\partial z}\Big\} \quad (3\text{-}18\text{-}66)$$

3.19 湍流可压缩运动微分方程组

可压缩湍流运动，是指流体在运动过程中密度相应变化的湍流运动。即其随体导数应由湍流第二输运公式计算。本节依次推导出连续性方程、动量方程、动量矩方程和能量方程四个微分方程。

3.19.1 连续性方程

令 $I_{\mathrm{m}}=m$，$\Phi_{\mathrm{s}}=\rho$，$\Phi=\rho$，代入式(3-5-4)，然后代入式(3-1-1)，

$$\frac{\mathrm{D}m}{\mathrm{D}t}=\iiint_V\Big[\left(\varphi\frac{\mathrm{D}\rho}{\mathrm{D}t}+\rho\,\nabla\cdot\boldsymbol{v}_{\mathrm{s}}\right)+\left(\varphi_1\frac{\mathrm{D}\rho}{\mathrm{D}t}+\rho\,\nabla\cdot\boldsymbol{v}\right)\Big]\mathrm{d}V=0$$

由上式得：

$$\varphi\frac{\mathrm{D}\rho}{\mathrm{D}t}+\rho\,\nabla\cdot\boldsymbol{v}_{\mathrm{s}}+\varphi_1\frac{\mathrm{D}\rho}{\mathrm{D}t}+\rho\,\nabla\cdot\boldsymbol{v}=\varphi\frac{\mathrm{D}\rho}{\mathrm{D}t}+(1-\varphi)\frac{\mathrm{D}\rho}{\mathrm{D}t}+\rho(\nabla\cdot\boldsymbol{v}_{\mathrm{s}}+\nabla\cdot\boldsymbol{v})$$

$$=\frac{\mathrm{D}\rho}{\mathrm{D}t}+\rho(\nabla\cdot\boldsymbol{v}_{\mathrm{s}}+\nabla\cdot\boldsymbol{v})=0 \quad (3\text{-}19\text{-}1)$$

$$\nabla\cdot\boldsymbol{v}_{\mathrm{s}}=-\left(\frac{1}{\rho}\frac{\mathrm{D}\rho}{\mathrm{D}t}+\nabla\cdot\boldsymbol{v}\right) \quad (3\text{-}19\text{-}2)$$

3.19.2 动量方程

令 $I_m = J$，$\boldsymbol{\Phi}_s = \rho \boldsymbol{v}_s$，$\boldsymbol{\Phi} = \rho \boldsymbol{v}$，代入式(3-5-4)，然后代入式(3-1-2)，则：

$$\frac{\mathrm{D}J}{\mathrm{D}t} = \iiint_V \left[\varphi \frac{\mathrm{D}(\rho \boldsymbol{v}_s)}{\mathrm{D}t} + \rho \boldsymbol{v}_s(\nabla \cdot \boldsymbol{v}_s) + \varphi_1 \frac{\mathrm{D}(\rho \boldsymbol{v})}{\mathrm{D}t} + \rho \boldsymbol{v}(\nabla \cdot \boldsymbol{v}) \right] \mathrm{d}V$$

$$= \iiint_V \rho \boldsymbol{f} \mathrm{d}V + \oint_A \boldsymbol{p}_n \mathrm{d}A \tag{3-19-3}$$

式中

$$\oint_A \boldsymbol{p}_n \mathrm{d}A = \oint_A \boldsymbol{n} \cdot \boldsymbol{p}_n \mathrm{d}A = \iiint_V \nabla \cdot \boldsymbol{p}_n \mathrm{d}V = \iiint_V \nabla \cdot \boldsymbol{P} \mathrm{d}V \tag{3-19-4}$$

将式(3-19-4)代回式(3-19-3)，则：

$$\varphi \frac{\mathrm{D}(\rho \boldsymbol{v}_s)}{\mathrm{D}t} + \rho \boldsymbol{v}_s(\nabla \cdot \boldsymbol{v}_s) + (1 - \varphi) \frac{\mathrm{D}(\rho \boldsymbol{v})}{\mathrm{D}t} + \rho \boldsymbol{v}(\nabla \cdot \boldsymbol{v}) = \rho \boldsymbol{f} + \nabla \cdot \boldsymbol{P} \tag{3-19-5}$$

将式(3-19-2)代入上式，并除以ρ，则：

$$\frac{1}{\rho} \frac{\mathrm{D}\rho}{\mathrm{D}t}(\boldsymbol{v} - \boldsymbol{v}_s) + \frac{\mathrm{D}\boldsymbol{v}}{\mathrm{D}t} + (\boldsymbol{v} - \boldsymbol{v}_s) \nabla \cdot \boldsymbol{v} = \boldsymbol{f} + \frac{1}{\rho} \nabla \cdot \boldsymbol{P} \tag{3-19-6}$$

将上式展开

$$\frac{1}{\rho} \frac{\mathrm{D}\rho}{\mathrm{D}t}(u - u_s) + \frac{\partial u}{\partial t} + u \frac{\partial u}{\partial x} + v \frac{\partial u}{\partial y} + w \frac{\partial u}{\partial z} + (u - u_s) \nabla \cdot \boldsymbol{v}$$

$$= f_x + \frac{1}{\rho} \left[\frac{\partial p_{xx}}{\partial x} + (1 - \varphi^{2/3}) \left(\frac{\partial p_{yx}}{\partial y} + \frac{\partial p_{zx}}{\partial z} \right) + \varphi^{2/3} \left(\frac{\partial p'_{yx}}{\partial y} + \frac{\partial p'_{zx}}{\partial z} \right) \right] \tag{3-19-7}$$

$$\frac{1}{\rho} \frac{\mathrm{D}\rho}{\mathrm{D}t}(v - v_s) + \frac{\partial v}{\partial t} + u \frac{\partial v}{\partial x} + v \frac{\partial v}{\partial y} + w \frac{\partial v}{\partial z} + (v - v_s) \nabla \cdot \boldsymbol{v}$$

$$= f_y + \frac{1}{\rho} \left[\frac{\partial p_{yy}}{\partial y} + (1 - \varphi^{2/3}) \left(\frac{\partial p'_{xy}}{\partial x} + \frac{\partial p_{zy}}{\partial z} \right) + \varphi^{2/3} \left(\frac{\partial p'_{xy}}{\partial x} + \frac{\partial p'_{zy}}{\partial z} \right) \right] \tag{3-19-8}$$

$$\frac{1}{\rho} \frac{\mathrm{D}\rho}{\mathrm{D}t}(w - w_s) + \frac{\partial w}{\partial t} + u \frac{\partial w}{\partial x} + v \frac{\partial w}{\partial y} + w \frac{\partial w}{\partial z} + (w - w_s)$$

$$= f_z + \frac{1}{\rho} \left[\frac{\partial p_{zz}}{\partial z} + (1 - \varphi^{2/3}) \left(\frac{\partial p_{xz}}{\partial x} + \frac{\partial p_{yz}}{\partial y} \right) + \varphi^{2/3} \left(\frac{\partial p'_{xz}}{\partial x} + \frac{\partial p'_{yz}}{\partial y} \right) \right] \tag{3-19-9}$$

$$u - u_s = \frac{\mu}{2u} \left(\frac{\partial u}{\partial y} + \frac{\partial u}{\partial z} \right) \tag{3-19-10}$$

$$v - v_s = \frac{\mu}{2v} \left(\frac{\partial v}{\partial z} + \frac{\partial v}{\partial x} \right) \tag{3-19-11}$$

$$w - w_s = \frac{\mu}{2w} \left(\frac{\partial w}{\partial x} + \frac{\partial w}{\partial y} \right) \tag{3-19-12}$$

$$p_{xx} = -p + 2\mu \frac{\partial u}{\partial x} - \frac{2}{3}\mu(\nabla \cdot \boldsymbol{v}) \tag{3-19-13}$$

$$p_{yy} = -p + 2\mu \frac{\partial v}{\partial y} - \frac{2}{3}\mu(\nabla \cdot \boldsymbol{v}) \tag{3-19-14}$$

$$p_{zz} = -p + 2\mu\frac{\partial w}{\partial z} - \frac{2}{3}\mu(\nabla\cdot\boldsymbol{v}) \tag{3-19-15}$$

$$p_{yx} = \mu\left(\frac{\partial v}{\partial x} + \frac{\partial u}{\partial y}\right) = p_{xy} \tag{3-19-16}$$

$$p_{zx} = p_{xz} = \mu\left(\frac{\partial w}{\partial x} + \frac{\partial u}{\partial z}\right) \tag{3-19-17}$$

$$p_{yz} = p_{zy} = \mu\left(\frac{\partial v}{\partial z} + \frac{\partial w}{\partial y}\right) \tag{3-19-18}$$

$$p'_{yx} = p'_{xy} = 3\mu t\left[\left(\frac{\partial u}{\partial y}\right)^2 + \left(\frac{\partial u}{\partial z}\right)^2\right] \tag{3-19-19}$$

$$p'_{zx} = p'_{xz} = 3\mu t\left[\left(\frac{\partial v}{\partial x}\right)^2 + \left(\frac{\partial v}{\partial z}\right)^2\right] \tag{3-19-20}$$

$$p'_{yz} = p'_{zy} = 3\mu t\left[\left(\frac{\partial w}{\partial x}\right)^2 + \left(\frac{\partial w}{\partial y}\right)^2\right] \tag{3-19-21}$$

将以上各式，分别代入式(3-19-7)～式(3-19-9)中，则：

$$\frac{\gamma}{2\rho}\frac{\mathrm{D}\rho}{\mathrm{D}t}\left[\frac{1}{u}\left(\frac{\partial u}{\partial y} + \frac{\partial u}{\partial z}\right)\right] + \frac{\partial u}{\partial t} + u\frac{\partial u}{\partial x} + v\frac{\partial u}{\partial y} + w\frac{\partial u}{\partial z} + \frac{\nu}{2}\left[\frac{1}{u}\left(\frac{\partial u}{\partial y} + \frac{\partial u}{\partial z}\right)\right]\nabla\cdot\boldsymbol{v}$$
$$= f_x - \frac{1}{\rho}\frac{\partial p}{\partial x} + \nu\left[2\frac{\partial^2 u}{\partial x^2} - \frac{2}{3}\frac{\partial}{\partial x}(\nabla\cdot\boldsymbol{v}) + (1 - \varphi^{2/3})\right.$$
$$\left.\left(\frac{\partial^2 v}{\partial y\partial x} + \frac{\partial^2 u}{\partial y^2} + \frac{\partial^2 w}{\partial x\partial z} + \frac{\partial^2 u}{\partial z^2}\right) + 6\varphi^{2/3}t\left(\frac{\partial u}{\partial y}\frac{\partial^2 u}{\partial y^2} + \frac{\partial u}{\partial z}\frac{\partial^2 u}{\partial z^2}\right)\right] \tag{3-19-22}$$

$$\frac{\gamma}{2\rho}\frac{\mathrm{D}\rho}{\mathrm{D}t}\left[\frac{1}{v}\left(\frac{\partial v}{\partial z} + \frac{\partial v}{\partial x}\right)\right] + \frac{\partial v}{\partial t} + u\frac{\partial v}{\partial x} + v\frac{\partial v}{\partial y} + w\frac{\partial v}{\partial z} + \frac{\nu}{2}\left[\frac{1}{v}\left(\frac{\partial v}{\partial z} + \frac{\partial v}{\partial x}\right)\right]$$
$$= f_y - \frac{1}{\rho}\frac{\partial p}{\partial y} + \nu\left[2\frac{\partial^2 v}{\partial y^2} - \frac{2}{3}\frac{\partial}{\partial y}(\nabla\cdot\boldsymbol{v}) + (1 - \varphi^{2/3})\right.$$
$$\left.\left(\frac{\partial^2 u}{\partial y\partial x} + \frac{\partial^2 v}{\partial x^2} + \frac{\partial^2 w}{\partial y\partial z} + \frac{\partial^2 v}{\partial z^2}\right) + 6\varphi^{2/3}t\left(\frac{\partial v}{\partial x}\frac{\partial^2 v}{\partial x^2} + \frac{\partial v}{\partial z}\frac{\partial^2 v}{\partial z^2}\right)\right] \tag{3-19-23}$$

$$\frac{\nu}{2}\frac{1}{\rho}\frac{\mathrm{D}\rho}{\mathrm{D}t}\left[\frac{1}{w}\left(\frac{\partial w}{\partial x} + \frac{\partial w}{\partial y}\right)\right] + \frac{\partial w}{\partial t} + u\frac{\partial w}{\partial x} + v\frac{\partial w}{\partial y} + w\frac{\partial w}{\partial z} + \frac{\nu}{2}\left[\frac{1}{w}\left(\frac{\partial w}{\partial x} + \frac{\partial w}{\partial y}\right)\right]\nabla\cdot\boldsymbol{v}$$
$$= f_z - \frac{1}{\rho}\frac{\partial p}{\partial z} + \nu\left[2\frac{\partial^2 w}{\partial z^2} - \frac{2}{3}\frac{\partial}{\partial z}(\nabla\cdot\boldsymbol{v}) + (1 - \varphi^{2/3})\right.$$
$$\left.\left(\frac{\partial^2 u}{\partial z\partial x} + \frac{\partial^2 w}{\partial x^2} + \frac{\partial^2 v}{\partial z\partial y} + \frac{\partial^2 w}{\partial y^2}\right) + 6\varphi^{2/3}t\left(\frac{\partial w}{\partial x}\frac{\partial^2 w}{\partial x^2} + \frac{\partial w}{\partial y}\frac{\partial^2 w}{\partial y^2}\right)\right] \tag{3-19-24}$$

3.19.3 动量矩方程

令 $I_m = L_0$，$\Phi_s = r\times\rho\boldsymbol{v}_s$，$\Phi = r\times\rho\boldsymbol{v}$，代入式(3-5-4)，然后代入式(3-1-4)，则：

$$\frac{\mathrm{D}L_0}{\mathrm{D}t} = \iiint_V\left[\varphi\frac{\mathrm{D}}{\mathrm{D}t}(\boldsymbol{r}\times\rho\boldsymbol{v}_s) + (\boldsymbol{r}\times\rho\boldsymbol{v}_s)\ \nabla\cdot\boldsymbol{v}_s + \varphi_1\frac{\mathrm{D}}{\mathrm{D}t}(\boldsymbol{r}\times\rho\boldsymbol{v}) + (\boldsymbol{r}\times\rho\boldsymbol{v})\ \nabla\cdot\boldsymbol{v}\right]\mathrm{d}V$$
$$= \iiint_V(\boldsymbol{r}\times\rho\boldsymbol{f})\,\mathrm{d}V + \oiint_A(\boldsymbol{r}\times\nabla\cdot\boldsymbol{P})\,\mathrm{d}A \tag{3-19-25}$$

上式中

$$\oint_A (\boldsymbol{r} \times \nabla\cdot \boldsymbol{P})\mathrm{d}A = \oint_A \boldsymbol{n}\cdot(\boldsymbol{r}\times\boldsymbol{P})\mathrm{d}A = \iiint_V \nabla\cdot(\boldsymbol{r}\times\boldsymbol{P})\mathrm{d}V \tag{3-19-26}$$

将式(3-19-26)代入式(3-19-25)，则：

$$\varphi\frac{\mathrm{D}}{\mathrm{D}t}(\boldsymbol{r}\times\rho\boldsymbol{v}_\mathrm{s}) + (\boldsymbol{r}\times\rho\boldsymbol{v}_\mathrm{s})\ \nabla\cdot\boldsymbol{v}_\mathrm{s} + \varphi_1\frac{\mathrm{D}}{\mathrm{D}t}(\boldsymbol{r}\times\rho\boldsymbol{v}) + (\boldsymbol{r}\times\rho\boldsymbol{v})\ \nabla\cdot\boldsymbol{v}$$

$$= \boldsymbol{r}\times\rho\boldsymbol{f} + \nabla\cdot(\boldsymbol{r}\times\boldsymbol{P}) \tag{3-19-27}$$

利用连续性微分方程，置换 $\nabla\cdot\boldsymbol{v}_\mathrm{s}$，则：

$$\frac{\mathrm{D}}{\mathrm{D}t}(\boldsymbol{r}\times\rho\boldsymbol{v}) + \varphi\frac{\mathrm{D}}{\mathrm{D}t}[(\boldsymbol{r}\times\rho\boldsymbol{v}_\mathrm{s}) - (\boldsymbol{r}\times\rho\boldsymbol{v})] +$$

$$[(\boldsymbol{r}\times\rho\boldsymbol{v}) - (\boldsymbol{r}\times\rho\boldsymbol{v}_\mathrm{s})]\ \nabla\cdot\boldsymbol{v} - (\boldsymbol{r}\times\rho\boldsymbol{v}_\mathrm{s})\frac{1}{\rho}\frac{\mathrm{D}\rho}{\mathrm{D}t}$$

$$= \boldsymbol{r}\times\rho\boldsymbol{f} + \nabla\cdot(\boldsymbol{r}\times\nabla\cdot\boldsymbol{P}) \tag{3-19-28}$$

将式(3-19-28)除以 ρ，则

$$\frac{\mathrm{D}}{\mathrm{D}t}(\boldsymbol{r}\times\boldsymbol{v}) + \varphi\frac{\mathrm{D}}{\mathrm{D}t}[(\boldsymbol{r}\times\boldsymbol{v}_\mathrm{s}) - (\boldsymbol{r}\times\boldsymbol{v})] +$$

$$[(\boldsymbol{r}\times\boldsymbol{v}) - (\boldsymbol{r}\times\boldsymbol{v}_\mathrm{s})]\ \nabla\cdot\boldsymbol{v} - (\boldsymbol{r}\times\boldsymbol{v}_\mathrm{s})\frac{1}{\rho}\frac{\mathrm{D}\rho}{\mathrm{D}t}$$

$$= \boldsymbol{r}\times\boldsymbol{f} + \frac{1}{\rho}\nabla\cdot(\boldsymbol{r}\times\nabla\cdot\boldsymbol{P}) \tag{3-19-29}$$

式中

$$\boldsymbol{r}\times\boldsymbol{v} = (r_y w - r_z v)\boldsymbol{i} + (r_z u - r_x w)\boldsymbol{j} + (r_x v - r_y u)\boldsymbol{k} \tag{3-19-30}$$

$$\boldsymbol{r}\times\boldsymbol{v}_\mathrm{s} = (r_y w_\mathrm{s} - r_z v_\mathrm{s})\boldsymbol{i} + (r_z u_\mathrm{s} - r_x w_\mathrm{s})\boldsymbol{j} + (r_x v_\mathrm{s} - r_y u_\mathrm{s})\boldsymbol{k} \tag{3-19-31}$$

$$\begin{aligned}\nabla\cdot(\boldsymbol{r}\times\boldsymbol{P}) &= \nabla\cdot[(r_z\boldsymbol{p}_y - r_y\boldsymbol{p}_z)\boldsymbol{i} + (r_x\boldsymbol{p}_z - r_z\boldsymbol{p}_x)\boldsymbol{j} + (r_y\boldsymbol{p}_x - r_x\boldsymbol{p}_y)\boldsymbol{k}]\\ &= r_z\frac{\partial}{\partial x}(p_{yx}\boldsymbol{i} + p_{yy}\boldsymbol{j} + p_{yz}\boldsymbol{k}) - r_y\frac{\partial}{\partial x}(p_{zx}\boldsymbol{i} + p_{zy}\boldsymbol{j} + p_{zz}\boldsymbol{k}) +\\ &\quad r_x\frac{\partial}{\partial y}(p_{zx}\boldsymbol{i} + p_{zy}\boldsymbol{j} + p_{zz}\boldsymbol{k}) - r_z\frac{\partial}{\partial y}(p_{xx}\boldsymbol{i} + p_{xy}\boldsymbol{j} + p_{xz}\boldsymbol{k}) +\\ &\quad r_y\frac{\partial}{\partial z}(p_{xx}\boldsymbol{i} + p_{xy}\boldsymbol{j} + p_{xz}\boldsymbol{k}) - r_x\frac{\partial}{\partial z}(p_{yx}\boldsymbol{i} + p_{yy}\boldsymbol{j} + p_{yz}\boldsymbol{k})\end{aligned} \tag{3-19-32}$$

将式(3-19-30)，式(3-19-31)和式(3-19-32)代入式(3-19-29)，按直角坐标系 x、y 和 z 三个方向分开，并去掉与物理意义不符的项；同时，将剪应力分为黏性剪应力与湍流附加剪应力。

$$\frac{\mathrm{D}}{\mathrm{D}t}(r_y w - r_z v) - (r_y w_\mathrm{s} - r_z v_\mathrm{s})\frac{1}{\rho}\frac{\mathrm{D}\rho}{\mathrm{D}t} + \varphi\frac{\mathrm{D}}{\mathrm{D}t}[r_y(w_\mathrm{s} - w) + r_z(v - v_\mathrm{s})] +$$

$$[r_y(w - w_\mathrm{s}) + r_z(v_\mathrm{s} - v)]\ \nabla\cdot\boldsymbol{v}$$

$$= r_y f_z - r_z f_y + r_y\frac{\partial}{\partial z}p_{xx} - r_z\frac{\partial}{\partial y}p_{xx} +$$

$$(1-\varphi^{2/3})\left(r_z\frac{\partial p_{yx}}{\partial x} - r_y\frac{\partial}{\partial x}p_{zx}\right) + \varphi^{2/3}\left(r_z\frac{\partial p'_{yx}}{\partial x} - r_y\frac{\partial p'_{zx}}{\partial x}\right) \tag{3-19-33}$$

$$\frac{D}{Dt}(r_z u - r_x w) - (r_z u_s - r_x w_s)\frac{1}{\rho}\frac{D\rho}{Dt} + \varphi\frac{D}{Dt}[r_z(u_s - u) + r_x(w - w_s)] +$$
$$[r_z(u - u_s) + r_x(w_s - w)]\ \nabla\cdot\boldsymbol{v}$$
$$= r_z f_x - r_x f_z + r_z\frac{\partial}{\partial x}p_{yy} - r_x\frac{\partial}{\partial z}p_{yy} +$$
$$(1 - \varphi^{2/3})\left(r_x\frac{\partial}{\partial y}p_{zy} - r_z\frac{\partial p_{xy}}{\partial y}\right) + \varphi^{2/3}\left(r_x\frac{\partial}{\partial y}p'_{zy} - r_z\frac{\partial}{\partial y}p'_{xy}\right) \tag{3-19-34}$$

$$\frac{D}{Dt}(r_x v - r_y u) - (r_x v_s - r_y u_s)\frac{1}{\rho}\frac{D\rho}{Dt} + \varphi\frac{D}{Dt}[r_x(v_s - v) + r_y(u - u_s)] +$$
$$[r_x(v - v_s) + r_y(u_s - u)]\ \nabla\cdot\boldsymbol{v}$$
$$= r_x f_y - r_y f_x + r_x\frac{\partial}{\partial y}p_{zz} - r_y\frac{\partial}{\partial x}p_{zz} +$$
$$(1 - \varphi^{2/3})\left(r_y\frac{\partial}{\partial z}p_{xz} - r_x\frac{\partial p_{yz}}{\partial z}\right) + \varphi^{2/3}\left(r_y\frac{\partial}{\partial z}p'_{xz} - r_x\frac{\partial}{\partial z}p'_{yz}\right) \tag{3-19-35}$$

利用有关公式，将式(3-19-33)～式(3-19-35)用连续相速度表示出来。

$$\frac{D}{Dt}(r_y w - r_z v) + \left\{(r_z v - r_y w) + \frac{\nu}{2}\left[\frac{r_y}{w}\left(\frac{\partial w}{\partial x} + \frac{\partial w}{\partial y}\right) - \frac{r_z}{v}\left(\frac{\partial v}{\partial x} + \frac{\partial v}{\partial z}\right)\right]\right\}\frac{D\rho}{\rho Dt} +$$
$$\frac{\varphi}{2}\frac{D}{Dt}\left[\frac{\nu r_z}{v}\left(\frac{\partial v}{\partial x} + \frac{\partial v}{\partial z}\right) - \frac{\nu r_y}{w}\left(\frac{\partial w}{\partial x} + \frac{\partial w}{\partial y}\right)\right] + \frac{\nu}{2}\left[\frac{r_y}{w}\left(\frac{\partial w}{\partial x} + \frac{\partial w}{\partial y}\right) - \frac{r_z}{v}\left(\frac{\partial v}{\partial x} + \frac{\partial v}{\partial z}\right)\right]\ \nabla\cdot\boldsymbol{v}$$
$$= r_y f_z - r_z f_y + \frac{1}{\rho}\left(r_z\frac{\partial p}{\partial y} - r_y\frac{\partial p}{\partial z}\right) + \frac{4}{3}\nu\left(r_y\frac{\partial^2 u}{\partial x\partial z} - r_z\frac{\partial^2 u}{\partial x\partial y}\right) + \frac{2}{3}\nu\left(r_z\frac{\partial^2 v}{\partial y^2} - r_y\frac{\partial^2 w}{\partial z^2}\right) +$$
$$\frac{2}{3}\nu\left(r_z\frac{\partial^2 w}{\partial z\partial y} - r_y\frac{\partial^2 v}{\partial z\partial y}\right) + (1 - \varphi^{2/3})\nu\left[r_z\left(\frac{\partial^2 v}{\partial x^2} + \frac{\partial^2 u}{\partial y\partial x}\right) - r_y\left(\frac{\partial^2 w}{\partial x^2} + \frac{\partial^2 u}{\partial z\partial x}\right)\right] +$$
$$6\varphi^{2/3}\nu t\left(r_z\frac{\partial u}{\partial y}\frac{\partial^2 u}{\partial y\partial x} - r_y\frac{\partial u}{\partial z}\frac{\partial^2 u}{\partial z\partial x}\right) \tag{3-19-36}$$

$$\frac{D}{Dt}(r_z u - r_x w) + \left\{(r_x w - r_z u) + \frac{\nu}{2}\left[\frac{r_z}{u}\left(\frac{\partial u}{\partial x} + \frac{\partial u}{\partial y}\right) - \frac{r_x}{w}\left(\frac{\partial w}{\partial x} + \frac{\partial w}{\partial y}\right)\right]\right\}\frac{1}{\rho}\frac{D\rho}{Dt} +$$
$$\frac{\varphi}{2}\frac{D}{Dt}\left[\frac{r_x}{w}\left(\frac{\partial w}{\partial x} + \frac{\partial w}{\partial y}\right) - \frac{r_z}{u}\left(\frac{\partial u}{\partial y} + \frac{\partial u}{\partial z}\right)\right] + \frac{\nu}{2}\left[\frac{r_z}{u}\left(\frac{\partial u}{\partial y} + \frac{\partial u}{\partial z}\right) - \frac{r_x}{w}\left(\frac{\partial w}{\partial x} + \frac{\partial w}{\partial y}\right)\right]\ \nabla\cdot\boldsymbol{v}$$
$$= r_z f_x - r_x f_z + \frac{1}{\rho}\left(r_x\frac{\partial p}{\partial z} - r_z\frac{\partial p}{\partial x}\right) + \frac{4}{3}\nu\left(r_z\frac{\partial^2 v}{\partial y\partial x} - r_x\frac{\partial^2 v}{\partial y\partial z}\right) + \frac{2}{3}\nu\left(r_x\frac{\partial^2 w}{\partial z^2} - r_z\frac{\partial^2 u}{\partial x^2}\right) +$$
$$\frac{2}{3}\nu\left(r_x\frac{\partial^2 u}{\partial x\partial z} - r_z\frac{\partial^2 w}{\partial z\partial x}\right) + (1 - \varphi^{2/3})\nu\left[r_x\left(\frac{\partial^2 w}{\partial y^2} + \frac{\partial^2 v}{\partial z\partial y}\right) - r_z\left(\frac{\partial^2 u}{\partial y^2} + \frac{\partial^2 v}{\partial x\partial y}\right)\right] +$$
$$6\varphi^{2/3}\nu t\left(r_x\frac{\partial v}{\partial z}\frac{\partial^2 v}{\partial z\partial y} - r_z\frac{\partial v}{\partial x}\frac{\partial^2 v}{\partial x\partial y}\right) \tag{3-19-37}$$

$$\frac{D}{Dt}(r_x v - r_y u) + \left\{r_y u - r_x v + \frac{\nu}{2}\left[\frac{r_x}{v}\left(\frac{\partial v}{\partial x} + \frac{\partial v}{\partial z}\right) - \frac{r_y}{u}\left(\frac{\partial u}{\partial y} + \frac{\partial u}{\partial z}\right)\right]\right\}\frac{1}{\rho}\frac{D\rho}{Dt} +$$
$$\frac{\varphi}{2}\frac{D}{Dt}\left[\frac{r_y}{u}\left(\frac{\partial u}{\partial y} + \frac{\partial u}{\partial z}\right) - \frac{r_x}{v}\left(\frac{\partial v}{\partial x} + \frac{\partial v}{\partial z}\right)\right] + \frac{\nu}{2}\left[\frac{r_x}{v}\left(\frac{\partial v}{\partial x} + \frac{\partial v}{\partial z}\right) - \frac{r_y}{u}\left(\frac{\partial u}{\partial y} + \frac{\partial u}{\partial z}\right)\right]\ \nabla\cdot\boldsymbol{v}$$

$$= r_x f_y - r_y f_x + \frac{1}{\rho}\left(r_y \frac{\partial p}{\partial x} - r_x \frac{\partial p}{\partial y}\right) + \frac{4}{3}\nu\left(r_x \frac{\partial^2 w}{\partial z\partial y} - r_y \frac{\partial^2 w}{\partial z\partial x}\right) + \frac{2}{3}\nu\left(r_y \frac{\partial^2 u}{\partial x^2} - r_x \frac{\partial^2 v}{\partial y^2}\right) +$$

$$\frac{2}{3}\nu\left(r_y \frac{\partial^2 v}{\partial y\partial x} - r_x \frac{\partial^2 u}{\partial x\partial y}\right) + (1 - \varphi^{2/3})\nu\left[r_y\left(\frac{\partial^2 u}{\partial z^2} + \frac{\partial^2 w}{\partial x\partial z}\right) - r_x\left(\frac{\partial^2 v}{\partial z^2} + \frac{\partial^2 w}{\partial y\partial z}\right)\right] +$$

$$6\varphi^{2/3}\nu t\left(r_y \frac{\partial w}{\partial x}\frac{\partial^2 w}{\partial x\partial z} - r_x \frac{\partial w}{\partial y}\frac{\partial^2 w}{\partial y\partial z}\right) \tag{3-19-38}$$

式(3-19-36)~式(3-19-38)是按数学规则进行推演，其结果有的失去力矩意义，有的转轴已变，所以必须按力矩意义进行重新组合。

$$\frac{\mathrm{D}}{\mathrm{D}t}(r_y w - r_z v) + \frac{1}{\rho}\frac{\mathrm{D}\rho}{\mathrm{D}t}\left\{r_z v - r_y w + \frac{\nu}{2}\left[\frac{r_y}{w}\left(\frac{\partial w}{\partial x} + \frac{\partial w}{\partial y}\right) - \frac{r_z}{v}\left(\frac{\partial v}{\partial x} + \frac{\partial v}{\partial z}\right)\right]\right\} +$$

$$\frac{\nu}{2}\varphi\frac{\mathrm{D}}{\mathrm{D}t}\left[\frac{r_z}{v}\left(\frac{\partial v}{\partial x} + \frac{\partial v}{\partial z}\right) - \frac{r_y}{w}\left(\frac{\partial w}{\partial x} + \frac{\partial w}{\partial y}\right)\right] +$$

$$\frac{\nu}{2}\left[\frac{r_y}{w}\left(\frac{\partial w}{\partial x} + \frac{\partial w}{\partial y}\right) - \frac{r_z}{v}\left(\frac{\partial v}{\partial x} + \frac{\partial v}{\partial z}\right)\right]\nabla\cdot\boldsymbol{v}$$

$$= r_y f_z - r_z f_y + \frac{1}{\rho}\left(r_z \frac{\partial p}{\partial y} - r_y \frac{\partial p}{\partial z}\right) + \frac{2}{3}\nu\left(r_z \frac{\partial^2 v}{\partial y^2} - r_y \frac{\partial^2 w}{\partial z^2}\right) +$$

$$\frac{4}{3}\nu\left(r_z \frac{\partial^2 v}{\partial y\partial x} - r_y \frac{\partial^2 w}{\partial z\partial x}\right) + (1 - \varphi^{2/3})\nu\left[r_z\left(\frac{\partial^2 v}{\partial x^2} - \frac{\partial^2 v}{\partial x\partial y}\right) +\right.$$

$$\left.r_y\left(\frac{\partial^2 w}{\partial x\partial z} - \frac{\partial^2 w}{\partial x^2}\right)\right] + 6\varphi^{2/3}\nu t\left(r_y \frac{\partial w}{\partial x}\frac{\partial^2 w}{\partial x\partial z} - r_z \frac{\partial v}{\partial x}\frac{\partial^2 v}{\partial x\partial y}\right) \tag{3-19-39}$$

$$\frac{\mathrm{D}}{\mathrm{D}t}(r_z u - r_x w) + \frac{1}{\rho}\frac{\mathrm{D}\rho}{\mathrm{D}t}\left\{r_x w - r_z u + \frac{\nu}{2}\left[\frac{r_z}{u}\left(\frac{\partial u}{\partial x} + \frac{\partial u}{\partial y}\right) - \frac{r_x}{w}\left(\frac{\partial w}{\partial x} + \frac{\partial w}{\partial y}\right)\right]\right\} +$$

$$\frac{\varphi}{2}\frac{\mathrm{D}}{\mathrm{D}t}\left[\frac{r_x}{w}\left(\frac{\partial w}{\partial x} + \frac{\partial w}{\partial y}\right) - \frac{r_z}{u}\left(\frac{\partial u}{\partial y} + \frac{\partial u}{\partial z}\right)\right] + \frac{1}{2}\nu\left[\frac{r_z}{u}\left(\frac{\partial u}{\partial y} + \frac{\partial u}{\partial z}\right) - \frac{r_x}{w}\left(\frac{\partial w}{\partial x} + \frac{\partial w}{\partial y}\right)\right]\nabla\cdot\boldsymbol{v}$$

$$= r_z f_x - r_x f_z + \frac{1}{\rho}\left(r_x \frac{\partial p}{\partial z} - r_z \frac{\partial p}{\partial x}\right) +$$

$$\frac{4}{3}\nu\left(r_x \frac{\partial^2 w}{\partial z\partial y} - r_z \frac{\partial^2 u}{\partial x\partial z}\right) + \frac{2}{3}\nu\left(r_x \frac{\partial^2 w}{\partial z^2} - r_z \frac{\partial^2 u}{\partial x^2}\right) + (1 - \varphi^{2/3})\nu$$

$$\left[r_x\left(\frac{\partial^2 w}{\partial y^2} - \frac{\partial^2 w}{\partial y\partial z}\right) + r_z\left(\frac{\partial^2 u}{\partial y\partial x} - \frac{\partial^2 u}{\partial y^2}\right)\right] + 6\varphi^{2/3}\nu t\left(r_z \frac{\partial u}{\partial y}\frac{\partial^2 u}{\partial y\partial x} - r_x \frac{\partial w}{\partial y}\frac{\partial^2 w}{\partial y\partial z}\right) \tag{3-19-40}$$

$$\frac{\mathrm{D}}{\mathrm{D}t}(r_x v - r_y u) + \frac{1}{\rho}\frac{\mathrm{D}\rho}{\mathrm{D}t}\left\{r_y u - r_x v + \frac{\nu}{2}\left[\frac{r_x}{v}\left(\frac{\partial v}{\partial x} + \frac{\partial v}{\partial z}\right) - \frac{r_y}{u}\left(\frac{\partial u}{\partial y} + \frac{\partial u}{\partial z}\right)\right]\right\} +$$

$$\frac{1}{2}\varphi\frac{\mathrm{D}}{\mathrm{D}t}\left[\frac{r_y}{u}\left(\frac{\partial u}{\partial y} + \frac{\partial u}{\partial z}\right) - \frac{r_x}{v}\left(\frac{\partial v}{\partial x} + \frac{\partial v}{\partial z}\right)\right] + \frac{1}{2}\nu\left[\frac{r_x}{v}\left(\frac{\partial v}{\partial x} + \frac{\partial v}{\partial z}\right) - \frac{r_y}{u}\left(\frac{\partial u}{\partial y} + \frac{\partial u}{\partial z}\right)\right]\nabla\cdot\boldsymbol{v}$$

$$= r_x f_y - r_y f_x + \frac{1}{\rho}\left(r_y \frac{\partial p}{\partial x} - r_x \frac{\partial p}{\partial y}\right) + \frac{4}{3}\nu\left(r_y \frac{\partial^2 u}{\partial x\partial z} - r_x \frac{\partial^2 v}{\partial y\partial z}\right) +$$

$$\frac{2}{3}\nu\left(r_x\frac{\partial^2 w}{\partial z^2}-r_z\frac{\partial^2 u}{\partial x^2}\right)+(1-\varphi^{2/3})\nu\left[r_y\left(\frac{\partial^2 u}{\partial z^2}-\frac{\partial^2 u}{\partial z\partial x}\right)+r_x\left(\frac{\partial^2 v}{\partial z\partial y}-\frac{\partial^2 v}{\partial z^2}\right)\right]+$$
$$6\varphi^{2/3}\nu t\left(r_x\frac{\partial v}{\partial z}\frac{\partial^2 v}{\partial z\partial y}-r_y\frac{\partial u}{\partial z}\frac{\partial^2 u}{\partial z\partial x}\right) \tag{3-19-41}$$

3.19.4 能量方程

令 $\Phi_s=\rho\left(e+\frac{v'^2_s}{2}\right)$，$\Phi=\rho\left(e+\frac{v'^2}{2}\right)$，$I_m=E$ 代入式(3-5-4)，然后代入式(3-1-5)，则有

$$\iiint_V\left[\varphi\frac{D}{Dt}\rho\left(e+\frac{v'^2_s}{2}\right)+\rho\left(e+\frac{v'^2_s}{2}\right)\nabla\cdot\boldsymbol{v}_s+\varphi_1\frac{D}{Dt}\rho\left(e+\frac{v'^2}{2}\right)+\rho\left(e+\frac{v'^2}{2}\right)\nabla\cdot\boldsymbol{v}\right]dV$$
$$=\oint_A\boldsymbol{n}\cdot(\lambda\nabla\boldsymbol{T})dA+\iiint_V\rho q_R dV+\iiint_V\boldsymbol{f}\cdot\rho(\varphi\boldsymbol{v}_s+\varphi_1\boldsymbol{v})dV+$$
$$\oint_A\boldsymbol{p}_n\cdot(\varphi^{2/3}\boldsymbol{v}_s+\varphi_2\boldsymbol{v})dA \tag{3-19-42}$$

将上式中面积分变成体积分，则：

$$\varphi\frac{D}{Dt}\rho\left(e+\frac{v'^2_s}{2}\right)+\rho\left(e+\frac{v'^2_s}{2}\right)\nabla\cdot\boldsymbol{v}_s+\varphi_1\frac{D}{Dt}\rho\left(e+\frac{v'^2}{2}\right)+\rho\left(e+\frac{v'^2}{2}\right)\nabla\cdot\boldsymbol{v}$$
$$=\nabla\cdot(\lambda\nabla\boldsymbol{T})+\rho q_R+\boldsymbol{f}\cdot\rho(\varphi\boldsymbol{v}_s+\varphi_1\boldsymbol{v})+\nabla\cdot(\varphi^{2/3}\boldsymbol{v}_s+\varphi_2\boldsymbol{v})\cdot\boldsymbol{P} \tag{3-19-43}$$

首先对式(3-19-43)等号左边进行推演，利用连续性方程去掉 $\nabla\cdot\boldsymbol{v}_s$，除以 ρ，化简为

$$\varphi\frac{D}{Dt}\rho\left(e+\frac{v'^2_s}{2}\right)-\rho\left(e+\frac{v'^2_s}{2}\right)\nabla\cdot\boldsymbol{v}-\rho\left(e+\frac{v'^2_s}{2}\right)\frac{1}{\rho}\frac{D\rho}{Dt}+(1-\varphi)\frac{D}{Dt}\rho\left(e+\frac{v'^2}{2}\right)+$$
$$\rho\left(e+\frac{v'^2}{2}\right)\nabla\cdot\boldsymbol{v}$$
$$=\frac{D}{Dt}\rho\left(e+\frac{v'^2}{2}\right)+\varphi\left[\frac{D}{Dt}\rho\left(e+\frac{v'^2_s}{2}\right)-\right.$$
$$\left.\frac{D}{Dt}\rho\left(e+\frac{v'^2}{2}\right)\right]-\left(e+\frac{v'^2_s}{2}\right)\frac{D\rho}{Dt}+\rho\left[\left(e+\frac{v'^2}{2}\right)-\left(e+\frac{v'^2_s}{2}\right)\right]\nabla\cdot\boldsymbol{v}$$
$$=\frac{D}{Dt}\left(e+\frac{v'^2}{2}\right)+\varphi\frac{D}{Dt}\left(\frac{v'^2_s}{2}-\frac{v'^2}{2}\right)-\left(e+\frac{v'^2_s}{2}\right)\frac{1}{\rho}\frac{D\rho}{Dt}+\left(\frac{v'^2}{2}-\frac{v'^2_s}{2}\right)\nabla\cdot\boldsymbol{v}$$
$$=\frac{D}{Dt}\left(e+\frac{v'^2}{2}\right)+\varphi\frac{1}{2}\frac{D}{Dt}(u_s^2+v_s^2+w_s^2-u^2-v^2-w^2)-\left[e+\frac{1}{2}(u_s^2+v_s^2+w_s^2)\right]$$
$$\frac{1}{\rho}\frac{D\rho}{Dt}+\left(\frac{u^2+v^2+w^2}{2}-\frac{u_s^2+v_s^2+w_s^2}{2}\right)\nabla\cdot\boldsymbol{v}$$
$$=\frac{D}{Dt}\left(e+\frac{v'^2}{2}\right)+\frac{\varphi\nu}{2}\frac{D}{Dt}\left(\frac{\partial u}{\partial y}+\frac{\partial u}{\partial z}+\frac{\partial v}{\partial x}+\frac{\partial v}{\partial z}+\frac{\partial w}{\partial y}+\frac{\partial w}{\partial x}\right)-$$
$$\left\{e+\frac{1}{2}\left[u^2-\nu\left(\frac{\partial u}{\partial y}+\frac{\partial u}{\partial z}\right)+v^2-\nu\left(\frac{\partial v}{\partial x}+\frac{\partial v}{\partial z}\right)+w^2-\left(\frac{\partial w}{\partial x}+\frac{\partial w}{\partial y}\right)\right]\right\}\frac{1}{\rho}\frac{D\rho}{Dt}+$$
$$\frac{1}{2}\left\{u^2+v^2+w^2-\left[u-\frac{\nu}{2u}\left(\frac{\partial u}{\partial y}+\frac{\partial u}{\partial z}\right)\right]^2-\left[v-\frac{\nu}{2v}\left(\frac{\partial v}{\partial x}+\frac{\partial v}{\partial z}\right)\right]^2-\right.$$

$$\left[w-\frac{\nu}{2w}\left(\frac{\partial w}{\partial x}+\frac{\partial w}{\partial y}\right)\right]^2\Bigg\}\nabla\cdot\boldsymbol{v}$$

$$=\frac{\mathrm{D}}{\mathrm{D}t}\left(e+\frac{v'^2}{2}\right)+\frac{\varphi\nu}{2}\frac{\mathrm{D}}{\mathrm{D}t}\left(\frac{\partial u}{\partial y}+\frac{\partial u}{\partial z}+\frac{\partial v}{\partial x}+\frac{\partial v}{\partial z}+\frac{\partial w}{\partial x}+\frac{\partial w}{\partial y}\right)-$$

$$\left[e+\frac{1}{2}(u^2+v^2+w^2)-\nu\left(\frac{\partial u}{\partial y}+\frac{\partial u}{\partial z}+\frac{\partial v}{\partial x}+\frac{\partial v}{\partial z}+\frac{\partial w}{\partial x}+\frac{\partial w}{\partial y}\right)\right]\frac{1}{\rho}\frac{\mathrm{D}\rho}{\mathrm{D}t}+$$

$$\frac{\nu}{2}\left(\frac{\partial u}{\partial y}+\frac{\partial u}{\partial z}+\frac{\partial v}{\partial x}+\frac{\partial v}{\partial z}+\frac{\partial w}{\partial x}+\frac{\partial w}{\partial y}\right)\nabla\cdot\boldsymbol{v}$$

$$=\frac{\mathrm{D}}{\mathrm{D}t}\left(e+\frac{v'^2}{2}\right)-\left(e+\frac{v'^2}{2}\right)\frac{1}{\rho}\frac{\mathrm{D}\rho}{\mathrm{D}t}+$$

$$\frac{\varphi}{2}\nu\frac{\mathrm{D}}{\mathrm{D}t}\left(\frac{\partial u}{\partial y}+\frac{\partial u}{\partial z}+\frac{\partial v}{\partial x}+\frac{\partial v}{\partial z}+\frac{\partial w}{\partial x}+\frac{\partial w}{\partial y}\right)+$$

$$\frac{\nu}{2}\left(\frac{\partial u}{\partial y}+\frac{\partial u}{\partial z}+\frac{\partial v}{\partial x}+\frac{\partial v}{\partial z}+\frac{\partial w}{\partial x}+\frac{\partial w}{\partial y}\right)\left(\frac{1}{\rho}\frac{\mathrm{D}\rho}{\mathrm{D}t}+\nabla\cdot\boldsymbol{v}\right)\tag{3-19-44}$$

然后对式(3-19-43)等号右边各项进行推演：

$$\rho\boldsymbol{f}\cdot(\varphi\boldsymbol{v}_{\mathrm{s}}+\varphi_1\boldsymbol{v})=\rho\boldsymbol{f}\cdot[\varphi\boldsymbol{v}_{\mathrm{s}}+(1-\varphi)\boldsymbol{v}]=\rho[\boldsymbol{f}\cdot\boldsymbol{v}+\boldsymbol{f}\cdot\varphi(\boldsymbol{v}_{\mathrm{s}}-\boldsymbol{v})]$$

$$=\rho\Bigg\{f_xu+f_yv+f_zw-\frac{\varphi\nu}{2}\Bigg[\frac{f_x}{u}\left(\frac{\partial u}{\partial y}+\frac{\partial u}{\partial z}\right)+\frac{f_y}{v}\left(\frac{\partial v}{\partial x}+\frac{\partial v}{\partial z}\right)+\frac{f_z}{w}\left(\frac{\partial w}{\partial x}+\frac{\partial w}{\partial y}\right)\Bigg]\Bigg\}\tag{3-19-45}$$

$$\nabla\cdot(\varphi^{2/3}\boldsymbol{v}_{\mathrm{s}}+\varphi_2\boldsymbol{v})\cdot\boldsymbol{P}=\nabla\cdot[\varphi^{2/3}\boldsymbol{v}_{\mathrm{s}}+(1-\varphi^{2/3})\boldsymbol{v}]\cdot\boldsymbol{P}$$

$$=\nabla\cdot(\boldsymbol{v}\cdot\boldsymbol{P})+\varphi^{2/3}\ \nabla\cdot[(\boldsymbol{v}_{\mathrm{s}}-\boldsymbol{v})\cdot\boldsymbol{P}]\tag{3-19-46}$$

将上式分开研究，首先研究式(3-19-46)第一项，

$$\nabla\cdot(\boldsymbol{v}\cdot\boldsymbol{P})=\nabla\cdot[\boldsymbol{v}\cdot(\boldsymbol{p}_x\boldsymbol{i}+\boldsymbol{p}_y\boldsymbol{j}+\boldsymbol{p}_z\boldsymbol{k})]$$

$$=u\left(\frac{\partial p_{xx}}{\partial x}+\frac{\partial p_{xy}}{\partial y}+\frac{\partial p_{xz}}{\partial z}\right)+v\left(\frac{\partial p_{yx}}{\partial x}+\frac{\partial p_{yy}}{\partial y}+\frac{\partial p_{yz}}{\partial z}\right)+w\left(\frac{\partial p_{zx}}{\partial x}+\frac{\partial p_{zy}}{\partial y}+\frac{\partial p_{zz}}{\partial z}\right)$$

$$=u\left[-\frac{\partial p}{\partial x}+2\mu\frac{\partial^2u}{\partial x^2}-\frac{2}{3}\mu\frac{\partial(\nabla\cdot\boldsymbol{v})}{\partial x}+\mu\left(\frac{\partial^2u}{\partial y^2}+\frac{\partial^2v}{\partial x\partial y}+\frac{\partial^2u}{\partial z^2}+\frac{\partial^2w}{\partial x\partial z}\right)\right]+$$

$$v\left[-\frac{\partial p}{\partial y}+2\mu\frac{\partial^2v}{\partial y^2}-\frac{2}{3}\mu\frac{\partial(\nabla\cdot\boldsymbol{v})}{\partial y}+\mu\left(\frac{\partial^2v}{\partial x^2}+\frac{\partial^2u}{\partial y\partial x}+\frac{\partial^2v}{\partial z^2}+\frac{\partial^2w}{\partial y\partial z}\right)\right]+$$

$$w\left[-\frac{\partial p}{\partial z}+2\mu\frac{\partial^2w}{\partial z^2}-\frac{2}{3}\mu\frac{\partial(\nabla\cdot\boldsymbol{v})}{\partial z}+\mu\left(\frac{\partial^2w}{\partial x^2}+\frac{\partial^2u}{\partial z\partial x}+\frac{\partial^2w}{\partial y^2}+\frac{\partial^2v}{\partial z\partial y}\right)\right]$$

$$=u\left\{-\frac{\partial p}{\partial x}+\mu\left[\frac{\partial^2u}{\partial x^2}+\frac{\partial^2u}{\partial y^2}+\frac{\partial^2u}{\partial z^2}+\frac{1}{3}\left(\frac{\partial^2u}{\partial x^2}+\frac{\partial^2v}{\partial y\partial x}+\frac{\partial^2w}{\partial z\partial x}\right)\right]\right\}+$$

$$v\left\{-\frac{\partial p}{\partial y}+\mu\left[\frac{\partial^2v}{\partial x^2}+\frac{\partial^2v}{\partial y^2}+\frac{\partial^2v}{\partial z^2}+\frac{1}{3}\left(\frac{\partial^2v}{\partial y^2}+\frac{\partial^2u}{\partial x\partial y}+\frac{\partial^2w}{\partial z\partial y}\right)\right]\right\}+$$

$$w\left\{-\frac{\partial p}{\partial z}+\mu\left[\frac{\partial^2w}{\partial x^2}+\frac{\partial^2w}{\partial y^2}+\frac{\partial^2w}{\partial z^2}+\frac{1}{3}\left(\frac{\partial^2w}{\partial z^2}+\frac{\partial^2u}{\partial x\partial z}+\frac{\partial^2v}{\partial y\partial z}\right)\right]\right\}\tag{3-19-47}$$

研究式(3-19-46)中第二项如下：

$$\varphi^{2/3}\ \nabla\cdot[(\boldsymbol{v}_s-\boldsymbol{v})\cdot\boldsymbol{P}]=\varphi^{2/3}\{\nabla\cdot[(u_s-u)\boldsymbol{p}_x]+\nabla\cdot[(v_s-v)\boldsymbol{p}_y]+\nabla\cdot[(w_s-w)\boldsymbol{p}_z]\}$$

$$=\varphi^{2/3}\left[(u_s-u)\left(\frac{\partial p_{xx}}{\partial x}+\frac{\partial p'_{xy}}{\partial y}+\frac{\partial p'_{xz}}{\partial z}\right)+(v_s-v)\left(\frac{\partial p'_{yx}}{\partial x}+\frac{\partial p_{yy}}{\partial y}+\frac{\partial p'_{yz}}{\partial z}\right)+\right.$$
$$\left.(w_s-w)\left(\frac{\partial p'_{zx}}{\partial x}+\frac{\partial p'_{zy}}{\partial y}+\frac{\partial p_{zz}}{\partial z}\right)\right]$$

$$=\varphi^{2/3}(u_s-u)\left\{\frac{\partial}{\partial x}\left(-p+2\mu\frac{\partial u}{\partial x}-\frac{2\mu}{3}\ \nabla\cdot\boldsymbol{v}\right)+\rho\nu t\left[\frac{\partial}{\partial y}\left(\frac{\partial u}{\partial y^2}\right)^2+\frac{\partial}{\partial z}\left(\frac{\partial u}{\partial z}\right)^2\right]\right\}+$$
$$\varphi^{2/3}(v_s-v)\left\{\frac{\partial}{\partial y}\left(-p+2\mu\frac{\partial v}{\partial y}-\frac{2}{3}\mu\ \nabla\cdot\boldsymbol{v}\right)+\rho\nu t\left[\frac{\partial}{\partial x}\left(\frac{\partial v}{\partial x}\right)^2+\frac{\partial}{\partial z}\left(\frac{\partial v}{\partial z}\right)^2\right]\right\}+$$
$$\varphi^{2/3}(w_s-w)\left\{\frac{\partial}{\partial z}\left(-p+2\mu\frac{\partial w}{\partial z}-\frac{2}{3}\mu\ \nabla\cdot\boldsymbol{v}\right)+\rho\nu t\left[\frac{\partial}{\partial x}\left(\frac{\partial w}{\partial x}\right)^2+\frac{\partial}{\partial y}\left(\frac{\partial w}{\partial y}\right)^2\right]\right\}$$

$$=-\frac{\varphi^{2/3}}{2}\nu\left\{\frac{1}{u}\left(\frac{\partial u}{\partial y}+\frac{\partial u}{\partial z}\right)\left[-\frac{\partial p}{\partial x}+2\mu\frac{\partial^2 u}{\partial x^2}-\frac{2}{3}\mu\left(\frac{\partial^2 u}{\partial x^2}+\frac{\partial^2 v}{\partial y\partial x}+\frac{\partial^2 w}{\partial z\partial x}\right)+\right.\right.$$
$$2\rho\nu t\left(\frac{\partial u}{\partial y}\frac{\partial^2 u}{\partial y^2}+\frac{\partial u}{\partial z}\frac{\partial^2 u}{\partial z^2}\right)\Bigg]+\frac{1}{v}\left(\frac{\partial v}{\partial x}+\frac{\partial v}{\partial z}\right)\Bigg[-\frac{\partial p}{\partial y}+2\mu\frac{\partial^2 v}{\partial y^2}-$$
$$\frac{2}{3}\mu\left(\frac{\partial^2 u}{\partial x\partial y}+\frac{\partial^2 v}{\partial y^2}+\frac{\partial^2 w}{\partial z\partial y}\right)+2\rho\nu t\left(\frac{\partial v}{\partial x}\frac{\partial^2 v}{\partial x^2}+\frac{\partial v}{\partial z}\frac{\partial^2 v}{\partial z^2}\right)\Bigg]+\frac{1}{w}\left(\frac{\partial w}{\partial x}+\frac{\partial w}{\partial y}\right)$$
$$\left.\left[-\frac{\partial p}{\partial z}+2\mu\frac{\partial^2 w}{\partial z^2}-\frac{2}{3}\mu\left(\frac{\partial^2 u}{\partial x\partial z}+\frac{\partial^2 v}{\partial y\partial z}+\frac{\partial^2 w}{\partial z^2}\right)+2\rho\nu t\left(\frac{\partial w}{\partial x}\frac{\partial^2 w}{\partial x^2}+\frac{\partial w}{\partial y}\frac{\partial^2 w}{\partial y^2}\right)\right]\right\}$$

$$=-\varphi^{2/3}\ \frac{\nu}{2}\left\{\frac{1}{u}\left(\frac{\partial u}{\partial y}+\frac{\partial u}{\partial z}\right)\right.$$
$$\left[-\frac{\partial p}{\partial x}+\frac{4}{3}\mu\frac{\partial^2 u}{\partial x^2}-\frac{2}{3}\mu\left(\frac{\partial^2 v}{\partial y\partial x}+\frac{\partial^2 w}{\partial z\partial x}\right)+2\rho\nu t\left(\frac{\partial u}{\partial y}\frac{\partial^2 u}{\partial y^2}+\frac{\partial u}{\partial z}\frac{\partial^2 u}{\partial z^2}\right)\right]+$$
$$\frac{1}{v}\left(\frac{\partial v}{\partial x}+\frac{\partial v}{\partial z}\right)\Bigg[-\frac{\partial p}{\partial y}+\frac{4}{3}\mu\frac{\partial^2 v}{\partial y^2}-\frac{2}{3}\mu\left(\frac{\partial^2 u}{\partial x\partial y}+\frac{\partial^2 w}{\partial z\partial y}\right)+$$
$$2\rho\nu t\left(\frac{\partial v}{\partial x}\frac{\partial^2 v}{\partial x^2}+\frac{\partial v}{\partial z}\frac{\partial^2 v}{\partial z^2}\right)\Bigg]+\frac{1}{w}\left(\frac{\partial w}{\partial x}+\frac{\partial w}{\partial y}\right)\Bigg[-\frac{\partial p}{\partial z}+\frac{4}{3}\mu\frac{\partial^2 w}{\partial z^2}-$$
$$\left.\frac{2}{3}\mu\left(\frac{\partial^2 u}{\partial x\partial z}+\frac{\partial^2 v}{\partial y\partial z}\right)+2\rho\nu t\left(\frac{\partial w}{\partial x}\frac{\partial^2 w}{\partial x^2}+\frac{\partial w}{\partial y}\frac{\partial^2 w}{\partial y^2}\right)\Bigg]\right\}\tag{3-19-48}$$

将式(3-19-47)与式(3-19-48)代入式(3-19-46)，将式(3-19-48)与式(3-19-45)一起代入式(3-19-43)右边，并除以ρ，然后将式(3-19-44)，也代入式(3-19-43)的左边，则：

$$\frac{\mathrm{D}}{\mathrm{D}t}\left(e+\frac{v'^2}{2}\right)-\left(e+\frac{v'^2}{2}\right)\frac{1}{\rho}\frac{\mathrm{D}\rho}{\mathrm{D}t}+\frac{\varphi}{2}\nu\frac{\mathrm{D}}{\mathrm{D}t}\left(\frac{\partial u}{\partial y}+\frac{\partial u}{\partial z}+\frac{\partial v}{\partial x}+\frac{\partial v}{\partial z}+\frac{\partial w}{\partial x}+\frac{\partial w}{\partial y}\right)+$$
$$\frac{\nu}{2}\left(\frac{\partial u}{\partial y}+\frac{\partial u}{\partial z}+\frac{\partial v}{\partial x}+\frac{\partial v}{\partial z}+\frac{\partial w}{\partial x}+\frac{\partial w}{\partial y}\right)\left(\frac{1}{\rho}\frac{\mathrm{D}\rho}{\mathrm{D}t}+\nabla\cdot\boldsymbol{v}\right)$$

$$
\begin{aligned}
&= \frac{\lambda}{\rho}\left(\frac{\partial^2 T}{\partial x^2} + \frac{\partial^2 T}{\partial y^2} + \frac{\partial^2 T}{\partial z^2}\right) + q_{\mathrm{R}} + f_x u + f_y v + f_z w - \frac{\nu\varphi}{2}\left[\frac{f_x}{u}\left(\frac{\partial u}{\partial y} + \frac{\partial u}{\partial z}\right) + \right. \\
&\left.\frac{f_y}{v}\left(\frac{\partial v}{\partial x} + \frac{\partial v}{\partial z}\right) + \frac{f_z}{w}\left(\frac{\partial w}{\partial x} + \frac{\partial w}{\partial y}\right)\right] + u\left\{-\frac{1}{\rho}\frac{\partial p}{\partial x} + \nu\left[\frac{\partial^2 u}{\partial x^2} + \frac{\partial^2 v}{\partial y^2} + \right.\right. \\
&\left.\left.\frac{\partial^2 w}{\partial z^2} + \frac{1}{3}\left(\frac{\partial^2 u}{\partial x^2} + \frac{\partial^2 v}{\partial y \partial x} + \frac{\partial^2 w}{\partial z \partial x}\right)\right]\right\} + \\
&v\left\{-\frac{\partial p}{\rho \partial y} + \nu\left[\frac{\partial^2 v}{\partial x^2} + \frac{\partial^2 v}{\partial y^2} + \frac{\partial^2 v}{\partial z^2} + \frac{1}{3}\left(\frac{\partial^2 v}{\partial y^2} + \frac{\partial^2 u}{\partial x \partial y} + \frac{\partial^2 w}{\partial z \partial y}\right)\right]\right\} + \\
&w\left\{-\frac{1}{\rho}\frac{\partial p}{\partial z} + \nu\left[\frac{\partial^2 w}{\partial x^2} + \frac{\partial^2 w}{\partial y^2} + \frac{\partial^2 w}{\partial z^2} + \frac{1}{3}\left(\frac{\partial^2 w}{\partial z^2} + \frac{\partial^2 u}{\partial x \partial z} + \frac{\partial^2 v}{\partial y \partial z}\right)\right]\right\} - \\
&\varphi^{2/3}\frac{\nu}{2}\left\{\frac{1}{u}\left(\frac{\partial u}{\partial y} + \frac{\partial u}{\partial z}\right)\left[-\frac{1}{\rho}\frac{\partial p}{\partial x} + \frac{4}{3}\frac{\nu\partial^2 u}{\partial x^2} - \frac{2}{3}\nu\left(\frac{\partial^2 v}{\partial y \partial x} + \frac{\partial^2 w}{\partial z \partial x}\right) + \right.\right. \\
&\left.2\nu t\left(\frac{\partial u}{\partial y}\frac{\partial^2 u}{\partial y^2} + \frac{\partial u}{\partial z}\frac{\partial^2 u}{\partial z^2}\right)\right] + \frac{1}{v}\left(\frac{\partial v}{\partial x} + \frac{\partial v}{\partial z}\right)\left[-\frac{1}{\rho}\frac{\partial p}{\partial y} + \frac{4}{3}\nu\frac{\partial^2 v}{\partial y^2} - \right. \\
&\left.\frac{2}{3}\nu\left(\frac{\partial^2 u}{\partial x \partial y} + \frac{\partial^2 w}{\partial z \partial y}\right) + 2\nu t\left(\frac{\partial v}{\partial x}\frac{\partial^2 v}{\partial x^2} + \frac{\partial v}{\partial z}\frac{\partial^2 v}{\partial z^2}\right)\right] + \frac{1}{w}\left(\frac{\partial w}{\partial x} + \frac{\partial w}{\partial y}\right) \\
&\left.\left[-\frac{1}{\rho}\frac{\partial p}{\partial z} + \frac{4}{3}\nu\frac{\partial^2 w}{\partial z^2} - \frac{2}{3}\nu\left(\frac{\partial^2 u}{\partial x \partial z} + \frac{\partial^2 v}{\partial y \partial z}\right) + 2\nu t\left(\frac{\partial w}{\partial x}\frac{\partial^2 w}{\partial x^2} + \frac{\partial w}{\partial z}\frac{\partial^2 w}{\partial z^2}\right)\right]\right\}
\end{aligned}
\tag{3-19-49}
$$

4 有压管道湍流运动

本章讨论充分发展湍流管道，限定为定常流不可压缩流体运动。研究内容为圆形与矩形管道断面速度分布；涡旋体积分数 φ 计算方法；沿程阻力损失计算公式。

4.1 湍流圆形管道断面速度分布

圆形管道湍流运动为一维流动一元变化。依据第 3 章导出的湍流动量微分方程(3-18-29)，结合具体问题，忽略重力影响，简化为圆形管道湍流运动控制微分方程，为：

$$\frac{1\mathrm{d}p}{\rho\mathrm{d}x} = 2\nu\left[(1-\varphi^{2/3}) + 6t\varphi^{2/3}\left(\frac{\mathrm{d}u}{\mathrm{d}r}\right)\right]\frac{\mathrm{d}^2u}{\mathrm{d}r^2} \tag{4-1-1}$$

边界条件：

$$u|_{r=R} = 0 \tag{4-1-2}$$

$$\left.\frac{\mathrm{d}u}{\mathrm{d}r}\right|_{r=0} = 0 \tag{4-1-3}$$

式(4-1-1)～式(4-1-3)为二阶非线性常微分方程组，用自创“逆向法”对其求解。为此，先将其化成无因次方程组，取 $\frac{r}{r_0} = R$；$\frac{u}{v_0} = U$ 代入式(4-1-1)～式(4-1-3)中，则：

$$K_1 = \left(1 + K_2\frac{\mathrm{d}U}{\mathrm{d}R}\right)\frac{\mathrm{d}^2U}{\mathrm{d}R^2} \tag{4-1-4}$$

$$U|_{R=1} = 0 \tag{4-1-5}$$

$$\left.\frac{\mathrm{d}U}{\mathrm{d}R}\right|_{R=0} = 0 \tag{4-1-6}$$

式中

$$K_1 = \frac{r_0^2}{2(1-\varphi^{2/3})\mu v_0}\frac{\mathrm{d}p}{\mathrm{d}x} \tag{4-1-7}$$

$$K_2 = \frac{6\varphi^{2/3}tv_0}{(1-\varphi^{2/3})r_0} \tag{4-1-8}$$

根据边界条件，选择边界函数为：

$$U' = 1 - R^2 \tag{4-1-9}$$

则待定函数为：

$$U = n(1-R^2) \tag{4-1-10}$$

将式 (4-1-10)代入式(4-1-4)得

$$K_1 = (1 + K_2n2R)2n = 4K_2Rn^2 + 2n$$

解

$$4K_2Rn^2 + 2n - K_1 = 0 \tag{4-1-11}$$

得

$$n = \frac{K_1}{2} = \frac{r_0^2}{4\mu v_0(1-\varphi^{2/3})}\frac{\mathrm{d}p}{\mathrm{d}x} \tag{4-1-12}$$

将式(4-1-12)代入式(4-1-4)，并恢复其有因次式：

$$u = \frac{r_0^2}{4\mu(1-\varphi^{2/3})}\frac{\mathrm{d}p}{\mathrm{d}x}(r_0^2 - r^2) \tag{4-1-13}$$

式(4-1-1)～式(4-1-3)还可以用直接积分方法求解，将式(4-1-1)进行第一次积分：

$$\frac{\mathrm{d}p}{2\mu\mathrm{d}x}r + C_1 = \left[(1-\varphi^{2/3}) + 6t\varphi^{2/3}\frac{\mathrm{d}u}{\mathrm{d}r}\right]\frac{\mathrm{d}u}{\mathrm{d}r}$$

利用边界条件式(4-1-3)，定 $C_1=0$，

$$\frac{\mathrm{d}p}{2\mu\mathrm{d}x}r = (1-\varphi^{2/3})\frac{\mathrm{d}u}{\mathrm{d}r} + 6t\varphi^{2/3}\left(\frac{\mathrm{d}u}{\mathrm{d}r}\right)^2 \tag{4-1-14}$$

由式(4-1-14)，解得

$$\frac{\mathrm{d}u}{\mathrm{d}r} = \frac{r}{2\mu(1-\varphi^{2/3})}\frac{\mathrm{d}p}{\mathrm{d}x} \tag{4-1-15}$$

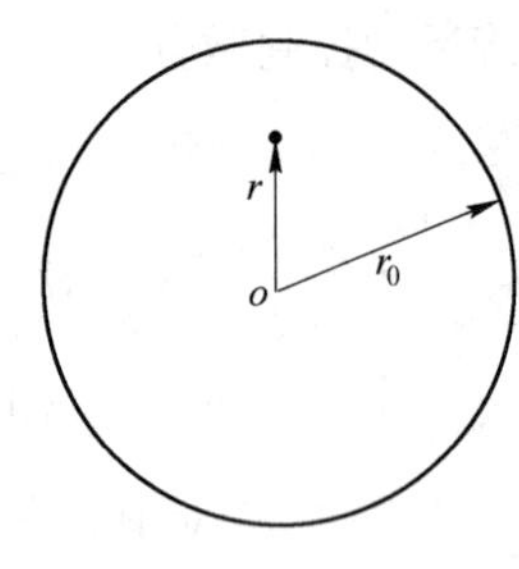

图 4-1-1　原点示意图

由图 4-1-1 可知，$\frac{\mathrm{d}u}{\mathrm{d}r}$ 是距离增加，速度减少，则式(4-1-15)应为

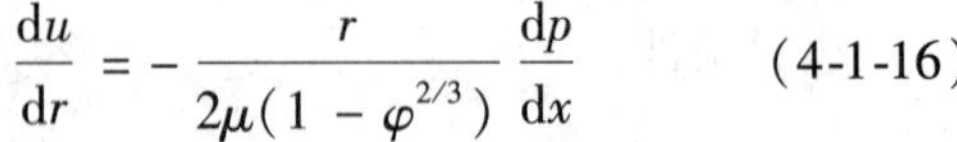

$$\frac{\mathrm{d}u}{\mathrm{d}r} = -\frac{r}{2\mu(1-\varphi^{2/3})}\frac{\mathrm{d}p}{\mathrm{d}x} \tag{4-1-16}$$

对式(4-1-16)进行积分得：

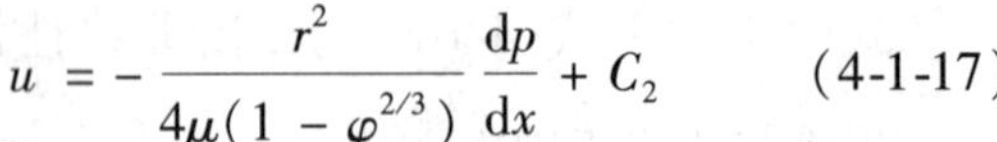

$$u = -\frac{r^2}{4\mu(1-\varphi^{2/3})}\frac{\mathrm{d}p}{\mathrm{d}x} + C_2 \tag{4-1-17}$$

利用边界条件式(4-1-2)，定 C_2，为

$$C_2 = \frac{r_0^2}{4\mu(1-\varphi^{2/3})}\frac{\mathrm{d}p}{\mathrm{d}x} \tag{4-1-18}$$

将式(4-1-18)代入

$$u = \frac{1}{4\mu(1-\varphi^{2/3})}\frac{\mathrm{d}p}{\mathrm{d}x}(r_0^2 - r^2) \tag{4-1-19}$$

式(4-1-19)与式(4-1-13)完全一样，说明“逆向法”是可行的。式(4-1-13)就是有压管道圆形断面湍流速度分布公式，当 $\varphi=0$ 时，与层流圆形断面速度分布一致，这说明理论正确。φ 值大小反映湍流强度，φ 值愈大，说明速度 u 愈大。这样与物理现象吻合。

4.2　湍流圆形管道涡旋体积分数 φ 分析

在第 3 章结束时，讨论湍流运动微分方程组封闭，尚留下一个未知函数涡旋体积分数 φ 没有解决。由于它处于某一流态下时是常数，具有参变常数的性质，所以在推导速度分布时，把它作为常量处理。圆形湍流管道断面速度分布已经导出，要应用它，必须解决 φ 的计算问题。

4.2.1　涡旋产生横向运动条件

在第 1 章边层流理论分析过程中，曾谈过涡旋运动分为三种形式：一是紧贴壁面就地旋转的涡旋运动；二是边层流区内一边平移一边旋转的成层运动涡旋运动；三是活跃在边外区(湍流区)除旋转外，还有沿主流方向平移与垂直于主流方向运动的情况，称之为具

有横向运动分速度的涡旋运动。

具有横向运动分速度的涡旋，其产生条件有三条：第一条，产生这种涡旋地带，速度分布必须连续可导，而且速度梯度有一定的强度；第二条，必须是有旋转的流体微团；第三条，微团周围具有相适应的绕流运动。此外，壁面粗糙使流层产生弯曲，当涡旋微团经过它时，微团受到离心力作用，所以对涡旋产生横向运动起着瞬时推动作用。

4.2.2 涡旋产生横向运动地带

如图 4-2-1 所示，壁面粗糙 Δ_1 处，因断面缩小，速度分布形成的速度梯度比周边点大，而且各点不同，最大速度梯度发生在边层流界面上。

紧贴壁面上流体微团 A 以平均速度全部转化为旋转速度而就地转动；微团 B 一边平移一边转动地前进，但它不具备绕流条件，无法引起升力对其作用，也就不会产生横向运动；微团 C 有平移与相应的转动，周围有绕流存在，具备引起升力的条件，而且该点形成的速度最大，再加上离心力的促动作用，在某一个流态下，使其在垂直于主流方向受的力足以克服自身的惯性力而产生横向运动，从而脱离所在流层进入边外区。通过上述分析，得出涡旋产生横向运动的地带是边层流界面上。

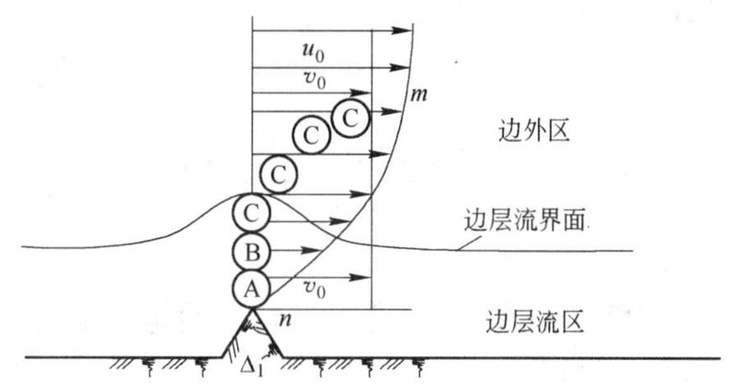

图 4-2-1 涡旋产生横向运动与其频率确定示意图

4.2.3 涡旋产生横向运动的频率 f

涡旋微团 C 脱离所在流层，使该层出现断裂，造成不连续现象。C 向斜上方运动，所到之处，都会形成瞬时不连续现象。这样原有的速度分布曲线 nm 就出现在一段时间内，处于总有不连续点存在的状态，使得在粗糙 Δ_1 的顶部失去产生涡旋横向运动的条件。

要使 Δ_1 顶部再次出现涡旋并产生横向运动，必须使速度分布曲线 nm 恢复到稳定连续状态，这样需要一段时间。从理论上规定速度分布曲线 nm 的范围，这范围如何规定呢？假设涡旋微团 C 沿法线方向经过自身直径的 2 倍距离，将它定为曲线 nm 范围。也就是说，当涡旋微团 C 沿法线经过 $2d_s$ 后，曲线 nm 重新恢复到连续状态。因此，它又能使 Δ_1 顶部涡旋微团产生横向运动条件。这段时间可以依据涡旋横向运动速度 u^* 去除 $2d_s$ 来得到。那么 1s 内在 Δ_1 顶部产生横向运动涡旋的次数，即频率 f，就可以由下式表达，

$$f = \frac{u^*}{2d_s} \tag{4-2-1}$$

4.2.4 涡旋体积分数 φ 计算公式推导

从图 4-2-1 可以看出，壁面粗糙对涡旋产生横向运动的影响。当层流转化为湍流时，首先最高的粗糙起作用，随着湍流度增加，边层流厚度 δ 变薄，一批高的粗糙进入边外

区，失去作用，较低粗糙出现在边层流界面下，开始对涡旋产生横向运动起作用。依此类推。

根据 φ 的定义：

$$\varphi = \frac{\text{涡旋体积}}{\text{流量}} = \frac{nf\dfrac{\pi}{6}d_s^3}{\dfrac{\pi}{4}v_0D^2} \tag{4-2-2}$$

式中，n 是壁面上能产生涡旋的粗糙 Δ 的数目。在粗糙密布情况下，同样高度的粗糙 Δ，只要其中一个粗糙，在某流态下产生涡旋，周围的其他粗糙就不会再产生涡旋。因为涡旋产生横向运动是受升力作用，而引起升力的一个重要条件是涡旋周围必须有绕流。所以规定其绕流范围为 $2d_s \times 2d_s = 4d_s^2$。由此，$n$ 可以写成：

$$n = \frac{\pi D v_0}{4d_s^2} \tag{4-2-3}$$

将式(4-2-1)与式(4-2-3)，代入式(4-2-2)，则：

$$\varphi = k\frac{\pi u^*}{12D} \tag{4-2-4}$$

式中，k 为实验系数，s。式(4-2-4)表明涡旋体积分数 φ 与涡旋横向速度 u^* 成正比，与管道直径 D 成反比。

将式(3-12-8)简化为：

$$u^* = 3\nu t\left(\frac{\partial u}{\partial y}\right)^2 u^{-1} \tag{4-2-5}$$

结合管道特点，涡旋产生横向运动速度 u^* 的位置在边层流界面上，而它正是断面平均速度 v_0 与断面速度分布曲线的交点。这样式(4-2-5)可写成：

$$u^* = 3\nu t\left(\left.\frac{\mathrm{d}u}{\mathrm{d}r}\right|_{r=r_B}\right)^2 v_0^{-1} \tag{4-2-6}$$

由式(4-1-19)

$$\left.\frac{\mathrm{d}u}{\mathrm{d}r}\right|_{r=r_B} = \frac{r_B}{2\mu(1-\varphi^{2/3})}\frac{\mathrm{d}p}{\mathrm{d}x} \tag{4-2-7}$$

将式(4-2-7)代入式(4-2-6)，

$$u^* = 3\nu t\left[\frac{r_B\dfrac{\mathrm{d}p}{\mathrm{d}x}}{2\mu(1-\varphi^{2/3})}\right]^2 v_0^{-1} \tag{4-2-8}$$

式中，r_B 可由式(4-1-19) 计算，

$$r_B^2 = r_0^2 - \frac{4v_0\mu(1-\varphi^{2/3})}{\dfrac{\mathrm{d}p}{\mathrm{d}x}} \tag{4-2-9}$$

将式(4-2-9)代入式(4-2-8)：

$$u^* = \frac{3\nu t\dfrac{\mathrm{d}p}{\mathrm{d}x}\left[r_0^2\dfrac{\mathrm{d}p}{\mathrm{d}x} - 4\mu v_0(1-\varphi^{2/3})\right]}{4\mu^2(1-\varphi^{2/3})^2 v_0} \tag{4-2-10}$$

将式(4-2-10)代入式(4-2-4)

$$\varphi = k\frac{\pi}{12D}\left\{\frac{3\nu t\frac{\mathrm{d}p}{\mathrm{d}x}\left[r_0^2\frac{\mathrm{d}p}{\mathrm{d}x} - 4\mu v_0(1-\varphi^{2/3})\right]}{4\mu^2(1-\varphi^{2/3})^2 v_0}\right\} \tag{4-2-11}$$

式中，k 为实验系数，s。在具体问题上，式(4-2-11)只有 φ 是未知，其他都是已知数，因而可以计算出 φ 值。为计算方便，将它分为 y_1 与 y_2，令：

$$y_1 = 12D[4\mu^2(1-\varphi^{2/3})^2 v_0]\varphi \tag{4-2-12}$$

$$y_2 = \pi\left\{3\nu t\frac{\mathrm{d}p}{\mathrm{d}x}\left[r_0^2\frac{\mathrm{d}p}{\mathrm{d}x} - 4\mu v_0(1-\varphi^{2/3})\right]\right\} \tag{4-2-13}$$

分别计算 y_1 与 y_2，绘出 y_1 与 y_2 曲线，其交点即是 φ 值，如图 4-2-2 所示。

如图 4-2-1 所示，稳定连续速度分布曲线 nm 的范围，是由涡旋沿法线方向经过自身直径 3 倍距离为限，则该点重复产生涡旋的频率 f 为：

$$f = \frac{u^*}{3d_s} \tag{4-2-14}$$

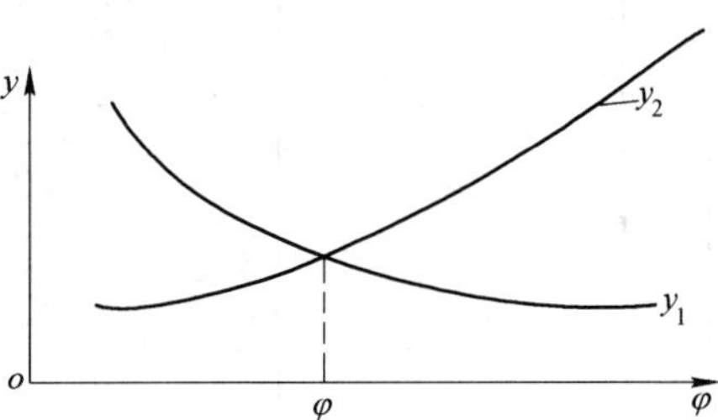

图 4-2-2 φ 值计算示意图

产生涡旋横向运动的另一个重要条件是涡旋周围绕流范围，若定它为：

$$3d_s \times 3d_s = 9d_s^2 \tag{4-2-15}$$

则管内壁 $\pi D v_0$ 面上产生涡旋数量 n 为：

$$n = \frac{\pi D v_0}{9d_s^2} \tag{4-2-16}$$

根据涡旋体积分数 φ 定义式(4-2-2)，将式(4-2-14)与式(4-2-16)代入，则：

$$\varphi = k\frac{2\pi u^*}{81D} \tag{4-2-17}$$

式中，k 为实验系数，s。式(4-2-4)与式(4-2-17)的不同只是$\frac{1}{12}$与$\frac{2}{81}$，φ 值究竟为多少应由实验决定。

4.3 圆形管道湍流度确定方法

首先确定涡旋以横向运动分速度 u^* 在准定常流时间 t 所走过的路程 s^*，现推导如下。结合管道特点，将式(3-12-8)简化为：

$$u_{\bar{yz}}^* = 12\nu\omega_{\bar{yz}}^2 u^{-1} t \tag{4-3-1}$$

由于 $u_{\bar{yz}}^*$ 是在边层流界面产生的，所以 $u^{-1} = v_0^{-1} t$ 为湍流准定常流时间，流态一定时为常量。$\omega_{\bar{yz}}$ 在圆形管道中为 ω_r，因产生在边层流界面上，所以为 $\omega_{r=r_B}$。涡旋产生后，有消失过程，一般很短，不会超过 4s。它所走过的距离为：

$$s^* = u_0^*\left(\sum_{t=0}^{n} \mathrm{e}^{-t}\right) \tag{4-3-2}$$

湍流强度定义为：

$$\alpha^* = \frac{s^*}{r_0} \tag{4-3-3}$$

4.4　湍流矩形管道断面速度分布

湍流矩形管道是一维流动二维变化，由动量微分方程(3-18-29)，在定常流不可压缩流体运动条件下，可简化为其控制微分方程：

$$\frac{1}{\rho}\frac{\mathrm{d}p}{\mathrm{d}x} = (1-\varphi^{2/3})\nu\left(\frac{\partial^2 u}{\partial y^2}+\frac{\partial^2 u}{\partial z^2}\right)+6\nu t\varphi^{2/3}\left[\frac{\partial u}{\partial y}\left(\frac{\partial^2 u}{\partial y^2}\right)+\frac{\partial u}{\partial z}\left(\frac{\partial^2 u}{\partial z^2}\right)\right] \tag{4-4-1}$$

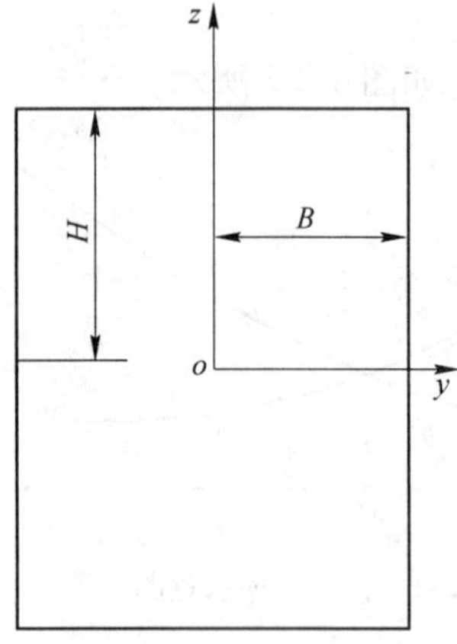

图 4-4-1　原点位置

所选断面上坐标位置如图 4-4-1 所示，为便于数学分析，将式(4-4-1)无因次化，为此令：$\frac{u}{v_0} = U$，$\frac{z}{H} = Z$，$\frac{y}{B} = Y$, 代入式(4-4-1)，则

$$\frac{1\mathrm{d}p}{\mu\mathrm{d}x}\frac{H^2}{v_0} = (1-\varphi^{2/3})\left[\left(\frac{H}{B}\right)^2\frac{\partial^2 U}{\partial Y^2}+\frac{\partial^2 U}{\partial Z^2}\right]+ \varphi^{2/3}\left[\frac{6tv_0}{B}\left(\frac{H}{B}\right)^2\frac{\partial U}{\partial Y}\left(\frac{\partial^2 U}{\partial Y^2}\right)+ \frac{6tU_0}{H}\left(\frac{\partial U}{\partial Z}\right)\left(\frac{\partial^2 U}{\partial Z^2}\right)\right] \tag{4-4-2}$$

令

$$K_1 = \frac{1\mathrm{d}p}{\mu\mathrm{d}x}\frac{H^2}{v_0} \tag{4-4-3}$$

$$K_2 = \frac{6v_0 t}{B} \tag{4-4-4}$$

$$K_3 = \frac{6v_0 t}{H} \tag{4-4-5}$$

则

$$K_1 = (1-\varphi^{2/3})\left[\left(\frac{H}{B}\right)^2\frac{\partial^2 U}{\partial Y^2}+\frac{\partial^2 U}{\partial Z^2}\right]+\varphi^{2/3}\left[K_2\left(\frac{H}{B}\right)^2\frac{\partial U}{\partial Y}\left(\frac{\partial^2 U}{\partial Y^2}\right)+K_3\frac{\partial U}{\partial Z}\left(\frac{\partial^2 U}{\partial Z^2}\right)\right] \tag{4-4-6}$$

边界条件：

$$U(Y,Z)\mid_{Z=1} = 0 \tag{4-4-7}$$

$$U(Y,Z)\mid_{Y=0} = U(Z) \tag{4-4-8}$$

$$\left.\frac{\partial U}{\partial Z}\right|_{\substack{Z=0\\Y=0}} = 0 \tag{4-4-9}$$

$$\left.\frac{\partial U}{\partial Y}\right|_{\substack{Z=0\\Y=0}} = 0 \tag{4-4-10}$$

根据边界条件，选含待定系函数 $n(Y,Z)$ 的函数为

$$U(Y,Z) = n(Y,Z)(1-Z^2)(1-Y^2) \tag{4-4-11}$$

$$\frac{\partial U}{\partial Z} = 2nZ(1 - Y^2) \tag{4-4-12}$$

$$\frac{\partial^2 U}{\partial Z^2} = 2n(1 - Y^2) \tag{4-4-13}$$

$$\frac{\partial U}{\partial Y} = 2nY(1 - Z^2) \tag{4-4-14}$$

$$\frac{\partial^2 U}{\partial Y^2} = 2n(1 - Z^2) \tag{4-4-15}$$

将式(4-4-12)、式(4-4-13)、式(4-4-14)和式(4-4-15)代入式(4-4-6)，得：

$$\begin{aligned} K_1 &= (1 - \varphi^{2/3})\left[\left(\frac{H}{B}\right)^2 2n(1 - Z^2) + 2n(1 - Y^2)\right] + \\ &\quad \varphi^{2/3}\left[K_2\left(\frac{H}{B}\right)^2 2nY(1 - Z^2)^2 2n + K_3 2nZ(1 - Y^2)^2 2n\right] \\ &= 2n(1 - \varphi^{2/3})\left[\left(\frac{H}{B}\right)^2 (1 - Z^2) + (1 - Y^2)\right] + \\ &\quad 4\varphi^{2/3}\left[K_2\left(\frac{H}{B}\right)^2 Y(1 - Z^2)^2 + K_3 Z(1 - Y^2)\right]n^2 \end{aligned} \tag{4-4-16}$$

解式(4-4-16)，得 n 为：

$$n = \frac{K_1}{2(1 - \varphi^{2/3})\left[\left(\frac{H}{B}\right)^2 (1 - Z^2) + (1 - Y^2)\right]} \tag{4-4-17}$$

将式(4-4-17)代入式(4-4-11)得

$$U = \frac{K_1(1 - Z^2)(1 - Y^2)}{2(1 - \varphi^{2/3})\left[\left(\frac{H}{B}\right)^2 (1 - Z^2) + (1 - Y^2)\right]} \tag{4-4-18}$$

将上式变回有因次速度式为：

$$u = \frac{\frac{\mathrm{d}p}{\mathrm{d}x}(H^2 - z^2)(B^2 - y^2)}{2\mu(1 - \varphi^{2/3})(H^2 - z^2 + B^2 - y^2)} \tag{4-4-19}$$

当 $H = B$ 时，即为圆形断面，它的结果正是圆形管道断面上速度分布公式，所以本方法正确可靠。

由边界条件决定函数的形状，而微分方程确定的函数表示强度。而微分运算是改变函数的形状，所以改变后的函数其强度仍由微分方程确定的函数来描述。积分决定总量问题，所以无论由边界条件确定或方程确定的函数均参加计算。根据这个原则，$n(Y,Z)$ 不参加微分运算，而参加积分运算。

4.5　湍流矩形管道涡旋体积分数 φ 分析

矩形断面上速度分布是二元函数，形成各边的边层流厚度不同，产生的涡旋横向运动分速度也不同。因此分为 y 和 z 两个方向分别讨论其 φ 值。

4.5.1　涡旋产生频率 f

在 y 方向，壁面边层流界面上产生涡旋频率为 f_y

$$f_y = \frac{u^*_{y\bar z}}{2d_{s\bar z}} \tag{4-5-1}$$

式中，$d_{s\bar z}$ 是涡旋 $\omega_{\bar z}$ 的直径；$u^*_{y\bar z}$ 是由 $\omega_{\bar z}$ 引起的涡旋在 y 方向运动分速度。

在 z 方向，壁面边层流界面上产生涡旋频率为 f_z，

$$f_z = \frac{u^*_{zy0}}{2d_{sy0}} \tag{4-5-2}$$

式中，d_{sy0} 是涡旋 ω_{y0} 的直径；u^*_{zy0} 是由 ω_{y0} 引起的涡旋在 z 方向运动分速度。

4.5.2　粗糙分布密集型涡旋体积分数 $\boldsymbol{\varphi}$ 公式

将涡旋产生数量表达式分为 y 方向与 z 方向，

$$n_y = \frac{4v_0H}{4d^2_{s\bar z}};\quad n_z = \frac{4v_0B}{4d^2_{sy0}}$$

涡旋体积分数 φ 定义式：

$$\varphi = \varphi_y + \varphi_z = \frac{\pi(Hu^*_{y\bar z} + Bu^*_{zy0})}{48HB} \tag{4-5-3}$$

涡旋横向运动分速度表达式：由式(3-12-10)与式(3-12-11)简化为：

$$u^*_{zy0} = 3\nu t\left(\frac{\partial u}{\partial z}\right)^2 u^{-1} \tag{4-5-4}$$

$$u^*_{y\bar z} = 3\nu t\left(\frac{\partial u}{\partial y}\right)^2 u^{-1} \tag{4-5-5}$$

由于研究问题是在边层流界面上，如图 4-5-1 所示为矩形断面边层流界面示意图。结合矩形断面特点，式(4-5-4)与式(4-5-5)可写成：

$$u^*_{zy0} = 3t\nu\left(\omega_{zy0}\Big|_{\substack{y=y_B\\ z=0}}\right)^2 v_0^{-1} \tag{4-5-6}$$

$$u^*_{y\bar z} = 3t\nu\left(\omega_{y\bar z}\Big|_{\substack{y=0\\ z=z_B}}\right)^2 v_0^{-1} \tag{4-5-7}$$

$$\omega_{y\bar z}\Big|_{\substack{y=y_B\\ z=0}} = \frac{1}{2}\frac{\partial u}{\partial y} = \frac{k}{2}\frac{v_0(1-Z^2)Y}{B(1-\varphi^{2/3})\left[\left(\frac{H}{B}\right)^2(1-Z^2)+1-Y^2\right]} \tag{4-5-8}$$

$$\omega_{y\bar z}\Big|_{\substack{y=y_B\\ z=0}} = \frac{K_1v_0Y_B}{2B(1-\varphi^{2/3})\left[\left(\frac{H}{B}\right)^2+1-Y_B^2\right]} \tag{4-5-9}$$

同理

$$\omega_{zy0}\Big|_{\substack{z=z_B\\ y=0}} = \frac{K_1v_0Z_B}{2H(1-\varphi^{2/3})\left[\left(\frac{H}{B}\right)^2(1-Z_B^2)+1\right]} \tag{4-5-10}$$

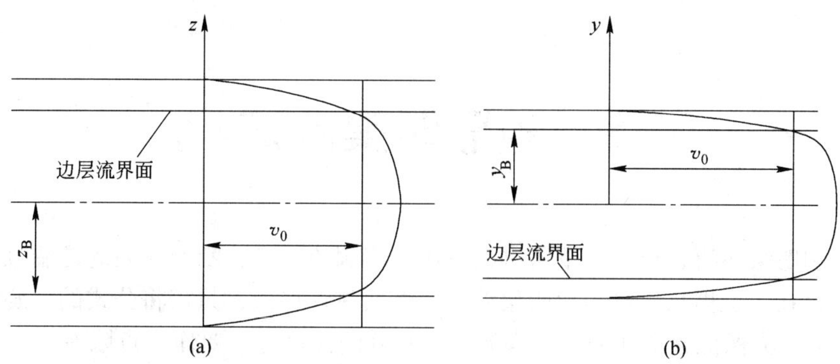

图 4-5-1 矩形断面上边层流界面示意图

(a)z 方向；(b)y 方向

由式(4-4-18)计算 Y_B 和 Z_B，令 $Y=0$，得 Z_B，

$$Z_B = \sqrt{1 - \frac{2(1-\varphi^{2/3})}{K_1 - 2(1-\varphi^{2/3})\left(\frac{H}{B}\right)^2}} \tag{4-5-11}$$

令 $U=1$，$Z=0$，得 Y_B，

$$Y_B = \sqrt{1 - \frac{2(1-\varphi^{2/3})\left(\frac{H}{B}\right)^2}{K_1 - 2(1-\varphi^{2/3})}} \tag{4-5-12}$$

5 矩形明渠湍流

这里谈的明渠湍流，与第 4 章所讲的有压管道湍流一样，断面充满的是湍流，没有理想流体运动存在。这里只讨论矩形明渠湍流，若要讨论层流，只需将公式的涡旋体积分数 φ 取为零即可。为保证整个断面均充满湍流，对其断面尺寸，要作一点限制，一种矩形是水面很宽，但水层很浅；另一种是水很深，水面很窄，如图 5-0-1 所示。

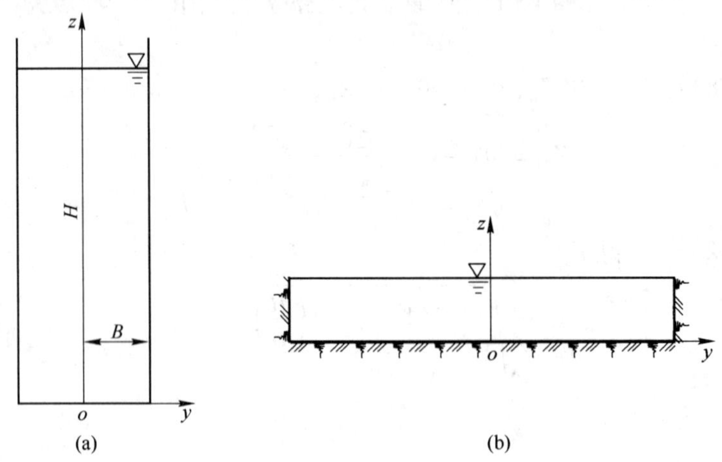

图 5-0-1　矩形明渠断面示意图

（a）水深水面窄；（b）水浅水面宽

5.1 断面速度分布

明渠湍流运动控制微分方程由式（3-18-29）结合明渠特点，应写成：

$$g\sin\alpha = (1-\varphi^{2/3})\nu\left(\frac{\partial^2 u}{\partial y^2}+\frac{\partial^2 u}{\partial z^2}\right)+6\nu t\varphi^{2/3}\left[\frac{\partial u}{\partial y}\left(\frac{\partial^2 u}{\partial y^2}\right)+\frac{\partial u}{\partial z}\left(\frac{\partial^2 u}{\partial z^2}\right)\right] \tag{5-1-1}$$

结合矩形明渠，将上式无因次化，为此令：$\frac{y}{B}=Y,\frac{z}{H}=Z,\frac{u}{u_0}=U$，并将它们代入式（5-1-1），简化为：

$$K_1 = (1-\varphi^{2/3})\left[\left(\frac{H}{B}\right)^2\frac{\partial^2 U}{\partial Y^2}+\frac{\partial^2 U}{\partial Z^2}\right]+\varphi^{2/3}\left[K_2\left(\frac{H}{B}\right)^2\frac{\partial U}{\partial Y}\left(\frac{\partial^2 U}{\partial Y^2}\right)+K_3\left(\frac{\partial U}{\partial Z}\right)\frac{\partial^2 U}{\partial Z^2}\right] \tag{5-1-2}$$

式中

$$K_1 = \frac{g\sin\alpha H^2}{\nu v_0} \tag{5-1-3}$$

$$K_2 = \frac{6v_0 t}{B} \tag{5-1-4}$$

$$K_3 = \frac{6v_0 t}{H} \tag{5-1-5}$$

边界条件分析：流体运动轨迹或形状是由边界形状而定的。渠道弯曲，水流也弯曲。矩形断面边界对流体速度分布影响如图 5-1-1 所示。由此得出边界条件为：

$$\left.\frac{\partial U}{\partial Z}\right|_{\substack{Z=1\\Y=0}} = 0 \tag{5-1-6}$$

$$\left.\frac{\partial U}{\partial Y}\right|_{\substack{Z=Zi\\Y=0}} = 0 \tag{5-1-7}$$

$$U|_{Z=0} = 0 \tag{5-1-8}$$

$$U|_{Y=0} = 0 \tag{5-1-9}$$

$$\frac{\partial^2 U}{\partial Y^2} < 0 \tag{5-1-10}$$

$$\frac{\partial^2 U}{\partial Z^2} < 0 \tag{5-1-11}$$

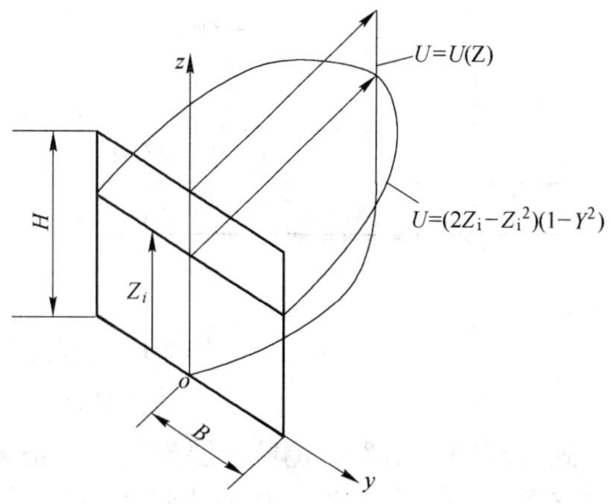

图 5-1-1　湍流矩形明渠边界影响示意图

根据边界条件，选择速度形函数为：

$$U' = U_1(Z)U_2(Y) = (2Z - Z^2)(1 - Y^2) \tag{5-1-12}$$

待定速度 U 为：

$$U = nU' = n(2Z - Z^2)(1 - Y^2) \tag{5-1-13}$$

确定参变常数 n，为此将式（5-1-13）代入式（5-1-2），整理结果为

$$K_1 = 2(1 - \varphi^{2/3})\left[\left(\frac{H}{B}\right)^2(2Z - Z^2) + (1 - Y^2)\right]n + 4\varphi^{2/3}\left[K_2\left(\frac{H}{B}\right)^2(2Z - Z^2)^2 Y + K_3(1 - Z)(1 - Y^2)^2\right]n^2 \tag{5-1-14}$$

取 n 的近似表达式

$$n = \frac{K_1}{2(1 - \varphi^{2/3})\left[\left(\frac{H}{B}\right)^2(2Z - Z^2) + (1 - Y^2)\right]} \tag{5-1-15}$$

无因次速度分布：

$$U = \frac{K_1(2Z - Z^2)(1 - Y^2)}{2(1 - \varphi^{2/3})\left[\left(\frac{H}{B}\right)^2(2Z - Z^2) + (1 - Y^2)\right]} \tag{5-1-16}$$

5.2　边层流界面位置确定

确定边层流界面位置，分侧壁与渠底两个方面，如图 5-2-1 所示。

侧壁边层流界面位置 Y_B，依式（5-1-16），令 $U=1$，$Y=Y_B$，则，

$$2(1 - \varphi^{2/3})\left[\left(\frac{H}{B}\right)^2(2Z - Z^2) + (1 - Y_B^2)\right] - K_1(2Z - Z^2)(1 - Y_B^2) = 0$$

将上式化简，解出

$$Y_B = \sqrt{\frac{\left[2(1 - \varphi^{2/3})\left(\frac{H}{B}\right)^2 - K_1\right](2Z - Z^2) + 2(1 - \varphi^{2/3})}{2(1 - \varphi^{2/3}) - K_1(2Z - Z^2)}} \tag{5-2-1}$$

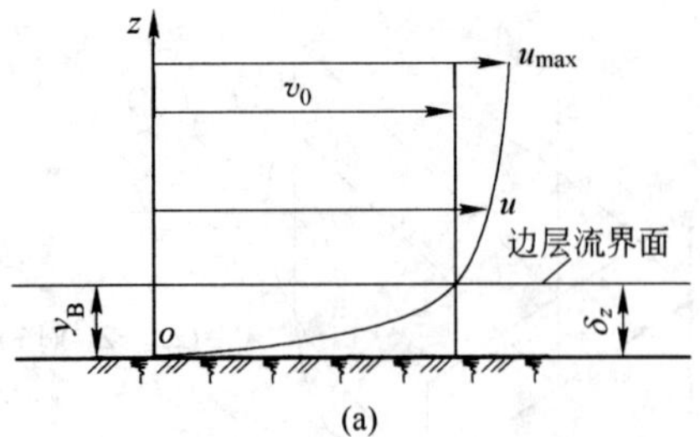

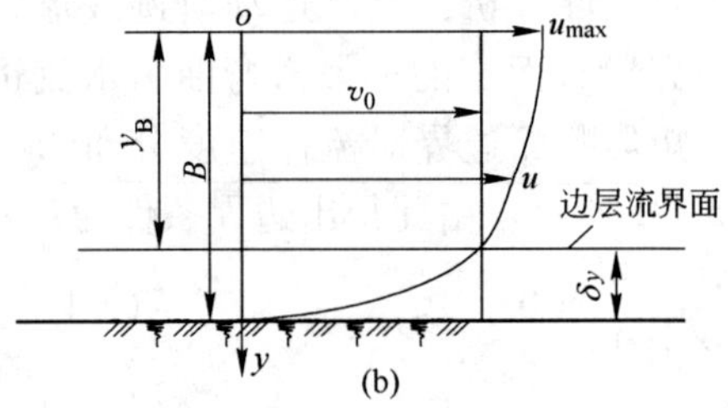

图 5-2-1　边层流位置与厚度示意图

(a) 渠底；(b) 侧壁

式（5-2-1）表明，侧壁边层流位置，是 Z 的函数，为计算当量涡旋体积分数 φ，特选择 Z 的一个代表点 Z_K。如何找到 Z_K 呢？将利用积分，

$$\int_0^1 (2Z - Z^2)\mathrm{d}Z = \frac{2}{3} \tag{5-2-2}$$

利用积分中值定理

$$(2Z_K - Z_K^2) = \frac{2}{3} \tag{5-2-3}$$

由式（5-2-3），得 $Z_K = 0.423$，将 Z_K 代入式（5-2-1），

$$Y_B = \sqrt{\frac{\left[2(1-\varphi^{2/3})\left(\frac{H}{B}\right)^2 - K_1\right]0.667 + 2(1-\varphi^{2/3})}{2(1-\varphi^{2/3}) - 0.667K_1}} \tag{5-2-4}$$

渠底边层流界面位置 Z_B，仍利用式（5-1-16），$U=1$，$Z=Z_B$，则：

$$1 = \frac{K_1(2Z_B - Z_B^2)(1-Y^2)}{2(1-\varphi^{2/3})\left[\left(\frac{H}{B}\right)^2(2Z_B - Z_B^2) + (1-Y^2)\right]}$$

展开它：

$$2(1-\varphi^{2/3})\left[\left(\frac{H}{B}\right)^2(2Z_B - Z_B^2) + (1-Y^2)\right] = K_1(2Z_B - Z_B^2)(1-Y^2)$$

$$\left[2(1-\varphi^{2/3})\left(\frac{H}{B}\right)^2 - K_1(1-Y^2)\right](2Z_B - Z_B^2) + 2(1-\varphi^{2/3})(1-Y^2) = 0$$

$$Z_B^2 - 2Z_B - \frac{2(1-\varphi^{2/3})(1-Y^2)}{2(1-\varphi^{2/3})\left(\frac{H}{B}\right)^2 - K_1(1-Y^2)} = 0$$

由上式确定 Z_B 为：

$$Z_B = \frac{2 \pm \sqrt{2^2 - 4\frac{2(1-\varphi^{2/3})(1-Y^2)}{K_1(1-Y^2) - 2(1-\varphi^{2/3})\left(\frac{H}{B}\right)^2}}}{2}$$

化简为

$$Z_B = 1 - \sqrt{1 - \frac{2(1-\varphi^{2/3})(1-Y^2)}{K_1(1-Y^2) - 2(1-\varphi^{2/3})\left(\frac{H}{B}\right)^2}} \tag{5-2-5}$$

近似解：

$$Z_B = \frac{(1-\varphi^{2/3})(1-Y^2)}{K_1(1-Y^2) - 2(1-\varphi^{2/3})\left(\frac{H}{B}\right)^2} \tag{5-2-6}$$

式（5-2-5）与式（5-2-6）中，Z_B 均是 Y 的函数，同理，找 Y 变化的一个代表点 Y_K，为此利用积分中值定理，

$$\int_0^1 (1-Y^2)\mathrm{d}Y = \frac{2}{3} \tag{5-2-7}$$

$$1(1-Y_K^2) = \frac{2}{3} \tag{5-2-8}$$

由式（5-2-8），解得 $Y_K = 0.577$，将 Y_K 代入式（5-2-5）与式（5-2-6），则，

$$Z_B = 1 - \sqrt{1 - \frac{1.334(1-\varphi^{2/3})}{K_1 \times 1.334 - 2(1-\varphi^{2/3})\left(\frac{H}{B}\right)^2}} \tag{5-2-9}$$

$$Z_B = \frac{1.334(1-\varphi^{2/3})}{1.334K_1 - 2(1-\varphi^{2/3})\left(\frac{H}{B}\right)^2} \tag{5-2-10}$$

5.3 涡旋旋转速度确定

确定侧壁边层流界面上产生涡旋的旋转速度，由式（5-1-16），计算无因次涡旋旋转速度 $\bar{\omega}$：

$$\bar{\omega}|_{Y\bar{Z}} = \frac{K_1(2Z-Z^2)Y_B}{2(1-\varphi^{2/3})\left[\left(\frac{H}{B}\right)^2(2Z-Z^2)+1-Y^2\right]}$$

$$= \frac{0.423K_1Y_B}{2(1-\varphi^{2/3})\left[0.423\left(\frac{H}{B}\right)^2+1-Y_B^2\right]} \tag{5-3-1}$$

确定渠底边界流界面上产生涡旋的旋转速度，由式（5-1-16）：

$$\bar{\omega}_{ZY0} = \frac{1}{2}\left(\frac{\partial U}{\partial Z}\right)\Bigg|_{Z=Z_B} = n(1-Z_B)(1-Y^2) = \frac{K_1(1-Z_B)(1-Y^2)}{2(1-\varphi^{2/3})\left[\left(\frac{H}{B}\right)^2(2Z_B-Z_B^2)+(1-Y^2)\right]}$$

$$= \frac{0.667K_1(1-Z_B)}{2(1-\varphi^{2/3})\left[\left(\frac{H}{B}\right)^2(2Z_B-Z_B^2)+0.667\right]} \tag{5-3-2}$$

将无因次涡旋旋转速度转为有因次涡旋旋转速度，

$$\bar{\omega}_{ZY0} = \frac{1}{2}\left(\frac{\partial U}{\partial Z}\right) = \frac{1}{2}\frac{H}{v_0}\frac{\partial U}{\partial z} = \frac{H}{v_0}\omega_{zy0} \tag{5-3-3}$$

$$\bar{\omega}|_{Y\bar{Z}} = \frac{1}{2}\frac{\partial U}{\partial Y} = \frac{1}{2}\frac{B}{v_0}\frac{\partial U}{\partial y} = \frac{B}{v_0}\omega_{y\bar{z}} \tag{5-3-4}$$

将式（5-3-4）代入式（5-3-1），则：

$$\omega\big|_{y\bar{z}} = \frac{0.423\gamma\sin\alpha\left(\frac{H}{B}\right)HY_{\mathrm{B}}}{2\mu(1-\varphi^{2/3})\left[0.423\left(\frac{H}{B}\right)^2+1-Y_{\mathrm{B}}^2\right]} \tag{5-3-5}$$

将式（5-3-3）代入式（5-3-2），

$$\omega\big|_{zy0} = \frac{0.667\gamma\sin\alpha H(1-Z_{\mathrm{B}})}{2\mu(1-\varphi^{2/3})\left[\left(\frac{H}{B}\right)^2(2Z_{\mathrm{B}}-Z_{\mathrm{B}}^2)+0.667\right]} \tag{5-3-6}$$

式（5-3-5）是侧壁边层流界面产生的涡旋旋转速度表达式，其涡旋直径为：

$$d_{\mathrm{s}y\bar{z}} = 2\sqrt{\frac{10\nu}{\omega_{y\bar{z}}\big|_{y=y_{\mathrm{B}}}}} \tag{5-3-7}$$

式（5-3-6）是渠底边层流界面上产生的涡旋旋转速度表达式，其涡旋直径为：

$$d_{\mathrm{s}zy0} = 2\sqrt{\frac{10\nu}{\omega_{zy0}\big|_{z=z_{\mathrm{B}}}}} \tag{5-3-8}$$

侧壁边层流界面上涡旋横向运动速度 $u_{y\bar{z}}^*$，由式（3-12-8）：

$$u_{y\bar{z}}^*\Big|_{\substack{y=y_{\mathrm{B}}\\ z=z_{\mathrm{K}}}} = 12t_{\mathrm{K}}\nu\left(\omega_{y\bar{z}}\Big|_{\substack{y=y_{\mathrm{B}}\\ z=z_{\mathrm{K}}}}\right)^2 v_0^{-1} \tag{5-3-9}$$

渠底边层流界面上涡旋横向运动速度 u_{zy0}^*，由式（3-12-9），结合边层流特点，简化为：

$$u_{zy0}^*\Big|_{\substack{z=z_{\mathrm{B}}\\ y=y_{\mathrm{K}}}} = 12t_{\mathrm{K}}\nu\left(\omega_{zy0}\Big|_{\substack{z=z_{\mathrm{B}}\\ y=y_{\mathrm{K}}}}\right)^2 v_0^{-1} \tag{5-3-10}$$

5.4　确定涡旋体积分数 φ 计算公式

结合矩形明渠特点，其涡旋体积分数定义为：

$$\varphi = \frac{涡旋体积}{流量} = k\frac{\frac{\pi}{6}(n_y f_y d_{\mathrm{s}y\bar{z}}^3 + n_z f_z d_{\mathrm{s}zy0}^3)}{2HBv_0} \tag{5-4-1}$$

式中，k 为实验系数，s。根据式（4-5-1）与式（4-5-2），

$$f_y = \frac{u_{y\bar{z}}^*}{2d_{y\bar{z}}}\Bigg|_{\substack{y=y_{\mathrm{B}}\\ z=z_{\mathrm{K}}}}$$

$$f_z = \frac{u_{zy0}^*}{2d_{\mathrm{s}zy0}}\Bigg|_{\substack{z=z_{\mathrm{K}}\\ y=y_{\mathrm{K}}}}$$

$$n_y = \frac{2Hv_0}{\pi d_{\mathrm{s}y\bar{z}}^2} \tag{5-4-2}$$

$$n_z = \frac{2Bv_0}{\pi d_{\mathrm{s}zy0}^2} \tag{5-4-3}$$

将 f_y,f_z,n_y 和 n_z 代入式（5-4-1），

$$\varphi = k \frac{\left(Hu_{\bar{yz}}^{*} \Big|_{\substack{y=y_B \\ z=z_K}} + Bu_{zy0}^{*} \Big|_{\substack{z=z_B \\ y=y_K}} \right)}{6HB} \tag{5-4-4}$$

式中，k 为实验系数，s。将式（5-3-9）与式（5-3-10）代入式（5-4-4），

$$\varphi = \frac{12t_K\nu\left[(\omega_{\bar{yz}} \Big|_{\substack{y=y_B \\ z=z_K}})^2 H + (\omega_{zy0} \Big|_{\substack{z=z_B \\ y=y_K}})^2 B \right]}{6HBv_0} \tag{5-4-5}$$

式（5-4-5）就是矩形湍流明渠涡旋体积分数 φ 的定义公式。

6 平板近壁流

一提平板近壁流，定会想到附面层，它是研究一维流动二维变化；而近壁流是研究一维流动一维变化。附面层研究的尺寸比较小，如以平板层流附面层的厚度 δ 为例，其公式为：

$$\delta \approx 5.0 \frac{\chi}{\sqrt{Re}}$$

当 χ 很长，则 δ 也很大，则失去薄层的意义。附面层湍流问题至今未得到合理的解决，而平板近壁，无论层流还是湍流，均能得到较好的解决。附面层与近壁流共同的特点是在流场中均存在着理想流体运动区。

本章研究的问题，是有压管道直径很大，壁面影响达不到管轴线的情况。也就是说，边层流界面产生的涡旋在未达到管轴线之前就消失了，使得管中心附近存在着理想流体运动区。在明渠水很深、水面很宽的情况下，渠底和侧壁边层流界面上产生的涡旋均未达到中心及水面，使得明渠近水面附近存在着理想流体运动区。这样，整个流场分为理想流体运动区与实际流体运动区，将实际流体运动区称之为近壁流。

第 4 章有压管道与第 5 章明渠的研究，其前提是整个断面流体运动均为实际流体，不存在理想流体，所以也就没有近壁流的提法。在那里，研究的管道与明渠都是充分发展的，没有进口段问题。同样这章讨论的问题，也是流动充分发展的情况，不涉及进口段问题。

6.1 平板近壁流流态判别准数

雷诺数 Re 是判别实际流体运动是层流还是湍流的准数。近壁流是实际流体运动，当然可用雷诺数判别其流态。具体判别公式介绍如下。

对于矩形明渠、梯形明渠和大直径管道，它们近壁流态判别准数均可用：

$$Re = \frac{v'_0 R}{\nu} \tag{6-1-1}$$

式中，v'_0 为近壁流层的断面平均速度；R 为水力半径。

梯形明渠、矩形明渠和管道三种情况（如图 6-1-1 所示）下的近壁流水力半径均为 R，根据水力半径定义：

$$R = \frac{A}{\chi} \tag{6-1-2}$$

式中，A 为实际流体通过断面的面积；χ 为实际流体固体接触的周长。

对圆形管道：

$$R = \frac{\delta \pi D}{\pi D} = \delta \tag{6-1-3}$$

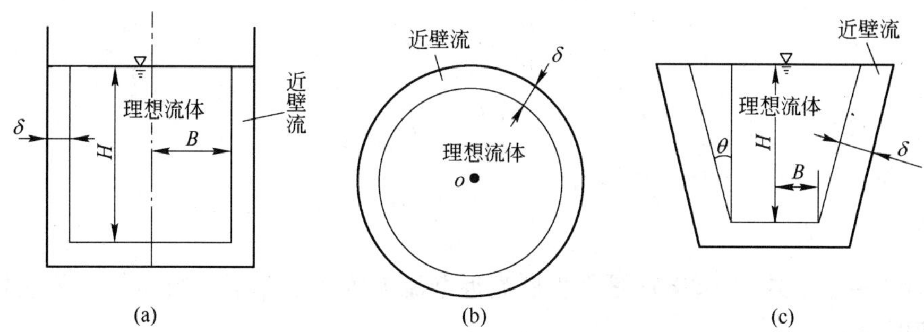

图 6-1-1　平板近壁流示意图
（a）矩形明渠；（b）圆管；（c）梯形明渠

对矩形明渠：

$$R = \frac{\delta(H + B)}{H + B + \delta} \tag{6-1-4}$$

对梯形明渠：

$$R = \frac{2\delta H\sqrt{1 + \tan^2\theta} + \delta(2B + \delta\cot\theta)}{2\delta(\delta\cot\theta + B + H\sqrt{1 + \tan^2\theta})} \tag{6-1-5}$$

综上所述，三种平板近壁，其层流与湍流判别条件为：

$$\frac{v'_0 R}{\nu} > 580, 湍流 \tag{6-1-6}$$

$$\frac{v'_0 R}{\nu} < 580, 层流 \tag{6-1-7}$$

6.2　明渠层流近壁流

只要明渠流动为层流，无论是渠底还是侧壁，其近壁流层流控制微分方程相同。如图 6-2-1 所示为近壁流情况。

$$g\sin\alpha = \nu \frac{\mathrm{d}^2 u}{\mathrm{d}z^2} \tag{6-2-1}$$

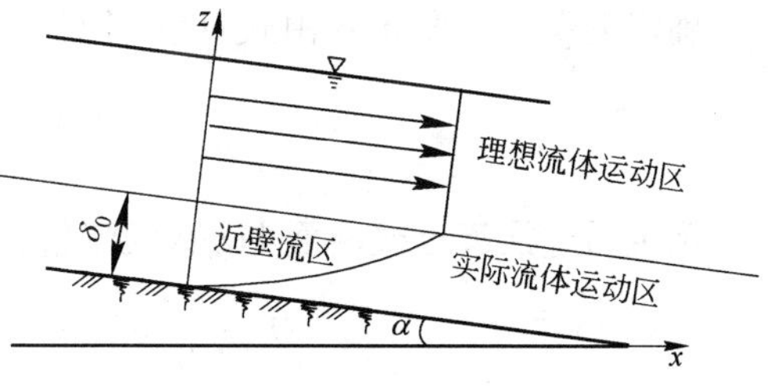

图 6-2-1　近壁层流区示意图

边界条件：

$$u\big|_{z=0} = 0 \tag{6-2-2}$$

$$\left.\frac{\mathrm{d}u}{\mathrm{d}z}\right|_{z=\delta^0} = 0 \tag{6-2-3}$$

这是一组有未知边界条件式（6-2-3）的特殊二阶线性常微分方程。用一般方法无法求解它。为此，从无因次分析入手，运用“逆算法”求解之。令：$\frac{z}{\delta} = Z$；$\frac{u}{u_0} = U$，将它们代入方程组后，得：

$$K = \frac{\mathrm{d}^2 U}{\mathrm{d}Z^2} \tag{6-2-4}$$

$$U\big|_{Z=0} = 0 \tag{6-2-5}$$

$$\left.\frac{\mathrm{d}U}{\mathrm{d}Z}\right|_{Z=1}=0 \tag{6-2-6}$$

$$\frac{\mathrm{d}^2 U}{\mathrm{d}Z^2}<0 \tag{6-2-7}$$

式中

$$K=\frac{g\sin\alpha\delta_0^2}{\nu u_0} \tag{6-2-8}$$

式（6-2-4）~式（6-2-8）是平板层流近壁流无因次控制运动方程组。依它们可确定其断面速度分布。

选形函数：

$$U'=2Z-Z^2 \tag{6-2-9}$$

写出待定函数：

$$U=nU'=n(2Z-Z^2) \tag{6-2-10}$$

将式（6-2-10）代入式（6-2-4），确定其参变常数 n：

$$n=\frac{g\sin\alpha(2Z-Z^2)}{2\nu u_0} \tag{6-2-11}$$

将式（6-2-11）代入式（6-2-10），得无因次速度分布：

$$U=\frac{g\sin\alpha\delta_0^2}{2\nu u_0}(2Z-Z^2) \tag{6-2-12}$$

有因次速度分布：

$$u=\frac{g\sin\alpha}{2\nu}(2\delta_0 Z-Z^2) \tag{6-2-13}$$

确定近壁流厚度 δ_0：由式（6-2-12），当 $Y=1$ 时，$U=1$，则得：

$$\delta_0=\sqrt{\frac{2\nu u_0}{g\sin\alpha}} \tag{6-2-14}$$

确定通过层流近壁断面 1m 宽的流量：

$$Q=\int_0^{\delta_0}u\mathrm{d}z=\int_0^{\delta_0}\frac{g\sin\alpha}{2\nu}(2\delta_0 z-z^2)\mathrm{d}z$$

$$=\frac{g\sin\alpha}{2\nu}\left(\delta_0^3-\frac{\delta_0^3}{3}\right)=\frac{g\sin\alpha\delta_0^3}{3\nu} \tag{6-2-15}$$

确定近壁流断面平均速度：

$$v'_0=\frac{Q}{\delta_0}=\frac{g\sin\alpha\delta_0^2}{3\nu} \tag{6-2-16}$$

确定近壁流内边层流界面位置 z_B：将 v'_0 代入式（6-2-13），

$$\frac{g\sin\alpha\delta_0^2}{3\nu}=\frac{g\sin\alpha}{2\nu}(2\delta_0 z_B-z_B^2)$$

$$\frac{2}{3}\delta_0^2=2\delta_0 z_B-z_B^2$$

$$z_B^2-2\delta_0 z_B+\frac{2}{3}\delta_0^2=0$$

$$z_B = \frac{2\delta_0 \pm \sqrt{(2\delta_0)^2 - 4 \times \frac{2}{3}\delta_0^2}}{2}$$

$$z_B = \delta_0\left(1 \pm \sqrt{\frac{1}{3}}\right) = \delta_0(1 - 0.577)$$

$$z_B = 0.423\delta_0 \qquad (6\text{-}2\text{-}17)$$

将式（6-2-14）代入式（6-2-17）

$$z_B = 0.423\sqrt{\frac{2\nu u_0}{g\sin\alpha}} \qquad (6\text{-}2\text{-}18)$$

式（6-2-18）与式（6-2-17）说明，知道近壁流厚度，就可以知道边层流的位置，即边层流厚度。而近壁流厚度 δ_0 是可以计算出来的，如图 6-2-2 所示。

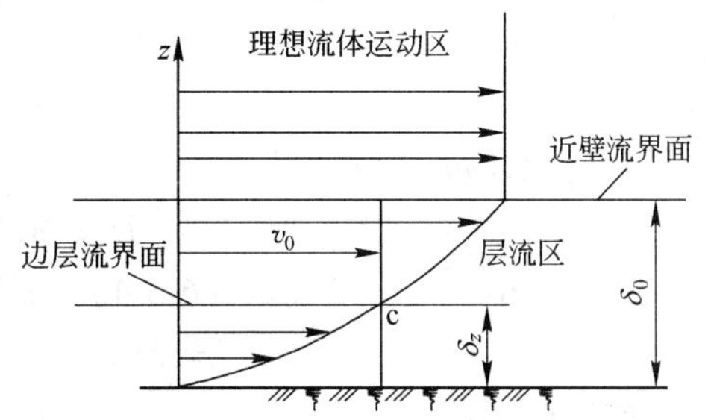

图 6-2-2　近壁流中边层流示意图

6.3　明渠湍流近壁流

明渠湍流近壁流如图 6-3-1 所示，其控制微分方程可由式（3-18-29），结合其流动情况，简化为

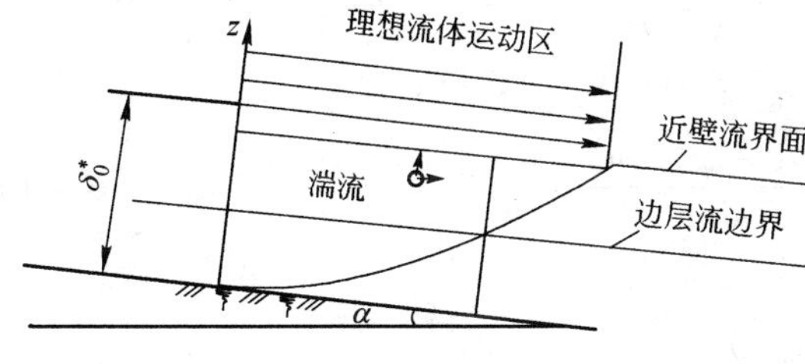

图 6-3-1　明渠湍流近壁流示意图

$$g\sin\alpha = \nu(1 - \varphi^{2/3})\frac{d^2u}{dz^2} + \varphi^{2/3}6\nu t\left(\frac{du}{dz}\right)\frac{d^2u}{dz^2} \qquad (6\text{-}3\text{-}1)$$

边界条件：

$$u|_{z=0} = 0 \qquad (6\text{-}3\text{-}2)$$

$$\left.\frac{du}{dz}\right|_{z=\delta_0^*} = 0 \qquad (6\text{-}3\text{-}3)$$

将方程组无因次化，令：

$$\frac{u}{u_0} = U;\ \frac{z}{\delta_0^*} = Z$$

式中，u_0 为明渠理想流体 x 方向速度；δ_0^* 为明渠湍流近壁流厚度。

$$K_1 = \left[(1 - \varphi^{2/3}) + K_2\varphi^{2/3}\frac{dU}{dZ}\right]\frac{d^2U}{dZ^2} \qquad (6\text{-}3\text{-}4)$$

边界条件：

$$U|_{Z=0} = 0 \qquad (6\text{-}3\text{-}5)$$

$$\left.\frac{dU}{dZ}\right|_{Z=1} = 0 \qquad (6\text{-}3\text{-}6)$$

式中

$$K_1 = \frac{g\sin\alpha\delta_0^{*2}}{\nu u_0} \qquad (6\text{-}3\text{-}7)$$

$$K_2 = \frac{6tu_0}{\delta_0^*} \qquad (6\text{-}3\text{-}8)$$

式（6-3-4）~式（6-3-6）是一组明渠近壁湍流运动控制方程，它是非线性二阶常微分方程。

由此，确定近壁湍流断面速度分布：根据图6-3-1明渠近壁湍流速度分布的特点，选形函数 U' 为：

$$U' = 2Z - Z^2 \tag{6-3-9}$$

则所求函数 U 为：

$$U = nU' = n(2Z - Z^2) \tag{6-3-10}$$

将式（6-3-10）代入式（6-3-4），整理为：

$$K_1 = 2(1-\varphi^{2/3})n + 4\varphi^{2/3}K_2(1-Z)n^2 \tag{6-3-11}$$

取近似解：

$$n = \frac{K_1}{2(1-\varphi^{2/3})} \tag{6-3-12}$$

将式（6-3-12）代入式（6-3-10），得

$$U = \frac{K_1(2Z - Z^2)}{2(1-\varphi^{2/3})} \tag{6-3-13}$$

将无因次速度转化为有因次速度：

$$u = \frac{\gamma\sin\alpha(2\delta_0^* z - z^2)}{2\mu(1-\varphi^{2/3})} \tag{6-3-14}$$

确定近壁流厚度 δ_0^*：当 $u = u_0$，$z = \delta_0^*$ 代入式（6-3-14），则：

$$\delta_0^* = \sqrt{\frac{2\mu(1-\varphi^{2/3})u_0}{\gamma\sin\alpha}} \tag{6-3-15}$$

确定近壁流区通过的流量 Q：

$$Q = \int_0^{\delta_0^*} \frac{\gamma\sin\alpha(2\delta_0^* z - z^2)}{2\mu(1-\varphi^{2/3})}\mathrm{d}z = \frac{\gamma\sin\alpha\delta_0^{*3}}{3\mu(1-\varphi^{2/3})} \tag{6-3-16}$$

确定近壁流断面平均速度 v_0^*：

$$v_0^* = \frac{\gamma\sin\alpha\delta_0^{*3}}{\delta_0^* 3\mu(1-\varphi^{2/3})} = \frac{\gamma\sin\alpha\delta_0^{*2}}{3\mu(1-\varphi^{2/3})} \tag{6-3-17}$$

确定平均速度 v_0^* 与理想流体速度 u_0 的关系：

$$v_0^* = \frac{\gamma\sin\alpha\delta_0^{*2}}{3\mu(1-\varphi^{2/3})} = \frac{\gamma\sin\alpha}{3\mu(1-\varphi^{2/3})}\frac{2\mu(1-\varphi^{2/3})u_0}{\gamma\sin\alpha} = \frac{2}{3}u_0 \tag{6-3-18}$$

确定边层流界面位置：将式（6-3-18）代入式（6-3-14），得

$$\frac{2}{3}u_0 = \frac{\gamma\sin\alpha(2\delta_0^* z_B - z_B^2)}{2\mu(1-\varphi^{2/3})}$$

将式（6-3-15）代入上式并化简得：

$$z_B^2 - 2\sqrt{\frac{2\mu(1-\varphi^{2/3})u_0}{\gamma\sin\alpha}}z_B + \frac{\frac{4}{3}\mu u_0(1-\varphi^{2/3})}{\gamma\sin\alpha} = 0$$

取其近似解为：

$$z_B = \frac{2}{3}\sqrt{\frac{\mu u_0(1-\varphi^{2/3})}{2\gamma\sin\alpha}} \tag{6-3-19}$$

式（6-3-19）就是明渠近壁湍流时，其中边层流界面位置 z_B。

确定明渠近壁湍流边层流界面上产生的涡旋旋转速度与大小：根据涡旋定义式，利用式（6-3-14）

$$\omega_{g0}\Big|_{z=z_B} = \frac{1}{2}\frac{\partial u}{\partial z}\Big|_{z=z_B} = \frac{1}{2}\left\{\frac{\gamma\sin\alpha(2\delta_0^* - 2z_B)}{2\mu(1-\varphi^{2/3})}\right\} = \frac{\gamma\sin\alpha}{2\mu(1-\varphi^{2/3})}(\delta_0^* - z_B)$$

$$= \frac{\gamma\sin\alpha}{2\mu(1-\varphi^{2/3})}\left[\sqrt{\frac{2\mu(1-\varphi^{2/3})u_0}{\gamma\sin\alpha}} - \frac{2}{3}\sqrt{\frac{\mu u_0(1-\varphi^{2/3})}{2\gamma\sin\alpha}}\right]$$

$$= \frac{\sqrt{2}}{3}\sqrt{\frac{\gamma\sin\alpha u_0}{\mu(1-\varphi^{2/3})}} \tag{6-3-20}$$

涡旋直径 d_s：

$$d_s\big|_{z=z_B} = 2\sqrt{\frac{10\nu}{\omega\big|_{z=z_B}}} = 2\left\{\frac{30\nu[\mu(1-\varphi^{2/3})]^{\frac{1}{2}}}{\sqrt{2}(\gamma\sin\alpha)^{\frac{1}{2}}}\right\}^{\frac{1}{2}} \tag{6-3-21}$$

确定涡旋在近壁湍流内边层流界面上涡旋横向运动分速度 $u^*\big|_{z=z_B}$，由式（4-5-4），将式（6-3-20）与式（6-3-18）代入式（4-5-4），

$$u_{zy0}^*\big|_{z=z_B} = 3\nu t_K\left[\frac{2}{3}\sqrt{\frac{\gamma\sin\alpha u_0}{\mu(1-\varphi^{2/3})}}\right]^2 v_0^{*-1} = 2\nu t_K\frac{\gamma\sin\alpha}{\mu(1-\varphi^{2/3})} \tag{6-3-22}$$

式中，ν 为流体运动黏性系数；γ 为流体重度；μ 为流体动力黏度：t_K 为准定常流时间。

确定明渠近壁湍流涡旋体积分数 φ：依据涡旋体积分数定义，结合近壁流湍流特点，其表达式为：

$$\varphi = \frac{\text{涡旋体积}}{\text{流量}} = k\frac{nf\frac{\pi}{6}d_s^3}{\delta_0^*\cdot v_0^*} \tag{6-3-23}$$

式中，k 为实验系数，s；f 是涡旋产生频率，可由式（4-2-1）计算；n 按第 4.2 节规定，结合现在情况：

$$n = \frac{v_0^*}{4d_s^2} \tag{6-3-24}$$

将 f 和 n 均代入式（6-3-23），则：

$$\varphi = k\frac{\pi u_{zy0}^*\big|_{z=z_B}}{48\delta_0^*} \tag{6-3-25}$$

将式（6-3-22）与式（6-3-15）代入上式

$$\varphi = k\frac{\pi\nu t_K\gamma\sin\alpha}{36\delta_0^*\mu(1-\varphi^{2/3})} = k\frac{\pi\nu t_K\gamma\sin\alpha}{36\mu(1-\varphi^{2/3})}\sqrt{\frac{\gamma\sin\alpha}{2\mu(1-\varphi^{2/3})u_0}}$$

$$= k\frac{\pi\nu t_K}{50.91\sqrt{u_0}}\left[\frac{\gamma\sin\alpha}{\mu(1-\varphi^{2/3})}\right]^{3/2} \tag{6-3-26}$$

6.4 有压管道平板近壁层流运动

这里讨论的问题，对圆形或矩形（即非圆形）管道均适用。如图 6-4-1 所示为平板近壁层流情况，其运动控制微分方程，由式（3-18-29）结合它的情况，为：

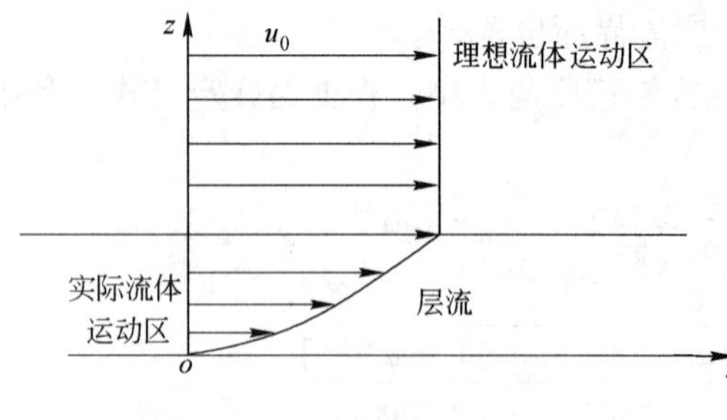

图 6-4-1 平板近壁层流示意图

$$\frac{1}{\rho}\frac{\mathrm{d}p}{\mathrm{d}x} = \nu\frac{\mathrm{d}^2 u}{\mathrm{d}z^2} \tag{6-4-1}$$

$$u\big|_{z=0} = 0 \tag{6-4-2}$$

$$\left.\frac{\mathrm{d}u}{\mathrm{d}z}\right|_{z=\delta^0} = 0 \tag{6-4-3}$$

将式（6-4-1）~式（6-4-3）各式无因次化，为此取：$\frac{z}{\delta^0} = Z$；$\frac{u}{u_0} = U$，将它们代入方程组得：

$$K_1 = \frac{\mathrm{d}^2 U}{\mathrm{d}Z^2} \tag{6-4-4}$$

$$K_1 = \frac{1}{\mu}\frac{\mathrm{d}p}{\mathrm{d}x}\frac{\delta_0^2}{u_0} \tag{6-4-5}$$

$$U\big|_{Z=0} = 0 \tag{6-4-6}$$

$$\left.\frac{\mathrm{d}U}{\mathrm{d}Z}\right|_{Z=1} = 0 \tag{6-4-7}$$

$$\frac{\mathrm{d}^2 U}{\mathrm{d}Z^2} < 0 \tag{6-4-8}$$

根据图 6-4-1 所示及边界条件，选形函数 U' 为

$$U' = 2Z - Z^2 \tag{6-4-9}$$

待定函数

$$U = n(2Z - Z^2) \tag{6-4-10}$$

将式（6-4-10）代入式（6-4-4），得

$$n = \frac{1}{2\mu}\frac{\mathrm{d}p}{\mathrm{d}x}\frac{\delta_0^2}{u_0} \tag{6-4-11}$$

将式（6-4-11）代入式（6-4-10）

$$U = \frac{1}{2\mu}\frac{\mathrm{d}p}{\mathrm{d}x}\frac{\delta_0^2}{u_0}(2Z - Z^2) \tag{6-4-12}$$

将上式转化为有因次速度分布：

$$u = \frac{1}{2\mu}\frac{\mathrm{d}p}{\mathrm{d}x}(2\delta_0 z - z^2) \tag{6-4-13}$$

确定近壁流厚度 δ_0：令式（6-4-13）中 $u = u_0$，则：

$$\delta_0 = \sqrt{\frac{2\mu u_0}{\frac{\mathrm{d}p}{\mathrm{d}x}}} \tag{6-4-14}$$

确定近壁 1m 宽所通过的流量 q：

$$q = \int_0^{\delta_0} u\,\mathrm{d}z = \frac{1}{2\mu}\frac{\mathrm{d}p}{\mathrm{d}x}\int_0^{\delta_0}(2\delta_0 z - z^2)\,\mathrm{d}z = \frac{1}{2\mu}\frac{\mathrm{d}p}{\mathrm{d}x}\left(\delta_0^3 - \frac{\delta_0^3}{3}\right) = \frac{1}{3\mu}\frac{\mathrm{d}p}{\mathrm{d}x}\delta_0^3 \tag{6-4-15}$$

确定近壁流断面平均速度 v'_0，

$$v'_0 = \frac{q}{\delta^0} = \frac{1}{3\mu}\frac{\mathrm{d}p}{\mathrm{d}x}\delta_0^2 \tag{6-4-16}$$

确定近壁流内边层流界面位置 z_B：将式（6-4-16）代入式（6-4-13），即 $v'_0 = u$，有：

$$\frac{1}{3\mu}\frac{\mathrm{d}p}{\mathrm{d}x}\delta_0^2 = (2\delta_0 z_B - z_B^2)$$

$$z_B^2 - 2\delta z_B + \frac{1}{3\mu}\frac{\mathrm{d}p}{\mathrm{d}x}\delta_0^2 = 0 \tag{6-4-17}$$

解得

$$z_B = 0.183\delta_0 \tag{6-4-18}$$

6.5 有压管道近壁湍流运动

有压管道平板近壁湍流运动如图 6-5-1 所示，其运动控制微分方程由式（3-18-29）结合图 6-5-1 和边界条件，简化为：

$$\frac{1}{\rho}\frac{\mathrm{d}p}{\mathrm{d}x} = \nu(1 - \varphi^{2/3}) + \varphi^{2/3}6\nu t\left(\frac{\mathrm{d}u}{\mathrm{d}z}\right)\frac{\mathrm{d}^2 u}{\mathrm{d}z^2} \tag{6-5-1}$$

$$u\big|_{z=0} = 0 \tag{6-5-2}$$

$$\left.\frac{\mathrm{d}u}{\mathrm{d}z}\right|_{z=\delta_0^*} = 0 \tag{6-5-3}$$

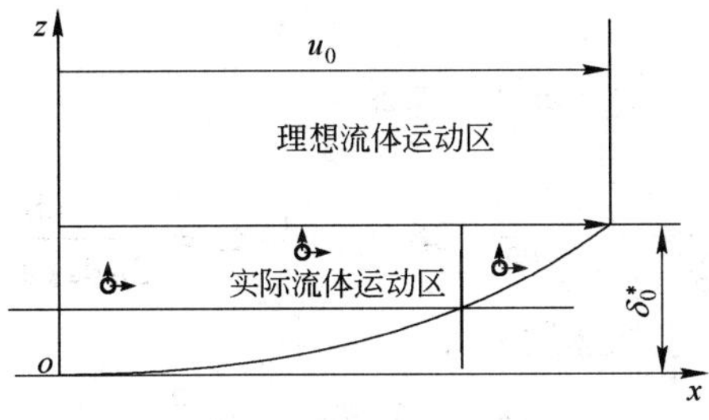

图 6-5-1 有压管道平板近壁湍流

将式（6-5-1）~式（6-5-3）无因次化，为此，取 $\frac{z}{\delta_0^*} = Z$；$\frac{u}{u_0} = U$，将其代入式（6-5-1），得：

$$K_1 = (1 - \varphi^{2/3})\frac{\mathrm{d}^2 U}{\mathrm{d}Z} + K_2\varphi^{2/3}\frac{\mathrm{d}U}{\mathrm{d}Z}\left(\frac{\mathrm{d}^2 U}{\mathrm{d}Z^2}\right) \tag{6-5-4}$$

$$U\big|_{Z=0} = 0 \tag{6-5-5}$$

$$\left.\frac{\mathrm{d}U}{\mathrm{d}Z}\right|_{Z=1} = 0 \tag{6-5-6}$$

式中

$$K_1 = \frac{1}{\mu}\frac{\mathrm{d}p}{\mathrm{d}x}\frac{\delta_0^{*2}}{u_0} \tag{6-5-7}$$

$$K_2 = \frac{6tu_0}{\delta_0^*} \tag{6-5-8}$$

结合图 6-5-1 和边界条件，选形函数 U' 为

$$U' = 2Z - Z^2 \tag{6-5-9}$$

待定函数 U 为：

$$U = n(2Z - Z^2) \tag{6-5-10}$$

将式（6-5-10）代入式（6-5-4），有：

$$K_1 = 2(1-\varphi^{2/3})n + \varphi\varphi^{2/3}K_2(1-Z)n^2 \tag{6-5-11}$$

取近似

$$n = \frac{K_1}{2(1-\varphi^{2/3})} = \frac{\frac{\mathrm{d}p}{\mathrm{d}x}\delta_0^{*2}}{2\mu(1-\varphi^{2/3})u_0} \tag{6-5-12}$$

则

$$U = \frac{\delta_0^{*2}}{2\mu(1-\varphi^{2/3})}\frac{\mathrm{d}p}{\mathrm{d}x}(2Z - Z^2)\frac{1}{u_0} \tag{6-5-13}$$

有因次速度分布：

$$u = \frac{\frac{\mathrm{d}p}{\mathrm{d}x}}{2\mu(1-\varphi^{2/3})}(2\delta_0^* z - z^2) \tag{6-5-14}$$

确定近壁流厚度 δ_0^*，为此将 $u = v_0^*, z = z_B$ 代入上式：

$$\delta_0^* = \sqrt{\frac{2\mu u_0(1-\varphi^{2/3})}{\frac{\mathrm{d}p}{\mathrm{d}x}}} \tag{6-5-15}$$

确定近壁流在 1m 宽断面上所通过的流量 q，

$$q = \int_0^{\delta_0^*}\frac{\frac{\mathrm{d}p}{\mathrm{d}x}}{2\mu(1-\varphi^{2/3})}(2\delta_0^* z - z^2)\mathrm{d}z = \frac{\mathrm{d}p\delta_0^{*3}}{3\mu\mathrm{d}x(1-\varphi^{2/3})} \tag{6-5-16}$$

确定近壁流通过的断面平均速度 v_0^*，

$$v_0^* = \frac{q}{\delta^*} = \frac{1}{3}\frac{\mathrm{d}p}{\mathrm{d}x}\frac{\delta_0^{*2}}{\mu(1-\varphi^{2/3})} \tag{6-5-17}$$

确定理想流体速度与平均速度关系：将式（6-5-15）代入上式：

$$v_0^* = \frac{2}{3}u_0 \tag{6-5-18}$$

确定近壁流边层流位置 z_B：为此将式（6-5-15）代入式（6-5-14），并令 $u = v_0^*$，则：

$$\frac{2\mu v_0^*(1-\varphi^{2/3})}{\frac{\mathrm{d}p}{\mathrm{d}x}} = 2\sqrt{\frac{2\mu u_0(1-\varphi^{2/3})}{\frac{\mathrm{d}p}{\mathrm{d}x}}}\,z_B - z_B^2 \tag{6-5-19}$$

将式（6-5-18）代入式（6-5-19）

$$\frac{4}{3}\frac{\mu u_0(1-\varphi^{2/3})}{\frac{\mathrm{d}p}{\mathrm{d}x}} = 2\sqrt{\frac{2\mu u_0(1-\varphi^{2/3})}{\frac{\mathrm{d}p}{\mathrm{d}x}}}\,z_B - z_B^2 \tag{6-5-20}$$

解得

$$z_B = 0.423\sqrt{\frac{2\mu u_0(1-\varphi^{2/3})}{\frac{\mathrm{d}p}{\mathrm{d}x}}} \tag{6-5-21}$$

将式（6-5-15）代入式（6-5-21）

$$z_{\mathrm{B}} = 0.423\delta_0^* \tag{6-5-22}$$

确定边层流界面上产生的涡旋旋转速度及大小：

$$\omega\big|_{z=z_{\mathrm{B}}} = \frac{1}{2}\frac{\partial u}{\partial z} = \frac{\dfrac{\mathrm{d}p}{\mathrm{d}x}}{2\mu(1-\varphi^{2/3})}(\delta_0^* - z_{\mathrm{B}}) \tag{6-5-23}$$

将式（6-5-22）代入式（6-5-23）

$$\omega\big|_{z=z_{\mathrm{B}}} = \frac{\mathrm{d}p}{\mathrm{d}x}\left[\frac{0.577\delta_0^*}{2\mu(1-\varphi^{2/3})}\right] \tag{6-5-24}$$

将式（6-5-15）代入式（6-5-24），

$$\omega\big|_{z=z_{\mathrm{B}}} = 0.204\sqrt{\frac{\dfrac{\mathrm{d}p}{\mathrm{d}x}u_0}{\mu(1-\varphi^{2/3})}} \tag{6-5-25}$$

涡旋直径

$$d_{\mathrm{s}} = 2\sqrt{\frac{10\nu}{\omega\big|_{z=z_{\mathrm{B}}}}} = 14\sqrt{\frac{\nu\mu(1-\varphi^{2/3})}{\dfrac{\mathrm{d}p}{\mathrm{d}x}u_0}} \tag{6-5-26}$$

确定近壁流内边层流界面上涡旋横向运动速度 u_{zy0}^*，由式（4-5-4），并将式（6-5-15），式（6-5-18）和式（6-5-22）先后代入，则：

$$u_{zy0}^*\big|_{z=z_{\mathrm{B}}} = 3\nu t\left(\frac{\partial u}{\partial z}\right)^2 u^{-1} = 3\nu t\left[\frac{\dfrac{\mathrm{d}p}{\mathrm{d}x}(\delta_0^* - z_{\mathrm{B}})}{\mu(1-\varphi^{2/3})}\right]^2 v_0^{*-1}$$

$$= \frac{3^2(0.577)^2}{2u_0}\left[\frac{\dfrac{\mathrm{d}p}{\mathrm{d}x}}{\mu(1-\varphi^{2/3})}\right]^2 \delta_0^{*2}\nu t$$

$$= \frac{2.996\nu t}{\mu(1-\varphi^{2/3})}\frac{\mathrm{d}p}{\mathrm{d}x} \tag{6-5-27}$$

确定近壁流涡旋体积分数 φ，将式（6-5-27）代入式（6-3-25）

$$\varphi = k\frac{2.996\pi\nu t}{48\delta_0^*\mu(1-\varphi^{2/3})}\frac{\mathrm{d}p}{\mathrm{d}x} \tag{6-5-28}$$

将式（6-5-15）代入上式：

$$\varphi = k\frac{2.996\pi\nu t}{1.414\times 48\sqrt{u_0}}\left[\frac{\dfrac{\mathrm{d}p}{\mathrm{d}x}}{\mu(1-\varphi^{2/3})}\right]^{\frac{3}{2}} \tag{6-5-29}$$

7　不可压缩流体管道进口段

在定常流时，忽略质量力条件下，研究层流与湍流在圆形与矩形管道进口段中的运动情况。

7.1　层流圆形管道进口段

坐标系及原点的选定如图 7-1-1 所示。

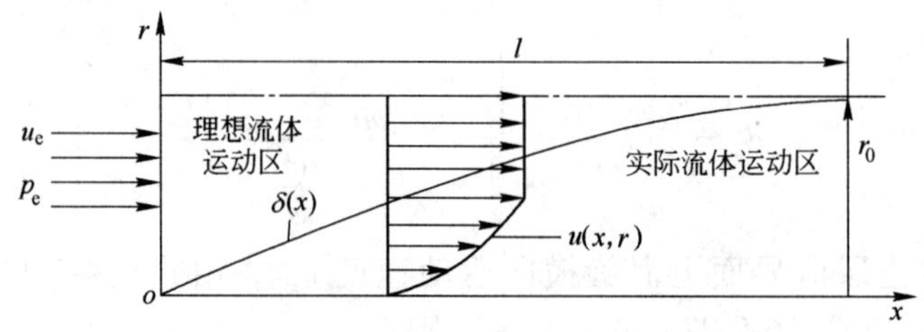

图 7-1-1　层流不可压缩圆管进口段示意图

7.1.1　运动控制方程与边界条件

由式(3-16-11)，结合所讨论的问题，可得：

$$u\frac{\partial u}{\partial x} = -\frac{1}{\rho}\frac{\partial p}{\partial x} + \nu\left(\frac{\partial^2 u}{\partial x^2} + \frac{\partial^2 u}{\partial r^2}\right) \tag{7-1-1}$$

$$u(x,r)\big|_{\substack{x=0\\r=0}} = u_e \tag{7-1-2}$$

$$u(x,r)\big|_{r=\delta(x)} = u(x) \tag{7-1-3}$$

$$u(x,r)\big|_{\substack{r=r_0\\x=l}} = u_{max} \tag{7-1-4}$$

$$\left.\frac{\partial u(x,r)}{\partial r}\right|_{r=\delta(x)} = 0 \tag{7-1-5}$$

$$\frac{\partial^2 u(x,r)}{\partial r^2} < 0 \tag{7-1-6}$$

$$p(x,r)\big|_{x=0} = p_e \tag{7-1-7}$$

将方程与边界条件无因次化，为此取：

$$\frac{u}{u_e} = U;\quad \frac{r}{\delta(x)} = R;\quad \frac{x}{r_0} = X;\quad \frac{\nu}{\nu_e} = \nu_0$$

$$\frac{\rho}{\rho_e} = \rho_0;\quad \frac{p}{p_e} = p_0$$

式中，u_e 为管道进口处速度；$\delta(x)$ 为实际流体与理想流体分界线；r_0 为管道半径；p_e 为管道进口处流体压力；ν_e 为管道进口处流体运动黏度。

将以上比值代入式(7-1-1)，进行整理后，得

$$ReU\frac{\partial U}{\partial X} = -K_1\frac{\partial p_0}{\rho_0 \partial X} + \nu_0\left[\frac{\partial^2 U}{\partial X^2} + \left(\frac{r_0}{\delta(x)}\right)^2\frac{\partial^2 U}{\partial R^2}\right] \tag{7-1-8}$$

式中

$$Re = \frac{u_e r_0}{\nu_e} \tag{7-1-9}$$

$$K_1 = \frac{p_e r_0}{\rho_e \nu_e u_e} \tag{7-1-10}$$

$$U(X,R)\Big|_{\substack{X=0\\R=0}} = 1 \tag{7-1-11}$$

$$U(X,R)\Big|_{R=1} = U(X) \tag{7-1-12}$$

$$U(X,R)\Big|_{\substack{R=1\\X=L}} = U_{\max} \tag{7-1-13}$$

$$\frac{\partial U(X,R)}{\partial R}\Bigg|_{R=1} = 0 \tag{7-1-14}$$

$$\frac{\partial^2 U(X,R)}{\partial R^2} < 0 \tag{7-1-15}$$

$$p_0(X,R)\big|_{X=0} = 1 \tag{7-1-16}$$

7.1.2 初步确定进口段速度分布

理想流体运动微分方程为：

$$u_0\frac{\mathrm{d}u_0}{\mathrm{d}x} = -\frac{\mathrm{d}p}{\rho \mathrm{d}x} \tag{7-1-17}$$

式中，u_0 为理想流体运动速度。

将上式无因次化，则

$$U_0\frac{\mathrm{d}U_0}{\mathrm{d}X} = -K_3\frac{\mathrm{d}p_0}{\rho_0 \mathrm{d}X} \tag{7-1-18}$$

式中

$$K_3 = \frac{p_e}{u_e^2 \rho_e} \tag{7-1-19}$$

将式(7-1-18)代入式(7-1-8)，则

$$ReU\frac{\partial U}{\partial X} = \frac{K_1}{K_3}U_0\frac{\mathrm{d}U_0}{\mathrm{d}X} + \nu_0\left[\frac{\partial^2 U}{\partial X^2} + \left(\frac{r_0}{\delta}\right)^2\frac{\partial^2 U}{\partial R^2}\right] \tag{7-1-20}$$

根据边界条件，选择黏性流区速度分布为

$$U = X^{f(X)}(2R - R^2) \tag{7-1-21}$$

理想流体运动区速度分布选为：

$$U_0 = \left(1 + \frac{X}{L}\right)^{f(X)} \tag{7-1-22}$$

$$U_0 = \frac{u(x)}{v_0} \tag{7-1-23}$$

$$U = \frac{U(x \cdot r)}{u(x)} \tag{7-1-24}$$

将式(7-1-21)和式(7-1-22)代入式(7-1-20)：

$$\begin{aligned} & Re(2R - R^2)^2 X^{f(X)} f(X) X^{f(X)-1} \\ = & \frac{K_1}{K_3}\left(1 + \frac{X}{L}\right)^{f(X)} f(X)\left(1 + \frac{X}{L}\right)^{f(X)-1} + \\ & \nu_0\left[(2R - R^2) f(X)(f(X) - 1) X^{f(X)-2} - 2\left(\frac{r_0}{\delta}\right)^2 X^{f(X)}\right] \end{aligned} \tag{7-1-25}$$

上式中，$K_1/K_3 = Re$，$\nu_0 = 1$。当 $R = 1$ 时，则：

$$ReX^{2f(X)-1} f(X) = Ref(X)\left(1 + \frac{X}{L}\right)^{2f(X)-1} + \left[(f(X) - 1) f(X) X^{f(X)-2} - 2\left(\frac{r_0}{\delta}\right)^2 X^{f(X)}\right] \tag{7-1-26}$$

对上式取对数并化简：

$$Re(2f(X) - 1) = Re(2f(X) - 1)\ln(1 + \frac{X}{L})/\ln X + f^2(X) - 3f(X) + 2 - 2\left(\frac{r_0}{\delta}\right)^2 \tag{7-1-27}$$

当 $X = 0$ 时，$\ln X \to \infty$，$\delta(x) \to 0$，$\frac{r_0}{\delta(r)} \to \infty$，没有物理意义，去掉式(7-1-27)中含 $\ln X$ 与 $\delta(x)$ 两项，

$$f^2(X) - (2Re + 3) f(X) + 2 + Re = 0 \tag{7-1-28}$$

近似确定 $f(X)$ 可为：

$$f(X) = \frac{Re + 2}{2Re + 3} = \frac{1 + \frac{2}{Re}}{2 + \frac{3}{Re}} \approx \frac{1}{2} \tag{7-1-29}$$

则黏性流区速度分布为：

$$U = X^{\frac{Re+2}{2Re+3}}(2R - R^2) \tag{7-1-30}$$

结合边界条件，$X = L$ 时，$U = 2$，则上式

$$U = 2\left(\frac{X}{L}\right)^{\frac{Re+2}{2Re+3}}(2R - R^2) \tag{7-1-31}$$

若取近似式

$$U = 2\left(\frac{X}{L}\right)^{\frac{1}{2}}(2R - R^2) \tag{7-1-32}$$

理想流区速度分布：

$$U_0 = \left(1 + \frac{X}{L}\right)^{\frac{Re+2}{2Re+3}} \tag{7-1-33}$$

结合边界条件，$X = L$，$U_0 = 2$，近似式为

$$U_0 = \left(1 + 3\frac{X}{L}\right)^{\frac{1}{2}} \tag{7-1-34}$$

7.1.3 确定进口段长度

根据实际问题的要求，将式(7-1-20)写成

$$ReU\frac{\partial U}{\partial X} = ReU_0\frac{\mathrm{d}U_0}{\mathrm{d}X} + \nu_0\left[\frac{\partial^2 U}{\partial X^2} + \left|\left(\frac{r_0}{\delta(x)}\right)^2\frac{\delta^2 U}{\partial R^2}\right|\right] \tag{7-1-35}$$

将式(7-1-32)与式(7-1-34)代入式(7-1-35)

$$2\frac{Re}{L}(2R - R^2) = 1.5\frac{Re}{L} + \nu_0\left[-\frac{1}{2}\frac{2R - R^2}{L^2}\left(\frac{X}{L}\right)^{-\frac{3}{2}} + 4\left(\frac{r_0}{\delta(x)}\right)^2\left(\frac{X}{L}\right)^{\frac{1}{2}}\right] \tag{7-1-36}$$

因为是求 L，所以当 $R=1$，$\nu_0=1$ 时，$X=L$。而 $X=0$，$\left(\frac{X}{L}\right)^{-\frac{3}{2}}$ 趋近于∞，故上式简化为

$$\frac{0.5Re}{L} = 4 \tag{7-1-37}$$

$$L = 0.125Re \tag{7-1-38}$$

7.1.4 确定理想流体与实际流体运动分界线 $\boldsymbol{\delta(x)}$

由于是确定 $\delta(x)$，则一定取 $R=1$，则式(7-1-36)

$$\frac{0.5}{L}Re = 4\left[\frac{r_0}{\delta(x)}\right]^2\left(\frac{X}{L}\right)^{\frac{1}{2}} \tag{7-1-39}$$

由于 $L=0.125Re$，代入式(7-1-39)，则

$$\delta(x) = r_0\sqrt{\left(\frac{X}{L}\right)^{\frac{1}{2}}} = r_0\sqrt[4]{\frac{X}{L}} \tag{7-1-40}$$

7.1.5 最终确定速度分布

实际流体运动区速度在分界线上应与理想流体运动区速度相等，也就是说边界条件式(7-1-12)还没有利用。

实际流体运动区速度要与理想流体运动区速度在边界上相等，必须有一个调整系数，选其为 Re^{α}，依此

$$\left(1 + 3\frac{X}{L}\right)^{\frac{1}{2}} = Re^{\alpha}2\left(\frac{X}{L}\right)^{\frac{1}{2}} \tag{7-1-41}$$

将式(7-1-38)代入上式

$$\left[1 + 3\left(\frac{X}{0.125Re}\right)\right]^{\frac{1}{2}} = Re^{\alpha}2\left(\frac{X}{0.125Re}\right)^{\frac{1}{2}} \tag{7-1-42}$$

从上式可以看出，当 Re 一定时，不同 X 值对应有不同 α 值。例如，当 $Re=1160$ 时，求出不同 X 值所对应的不同 α 值，计算结果列入表 7-1-1。

表 7-1-1　不同 X 值对应的 α 值（$Re=1160$，$L=145$）

X	10	20	50	100	145
U_0	1.0936	1.184	1.4264	1.7518	2
α	0.1044	0.0665	0.0275	0.0075	0

同理，当 Re 为已知，则可以求出 α 值，说明实际流体速度为：

$$U = 2Re^{\alpha}\left(\frac{X}{L}\right)^{\frac{1}{2}}(2R - R^2) \tag{7-1-43}$$

理想流体运动区速度分布仍为式(7-1-34)。

7.1.6　压力变化公式

将理想流体速度式(7-1-34)代入式(7-1-18)积分后，得

$$p = p_e\left(1 - \frac{3}{2}X\right) \tag{7-1-44}$$

7.2　层流矩形管道进口段

流体运动进入管道后，受管壁影响的范围逐渐增加，一直沿流程扩展到管道中心为止，这段范围称之为进口段。段内中间是理想流体运动区，其外是实际流体运动区。图 7-2-1(a)所示为矩形断面尺寸；图 7-2-1(b)所示的管道进口段长 l，中心下半剖面表示理想流体与实际流体分界是空间曲面，其顶点就是矩形断面中心最大速度 u_{max}，到此，管道流速得到充分发展；图 7-2-1(c)所示为 $z=H$ 半平面上理想流体与实际流体运动分界 $\delta_y(x, y, H)$；图 7-2-1(d)所示为 $y=0$，沿长度 l，理想流体与实际流体运动分界线 $\delta_z(x, o, z)$；图 7-2-1(e)所示为沿长度 l，当 $z=H$ 时平面上速度分布。

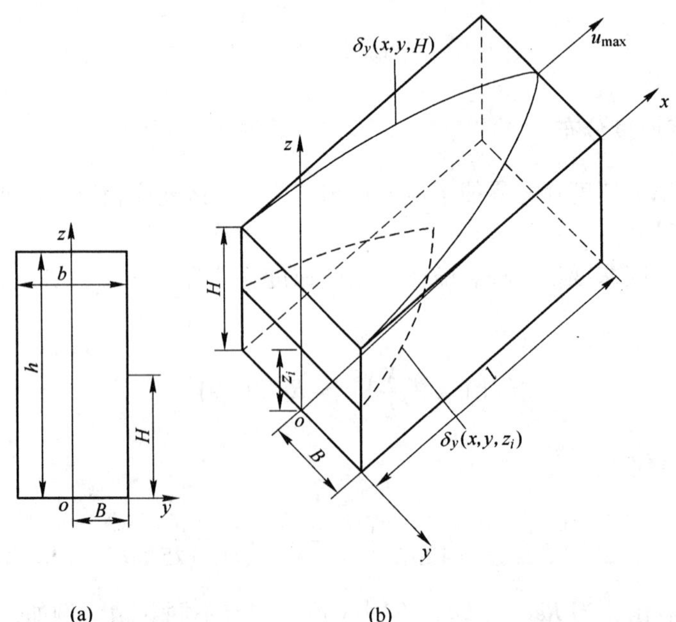

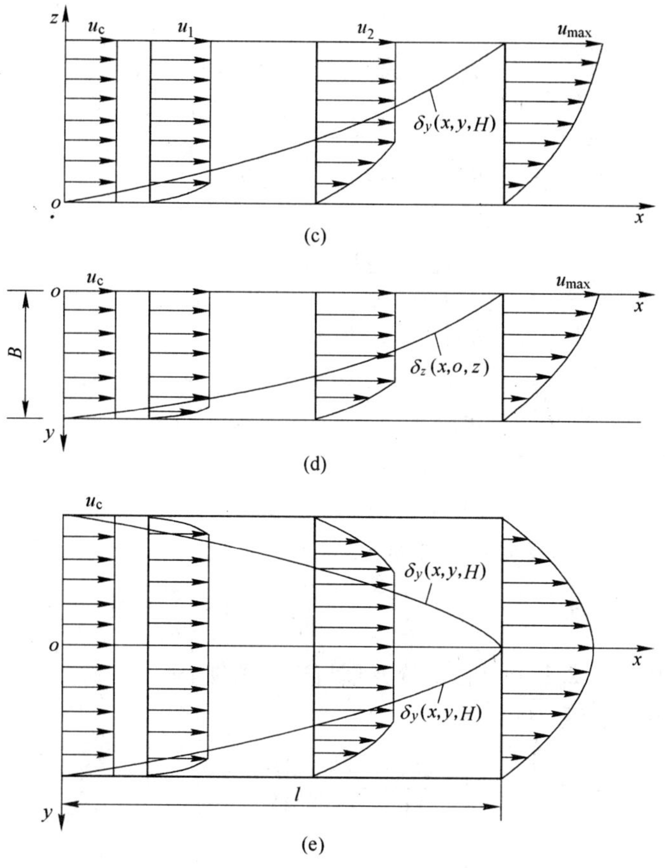

图 7-2-1　进口段示意图

7.2.1　运动控制方程及边界条件

首先研究运动控制方程及边界条件，它们均是根据物理定律推导出来的，是有因次的。为了进行分析，必须运用数学工具将其转化为无因次方程与边界条件。

7.2.1.1　有因次控制方程与边界条件

理想流体运动区动量微分方程：

$$u_0 \frac{\mathrm{d}u_0}{\mathrm{d}x} = -\frac{1}{\rho}\frac{\mathrm{d}p}{\mathrm{d}x} \tag{7-2-1}$$

边界条件：

$$u_0(x)\big|_{x=0} = u_e \tag{7-2-2}$$

$$u_0(x)\big|_{x=l,y=0,z=H} = u_{max} \tag{7-2-3}$$

实际流体运动区动量微分方程：根据式(3-16-11)，结合本题，

$$u\frac{\partial u}{\partial x} = -\frac{1}{\rho}\frac{\partial p}{\partial x} + \nu\left(\frac{\partial^2 u}{\partial x^2} + \frac{\partial^2 u}{\partial y^2} + \frac{\partial^2 u}{\partial z^2}\right) \tag{7-2-4}$$

边界条件：

$$u(x,y,z)\big|_{x=0,y=0,z=0} = 0 \tag{7-2-5}$$

$$u(x,y,z)\big|_{x=l,y=0,z=H} = u_{\max} \tag{7-2-6}$$

$$u(x,y,z)\big|_{y=\delta_y,z=\delta_z} = u(x) \tag{7-2-7}$$

$$u(x,y,z)\big|_{y=B} = 0 \tag{7-2-8}$$

$$\left.\frac{\partial u(x,y,z)}{\partial y}\right|_{B-\delta_y=y} = 0 \tag{7-2-9}$$

$$\frac{\partial^2 u(x,y,z)}{\partial y^2} < 0 \tag{7-2-10}$$

$$\left.\frac{\partial u(x,y,z)}{\partial z}\right|_{z=\delta_z} = 0 \tag{7-2-11}$$

$$\frac{\partial^2 u(x,y,z)}{\partial z^2} < 0 \tag{7-2-12}$$

$$p(x,y,z)\big|_{z=0} = p_e \tag{7-2-13}$$

7.2.1.2　无因次控制方程与边界条件

取　$\frac{u}{u_e}=U$；$\frac{u_0}{u_e}=U_0$；$\frac{x}{H}=X$；$\frac{B-y}{\delta_y}=Y$；$\frac{z}{\delta_z}=Z$；$\frac{p}{p_e}=P$

将以上比值代入7.2.1.1节各微分方程与边界条件。

理想流体运动区：

$$U_0\frac{\mathrm{d}U_0}{\mathrm{d}X} = -K_1\frac{\mathrm{d}P}{\mathrm{d}X} \tag{7-2-14}$$

$$K_1 = \frac{p_e}{\rho_e u_e^2} \tag{7-2-15}$$

$$U_0(X)\big|_{X=0} = 1 \tag{7-2-16}$$

$$U_0(X)\big|_{X=L,Y=1,Z=1} = U_{\max} \tag{7-2-17}$$

实际流体运动区：将有关比值代入式(7-2-4)，

$$\frac{u_e^2}{H}U\frac{\partial U}{\partial X} = -\frac{p_e}{\rho_e H}\frac{\mathrm{d}P}{\rho_0\mathrm{d}X} + \frac{u_e\nu_e}{H^2}\nu_0\left(\frac{\partial^2 U}{\partial X^2} - \frac{H^2}{\delta_y^2}\frac{\partial^2 U}{\partial Y^2} + \frac{H^2}{\delta_z^2}\frac{\partial^2 U}{\partial Z^2}\right) \tag{7-2-18}$$

将上式除以$\frac{u_e\nu_e}{H^2}$，则：

$$ReU\frac{\partial U}{\partial X} = -K_2\frac{\mathrm{d}P}{\rho_0\mathrm{d}X} + \nu_0\left(\frac{\partial^2 U}{\partial X^2} - \frac{H^2}{\delta_y^2}\frac{\partial^2 U}{\partial Y^2} + \frac{H^2}{\delta_z^2}\frac{\partial^2 U}{\partial Z^2}\right) \tag{7-2-19}$$

$$K_2 = \frac{p_e H}{\rho_e\nu_e u_e} \tag{7-2-20}$$

无因次边界条件：

$$U(X,Y,Z)\big|_{X=0,Y=\frac{B}{\delta_y},Z=0} = 0 \tag{7-2-21}$$

$$U(X,Y,Z)\big|_{X=L,Y=\frac{B}{\delta_y},Z=1} = U_{\max} \tag{7-2-22}$$

$$U(X,Y,Z)\big|_{Y=1,Z=1} = U_0(X) \tag{7-2-23}$$

$$\left.\frac{\partial U}{\partial Y}\right|_{Y=1} = 0 \tag{7-2-24}$$

$$\frac{\partial^2 U}{\partial Y^2} < 0 \tag{7-2-25}$$

$$\left.\frac{\partial U}{\partial Z}\right|_{Z=1} = 0 \tag{7-2-26}$$

$$\frac{\partial^2 U}{\partial Z^2} < 0 \tag{7-2-27}$$

$$P|_{X=0} = 1 \tag{7-2-28}$$

7.2.2 实际流体运动区速度分布初选

根据实际流体运动区流体运动形成的边界条件，初选适合的两个速度分布式，即：

$$U = X^{\frac{1}{2}}(2Y - Y^{3/2})(2Z - Z^{3/2}) \tag{7-2-29}$$

$$U = X(2Y - Y^2)(2Z - Z^2) \tag{7-2-30}$$

以上两式均满足实际流体运动区的边界条件。然而，确定该区的速度分布，还必须通过运动控制方程来决定。如果将速度分布式代入运动控制方程后出现奇点，或者说出现不合理现象，则该速度分布应被舍掉。

将式(7-2-29)代入式(7-2-19)，则有：

$$\begin{aligned} &\frac{1}{2}Re(2Y - Y^{3/2})^2(2Z - Z^{3/2})^2 \\ &= -K_2\frac{\mathrm{d}P}{\rho_0\mathrm{d}X} + \nu_0\left[-\frac{1}{2}X^{-3/2}(2Y - Y^{3/2})(2Z - Z^{3/2}) + \right. \\ &\left.\frac{H^2}{\delta_y^2}(2Z - Z^{3/2})Y^{-\frac{1}{2}}X^{\frac{1}{2}} - \frac{H^2}{\delta_z^2}(2Y - Y^{3/2})X^{-\frac{1}{2}}\right] \end{aligned} \tag{7-2-31}$$

对式(7-2-31)作定性分析，当 $X=0$，$Y=0$，$Z=0$，出现奇点，认为是不合理现象，故该速度分布舍掉。

将式(7-2-30)代入动量方程式(7-2-19)，得：

$$\begin{aligned} &ReX(2Y - Y^2)^2(2Z - Z^2)^2 \\ &= -K_2\frac{\mathrm{d}P}{\rho_0\mathrm{d}X} + 2\nu_0X\left[(2Z - Z^2)\frac{H^2}{\delta_y^2} - (2Y - Y^2)\frac{H^2}{\delta_z^2}\right] \end{aligned} \tag{7-2-32}$$

上式没有出现不合理现象，故选定实际流体运动速度分布为式(7-2-30)。

7.2.3 理想流体与实际流体分界线方程

利用流量不变，建立理想流体与实际流体分界线方程，矩形断面是对称的，取其四分之一作为研究对象。由：

进口流量： $Q_e = u_e HB$ (7-2-33)

理想流体运动区： $Q_{理} = u_0(H-\delta_z)(B-\delta_y) = u_0(HB - B\delta_z - H\delta_y + \delta_z\delta_y)$ (7-2-34)

实际流体运动区： $Q_{实} = u_e X\iint(2Y - Y^2)(2Z - Z^2)\mathrm{d}y\mathrm{d}z$

$$= u_e X\delta_y\delta_z \int_0^1 (2Y - Y^2)\,\mathrm{d}Y \int_0^1 (2Z - Z^2)\,\mathrm{d}Z = \frac{4}{9}u_e X\delta_y\delta_z \tag{7-2-35}$$

根据各断面通过流量不变：

$$Q_c = Q_{理} + Q_{实} \tag{7-2-36}$$

$$u_e HB = u_0(HB - B\delta_z - H\delta_y + \delta_z\delta_y) + \frac{4}{9}u_e X\delta_y\delta_z \tag{7-2-37}$$

将上式无因次化：

$$1 = U_0\left(1 - \frac{\delta_z}{H} - \frac{\delta_y}{B} + \frac{\delta_z}{H}\frac{\delta_y}{B}\right) + \frac{4}{9}X\frac{\delta_z}{H}\frac{\delta_y}{B} \tag{7-2-38}$$

因为在进口段末端中心速度最大 u_{max} 处，存在条件：

$$\frac{\delta_y}{B} = \frac{\delta_z}{H} \tag{7-2-39}$$

将式(7-2-39)代入式(7-2-38)

$$1 = U_0\left(1 - \frac{\delta_z}{H}\right)^2 + \frac{4}{9}X\left(\frac{\delta_z}{H}\right)^2 \tag{7-2-40}$$

$$U_0 = \frac{1 - \frac{4}{9}X\left(\frac{\delta_z}{H}\right)^2}{\left(1 - \frac{\delta_z}{H}\right)^2} \tag{7-2-41}$$

式(7-2-41)含有 δ_z，只要求得它，则 δ_y 也就可知。故称式(7-2-41)为理想流体与实际流体分界线方程。

$$U_0\frac{\mathrm{d}U_0}{\mathrm{d}X} = \frac{-\left[1 - \frac{4}{9}X\left(\frac{\delta_z}{H}\right)^2\right]\frac{4}{9}\left(\frac{\delta_z}{H}\right)^2}{\left(1 - \frac{\delta_z}{H}\right)^4} \tag{7-2-42}$$

7.2.4　确定理想流体与实际流体分界线 δ_y 和 δ_z

实际流体速度分布式(7-2-30)中，$Z = \frac{z}{\delta_z}$，$Y = \frac{B - y}{\delta_y}$，因此，只有先确定分界线 δ_z 和 δ_y，该式才能应用。

因为在整个断面，压力是不变的，所以可以将理想流体运动区的无因次微分方程式(7-2-14)代入实际流体运动区流体运动无因次方程式(7-2-32)。

$$ReX(2Y - Y^2)^2(2Z - Z^2)^2$$

$$= ReU_0\frac{\mathrm{d}U_0}{\mathrm{d}X} + 2\nu_0 X\left[(2Z - Z^2)\frac{H^2}{\delta_y^2} - (2Y - Y^2)\frac{H^2}{\delta_z^2}\right] \tag{7-2-43}$$

将式(7-2-42)代入上式

$$ReX(2Y - Y^2)^2(2Z - Z^2)^2$$

$$= -Re\frac{\left[1 - 0.444X\left(\frac{\delta_z}{H}\right)^2\right]0.444\left(\frac{\delta_z}{H}\right)^2}{\left(1 - \frac{\delta_z}{H}\right)^4} +$$

$$2\nu_0 X\left[(2Z - Z^2)\frac{H^2}{\delta_y^2} - (2Y - Y^2)\frac{H^2}{\delta_z^2}\right] \tag{7-2-44}$$

因为是求 δ_z 和 δ_y，故上式取 $Z=1$，$Y=1$，则：

$$ReX = -Re\frac{\left[1 - 0.444X\left(\frac{\delta_z}{H}\right)^2\right]0.444\left(\frac{\delta_z}{H}\right)^2}{\left(1 - \frac{\delta_z}{H}\right)^4} + 2\nu_0 X\frac{H^2}{\delta_z^2}\left[\left(\frac{H}{B}\right)^2 - 1\right] \tag{7-2-45}$$

近似式

$$\left(1 - \frac{\delta_z}{H}\right)^4 = 1 - 4\frac{\delta_z}{H} + 6\left(\frac{\delta_z}{H}\right)^2 \tag{7-2-46}$$

将式(7-2-46)代入式(7-2-45)，取 $\nu_0 \approx 1$，

$$ReX\left[1 - 4\frac{\delta_z}{H} + 6\left(\frac{\delta_z}{H}\right)^2\right] = -Re\left[1 - 0.444X\left(\frac{\delta_z}{H}\right)^2\right]0.444\left(\frac{\delta_z}{H}\right)^2 + 2X\left(\frac{H}{\delta_z}\right)^2\left[\left(\frac{H}{B}\right)^2 + 1\right]\left[1 - 4\frac{\delta_z}{H} + 6\left(\frac{\delta_z}{H}\right)^2\right] \tag{7-2-47}$$

将式(7-2-47)除以$\frac{H^2}{\delta_z^2}$，则：

$$ReX\left[\left(\frac{\delta_z}{H}\right)^2 - 4\left(\frac{\delta_z}{H}\right)^3 + 6\left(\frac{\delta_z}{H}\right)^4\right] + Re\left[1 - 0.444X\left(\frac{\delta_z}{H}\right)^2\right] 0.444\left(\frac{\delta_z}{H}\right)^4 - 2X\left(\frac{H^2}{B^2} + 1\right)\left[1 - 4\frac{\delta_z}{H} + 6\left(\frac{\delta_z}{H}\right)^2\right] = 0 \tag{7-2-48}$$

展开式(7-2-48)，

$$-ReX\left(\frac{\delta_z}{H}\right)^6(0.444)^2 + (6X + 0.444)Re\left(\frac{\delta_z}{H}\right)^4 - 4ReX\left(\frac{\delta_z}{H}\right)^3 + \left[Re - 12\left(\frac{H^2}{B^2} + 1\right)\right]X\left(\frac{\delta_z}{H}\right)^2 + 8X\left(\frac{H^2}{B} + 1\right)\frac{\delta_z}{H} - 2X\left(\frac{H^2}{B^2} + 1\right) = 0 \tag{7-2-49}$$

式(7-2-49)除以 ReX，则

$$-(0.444)^2\left(\frac{\delta_z}{H}\right)^6 + \left(6 + \frac{0.444}{X}\right)\left(\frac{\delta_z}{H}\right)^4 - 4\left(\frac{\delta_z}{H}\right)^3 + \left[1 - \frac{12\left(\frac{H^2}{B^2} + 1\right)}{Re}\right]\left(\frac{\delta_z}{H}\right)^2 + \frac{8}{Re}\left(\frac{H^2}{B^2} + 1\right)\frac{\delta_z}{H} - \frac{2}{Re}\left(\frac{H^2}{B^2} + 1\right) = 0 \tag{7-2-50}$$

因为$\frac{\delta_z}{H}$的最大值为$\frac{\delta_z}{H} = 1$，$(0.444)^2\left(\frac{\delta_z}{H}\right)^6$ 项最大值为 0.197，所以忽略$(0.444)^2\left(\frac{\delta_z}{H}\right)^6$ 项，则：

$$\left(\frac{6X + 0.444}{X}\right)\left(\frac{\delta_z}{H}\right)^4 - 4\left(\frac{\delta_z}{H}\right)^3 + \left[1 - \frac{12}{Re}\left(\frac{H^2}{B^2} - 1\right)\right]\left(\frac{\delta_z}{H}\right)^2 + \frac{B}{Re}\left(\frac{H^2}{B^2} - 1\right)\frac{\delta_z}{H} - \frac{2}{Re}\left(\frac{H^2}{B^2} - 1\right) = 0 \tag{7-2-51}$$

式(7-2-51)是$\frac{\delta_z}{H}$的四次代数方程，可运用高等教育出版社 2000 年 5 月第 8 次印刷的《数学手册》介绍的方法进行求解。

将式(7-2-51)全式除以第一项系数$\frac{6X+0.444}{X}$则：

$$\left(\frac{\delta_z}{H}\right)^4 - \frac{4X}{6X+0.444}\left(\frac{\delta_z}{H}\right)^3 + \frac{X}{6X+0.444}\left[1-\frac{12}{Re}\left(\frac{H^2}{B^2}-1\right)\right]$$

$$\left(\frac{\delta_z}{H}\right)^2 + \frac{8X\left(\frac{H^2}{B^2}-1\right)}{(6X+0.444)Re}\frac{\delta_z}{H} - \frac{2X\left(\frac{H^2}{B}-1\right)}{(6X+0.444)Re} = 0 \tag{7-2-52}$$

令

$$b = -\frac{X}{6X+0.444} \tag{7-2-53}$$

$$c = \frac{X}{6X+0.444}\left[1-\frac{12}{Re}\left(\frac{H^2}{B^2}-1\right)\right] \tag{7-2-54}$$

$$d = \frac{8X\left(\frac{H^2}{B^2}-1\right)}{(6X+0.444)Re} \tag{7-2-55}$$

$$e = -\frac{2X\left(\frac{H^2}{B^2}-1\right)}{(6X+0.444)Re} \tag{7-2-56}$$

将式(7-2-52)写成下式

$$\left(\frac{\delta_z}{H}\right)^4 - b\left(\frac{\delta_z}{H}\right)^3 + c\left(\frac{\delta_z}{H}\right)^2 + d\frac{\delta_z}{H} - e = 0 \tag{7-2-57}$$

应用式(7-2-57)求δ_z，还必须利用进口段结束处$\delta_z = H$这一条件。所以，式(7-2-57)应用时，必须依边界条件要求，结合实际情况，将有关公式加以改造方可求出合理的δ_z分布与找到对应的进口段长度。

式(7-2-57)是$\frac{\delta_z}{H}$的四次代数方程，按理它有 4 个解，而实际情况只有一个解。经过大量运算与多方面分析，选择计算其解的公式为：

$$\left(\frac{\delta_z}{H}\right)^2 + \frac{1}{2}\left(b-\sqrt{8y_1+b^2-4c}\right)\frac{\delta_z}{H} + \left(y_2 + \frac{|b|y_2-|d|}{\sqrt{8y_1+b^2-4c}}\right) = 0 \tag{7-2-58}$$

其中，y_1与y_2为下式的两个根：

$$y^2 - 0.5c_0y + 0.25b_0|d_0| - |e_0| = 0 \tag{7-2-59}$$

式中

$$b_0 = \frac{-X^{1.3}}{6X+0.444} \tag{7-2-60}$$

$$c_0 = |b_0|c' = |b_0|\left[1-\frac{12}{Re}\left(\frac{H^2}{B^2}-1\right)\right] \tag{7-2-61}$$

$$|d_0| = |b_0|d' = |b_0|\frac{8}{Re}\left(\frac{H^2}{B^2}-1\right) \tag{7-2-62}$$

$$|e_0| = |b_0 e'| = |b_0|\frac{4}{Re}\left(\frac{H^2}{B^2} - 1\right) \tag{7-2-63}$$

式中，e_0 和 d_0 取绝对值，是为保证公式能得合理解。

7.2.5 确定进口段长度的方法

确定进口段长度 L 与确定理想流体与实际流体运动分界线 δ_z/H 是紧密相连的。设不同 X 值，计算不同 δ_z/H 值，绘出 δ_z/H 的曲线，当$\frac{\delta_z}{H}=1$，对应的 X 值就是 L。现分$\frac{H}{B}=1.333$ 和$\frac{H}{B}=0.5$ 两种情况，依 Re 不同，计算 δ_z/H 值，将结果列入表 7-2-1 和表 7-2-2 中，并绘成曲线（如图 7-2-2 和图 7-2-3 所示）。

表 7-2-1 $\frac{H}{B}=1.333$ 时 δ_z/H 值

Re \ X ($\frac{\delta_z}{H}$)	0	20	50	100	200	300
580	0	0.45	0.65	0.75	0.89	0.99
400	0	0.53	0.67	0.82	0.94	1.02
200	0	0.60	0.72	0.88	0.96	1.10
100	0	0.81	0.92	0.97	1.09	

从图 7-2-2 曲线上可以看出，当 $Re=580$ 时，进口段长为 320；当 $Re=400$ 时，进口段长 $L=280$；$Re=200$ 时，$L=220$；当 $Re=100$ 时，$L=110$。

因为$\frac{H}{B}$比值与 Re 在矩形管道层流运动中均是已知的，所以当$\frac{H}{B}=1.333$ 时，不同 Re 下进口段长度与 δ_z/H 变化的情况均可以得到。

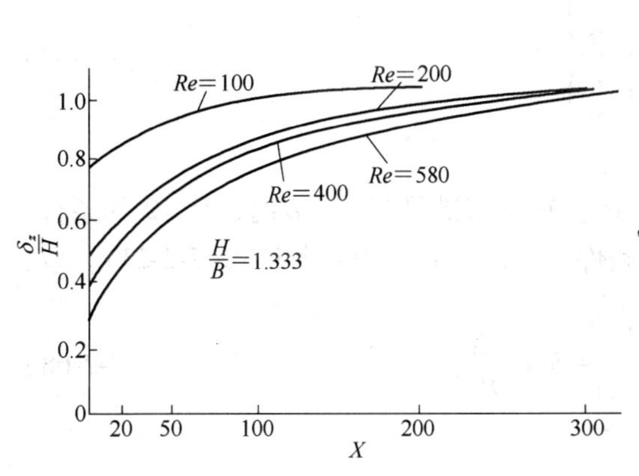

图 7-2-2 理想流体与实际流体运动分界线与进口段长度

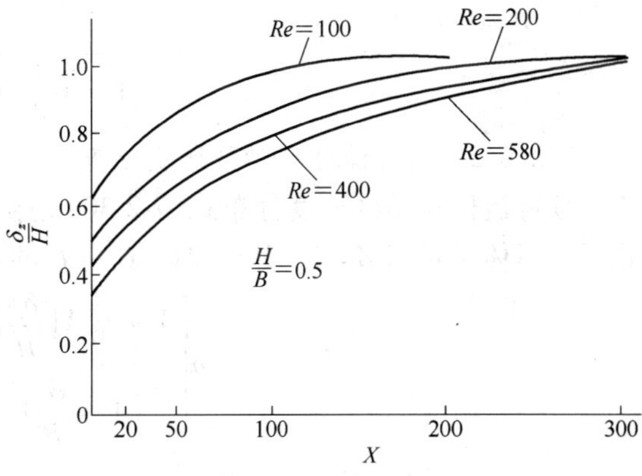

图 7-2-3 进口段长度与分界线计算用图

表 7-2-2　$\frac{H}{B}=0.5$ 时 δ_z/H 值

Re \ $\frac{\delta_z}{H}$ \ X	0	20	50	100	200	300
580	0	0.48	0.58	0.73	0.89	1.01
400	0	0.55	0.66	0.77	0.92	1.02
200	0	0.6	0.75	0.86	0.99	1.09
100	0	0.74	0.86	0.97	1.11	

7.2.6　流体速度分布最后确定

所谓速度分布，是指理想流体与实际流体运动区速度各自的分布。

7.2.6.1　理想流体速度分布

前边建立的理想流体与实际流体运动分界线方程式(7-2-41)，含有理想流体运动区速度 U_0 而且当 $X=0$，$U_0=1$。它实际上是一个平衡方程，将它写成

$$U_0=\frac{1+\frac{4}{9}X\left(\frac{\delta_z}{H}\right)^2}{\left(1+\frac{\delta_z}{H}\right)^2} \tag{7-2-64}$$

为使它满足边界条件成为真正的速度分布，将式(7-2-64)写成

$$U_0=a\left[\frac{1+\frac{4}{9}X\left(\frac{\delta_z}{H}\right)^2}{\left(1+\frac{\delta_z}{H}\right)^2}\right]+b \tag{7-2-65}$$

利用 $X=0$，$U_0=1$，$X=L$，$U_0(L,\ 0)=U_{\max}=2$，确定 a 和 b 为：

$$a=1-\left[\frac{2-\left(\frac{1}{4}+\frac{L}{9}\right)}{1-\left(\frac{1}{4}+\frac{L}{9}\right)}\right] \tag{7-2-66}$$

$$b=\frac{2-\left(\frac{1}{4}+\frac{L}{9}\right)}{1-\left(\frac{1}{4}+\frac{L}{9}\right)} \tag{7-2-67}$$

7.2.6.2　实际流体运动区速度分布

实际流体运动区速度分布式(7-2-30)是初选，它没有满足当 $X=L$ 时，$U=2$ 的条件，也没有具体满足当 $Z=1$，$Y=1$ 时，$U_0=U$ 的条件。为此，利用边界条件式(7-2-23)，取：

$$a\left[\frac{1+\frac{4}{9}X\left(\frac{\delta_z}{H}\right)^2}{\left(1+\frac{\delta_z}{H}\right)^2}\right]+b=\frac{X}{Re^{\alpha}} \tag{7-2-68}$$

只要知道 Re 和$\frac{H}{B}$值，则$\frac{\delta_z}{H}$和 L 均可以计算出来。由式(7-2-68)计算出 α，这个 α 就保证了实际流体运动区速度分布在分界线上与理想流体运动区速度相等。通过分析，α 值

与$\frac{H}{B}$及 Re 有关，且随 X 变化而变化。

7.2.7 压力变化

将式(7-2-65)代入式(7-2-14)，积分，得：

$$\frac{1}{2}\left[\frac{\frac{4}{9}a^2\left(\frac{\delta_z}{H}\right)^2}{\left(1+\frac{\delta_z}{H}\right)^4}\right]X^2+\left\{\frac{a^2\left[1+\frac{4}{9}\left(\frac{\delta_z}{H}\right)^2\right]}{\left(1+\frac{\delta_z}{H}\right)^4}+ab\left[\frac{1+\frac{4}{9}\left(\frac{\delta_z}{H}\right)^2}{\left(1+\frac{\delta_z}{H}\right)^2}\right]\right\}X+C=-K_1p \quad (7\text{-}2\text{-}69)$$

利用 $X=0$，$p=1$ 定上式中 $C=-K_1$，代回上式则：

$$p=1-\frac{1}{2}\left[\frac{\frac{4}{9}a^2\left(\frac{\delta_z}{H}\right)^2}{\left(1+\frac{\delta_z}{H}\right)^4}\right]X^2+\left\{\frac{a^2\left[1+\frac{4}{9}\left(\frac{\delta_z}{H}\right)^2\right]}{\left(1+\frac{\delta_z}{H}\right)^4}+ab\left[\frac{1+\frac{4}{9}\left(\frac{\delta_z}{H}\right)^2}{\left(1+\frac{\delta_z}{H}\right)^2}\right]\right\}X \quad (7\text{-}2\text{-}70)$$

式(7-2-70)是不可压缩层流进口段压力分布，计算时首先由式(7-2-66)和式(7-2-67)算出 a 和 b，再设一 X 值计算出 $\delta_z(x)$；最后代回式(7-2-70)。

7.3 不可压缩湍流圆形管道进口段

坐标系与原点选定，如图 7-3-1 所示。

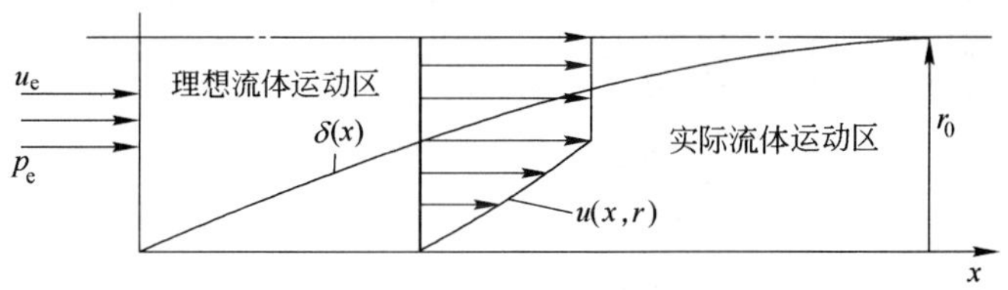

图 7-3-1 不可压缩湍流圆形管道进口段示意图

7.3.1 运动控制方程与边界条件

由式(3-18-29)，结合本问题，可得：

$$\frac{\nu}{2}\left[(1-\varphi^{2/3})\frac{\partial^2 u}{\partial x\partial r}+(\varphi^{2/3}-1)\frac{1}{u}\frac{\partial u}{\partial x}\frac{\partial u}{\partial r}\right]$$
$$=-\frac{1}{\rho}\frac{\partial p}{\partial x}+\nu\left[\left(\frac{\partial^2 u}{\partial x^2}+\frac{\partial^2 u}{\partial r^2}\right)-\varphi^{2/3}\frac{\partial^2 u}{\partial r^2}\right]+6\varphi^{2/3}\nu t\left(\frac{\partial u}{\partial r}\frac{\partial^2 u}{\partial r^2}\right) \quad (7\text{-}3\text{-}1)$$

$$u(x,r)\big|_{\substack{x=0\\r=0}}=0 \quad (7\text{-}3\text{-}2)$$

$$u(x,r)\big|_{r=\delta(x)}=u(x) \quad (7\text{-}3\text{-}3)$$

$$u(x,r)\big|_{\substack{x=l\\r=r_0}}=u_{\max} \quad (7\text{-}3\text{-}4)$$

$$\left.\frac{\partial u(x,r)}{\partial r}\right|_{r=\delta(x)}=0 \quad (7\text{-}3\text{-}5)$$

$$\frac{\partial^2 u(x,r)}{\partial r^2}<0 \quad (7\text{-}3\text{-}6)$$

$$p(x,r)\big|_{x=0}=p_e \quad (7\text{-}3\text{-}7)$$

将方程与边界条件无因次化，为此取：

$$\frac{u}{u_e}=U;\quad \frac{r}{\delta(x)}=R;\quad \frac{x}{r_0}=X;\quad \frac{\nu}{\nu_e}=\nu_0;\quad \frac{\rho}{\rho_e}=\rho_0;\quad \frac{p}{p_e}=p_0$$

式中，u_e 为管道进口流速；$\delta(x)$ 为理想流体与实际流体分界线；r_0 为管道半径；p_e 为管道进口流体压力；ν_e 为管道进口流体运动黏度。

将以上比值代入式(7-3-1)，进行整理后，得：

$$\frac{\nu_e\nu_0}{2}\left[(1-\varphi^{2/3})\frac{u_e}{r_0\delta(x)}\frac{\partial^2 U}{\partial X\partial R}+(\varphi^{2/3}-1)\frac{u_e}{r_0\delta(x)}\frac{1}{U}\frac{\partial U}{\partial R}\frac{\partial U}{\partial X}\right]$$

$$=-\frac{1}{\rho_e}\frac{p_e}{\rho_0 r_0}\frac{\partial p_0}{\partial X}+\nu_e\nu_0\left[\left(\frac{u_e}{r_0^2}\frac{\partial^2 U}{\partial X^2}+\frac{u_e}{\delta(x)^2}\frac{\partial^2 U}{\partial R^2}\right)-\right.$$

$$\left.\varphi^{2/3}\frac{u_e}{\delta(x)^2}\frac{\partial^2 U}{\partial R^2}\right]+6\varphi^{2/3}\nu_e t\nu_0\frac{u_e}{\delta(x)^3}\left(\frac{\partial U}{\partial R}\frac{\partial^2 U}{\partial R^2}\right) \tag{7-3-8}$$

将式(7-3-8)除以$\frac{\nu_e u_e}{r_0^2}$，则：

$$\frac{\nu_0}{2}\left[(1-\varphi^{2/3})\frac{r_0}{\delta(x)}\frac{\partial^2 U}{\partial R\partial X}+(\varphi^{2/3}-1)\frac{r_0}{\delta(x)}\frac{1}{U}\frac{\partial U}{\partial R}\frac{\partial U}{\partial X}\right]$$

$$=-\frac{K_1}{\rho_0}\frac{\partial p_0}{\partial X}+\nu_0\left[\frac{\partial^2 U}{\partial X^2}+\left(\frac{r_0}{\delta(x)}\right)^2\frac{\partial^2 U}{\partial R^2}(1-\varphi^{2/3})\right]+$$

$$K_2\left(\frac{r_0}{\delta(x)}\right)^2\nu_0\frac{\partial U}{\partial R}\frac{\partial^2 U}{\partial R^2} \tag{7-3-9}$$

式中

$$K_1=\frac{p_e r_0}{\rho_e\nu_e u_e} \tag{7-3-10}$$

$$K_2=\frac{6tu_e}{\delta(x)} \tag{7-3-11}$$

无因次边界条件：

$$U(X,R)\big|_{\substack{X=L\\R=1}}=U_{max} \tag{7-3-12}$$

$$U(X,R)\big|_{\substack{X=0\\R=0}}=0 \tag{7-3-13}$$

$$U(X,R)\big|_{R=1}=U(X) \tag{7-3-14}$$

$$\left.\frac{\partial U}{\partial R}\right|_{R=1}=0 \tag{7-3-15}$$

$$\frac{\partial^2 U}{\partial R^2}<0 \tag{7-3-16}$$

$$p_0(X,R)\big|_{X=0}=1 \tag{7-3-17}$$

理想流体运动区运动方程为：

$$u_0\frac{\mathrm{d}u_0}{\mathrm{d}x}=-\frac{\mathrm{d}p}{\rho\mathrm{d}x} \tag{7-3-18}$$

式中，u_0 为理想流体速度。

$$u_0(x)\big|_{x=0}=u_e \tag{7-3-19}$$

将式(7-3-18)和式(7-3-19)无因次化：取$\frac{u_0}{u_e}=U_0$，则：

$$U_0\frac{\mathrm{d}U_0}{\mathrm{d}X}=-K_3\frac{\mathrm{d}p_0}{\rho_0\mathrm{d}X} \tag{7-3-20}$$

$$K_3=\frac{p_e}{u_e^2\rho_e} \tag{7-3-21}$$

将式(7-3-18)代入式(7-3-9)，则：

$$\begin{aligned}&\frac{\nu_0}{2}\left[(1-\varphi^{2/3})\frac{r_0}{\delta(x)}\frac{\partial^2U}{\partial R\partial X}+(\varphi^{2/3}-1)\frac{r_0}{\delta(x)}\frac{1}{U}\frac{\partial U}{\partial R}\frac{\partial U}{\partial X}\right]\\&=\frac{K_1}{K_3}U_0\frac{\mathrm{d}U_0}{\mathrm{d}X}+\nu_0\left[\frac{\partial^2U}{\partial X^2}+(1-\varphi^{2/3})\left(\frac{r_0}{\delta(x)}\right)^2\frac{\partial^2U}{\partial R^2}\right]+\\&K_2\left(\frac{\nu_0}{\delta(x)}\right)^2\nu_0\frac{\partial U}{\partial R}\frac{\partial^2U}{\partial R^2}\end{aligned} \tag{7-3-22}$$

7.3.2 进口段速度分布

根据边界条件，理想流体运动区速度分布暂选为：

$$U_0=(1+X)^{F(X)} \tag{7-3-23}$$

黏性流体运动区速度分布，根据边界条件要求，暂选为：

$$U=X^{F(X)}(2R-R^2) \tag{7-3-24}$$

将式(7-3-23)和式(7-3-24)代入式(7-3-22)：

$$\begin{aligned}&\nu_0\frac{r_0}{\delta(x)}\left[(1-\varphi^{2/3})F(X)X^{F(X)-1}(1-R)+(\varphi^{2/3}-1)\frac{(2R-R^2)}{U}(1-R)F(X)X^{2F(X)-1}\right]\\&=Re(1+X)^{2F(X)-1}F(X)+\nu_0\Big[(2R-R^2)F(X)(F(X)-1)X^{F(X)-1}-\\&4(1-\varphi^{2/3})\left(\frac{r_0}{\delta(x)}\right)^2X^{F(X)}\Big]-4K_2\left(\frac{r_0}{\delta(x)}\right)^2(1-R)X^{F(X)}\end{aligned} \tag{7-3-25}$$

当$R=1$时，式(7-3-25)为：

$$\begin{aligned}&4\nu_0(1-\varphi^{2/3})\left(\frac{r_0}{\delta(x)}\right)^2X^{F(X)}\\&=Re(1+X)^{2F(X)-1}F(X)+\nu_0F(X)(F(X)-1)X^{F(X)-1}\end{aligned} \tag{7-3-26}$$

对X取对数，

$$\begin{aligned}&4\nu_0(1-\varphi^{2/3})\left(\frac{r_0}{\delta(x)}\right)^2F(X)\ln X\\&=ReF(X)(2F(X)-1)\ln(1+X)+\nu_0(F(X)-1)^2F(X)\ln X\end{aligned} \tag{7-3-27}$$

上式除以$F(X)\ln X$，则：

$$\nu_0F(X)^2+(2Re-3\nu_0)F(X)+2-Re-4\nu_0(1-\varphi^{2/3})\left(\frac{r_0}{\delta(x)}\right)^2=0 \tag{7-3-28}$$

近似解：

$$F(X)=\frac{Re+4\nu_0(1-\varphi^{2/3})\left(\frac{r_0}{\delta(x)}\right)^2-2}{2Re-3\nu_0} \tag{7-3-29}$$

式中，$\delta(x)$是理想流体与黏性流体分界线，它是 x 的函数，但$\dfrac{r_0}{\delta(x)}\leqslant 1$，$\nu_0\approx 1$，$\varphi<0.3$，故可取 $F(X)=\dfrac{1}{2}$。

现依速度的边界条件进行修正。理想流体运动速度分布可写成

$$U_0 = a(1+X)^{\frac{1}{2}} + c \tag{7-3-30}$$

利用边界条件，当 $X=0$ 时，$U_0=1$；当 $X=L$ 时，$U_0=U_{\max}$，可以确定

$$a = \frac{1-U_{\max}}{1-(1+L)^{\frac{1}{2}}} \tag{7-3-31}$$

$$c = \frac{U_{\max}-(1+L)^{\frac{1}{2}}}{1-(1+L)^{\frac{1}{2}}} \tag{7-3-32}$$

则

$$U_0 = \frac{1}{1-(1+L)^{\frac{1}{2}}}\left[(1-U_{\max})(1+X)^{\frac{1}{2}} + U_{\max} - (1+L)^{\frac{1}{2}}\right] \tag{7-3-33}$$

黏性流体运动区速度分布，依边界条件修正为：

$$U = Re^{\alpha}U_{\max}X^{\frac{1}{2}}(2R-R^2) \tag{7-3-34}$$

式(7-3-33)与式(7-3-34)中，α 和 L 均未确定，要应用此二式，必须先确定 α 与 L。

7.3.3　确定进口段长度 L 与 α

壁面摩擦力对黏性流体所做的功应等于进口段压能下降，而压能下降又与动能下降相等。

壁面摩擦力做功计算：

$$W = \int_0^l 2\pi r_0 x 2\mathrm{d}x = \int_0^l 2\pi r_0 x 2\mu Re^{\alpha}\frac{u_{\max}}{\delta(x)}X^{\frac{1}{2}}\mathrm{d}x$$

$$= 4\pi r_0\mu Re^{\alpha}\frac{u_{\max}}{\delta(x)}\frac{1}{r_0^{\frac{1}{2}}}\frac{2}{5}x^{5/2}\Big|_0^l = \frac{8}{5}\pi r_0^3\mu Re^{\alpha}\frac{u_{\max}}{\delta(x)}\left(\frac{l}{r_0}\right)^{\frac{1}{2}}\left(\frac{l}{r_0}\right)^2$$

$$= \frac{8\pi r_0^3}{5}\mu Re^{\alpha}\frac{u_{\max}}{\delta(x)}L^{5/2} = \frac{8\pi}{5}r_0^2\mu Re^{\alpha}u_{\max}L^{5/2} \tag{7-3-35}$$

理想流体运动区压力下降与速度间关系为：

$$\Delta p = \rho\left(\frac{u_{\max}^2}{2} - \frac{u_{\mathrm{e}}^2}{2}\right) \tag{7-3-36}$$

令式(7-3-35)与式(7-3-36)相等，则

$$\left(\frac{u_{\max}^2}{2}-\frac{u_e^2}{2}\right)=\frac{8\pi}{5}r_0^2\mu Re^{\alpha}u_{\max}L^{5/2} \tag{7-3-37}$$

式(7-3-37)可以写成

$$L=\left[\frac{5(u_{\max}^2-u_e^2)}{16\mu u_{\max}r_0^2Re^{\alpha}}\right]^{\frac{1}{2.5}} \tag{7-3-38}$$

利用在理想流体与黏性流体分界上，它们速度应相等的条件，令式(7-3-34)与式(7-3-33)相等，

$$\frac{1}{1-(1+L)^{\frac{1}{2}}}\left[(1-U_{\max})(1+X)^{\frac{1}{2}}+U_{\max}-(1+L)^{\frac{1}{2}}\right]=Re^{\alpha}U_{\max}X^{\frac{1}{2}} \tag{7-3-39}$$

当 $X=L$ 时，式(7-3-39)应为：

$$1=Re^{\alpha}L^{\frac{1}{2}} \tag{7-3-40}$$

利用式(7-3-38)与式(7-3-40)两式联立，可以求出 α 与 L。这里的 α 只起到确定问题定义域之一的 L 的作用。

7.3.4　最后确定实际流体运动区速度分布

以前已经得到实际流体运动区速度分布公式(7-3-34)，它为确定问题定义域起到非常重要的作用。但它要真的作为实际流体运动区速度分布，还必须满足理想流体与实际流体速度在分界线上相等的条件。所以式(7-3-34)应依此进一步加以改造，为：

$$U=Re^{\alpha}X^{\frac{1}{2}}(2R-R^2) \tag{7-3-41}$$

式中的 α 应依理想流体与实际流体在分界线上速度相等的条件加以确定。U_0 是理想流体速度，在确定无因次长度 L 后，它是可以根据不同 X 加以确定的。

7.3.5　确定理想流体与实际流体分界线 $\delta(x)$

将式(7-3-33)与式(7-3-34)代入式(7-3-22)，

$$\begin{aligned}0=&\frac{1}{1-(1+L)^{\frac{1}{2}}}\left[(1-U_{\max})(1+X)^{\frac{1}{2}}+U_{\max}-(1+L)^{\frac{1}{2}}\right]\cdot\\&\frac{Re}{1-(1+L)^{\frac{1}{2}}}\left[\frac{1}{2}(1-U_{\max})(1+X)^{-\frac{1}{2}}\right]-\\&\frac{1}{4}Re^{\alpha}(2R-R^2)X^{-3/2}-2(1-\varphi^{2/3})Re^{\alpha}X^{\frac{1}{2}}\left(\frac{r_0}{\delta(x)}\right)^2\end{aligned} \tag{7-3-42}$$

因为要找 $\delta(x)$，则取 $R=1$，$\nu_0\approx1$，但当 $X=0$ 时，$X^{-\frac{3}{2}}$ 出现奇点，故取 $X^{-3/2}$ 为 $(X+1)^{-3/2}$，则：

$$\begin{aligned}\left(\frac{r_0}{\delta(x)}\right)^2=&\frac{1}{2(1-\varphi^{2/3})Re^{\alpha}X^{\frac{1}{2}}}\left\{\frac{(1-U_{\max})}{2\left[1-(1+L)^{\frac{1}{2}}\right]^2}\left[(1-U_{\max})+\right.\right.\\&\left.\left.\frac{U_{\max}-(1+L)^{\frac{1}{2}}}{(1+X)^{\frac{1}{2}}}\right]-\frac{1}{4}Re^{\alpha}(1+X)^{-3/2}\right\}\end{aligned} \tag{7-3-43}$$

$$\frac{\delta(x)}{r_0}=\sqrt{\frac{2(1-\varphi^{2/3})Re^{\alpha}X^{\frac{1}{2}}}{\frac{(1-U_{\max})Re}{2[1-(1+L)^{\frac{1}{2}}]^2}\left[(1-U_{\max})+\frac{U_{\max}-(1+L)^{\frac{1}{2}}}{(1+X)^{\frac{1}{2}}}\right]-\frac{1}{4}Re^{\alpha}(1+X)^{-\frac{3}{2}}}}\tag{7-3-44}$$

式（7-3-44）不满足边界条件 $X=L$，$\frac{\delta(x)}{r_0}=1$，所以应改造为：

$$\frac{\delta(x)}{r_0}=a\sqrt{\frac{2(1-\varphi^{2/3})Re^{\alpha}X^{\frac{1}{2}}}{\frac{(1-U_{\max})Re}{2[1-(1+L)^{\frac{1}{2}}]^2}\left[(1-U_{\max})+\frac{U_{\max}-(1+L)^{\frac{1}{2}}}{(1+X)^{\frac{1}{2}}}\right]-\frac{1}{4}Re^{\alpha}(1+X)^{-\frac{3}{2}}}}\tag{7-3-45}$$

$$a=\sqrt{\frac{\frac{(1-U_{\max})Re}{2[1-(1+L)^{\frac{1}{2}}]^2}\left[(1-U_{\max})+\frac{U_{\max}-(1+L)^{\frac{1}{2}}}{(1+L)^{\frac{1}{2}}}\right]-\frac{1}{4}Re^{\alpha_0}(1+L)^{-\frac{3}{2}}}{2(1-\varphi_0^{2/3})Re^{\alpha_0}L^{\frac{1}{2}}}}\tag{7-3-46}$$

式中，φ_0 是充分发展管道中湍流涡旋体积分数，在此，它应是已知值。进口段中涡旋体积分数为：

$$\varphi=X\frac{\varphi_0}{L}\tag{7-3-47}$$

7.3.6　压力变化（无因次）

压力与其所在断面上的位置无关，它只是距离 x 的函数，故可以利用理想流体运动微分方程求解之，将式（7-3-33）代入式（7-3-20）

$$\frac{1-U_{\max}}{2[1-(1+L)^{\frac{1}{2}}]^2}\{(1-U_{\max})X+2[U_{\max}-(1+L)^{\frac{1}{2}}](1+X)^{\frac{1}{2}}\}+C$$
$$=-\frac{K_3}{\rho_0}p_0\tag{7-3-48}$$

定积分常数 C，当 $X=0$，$p_0=1$ 时，$C=-\frac{K_3}{\rho_0}$

$$p_0=1-\frac{\rho_0}{K_3}\frac{1-U_{\max}}{2[1-(1+L)^{\frac{1}{2}}]^2}\{(1-U_{\max})X+[U_{\max}-(1+L)^{\frac{1}{2}}]2(1+X)^{\frac{1}{2}}\}\tag{7-3-49}$$

7.3.7　实际流体运动区断面平均速度与位置

计算实际流体（黏性流体）运动区断面平均速度 v_0，目的有二：一则其本身与计算涡旋径向分速度有关；二则是通过它可以得到平均速度在断面上的位置，有了这个位置，可以确定涡旋产生的地带。图 7-3-2 所示为实际流体运动区断面平均速度 $v_0(x)$。图 7-3-3 为实际流体断面平均速度计算方法示意图。

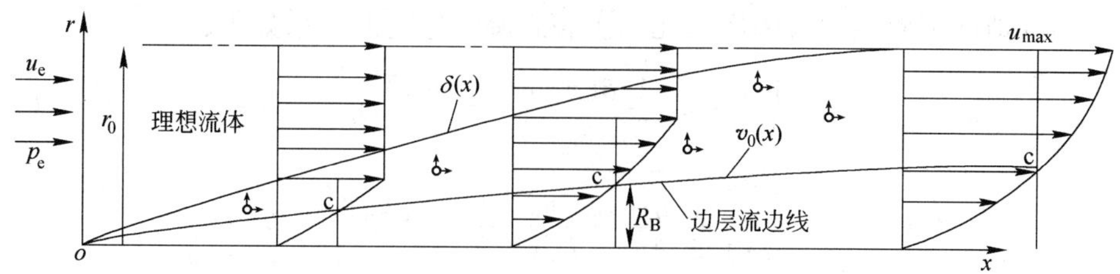

图 7-3-2 不可压缩湍流圆管进口段断面实际流体平均速度 $v_0(x)$ 示意图

$$dA = r_0 d\theta dr, 而 \frac{r}{\delta(x)} = R, dR = \frac{dr}{\delta(x)}, dr = \delta(x) dR$$

$$dA = r_0 \delta(x) d\theta dR \tag{7-3-50}$$

$$dQ = u(x,r) dA = u_e Re^{\alpha} X^{\frac{1}{2}} (2R - R^2) dA \tag{7-3-51}$$

$$dQ = u_e Re^{\alpha} X^{\frac{1}{2}} (2R - R^2) r_0 \delta(x) d\theta dR$$

$$Q = u_e Re^{\alpha} X^{\frac{1}{2}} r_0 \delta(x) \int_0^{2\pi} d\theta \int_0^1 (2R - R^2) dR$$

$$Q = 2\pi Re^{\alpha} X^{\frac{1}{2}} r_0 \delta(x) \frac{2}{3} u_e \tag{7-3-52}$$

$$v_0(x) = \frac{Q}{A} = \frac{2\pi Re^{\alpha} X^{\frac{1}{2}} u_e \frac{2}{3} r_0 \delta(x)}{2\pi r_0 \delta(x)}$$

$$= \frac{2}{3} u_e Re^{\alpha} X^{\frac{1}{2}} \tag{7-3-53}$$

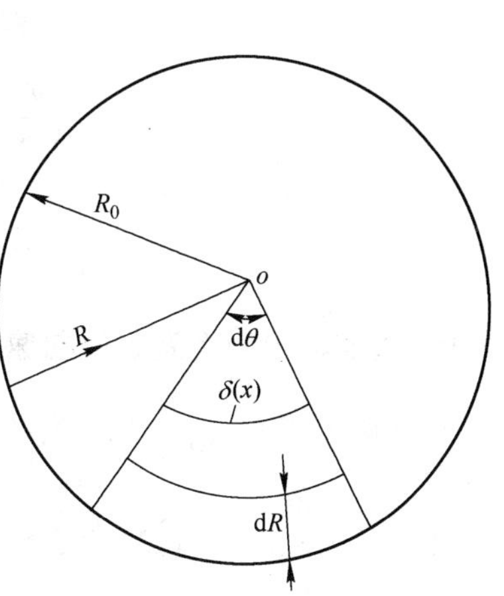

图 7-3-3 实际流体断面平均速度计算方法示意图

式（7-3-53）就是计算黏性流体运动区断面平均速度 $v_0(x)$ 的公式。其位置计算，只须将平均速度值代入速度分布式中即可。实际流区速度分布为

$$U = Re^{\alpha} X^{\frac{1}{2}} (2R - R^2)$$

将其有因次化为

$$u(x,r) = u_e Re^{\alpha} X^{\frac{1}{2}} (2R - R^2) \tag{7-3-54}$$

将平均速度 $v_0(x)$ 式（7-3-53）代入式（7-3-54）等号左边，对应的 R 就是平均速度的位置 R_B

$$\frac{2}{3} Re^{\alpha} X^{\frac{1}{2}} u_e = u_e Re^{\alpha} X^{\frac{1}{2}} (2R_B - R_B^2)$$

$$\frac{2}{3} = 2R_B - R_B^2 \tag{7-3-55}$$

解得

$$R_B = 0.423 \tag{7-3-56}$$

$$r_B = 0.423\delta(x) \tag{7-3-57}$$

平均速度 $v_0(x)$ 的位置，也就是边层流的界面，是涡旋产生的地方。

7.3.8 边层流界面上涡旋旋转速度

断面上黏性流体平均速度与速度分布曲线的交点组成的曲面，就是边层流界面。在这

个面上会间歇地产生涡旋。有因次与无因次涡旋旋转速度的关系如下：

$$\omega_R = \frac{1}{2}\frac{\partial U}{\partial R} = \frac{1}{2}\frac{\delta(x)}{u_e}\frac{\partial u}{\partial r} = \frac{\delta(x)}{u_e}\omega_r \tag{7-3-58}$$

$$\omega_r\Big|_{r=r_B} = \frac{u_e}{\delta(x)}\frac{1}{2}\frac{\partial U}{\partial R} = \frac{u_e}{\delta(x)}\frac{1}{2}Re^{\alpha}X^{\frac{1}{2}}2(1-R)\Big|_{R=R_B}$$

$$= \frac{u_e}{\delta(x)}Re^{\alpha}X^{\frac{1}{2}}(1-R_B)$$

$$= \frac{u_e}{\delta(x)}Re^{\alpha}X^{\frac{1}{2}}(1-0.423)$$

$$\omega\big|_{r=r_B} = 0.577\frac{u_e}{\delta(x)}Re^{\alpha}X^{\frac{1}{2}} \tag{7-3-59}$$

7.3.9　边层流界面上涡旋径向速度 u_r^*

根据第 4 章式（4-4-1），结合本章所讨论的问题，则边层流界面上涡旋径向速度为：

$$u_r^* = 12\nu t(\omega\big|_{r=r_B})^2 v_0^{-1} \tag{7-3-60}$$

将式（7-3-59）与式（7-3-53）代入式（7-3-60）

$$u_r^*\big|_{r=r_B} = 12\nu t\frac{\left(0.577\dfrac{u_e}{\delta(x)}Re^{\alpha}X^{\frac{1}{2}}\right)^2}{\dfrac{2}{3}u_e Re^{\alpha}X^{\frac{1}{2}}}$$

$$= 18\nu t\frac{(0.577)^2 u_e Re^{\alpha}X^{\frac{1}{2}}}{\delta(x)^2}$$

$$= 18\nu\left(\frac{\delta(x) - 0.423\delta(x)}{u_r^*}\right)\frac{(0.577)^2 u_e Re^{\alpha}X^{\frac{1}{2}}}{\delta(x)^2}$$

$$(u_r^*\big|_{r=r_B})^2 = \frac{18\nu(0.577)^3 u_e Re^{\alpha}X^{\frac{1}{2}}}{\delta(x)}$$

$$u_{r=r_B}^* = \sqrt{\frac{3.4578\nu u_e Re^{\alpha}X^{\frac{1}{2}}}{\delta(x)}} \tag{7-3-61}$$

7.3.10　涡旋体积分数 φ

根据第 4 章涡旋体积分数定义，结合本问题，

$$\varphi = \frac{\pi u_r^*}{48\delta(x)} \tag{7-3-62}$$

7.3.11　解决进口段问题的第二种方法

除上述方法外，解决进口段问题还有第二种方法，具体内容如下。

不可压缩湍流圆管进口段的运动控制方程与边界条件是固定的，但求解它的方法可以不同。根据边界条件，选择实际流体运动速度分布为：

$$U = U_{\max}\left(\frac{X}{L}\right)^{F(X)}(2R - R^2) \tag{7-3-63}$$

理想流体运动区速度分布选为：

$$U_0 = \frac{1}{1-(1+L)^{F(X)}}\left[(1-U_{\max})(1+X)^{F(X)} + U_{\max} - (1+L)^{F(X)}\right] \tag{7-3-64}$$

将（7-3-63）与（7-3-64）两式代入式（7-3-22）后，用以前方法亦可得：

$$F(X) = \frac{Re + 4\nu_0(1-\varphi^{2/3})\left(\frac{r_0}{\delta(x)}\right)^2 - 2}{2Re - 3\nu_0}$$

当求 L 时，$\delta(x) = r_0$，所以近似可取 $F(X) \approx \frac{Re}{2Re} = 0.5$，则

$$U = U_{\max}\left(\frac{X}{L}\right)^{\frac{1}{2}}(2R - R^2) \tag{7-3-65}$$

$$U_0 = \frac{1}{1-(1+L)^{\frac{1}{2}}}\left[(1-U_{\max})(1+X)^{\frac{1}{2}} + U_{\max} - (1+L)^{\frac{1}{2}}\right] \tag{7-3-66}$$

应用以上两式时，须知无因次进口段长度 L 与理想与实际流体分界线 $\delta(x)$。

这里，首先介绍确定进口段长度的方法，即利用壁面剪切力做功与压能下降相等原则。当只考虑湍流附加剪应力时，可得：

$$L = \left[\frac{3}{2}\frac{r_0^2(u_{\max}^2 - v_0^2)}{\varphi^{2/3}\nu t_K U_{\max}^2}\right]^{\frac{1}{3}} \tag{7-3-67}$$

当只考虑牛顿剪应力时，可得：

$$L = \left(\frac{2}{3}\frac{r_0(u_{\max}^2 - v_0^2)}{\nu u_{\max}}\right]^{\frac{1}{3}} \tag{7-3-68}$$

当同时考虑牛顿剪应力与湍流附加剪应力时，得：

$$L = \frac{3}{2}\frac{r_0(u_{\max}^2 - v_0^2)}{\nu u_{\max}\left(1 + \varphi^{2/3}t_K\frac{u_{\max}}{r_0}\right)} \tag{7-3-69}$$

其次，确定理想流体与实际流体运动分界线 $\delta(x)$ 的计算公式，即利用沿程阻力损失与压力降水头相等的原则，由此可得：

$$\delta(x) = \left[\frac{\frac{\lambda'}{8}X^2 + \frac{2}{\lambda'}\ln(1+X)}{\frac{\lambda'}{8}L^2 + \frac{2}{\lambda'}\ln(1+L)}\right]r_0 \tag{7-3-70}$$

现在利用各断面流量守恒建立 $\delta(x)$ 计算公式，由

$$Q_{总} = Q_{理} + Q_{实}$$

$$Q_{总} = u_e \pi r_0^2$$

$$Q_{理} = \frac{u_e \pi}{1-(1+L)^{\frac{1}{2}}}\left[(1-U_{max})(1+X)^{\frac{1}{2}} + U_{max} - (1+L)^{\frac{1}{2}}\right](r_0 - \delta(x))^2$$

$$Q_{实} = u_e\left(\frac{X}{L}\right)^{\frac{1}{2}} 2\pi r_0 \int_0^{\delta(x)} \left[\frac{2r}{\delta(x)} - \frac{r^2}{\delta(x)^2}\right] dr = 2\pi r_0 u_e \left(\frac{X}{L}\right)^{\frac{1}{2}} \frac{2}{3}\delta(x)$$

所以,

$$u_e \pi r_0^2 = \pi(r_0^2 - 2r_0\delta(x) + \delta(x)^2)\frac{u_e}{1-(1+L)^{\frac{1}{2}}}\left[(1-U_{max})(1+X)^{\frac{1}{2}} + \right.$$

$$\left. U_{max} - (1+L)^{\frac{1}{2}}\right] + \frac{4}{3}\pi r_0\left(\frac{X}{L}\right)^{\frac{1}{2}} u_e \delta(x)$$

将上式化简:

$$1 = \frac{1 - 2\frac{\delta(x)}{r_0} + \left(\frac{\delta(x)}{r_0}\right)^2}{1-(1+L)^{\frac{1}{2}}}\left[(1-U_{max})(1+X)^{\frac{1}{2}} + U_{max} - (1+L)^{\frac{1}{2}}\right] + \frac{4}{3}\left(\frac{X}{L}\right)^{\frac{1}{2}}\frac{\delta(x)}{r_0} \tag{7-3-71}$$

令　$$A(X) = \frac{1}{1-(1+L)^{\frac{1}{2}}}\left[(1-U_{max})(1+X)^{\frac{1}{2}} + U_{max} - (1+L)^{\frac{1}{2}}\right]$$

则式（7-3-71）可写成:

$$A(X)\left(\frac{\delta(x)}{r_0}\right)^2 - \left[2A(X) - \frac{4}{3}\left(\frac{X}{L}\right)^{\frac{1}{2}}\right]\frac{\delta(x)}{r_0} + A(X) - 1 = 0 \tag{7-3-72}$$

取近似式

$$\frac{\delta(x)}{r_0} = \frac{A(X) - 1}{2A(X) - \frac{4}{3}\left(\frac{X}{L}\right)^{\frac{1}{2}}} \tag{7-3-73}$$

为了满足边界条件要求将 $A(X)$ 表达式写成:

$$A(X) = \frac{1}{1-(1+L)^{\frac{1}{2}}}\left[\left(1-\frac{1}{3}\right)(1+X)^{\frac{1}{2}} + \frac{1}{3} - (1+L)^{\frac{1}{2}}\right] \tag{7-3-74}$$

需要注意的是，在应用导出的黏性流体运动区速度分布式（7-3-63）之前，必须解决参变量 $F(X)$ 是多少；进口段无因次长度 L 是多少；黏性流体与理想流体运动区边界 $\delta(x)$ 如何表达等具体问题。

7.4　不可压缩湍流矩形管道进口段

与圆形管道进口段不同，不可压缩湍流矩形管道进口段是一维流动三维变化，坐标选定如图 7-4-1 所示。

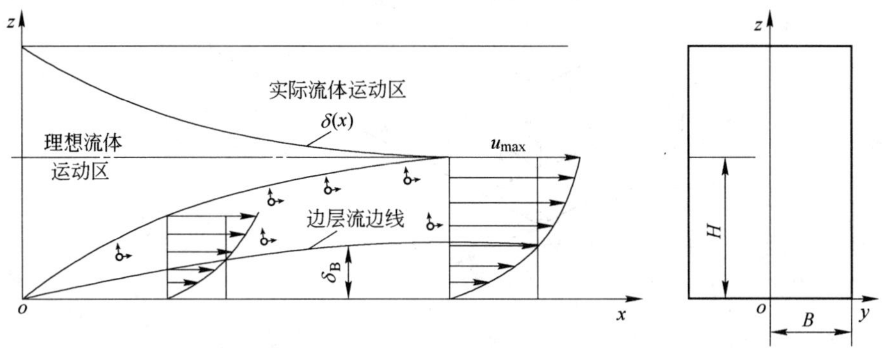

图 7-4-1　矩形管道湍流进口段示意图

7.4.1　运动控制方程与边界条件

由式（3-18-29），结合本问题可得：

$$\frac{\nu}{2}\left\{(1-\varphi^{2/3})\left(\frac{\partial^2 u}{\partial y\partial x}+\frac{\partial^2 u}{\partial z\partial x}\right)+(\varphi^{2/3}-1)\frac{1}{u}\left(\frac{\partial u}{\partial x}\right)\left(\frac{\partial u}{\partial y}+\frac{\partial u}{\partial z}\right)\right.$$

$$=-\frac{1}{\rho}\frac{\partial p}{\partial x}+\nu\left[\frac{\partial^2 u}{\partial x^2}+\frac{\partial^2 u}{\partial y^2}+\frac{\partial^2 u}{\partial z^2}-\varphi^{2/3}\left(\frac{\partial^2 u}{\partial y^2}+\frac{\partial^2 u}{\partial z^2}\right)\right]+$$

$$6\varphi^{2/3}\nu t\left(\frac{\partial u}{\partial y}\frac{\partial^2 u}{\partial y^2}+\frac{\partial u}{\partial z}\frac{\partial^2 u}{\partial z^2}\right) \tag{7-4-1}$$

矩形管道进口段，理想流体与实际流体分界面比较复杂，为表示其特点，分为图 7-4-2（a）、（b）和（c）三个图示出。

$$u(x,y,z)\Big|_{\substack{x=0\\y=0\\z=0}}=0 \tag{7-4-2}$$

$$u(x,y,z)\Big|_{\substack{x=l,z=H\\y=0}}=u_{\max} \tag{7-4-3}$$

$$\frac{\partial u}{\partial y}\Big|_{y=B-\delta_y(x,z_\delta)}=0 \tag{7-4-4}$$

$$\frac{\partial u}{\partial z}\Big|_{z=\delta_z(x,y_\delta)}=0 \tag{7-4-5}$$

$$\frac{\partial^2 u}{\partial y^2}<0 \tag{7-4-6}$$

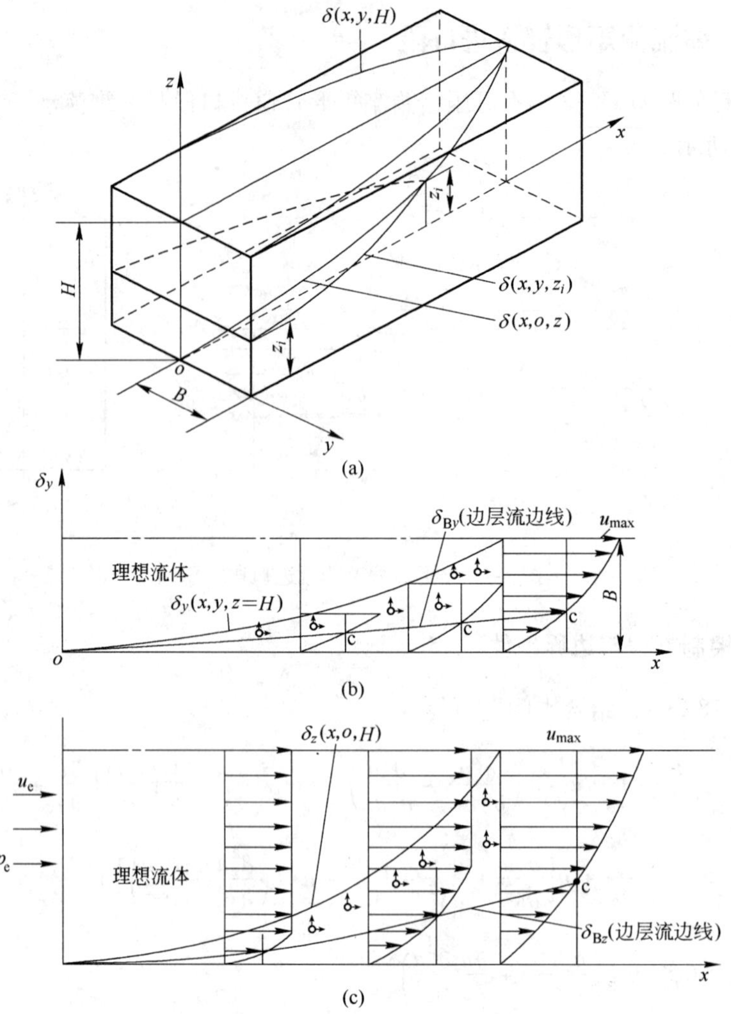

图 7-4-2　理想流体与实际流体分界面示意图

（a）分界面；（b）分界线 δ_y；（c）分界线 δ_z

$$\frac{\partial^2 u}{\partial z^2} < 0 \tag{7-4-7}$$

$$p(x,y,z)\big|_{x=0} = p_e \tag{7-4-8}$$

将方程与边界条件无因次化，为此取：

$$\frac{u}{u_e} = U;\ \frac{x}{H} = X;\ \frac{B-y}{\delta_y(x,z_\delta)} = Y;\frac{z}{\delta_z(x,y_\delta)} = Z;\ \frac{p}{p_e} = p_0;\ \frac{\rho}{\rho_e} = \rho_0;\ \frac{\nu}{\nu_e} = \nu_0$$

将以上比值，代入方程与边界条件，得：

$$\frac{\nu_e\nu_0}{2}\left\{\frac{u_e}{H\delta_z}(1-\varphi^{2/3})\left[\frac{\partial^2 U}{\partial X\partial Z} - \left(\frac{\delta_z}{\delta_y}\right)\frac{\partial^2 U}{\partial X\partial Y}\right] + \frac{u_e}{H\delta_z}\frac{\varphi^{2/3}-1}{U}\frac{\partial U}{\partial X}\left[\frac{\partial U}{\partial Z} - \left(\frac{\delta_z}{\delta_y}\right)\frac{\partial U}{\partial Y}\right]\right\}$$

$$= -\frac{p_0 H}{\nu_e u_e \rho_e}\frac{\partial p_0}{\rho_0\partial X} + \nu_e\nu_0\left[\frac{u_e}{H^2}\left(\frac{\partial^2 U}{\partial X^2} + \frac{H^2\partial^2 U}{\delta_z^2\partial Z^2}\frac{H^2}{\delta_y^2}\frac{\partial^2 U}{\partial y^2}\right) - \varphi^{2/3}\frac{u_e}{\delta_z^2}\left(\frac{\partial^2 U}{\partial Z^2} - \frac{\delta_z^2}{\delta_y^2}\frac{\partial^2 U}{\partial Y^2}\right)\right] +$$

$$6\varphi^{2/3}t\nu_e\nu_0\frac{u_e^2}{\delta_z^3}\left[\frac{\partial U}{\partial Z}\frac{\partial^2 U}{\partial Z^2}-\left(\frac{\delta_z}{\delta_y}\right)^2\frac{\partial U}{\partial Y}\frac{\partial^2 U}{\partial Y^2}\right] \tag{7-4-9}$$

将式（7-4-9）全式除以 $\frac{\nu_e u_e}{H^2}$，则：

$$\frac{H}{\delta_z}\frac{\nu_0}{2}\left\{(1-\varphi^{2/3})\left[\frac{\partial^2 U}{\partial X\partial Z}-\left(\frac{\delta_z}{\delta_y}\right)\frac{\partial^2 U}{\partial X\partial Y}\right]+\frac{\varphi^{2/3}-1}{U}\left[\frac{\partial U}{\partial Z}-\left(\frac{\delta_z}{\delta_y}\right)\frac{\partial U}{\partial Y}\right]\right\}$$

$$=-K_1\frac{\partial p_0}{\rho_0\partial X}+\nu_0\left[\frac{\partial^2 U}{\partial X^2}+\frac{H^2}{\delta_z^2}\frac{\partial^2 U}{\partial Z^2}-\frac{H^2}{\delta_y^2}\frac{\partial^2 U}{\partial Y^2}-\varphi^{2/3}\frac{H^2}{\delta_z^2}\left(\frac{\partial^2 U}{\partial Z^2}-\frac{\delta_z^2}{\delta_y^2}\frac{\partial^2 U}{\partial Y^2}\right)\right]+$$

$$K_2\varphi^{2/3}\nu_0\left(\frac{H}{\delta_z}\right)^2\left[\frac{\partial U}{\partial Z}\frac{\partial^2 U}{\partial Z^2}-\left(\frac{\delta_z^2}{\delta_y^2}\right)\frac{\partial U}{\partial Y}\frac{\partial^2 U}{\partial Y^2}\right] \tag{7-4-10}$$

式中

$$K_1=\frac{p_e H}{\nu_e u_e \rho_e} \tag{7-4-11}$$

$$K_2=\frac{6tu_e}{\delta_z} \tag{7-4-12}$$

$$U(X,Y,Z)\Big|_{X=0\quad Y=0\quad Z=0}=0 \tag{7-4-13}$$

$$U(X,Y,Z)\Big|_{X=L,Y=0,Z=1}=U_{max} \tag{7-4-14}$$

$$\frac{\partial U}{\partial Y}\Big|_{Y=1}=0 \tag{7-4-15}$$

$$\frac{\partial U}{\partial Z}\Big|_{Z=1}=0 \tag{7-4-16}$$

$$\frac{\partial^2 U}{\partial Y^2}<0 \tag{7-4-17}$$

$$\frac{\partial^2 U}{\partial Z^2}<0 \tag{7-4-18}$$

$$p_0(X,Y,Z)\Big|_{X=0}=1 \tag{7-4-19}$$

7.4.2 速度分布

理想流体区、运动微分方程：

$$u\frac{\mathrm{d}u}{\mathrm{d}x} = -\frac{1}{\rho}\frac{\mathrm{d}p}{\mathrm{d}x} \tag{7-4-20}$$

将其无因次化，取 $\frac{u}{u_e} = U_0$ 代入式（7-4-20），则：

$$K_0 U_0 \frac{\mathrm{d}U_0}{\mathrm{d}X} = -\frac{1}{\rho_0}\frac{\mathrm{d}p_0}{\mathrm{d}X} \tag{7-4-21}$$

式中

$$K_0 = \frac{\rho_e u_e^2}{p_e} \tag{7-4-22}$$

用式（7-4-21）置换式（7-4-10）中 $-\frac{1}{\rho_0}\frac{\mathrm{d}p_0}{\mathrm{d}X}$，则式（7-4-10）变为，

$$\frac{H}{\delta_z}\frac{\nu_0}{2}\left\{(1-\varphi^{2/3})\left[\frac{\partial^2 U}{\partial X\partial Z}-\left(\frac{\delta_z}{\delta_y}\right)\frac{\partial^2 U}{\partial X\partial Y}\right]+\frac{\varphi^{2/3}-1}{U}\left[\frac{\partial U}{\partial Z}-\left(\frac{\delta_z}{\delta_y}\right)\frac{\partial U}{\partial Y}\right]\right\}$$

$$= ReU_0\frac{\mathrm{d}U_0}{\mathrm{d}X}+\nu_0\left[\frac{\partial^2 U}{\partial X^2}+\frac{H^2}{\delta_z^2}\frac{\partial^2 U}{\partial Z^2}-\frac{H^2}{\delta_y^2}\frac{\partial^2 U}{\partial Y^2}-\varphi^{2/3}\frac{H^2}{\delta_z^2}\left(\frac{\partial^2 U}{\partial Z^2}-\frac{\delta_z^2}{\delta_y^2}\frac{\partial^2 U}{\partial Y^2}\right)\right]+$$

$$K_2\varphi^{2/3}\nu_0\left(\frac{H}{\delta_z}\right)^2\left[\left(\frac{\partial U}{\partial Z}\right)\frac{\partial^2 U}{\partial Z^2}-\left(\frac{\delta_z}{\delta_y}\right)^2\left(\frac{\partial U}{\partial Y}\right)\frac{\partial^2 U}{\partial Y^2}\right] \tag{7-4-23}$$

式中

$$Re = \frac{u_e H}{\nu_e} \tag{7-4-24}$$

根据边界条件，选黏性（实际）流体运动区速度分布：

$$U = U_{max}\left(\frac{X}{L}\right)^{F(X)}(2Y-Y^2)(2Z-Z^2) \tag{7-4-25}$$

代入式（7-4-23），确定 $F(X)$。理想流体速度 U_0 可由式（7-3-23）计算。

首先计算 $ReU_0\frac{\mathrm{d}U_0}{\mathrm{d}X}$，并将式（7-3-23）代入，则：

$$ReU_0\frac{\mathrm{d}U_0}{\mathrm{d}X} = \frac{F(X)Re(1-U_{max})(1+X)^{F(X)-1}}{1-(1+L)^{F(X)}} \tag{7-4-26}$$

$$\frac{H}{\delta_z}\frac{\nu_0}{2}\left\{(1-\varphi^{2/3})U_{max}F(X)\left(\frac{X}{L}\right)^{F(X)-1}\left[(2Y-Y^2)2(1-Z)-\right.\right.$$

$$\left.\left.\left(\frac{\delta_z}{\delta_y}\right)(2Z-Z^2)2(1-Y)\right]+(\varphi^{2/3}-1)\left[\frac{2(1-Z)}{2Z-Z^2}-\frac{\delta_z}{\delta_y}\frac{2(1-Y)}{2Y-Y^2}\right]\right\}$$

$$
= \frac{(1 - U_{\max}) F(X) (1 + X)^{F(X)-1}}{1 - (1 + L)^{F(X)}} + \nu_0 \Big\{ \Big[U_{\max} (2Y - Y^2)
$$

$$
(2Z - Z^2) F(X) (F(X) - 1) \left(\frac{X}{L}\right)^{F(X)-2} \Big] -
$$

$$
2 \frac{H^2}{\delta_z^2} (2Y - Y^2) U_{\max} \left(\frac{X}{L}\right)^{F(X)} + 2(2Z - Z^2) U_{\max} \left(\frac{X}{L}\right)^{F(X)} -
$$

$$
\varphi^{2/3} 2 \frac{H^2}{\delta_z^2} U_{\max} \left(\frac{X}{L}\right)^{F(X)} \Big[\left(\frac{\delta_z}{\delta_y}\right)^2 (2Z - Z^2) - (2Y - Y^2) \Big] \Big\} -
$$

$$
4K_2 \varphi^{2/3} \nu_0 \left(\frac{H}{\delta_z}\right)^2 U_{\max}^2 \left(\frac{X}{L}\right)^{2F(X)} \Big[(1 - Z)(2Y - Y^2) -
$$

$$
\left(\frac{\delta_z}{\delta_y}\right)^2 (1 - Y)(2Z - Z^2) \Big] \tag{7-4-27}
$$

速度分布暂定为式（7-4-25）。所谓暂定是因为式中 $F(X)$ 未知。$\left(\frac{X}{L}\right)^{F(X)}$ 表示流体在力的作用下，于不同位置对速度所产生的不同影响程度。这说明 $F(X)$ 与流体受力有关，而流体受力运动情况是通过方程来表达的，因此要确定 $F(X)$ 的表示方式，应该由方程而定。

在流场中，既有理想流体，又有实际流体，其运动控制方程不同，带来的速度分布也相异。然而在理想流体与实际流体交界面上，两者速度是一样的，所以取 $Z=1$，$Y=1$ 代入方程，这样找到的 $F(X)$ 可以适用于理想流体速度分布与实际流体的速度分布上。则式（7-4-27）得到简化为：

$$
0 = \frac{Re(1 - U_{\max}) F(X) (1 + X)^{F(X)-1}}{1 - (1 + L)^{F(X)}} + \nu_0 U_{\max} \Big[F(X)(F(X) - 1) \left(\frac{X}{L}\right)^{F(X)-2} -
$$

$$
2 \frac{H^2}{\delta_z^2} \left(\frac{X}{L}\right)^{F(X)} + 2 \frac{H^2}{\delta_y^2} \left(\frac{X}{L}\right)^{F(X)} + 2\varphi^{2/3} \frac{H^2}{\delta_z^2} \left(\frac{X}{L}\right)^{F(X)} \left(1 - \frac{\delta_z^2}{\delta_y^2}\right) \Big] \tag{7-4-28}
$$

将式（7-4-28）写成：

$$
2\nu_0 U_{\max} \Big[\frac{H^2}{\delta_z^2} \left(\frac{X}{L}\right)^{F(X)} (1 - \varphi^{2/3}) + \frac{H^2}{\delta_y^2} \left(\frac{X}{L}\right)^{F(X)} (\varphi^{2/3} - 1) \Big]
$$

$$
= \frac{Re(1 - U_{\max}) F(X) (1 + X)^{F(X)-1}}{1 - (1 + L)^{F(X)}} + \nu_0 U_{\max} F(X)(F(X) - 1) \left(\frac{X}{L}\right)^{F(X)-2} \tag{7-4-29}
$$

根据计算需要取对数：

$$
2\nu_0 U_{\max} \Big[\frac{H^2}{\delta_z^2} F(X)(1 - \varphi^{2/3}) \ln\left(\frac{X}{L}\right) + \frac{H^2}{\delta_y^2} F(X)(\varphi^{2/3} - 1) \ln\left(\frac{X}{L}\right) \Big]
$$

$$= \frac{Re(1 - U_{max})F(X)(F(X) - 1)}{-F(X)} \ln\left(\frac{X}{L}\right) +$$

$$\nu_0 U_{max} F(X)(F(X) - 1)(F(X) - 2)\ln\left(\frac{X}{L}\right) \tag{7-4-30}$$

式（7-4-30）除以 $F(X)\ln\left(\frac{X}{L}\right)$，得：

$$2\nu_0 U_{max}\left[\frac{H^2}{\delta_z^2}(1 - \varphi^{2/3}) + \frac{H^2}{\delta_y^2}(\varphi^{2/3} - 1)\right]$$

$$= \nu_0 U_{max}(F(X) - 1)(F(X) - 2) + \frac{Re(1 - U_{max})(F(X) - 1)}{-F(X)} \tag{7-4-31}$$

将上式展开为 $F(X)$ 的三次代数方程得：

$$\nu_0 U_{max} F(X)^3 - 3\nu_0 U_{max} F(X)^2 + \left\{2\nu_0 U_{max} - Re(1 - U_{max}) - \nu_0 U_{max}\left[\frac{H^2}{\delta_z^2}(1 - \varphi^{2/3}) + \frac{H^2}{\delta_y^2}(\varphi^{2/3} - 1)\right]\right\}F(X) + Re(1 - U_{max}) = 0 \tag{7-4-32}$$

对式（7-4-32）进行分析，Re 是湍流雷诺数，$\nu_0 = \frac{\nu}{\nu_e}$ 对于不可压缩流体近似为 1，$F(X)$ 本身是指数，不会很大，$\delta_z \leqslant H, \delta_y \leqslant B$，$\varphi$ 是小于 1 的数，则所有这些变量、没有一个与 Re 量级相同，所以它们均可以忽略。

$$-Re(1 - U_{max})F(X) + Re(1 - U_{max}) = 0 \tag{7-4-33}$$

由式（7-4-33），得 $F(X) = 1$。

理想流体运动区速度分布，可直接由式（7-3-31）以 $F(X) = 1$ 代入，化简整理为：

$$U_0 = \frac{1}{1 - (1 + L)}[(1 - U_{max})(1 + X) + U_{max} - (1 + L)]$$

$$= -\frac{1}{L}[X(1 - U_{max}) - L] = 1 - \frac{X}{L}(1 - U_{max}) \tag{7-4-34}$$

黏性（实际）流体运动区速度分布：

$$U = U_{max}\left(\frac{X}{L}\right)(2Y - Y^2)(2Z - Z^2) \tag{7-4-35}$$

应用速度公式时，首先要知道进口段无因次长度 L，对实际流体运动区，速度分布计算尚需知道 δ_y 和 δ_z。

7.4.3　进口段长度

由于进口段长 l 处，断面中心为最大速度 u_{max}；而进口段中心区为理想流体，其速度沿程变化与压力变化相对应。而压力变化，或是说压力沿程下降，是因黏性流体运动区剪应力做功消耗流体能量形成的，建立它们的平衡关系，就可以找到进口段长度 l。

在湍流情况下，其剪应力可以分为两种情况来考虑。第一种情况，单纯考虑其黏性剪应力；第二种情况，既考虑其黏性剪应力，又把其湍流附加剪应力考虑进来。

先按第一种情况推导其进口段长度计算公式。黏性剪应力公式为：

$$\tau_x = \mu\left(\frac{\partial u}{\partial y} + \frac{\partial u}{\partial z}\right) \tag{7-4-36}$$

式（7-4-36）也可以写成：

$$\tau_x = \mu u_e\left(\frac{1}{\delta_z}\frac{\partial U}{\partial Z} + \frac{1}{\delta_y}\frac{\partial U}{\partial Y}\right) \tag{7-4-37}$$

由式（7-4-35）

$$\left.\frac{\partial U}{\partial Z}\right|_{Z=0} = 2U_{\max}\left(\frac{X}{L}\right)(2Y - Y^2)(1 - Z) \tag{7-4-38}$$

$$\left.\frac{\partial U}{\partial Y}\right|_{Y=0} = 2U_{\max}\left(\frac{X}{L}\right)(2Z - Z^2)(1 - Y) \tag{7-4-39}$$

将式（7-4-38）与式（7-4-39）两式代入式（7-4-37），

$$\tau_x = 2\mu U_{\max}\left(\frac{X}{L}\right)\left[\frac{1}{\delta_z}(2Y - Y^2) + \frac{1}{\delta_y}(2Z - Z^2)\right] \tag{7-4-40}$$

将剪应力所做的负功，对其分别进行 X，Y，Z 方向积分，则得剪应力在进口段消耗总能量。

$$E_f = 2\mu U_{\max}\int_0^L X\mathrm{d}X\int_0^1 L\left(\frac{X}{L}\right)\mathrm{d}\left(\frac{X}{L}\right)\left[\int_0^1\frac{1}{\delta_z}(2Y - Y^2)\mathrm{d}Y + \int_0^1\frac{1}{\delta_y}(2Z - Z^2)\mathrm{d}Z\right]$$

$$= 2\mu u_e U_{\max}\frac{L^3}{2}\left(\frac{1}{\delta_z}\frac{2}{3} + \frac{1}{\delta_y}\frac{2}{3}\right) = \frac{2}{3}\mu u_{\max}L^3\left(\frac{1}{H} + \frac{1}{B}\right) \tag{7-4-41}$$

由理想流体运动区适用伯努利方程，

$$\frac{p_e}{\rho} + \frac{u_e^2}{2} = \frac{p_c}{\rho} + \frac{u_{\max}^2}{2} \tag{7-4-42}$$

$$\frac{p_e}{\rho} - \frac{p_c}{\rho} = \frac{u_{\max}^2}{2} - \frac{u_e^2}{2}$$

$$p_e - p_c = \rho\left(\frac{u_{\max}^2 - u_e^2}{2}\right) = \rho\frac{(u_{\max}^2 - v_0^2)}{2}$$

$$\Delta p = \frac{\rho(u_{\max}^2 - v_0^2)}{2} \tag{7-4-43}$$

将式（7-4-43）与式（7-4-41）相等，因为这个压力降就是由黏性流体运动区剪应力做功所消耗的能量，故得：

$$L=\sqrt[3]{\frac{3(u_{\max}^2-v_0^2)}{\nu u_{\max}\left(\frac{1}{M}-\frac{1}{B}\right)}} \tag{7-4-44}$$

$$l=\left[\sqrt[3]{\frac{3(u_{\max}^2-v_0^2)}{4\nu u_{\max}\left(\frac{1}{H}-\frac{1}{B}\right)}}\right]H \tag{7-4-45}$$

第二种情况：同时考虑黏性剪应力与湍流附加剪应力。

$$\tilde{\tau}_x=\tau_x+\tau'_x \tag{7-4-46}$$

$$\tau'_x=\tau'_{yx}+\tau'_{zx} \tag{7-4-47}$$

由式（3-14-1）得湍流附加剪应力为：

$$\tau'_x=\varphi^{2/3}\mu t\left[\left(\frac{\partial u}{\partial y}\right)^2+\left(\frac{\partial u}{\partial z}\right)^2\right] \tag{7-4-48}$$

$$\left(\frac{\partial u}{\partial y}\right)^2=\frac{u_e^2}{\delta_y^2}\left(\frac{\partial U}{\partial Y}\right)^2 \tag{7-4-49}$$

$$\left(\frac{\partial u}{\partial z}\right)^2=\frac{u_e^2}{\delta_z^2}\left(\frac{\partial U}{\partial Z}\right)^2 \tag{7-4-50}$$

将式（7-4-49）与式（7-4-50）代入式（7-4-48）

$$\tilde{\tau}_x=\varphi^{2/3}\mu t u_e^2\left[\frac{1}{\delta_y^2}\left(\frac{\partial U}{\partial Y}\bigg|_{Y=0}\right)^2+\frac{1}{\delta_z^2}\left(\frac{\partial U}{\partial Z}\bigg|_{Z=0}\right)^2\right] \tag{7-4-51}$$

$$\tilde{\tau}_x=2\varphi^{2/3}\mu t u_{\max}^2\left(\frac{X}{L}\right)^2\left[\frac{1}{\delta_y^2}(2Z-Z^2)^2+\frac{1}{\delta_z^2}(2Y-Y^2)^2\right] \tag{7-4-52}$$

湍流附加剪应力在黏性流体运动区所做的总功为：

$$W_x=2\varphi^{2/3}\mu t u_{\max}^2\int_0^L X\mathrm{d}X\int_0^1 L\left(\frac{X}{L}\right)^2\mathrm{d}\left(\frac{X}{L}\right)\left[\int_0^1\frac{1}{\delta_y^2}(2Z-Z^2)\mathrm{d}Z-\int_0^1\frac{1}{\delta_z^2}(2Y-Y^2)\mathrm{d}Y\right]$$

$$=2\varphi^{2/3}\mu t u_{\max}^2\frac{L^2}{2}\frac{L}{3}\left(\frac{1}{\delta_y^2}\frac{8}{15}+\frac{1}{\delta_z^2}\frac{8}{15}\right)$$

$$=\frac{16}{45}\mu t\varphi^{2/3}u_{\max}^2\left(\frac{1}{B^2}+\frac{1}{H^2}\right)L^3 \tag{7-4-53}$$

由此，得剪应力做的功为：

$$W=E_f+W_x$$

$$= \left[\frac{2}{3}\mu u_{\max}\left(\frac{1}{H} - \frac{1}{B} \right) + \frac{16}{45}\varphi^{2/3}\mu t u_{\max}^2\left(\frac{1}{B^2} + \frac{1}{H^2} \right) \right] L^3 \tag{7-4-54}$$

将式（7-4-43）与式（7-4-54）相等起来，就可求出进口段无因次长度 L：

$$L = \left\{ \frac{0.5(u_{\max}^2 - v_0^2)}{\nu\left[0.666u_{\max}\left(\frac{1}{H} - \frac{1}{B} \right) + 0.356\varphi^{2/3}tu_{\max}^2\left(\frac{1}{H^2} + \frac{1}{B^2} \right) \right]} \right\}^{\frac{1}{3}} \tag{7-4-55}$$

有因次进口段长度 l：

$$l = \left\{ \frac{0.5(u_{\max}^2 - v_0^2)}{\nu\left[0.666u_{\max}\left(\frac{1}{H} - \frac{1}{B} \right) + 0.356\varphi^{2/3}tu_{\max}^2\left(\frac{1}{H^2} + \frac{1}{B^2} \right) \right]} \right\}^{\frac{1}{3}} H \tag{7-4-56}$$

7.4.4 理想流体与实际流体运动分界线 $\delta(x, y, z)$

根据矩形断面，依流量守恒原则，建立理想流体与实际流体运动分界 $\delta(x,y,z)$ 计算公式，故由

总流量： $$Q_{总} = u_e BH = v_0 BH \tag{7-4-57}$$

理想流： $$Q_{理} = u_e\left[1 - \frac{X}{L}(1 - U_{\max}) \right](H - \delta_z)(B - \delta_y) \tag{7-4-58}$$

黏性流： $$Q_{黏} = u_{\max}\delta_z\delta_y\left(\frac{X}{L} \right)\int_0^1\int_0^1 (2Y - Y^2)(2Z - Z^2)\,\mathrm{d}Y\mathrm{d}Z \tag{7-4-59}$$

按流量守恒原则：

$$u_e BH = u_e\left[1 - \frac{X}{L}(1 - U_{\max}) \right][HB - (\delta_z Bt\delta_y H) + \delta_z\delta_y] + \frac{4}{9}u_{\max}\frac{X}{L}\delta_z\delta_y \tag{7-4-60}$$

$$1 = \left[1 - \frac{X}{L}(1 - U_{\max}) \right]\left[1 - \left(\frac{\delta_z}{H} + \frac{\delta_y}{B} \right) + \frac{\delta_z}{H}\frac{\delta_y}{B} \right] + \frac{4}{9}U_{\max}\frac{X}{L}\frac{\delta_z}{H}\frac{\delta_y}{B} \tag{7-4-61}$$

令 $\frac{\delta_z}{H} = \frac{\delta_y}{B}$，代入式（7-4-61）中，则：

$$1 = \left[1 - \frac{X}{L}(1 - U_{\max}) \right]\left[1 - 2\frac{\delta_z}{H} + \left(\frac{\delta_z}{H} \right)^2 \right] + \frac{4}{9}U_{\max}\frac{X}{L}\left(\frac{\delta_z}{H} \right)^2 \tag{7-4-62}$$

将式（7-4-62）写成：

$$\left\{ \left[1 - \frac{X}{L}(1 - U_{\max}) \right] + \frac{4}{9}U_{\max}\frac{X}{L} \right\}\left(\frac{\delta_z}{H} \right)^2 -$$

$$2\left[1 - \frac{X}{L}(1 - U_{\max}) \right]\frac{\delta_z}{H} - \frac{X}{L}(1 - U_{\max}) = 0 \tag{7-4-63}$$

近似处理：

$$\frac{\delta_z}{H}=\frac{\frac{X}{L}(U_{max}-1)}{2\left[1-\frac{X}{L}(1-U_{max})\right]} \tag{7-4-64}$$

根据边界条件，它应改为：

$$\delta_z=\frac{2U_{max}}{U_{max}-1}\left\{\frac{\frac{X}{L}(U_{max}-1)}{2\left[1-\frac{X}{L}(1-U_{max})\right]}\right\}H \tag{7-4-65}$$

$$\delta_y=\frac{2U_{max}}{U_{max}-1}\left\{\frac{\frac{X}{L}(U_{max}-1)}{2\left[1-\frac{X}{L}(1-U_{max})\right]}\right\}B \tag{7-4-66}$$

7.4.5　压力变化

由于压力变化与断面无关，它只是距离的函数。因此，可直接按理想流体运动区微分方程求解它，即：

$$K_0U_0\frac{dU_0}{dX}=-\frac{1}{\rho_0}\frac{dp_0}{dX} \tag{7-4-67}$$

由式（7-4-34）计算

$$\frac{dU_0}{dX}=\left[1-\frac{X}{L}(1-U_{max})\right]\left(-\frac{1-U_{max}}{L}\right) \tag{7-4-68}$$

将式（7-4-68）代入式（7-4-67）：

$$\frac{K_0}{L}\left[1-\frac{X}{L}(1-U_{max})\right](1-U_{max})=\frac{1}{\rho_0}\frac{dp_0}{dX} \tag{7-4-69}$$

对式（7-4-69）积分

$$\frac{\rho_0K_0}{L}(1-U_{max})X-\frac{\rho_0K_0}{2L^2}(1-U_{max})^2X^2+C=p_0 \tag{7-4-70}$$

当 $X=0$　$p_0=1$ 时，则：

$$p_0=1+\frac{\rho_0K_0}{L}(1-U_{max})X-\frac{\rho_0K_0}{2L^2}(1-U_{max})^2X^2 \tag{7-4-71}$$

将式（7-4-71）变为有因次式，

$$p=p_e+p_e\frac{\rho_0K_0}{L}(1-U_{max})X-\frac{\rho_0K_0}{2L^2}(1-U_{max})^2X^2 \tag{7-4-72}$$

7.4.6 实际流体运动区断面平均速度与位置

$$[v_0]=\frac{[Q]}{[A]}=\frac{U_{\max}\left(\frac{X}{L}\right)\int_0^1\int_0^1(2Y-Y^2)(2Z-Z^2)\mathrm{d}Y\mathrm{d}Z}{1\times 1}=\frac{4}{9}U_{\max}\left(\frac{X}{L}\right) \tag{7-4-73}$$

$$v_0=\frac{4}{9}u_{\max}\left(\frac{X}{L}\right) \tag{7-4-74}$$

式（7-4-73）是黏性流体运动区断面上无因次平均速度，式（7-4-74）是对应的有因次速度。有因次速度的位置可以利用无因次速度代入速度公式得到，

$$\frac{4}{9}U_{\max}\frac{X}{L}=U_{\max}\left(\frac{X}{L}\right)(2Y_{\mathrm{B}}-Y_{\mathrm{B}}^2)(2Z_{\mathrm{B}}-Z_{\mathrm{B}}^2)$$

$$\frac{4}{9}=(2Y_{\mathrm{B}}-Y_{\mathrm{B}}^2)(2Z_{\mathrm{B}}-Z_{\mathrm{B}}^2) \tag{7-4-75}$$

要解出式（7-4-75）中断面上无因次速度位置 Y_{B} 和 Z_{B} 还必须有另外一个独立方程。通过分析圆形断面对应情况，取：$\frac{\delta_z}{H}=\frac{\delta_y}{B}$，由于坐标选定及原点位置如图 7-4-1 所示，而理想流体与实际流体分界线在 z 方向的 δ_z 与坐标方向一致，而 δ_y 则与坐标 y 方向相反。无论 δ_y 还是 δ_z，都是从壁面起算的，如图 7-4-2（b），图 7-4-2（c），以及图 7-4-3 所示，结合图示解出 Y_{B} 和 Z_{B}，将式（7-4-75）写成：

$$\begin{aligned}\frac{4}{9}&=\left[2\frac{B-y_{\mathrm{B}}}{\delta_y}-\frac{(B-y_{\mathrm{B}})^2}{\delta_y^2}\right]\left[2\frac{z_{\mathrm{B}}}{\delta_z}-\left(\frac{z_{\mathrm{B}}}{\delta_z}\right)^2\right]\\
&=\left[2\frac{\delta_{y\mathrm{B}}}{\delta_y}-\frac{\delta_{y\mathrm{B}}^2}{\delta_y^2}\right]\left[2\frac{z_{\mathrm{B}}}{\delta_z}-\left(\frac{z_{\mathrm{B}}}{\delta_z}\right)^2\right]\\
&=\left[2\frac{\frac{B}{H}\delta_{z\mathrm{B}}}{\frac{B}{H}\delta_z}-\frac{\left(\frac{B}{H}\delta_{z\mathrm{B}}\right)^2}{\left(\frac{B}{H}\right)^2\delta_z^2}\right]\left[2\frac{z_{\mathrm{B}}}{\delta_z}-\left(\frac{z_{\mathrm{B}}}{\delta_z}\right)^2\right]\\
&=\left[2\frac{\delta_{z\mathrm{B}}}{\delta_z}-\left(\frac{\delta_{z\mathrm{B}}}{\delta_z}\right)^2\right]^2\\
&=(2Z_{\mathrm{B}}-Z_{\mathrm{B}}^2)^2\end{aligned} \tag{7-4-76}$$

由式（7-4-76）解出 $$Z_{\mathrm{B}}^2-2Z_{\mathrm{B}}+\frac{2}{3}=0 \tag{7-4-77}$$

由此得： $Z_{\mathrm{B}}=0.425$

$z_{\mathrm{B}}=0.425\delta_z$

同理： $Y_{\mathrm{B}}=0.425$

$y'_{\mathrm{B}}=\delta_{y\mathrm{B}}=0.425\delta_y$

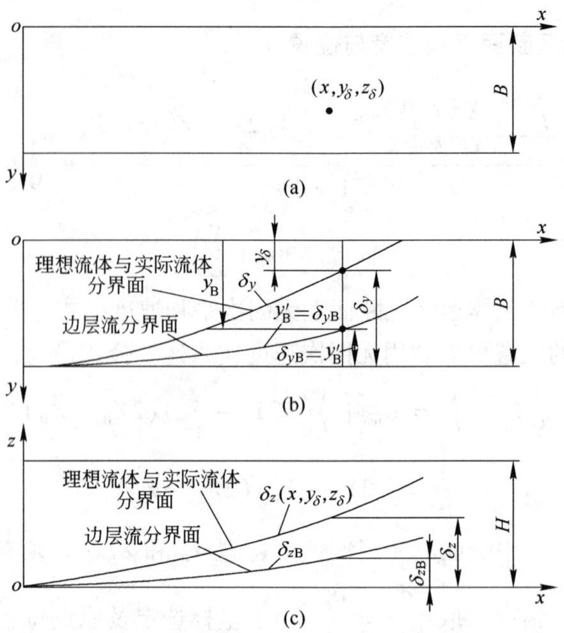

图 7-4-3 边层流界面和理想流体与实际流体分界面示意图

7.4.7 边层流界面上涡旋旋转速度

由式（7-3-58），结合本问题，则：

$$\omega_y \Big|_{y=B-y_B=\delta_{yB}} = \frac{u_{max}}{\delta_y}\left(\frac{X}{L}\right)(2Z_B - Z_B^2)(1 - Y_B)$$

$$= \frac{u_{max}}{\delta_y}\left(\frac{X}{L}\right)(2 \times 0.425 - 0.425^2)(1 - 0.425)$$

$$= 0.385\frac{u_{max}}{\delta_y}\left(\frac{X}{L}\right) \tag{7-4-78}$$

同理，

$$\omega_z \Big|_{z=\delta_{zB}} = 0.385\frac{u_{max}}{\delta_z}\left(\frac{X}{L}\right) \tag{7-4-79}$$

7.4.8 边层流界面涡旋横向分速度

根据式（7-3-60），结合本问题，

$$u_y^* = 12\nu t(\omega_{y'=y'_B=\delta_{yB}})^2 v_0^{-1} \tag{7-4-80}$$

$$u_z^* = 12\nu t(\omega_{z=\delta_{zB}})^2 v_0^{-1} \tag{7-4-81}$$

7.4.9 涡旋体积分数 φ

根据涡旋体积分数定义，可得：

$$\varphi = \frac{\pi(Hu_y^* + Bu_z^*)}{48\delta_y\delta_z} \tag{7-4-82}$$

8 可压缩湍流管道流动

本章在定常流、忽略质量力与分子能量条件下，讨论可压缩湍流管道流动。主要讨论可压缩流体是否存在进口段问题；等质量流量与变质量流量管段的流动问题。

8.1 可压缩湍流圆形管道进口段分析

不可压缩湍流管道进口段的定义：流体以均匀速度进入管道，在壁面摩擦力的作用下，断面速度分布沿流程逐渐变化，均匀分布的速度逐渐加大，理想流体运动区的范围逐渐缩小，受壁面影响，实际流体运动区范围沿程逐渐加大，直到进口段末端断面上速度分布变为管道断面速度分布，而理想流体消失，这段管道称之为进口段。

由于研究的是有温度变化可压缩流体的运动，它在进口段的变化应符合气体状态方程。可压缩流体进口段的流动情况、坐标系和原点的选定如图 8-1-1 所示。

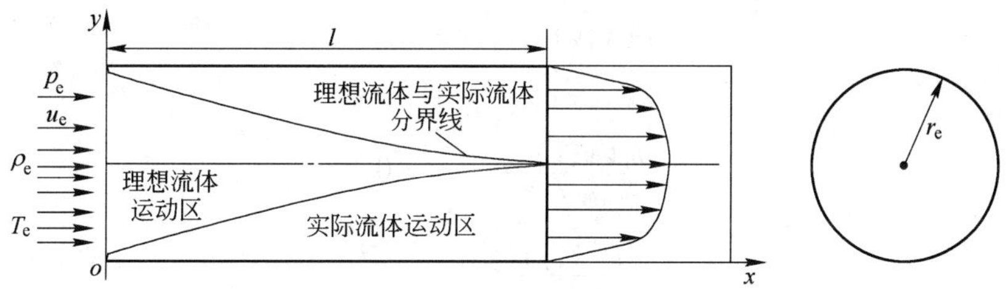

图 8-1-1　圆形管道不可压缩进口段示意图

研究是以实际流体运动为对象，而把理想流体运动作为边界条件加以利用。只要找到实际流体运动速度分布，则理想流体运动速度分布随之解决。

8.1.1 运动控制方程与边界条件

结合所研究问题，首先选定运动控制方程与边界条件，然后将其转化为无因次方程与边界条件，每种情况又分为实际流体与理想流体加以列出。

8.1.1.1　运动控制方程与边界条件

现分实际流体运动区与理想流体运动区，分别加以介绍。

A　实际流体运动区

控制实际流体运动的方程有四个：动量方程、能量方程、连续性方程和气体状态方程。

动量微分方程，根据式（3-19-22），结合本问题为：

$$\frac{\nu}{2\rho}\frac{\partial \rho}{\partial x}\frac{\partial u}{\partial y} + u\frac{\partial u}{\partial x} + \frac{\nu}{2}\left(\frac{1}{u}\frac{\partial u}{\partial y}\right)\frac{\partial u}{\partial x}$$

$$= -\frac{1}{\rho}\frac{\partial p}{\partial x} + \nu\left[\frac{4}{3}\frac{\partial^2 u}{\partial x^2} + (1-\varphi^{2/3})\frac{\partial^2 u}{\partial y^2} + 6\varphi^{2/3} t\frac{\partial u}{\partial y}\frac{\partial^2 u}{\partial y^2}\right] \tag{8-1-1}$$

能量微分方程，依式（3-19-49），结合本问题，忽略分子能量 e，则：

$$u^2\frac{\partial u}{\partial x}-\frac{u^3}{2}\frac{\partial \rho}{\rho\partial x}+\frac{\varphi}{2}\nu u\frac{\partial^2 u}{\partial x\partial y}+\frac{\nu}{2}\frac{\partial u}{\partial y}\left(\frac{u}{\rho}\frac{\partial \rho}{\partial x}+\frac{\partial u}{\partial x}\right)$$
$$=\frac{\lambda}{\rho}\left(\frac{\partial^2 T}{\partial x^2}+\frac{\partial^2 T}{\partial y^2}\right)+u\left(-\frac{1}{\rho}\frac{\partial p}{\partial x}+\frac{4}{3}\nu\frac{\partial^2 u}{\partial x^2}\right)-\frac{1}{2}\varphi^{2/3}\nu$$
$$\frac{\partial u}{u\partial y}\left(-\frac{\partial p}{\rho\partial x}+\frac{4}{3}\nu\frac{\partial^2 u}{\partial x^2}+2\nu t\frac{\partial u}{\partial y}\frac{\partial^2 u}{\partial y^2}\right) \tag{8-1-2}$$

连续性方程，由

$$\rho_e u_e=\rho u=\text{常量} \tag{8-1-3}$$

则

$$\frac{\partial \rho}{\rho\partial x}=-\frac{1}{u}\frac{\partial u}{\partial x} \tag{8-1-4}$$

气体状态方程，由

$$\frac{p}{\rho}=RT \tag{8-1-5}$$

则

$$\frac{\partial p}{\partial x}=R\left(T\frac{\partial \rho}{\partial x}+\rho\frac{\partial T}{\partial x}\right) \tag{8-1-6}$$

边界条件：

$$u(x,y)\big|_{x=0}=0 \tag{8-1-7}$$

$$u(x,y)\big|_{y=\delta(x)}=u(x) \tag{8-1-8}$$

$$\left.\frac{\partial u(x,y)}{\partial y}\right|_{y=\delta(x)}=0 \tag{8-1-9}$$

$$\frac{\partial^2 u(x,y)}{\partial y^2}<0 \tag{8-1-10}$$

$$p(x,y)\big|_{x=0}=p_e \tag{8-1-11}$$

$$T(x,y)\big|_{x=0}=T_e \tag{8-1-12}$$

$$\rho(x,y)\big|_{x=0}=\rho_e \tag{8-1-13}$$

B　理想流体运动区

动量微分方程，

$$u_0\frac{\mathrm{d}u_0}{\mathrm{d}x}=-\frac{\mathrm{d}p}{\rho\mathrm{d}x} \tag{8-1-14}$$

$$u_0(x)\big|_{x=0}=u_e \tag{8-1-15}$$

8.1.1.2　无因次运动控制方程与边界条件

为了进行数学分析，必须将运动控制方程与边界条件转化为无因次运动控制方程与边界条件。为此取

$$\frac{u}{u_e}=U;\quad \frac{y}{\delta(x)}=Y;\quad \frac{x}{r_0}=X;\quad \frac{\nu}{\nu_e}=\nu_0;\quad \frac{p}{p_e}=p_0;\quad \frac{\rho}{\rho_e}=\rho_0;\quad \frac{T}{T_e}=T_0$$

式中，u_e 为管道进口处断面上平均速度；$\delta(x)$ 为理想流体与实际流体分界线；r_0 为管道半径；p_e 为管道进口处气体压力；ρ_e 为管道进口处气体密度；T_e 为管道进口处气体温度。

将以上比值代入运动控制方程与边界条件，首先代入式（8-1-1），然后代入能量方程。

$$\frac{\nu_e}{2}\frac{u_e}{r_0}\frac{\nu_0}{\delta(x)}\frac{\partial\rho}{\partial X}\frac{\partial U}{\partial Y}+\frac{u_e^2}{r_0}U\frac{\partial U}{\partial X}+\frac{\nu_e}{2}\frac{u_e}{\delta(x)}\frac{\nu_0}{r_0}\frac{\partial U}{\partial Y}\frac{\partial U}{\partial X}$$

$$=-\frac{p_a}{\rho_a r_0}\frac{\partial p_0}{\rho_0\partial X}+\frac{4}{3}\frac{\nu_e u_e}{r_0^2}\frac{\nu_0\partial^2 U}{\partial X^2}+\frac{\nu_e u_e(1-\varphi^{2/3})}{\delta(x)^2}\frac{\nu_0\partial^2 U}{\partial Y^2}+$$

$$\frac{6\nu_e u_e^2 t\nu_0}{\delta_{(x)}^3}\frac{\varphi^{2/3}\partial U}{\partial Y}\frac{\partial^2 U}{\partial Y^2} \tag{8-1-16}$$

式（8-1-16）除以 $\frac{\nu_e u_e}{r_0^2}$，则：

$$\frac{1}{2}\frac{r_0}{\delta(x)}\frac{\nu_0}{\rho_0}\frac{\partial\rho_0}{\partial X}\frac{\partial U}{\partial Y}+ReU\frac{\partial U}{\partial X}+\frac{r_0}{\partial(x)}\nu_0\frac{\partial U}{\partial Y}\frac{\partial U}{\partial X}$$

$$=-K_1\frac{1}{\rho_0}\frac{\partial p_0}{\partial X}+\nu_0\left[\frac{4}{3}\frac{\partial^2 U}{\partial X^2}+(1-\varphi^{2/3})\left(\frac{r_0}{\delta(x)}\right)^2\frac{\partial^2 U}{\partial Y^2}+\right.$$

$$\left.K_2\varphi^{2/3}\left(\frac{r_0}{\partial(x)}\right)^2\frac{\partial U}{\partial Y}\frac{\partial^2 U}{\partial Y^2}\right] \tag{8-1-17}$$

式中

$$Re=\frac{u_e r_0}{\nu_e} \tag{8-1-18}$$

$$K_1=\frac{p_a r_0}{\rho_e\nu_e u_e} \tag{8-1-19}$$

$$K_2=\frac{6tu_e}{\delta(x)} \tag{8-1-20}$$

无因次能量方程，由式（8-1-2）可得：

$$\frac{u_e^3}{r_0}U^3\frac{\partial U}{\partial X}-\frac{u_e^3}{2r_0}\frac{U^3}{\rho_0}\frac{\partial\rho_0}{\partial X}+\frac{\varphi}{2}\frac{\nu_e u_e^2}{r_0\delta(x)}\nu_0 U\frac{\partial^2 U}{\partial X\partial Y}+\frac{1}{2}\frac{\nu_e u_e^2}{r_0\delta(x)}\nu_0\frac{\partial U}{\partial Y}\left(\frac{U}{\rho_0}\frac{\partial\rho_0}{\partial X}+\frac{\partial U}{\partial X}\right)$$

$$=\frac{\lambda_e T_e\lambda_0}{\rho_e r_0\delta(x)\rho_0}\left(\frac{\partial^2 T}{\partial X^2}+\frac{\partial^2 T}{\partial Y^2}\right)+U\left(-\frac{p_e}{\rho_e}\frac{u_e}{r_0}\frac{\partial p_0}{\rho_0\partial X}+\frac{\nu_e u_e^2}{r_0\delta(x)}\frac{4}{3}\nu_0\frac{\partial^2 U}{\partial X^2}\right)-\frac{\varphi^{2/3}}{2}\frac{\nu_0}{U}\frac{\partial U}{\partial Y}$$

$$\left(-\frac{\nu_e p_e}{r_0\delta(x)\rho_e}\frac{\partial p_0}{\rho_0\partial X}+\frac{4}{3}\frac{\nu_e u_e}{\delta(x)r_0^2}\nu_0\frac{\partial^2 U}{\partial X^2}+\frac{2\nu_e^2 tu_e^2}{\delta(x)r_0^3}\nu_0\frac{\partial U}{\partial Y}\frac{\partial^2 U}{\partial Y^2}\right) \tag{8-1-21}$$

式（8-1-21）除以 $\frac{\nu_e u_e^2}{r_0^2}$，则：

$$ReU^3\frac{\partial U}{\partial X}-\frac{1}{2}ReU^3\frac{\partial\rho_0}{\rho_0\partial X}+\frac{\varphi}{2}\nu_0\frac{r_0}{\delta(x)}U\frac{\partial U}{\partial X}\frac{\partial U}{\partial Y}+\frac{1}{2}\frac{r_0}{\delta(x)}\nu_0\frac{\partial U}{\partial Y}\left(\frac{U}{\rho_0}\frac{\partial\rho_0}{\partial X}+\frac{\partial U}{\partial X}\right)$$

$$=\frac{K_3\lambda_0}{\rho_0}\frac{r_0}{\delta(x)}\left(\frac{\partial^2 T_0}{\partial X^2}+\frac{\partial^2 T_0}{\partial Y^2}\right)+U\left(-K_4\frac{\partial p_0}{\rho_0\partial X}+\frac{4}{3}\nu_0\frac{\partial^2 U}{\partial X^2}\right)-$$

$$\frac{\varphi^{2/3}}{2}\frac{\nu_0}{U}\frac{\partial U}{\partial Y}\left(-K_5\frac{r_0}{\delta(x)}\frac{\partial p_0}{\rho_0\partial X}+\frac{4}{3}\frac{\nu_0}{Re'}\frac{\partial^2 U}{\partial X^2}+K_6\nu_0\frac{\partial U}{\partial Y}\frac{\partial^2 U}{\partial Y^2}\right) \tag{8-1-22}$$

式中

$$Re = \frac{u_e r_0}{\nu_e} \tag{8-1-23}$$

$$Re' = \frac{\delta(x) u_e}{\nu_e} \tag{8-1-24}$$

$$K_3 = \frac{\lambda_e T_e}{\rho_e \nu_e u_e^2} \tag{8-1-25}$$

$$K_4 = \frac{p_e r_0}{\nu_e u_e \rho_e} \tag{8-1-26}$$

$$K_5 = \frac{p_e}{\rho_e u_e^2} \tag{8-1-27}$$

$$K_6 = \frac{2t\nu_e}{\delta(x) r_0} \tag{8-1-28}$$

无因次气体状态方程，由

$$\frac{p_0}{\rho_0} = R_0 T_0 \tag{8-1-29}$$

则

$$\frac{\partial p_0}{\partial X} = \left(T_0 \frac{\partial \rho_0}{\partial X} + \rho_0 \frac{\partial T_0}{\partial X} \right) \tag{8-1-30}$$

无因次质量守恒方程，由

$$1 = \rho_0 U \tag{8-1-31}$$

则

$$\frac{1}{\rho_0} \frac{\partial \rho}{\partial X} = - \frac{1}{U} \frac{\partial U}{\partial X} \tag{8-1-32}$$

无因次理想流体动量微分方程为:

$$U_0 \frac{\mathrm{d}U_0}{\mathrm{d}X} = - K_5 \frac{1}{\rho_0} \frac{\mathrm{d}p_0}{\mathrm{d}X} \tag{8-1-33}$$

其边界条件

$$U_0(X)\big|_{X=0} = 1 \tag{8-1-34}$$

无因次实际流体运动边界条件为:

$$U(X,Y)\big|_{X=0} = 0 \tag{8-1-35}$$

$$U(X,Y)\big|_{Y=1} = U(X) \tag{8-1-36}$$

$$\left.\frac{\partial U(X,Y)}{\partial Y}\right|_{Y=1} = 0 \tag{8-1-37}$$

$$\frac{\partial^2 U(X,Y)}{\partial Y^2} < 0 \tag{8-1-38}$$

无因次理想流体运动边界条件为:

$$U_0(X)\big|_{X=0} = 1 \tag{8-1-39}$$

无因次理想流体与实际流体共用边界条件为:

$$p_0(X,Y)\big|_{X=0} = 1 \tag{8-1-40}$$

$$T_0(X,Y)\big|_{X=0} = 1 \tag{8-1-41}$$

$$\rho_0(X,Y)\big|_{X=0} = 1 \tag{8-1-42}$$

8.1.1.3 无因次综合运动控制方程

利用质量守恒，将式（8-1-17）与式（8-1-22）中的密度转化为速度，利用气体状态方程，将压力转化为速度与温度，则动量方程为：

$$-\frac{1}{2}\frac{r_0}{\delta(x)}\frac{\partial U}{U\partial X}\frac{\partial U}{\partial Y}+ReU\frac{\partial U}{\partial X}+\frac{r_0}{\delta(x)}\nu_0\frac{\partial U}{\partial Y}\frac{\partial U}{\partial X}$$
$$=K_1U\left(\frac{T_0}{U^2}\frac{\partial U}{\partial X}-\frac{1}{U}\frac{\partial T_0}{\partial X}\right)+\nu_0\left[\frac{4}{3}\frac{\partial^2 U}{\partial X^2}+(1-\varphi^{2/3})\left(\frac{r_0}{\delta(x)}\right)^2\frac{\partial^2 U}{\partial Y^2}+\right.$$
$$\left.K_2\varphi^{2/3}\left(\frac{r_0}{\delta(x)}\right)^2\frac{\partial U}{\partial Y}\frac{\partial^2 U}{\partial Y^2}\right] \qquad (8\text{-}1\text{-}43)$$

能量方程为：

$$ReU^2\left(U+\frac{1}{2}\right)\frac{\partial U}{\partial X}+\frac{\varphi}{2}\nu_0\frac{r_0}{\delta(x)}U\frac{\partial U}{\partial Y}\frac{\partial U}{\partial X}$$
$$=K_3\frac{\lambda_0 r_0}{\rho_0\delta(x)}\left(\frac{\partial^2 T_0}{\partial X^2}+\frac{\partial^2 T_0}{\partial Y^2}\right)+$$
$$\left(\frac{1}{2}\varphi^{2/3}K_5\nu_0\frac{\partial U}{\partial Y}\frac{r_0}{\delta(x)}-K_4U\right)\left(\frac{1}{U}\frac{\partial T_0}{\partial X}-\frac{T_0}{U^2}\frac{\partial U}{\partial X}\right)+\frac{4}{3}\nu_0U\frac{\partial^2 U}{\partial X^2}-$$
$$\frac{1}{2}\varphi^{2/3}\frac{\nu_0}{U}\frac{\partial U}{\partial Y}\left(\frac{4}{3}\frac{\nu_0}{Re'}\frac{\partial^2 U}{\partial X^2}+\frac{r_0}{\delta(x)}U\frac{\partial U}{\partial X}+K_6\nu_0\frac{\partial U}{\partial Y}\frac{\partial^2 U}{\partial Y^2}\right) \qquad (8\text{-}1\text{-}44)$$

式（8-1-43）和式（8-1-44），是可压缩湍流进口段实际流体运动区流体运动无因次控制微分方程，是进行速度分布计算的基础。

8.1.2 可压缩湍流管道无进口段

不可压缩流体湍流管道进口段已在第7章讨论过；可压缩湍流管道是否存在进口段，本章无实验条件，无法加以验证，只好以理论分析证明它是否存在。在第8.1.1节，设想存在进口段，以此分析理想流体与实际流体分界线 $\delta(x)$ 的公式，由结果分析，$\delta(x)$ 不存在。

8.1.2.1 进口段速度分布

对于理想流体运动区，根据边界条件，其进口段速度分布为：

$$U_0=(1+X)^{\alpha} \qquad (8\text{-}1\text{-}45)$$

对于实际流体运动区，根据边界条件，其进口段速度分布为：

$$U=X^{\alpha}(2Y-Y^2) \qquad (8\text{-}1\text{-}46)$$

8.1.2.2 利用质量流量守恒推导 $\delta(x)$

总质量流量：

$$Q_{总}=\rho_e v_e \pi r_0^2 \qquad (8\text{-}1\text{-}47)$$

理想流体运动区质量流量 $Q_{理}$：

$$Q_{理}=\rho\pi(r_0-\delta(x))^2 v_e(1+X)^{\alpha} \qquad (8\text{-}1\text{-}48)$$

实际流体运动区质量流量 $Q_{实}$：

$$\begin{aligned}Q_{实} &= \rho 2\pi r_0 v_e X^\alpha \int_0^{\delta(x)} (2Y - Y^2)\mathrm{d}y \\ &= 2\pi\rho r_0 v_e X^\alpha \int_0^{\delta(x)} \left[2\left(\frac{y}{\delta(x)}\right) - \frac{y^2}{\delta(x)^2}\right]\mathrm{d}y \\ &= 2\rho\pi r_0 v_e X^\alpha \left(\delta(x) - \frac{1}{3}\delta(x)\right) \\ &= \frac{4}{3}\rho\pi r_0 v_e X^\alpha \delta(x)\end{aligned} \tag{8-1-49}$$

根据质量流量守恒，则：

$$\rho_e v_e \pi r_0^2 = \rho\pi(r_0^2 - 2\delta(x) r_0 + \delta(x)^2) v_e (1 + X)^\alpha + \frac{4}{3}\rho\pi r_0 v_e X^\alpha \delta(x) \tag{8-1-50}$$

将式（8-1-50）化简：

$$\begin{aligned}1 &= \frac{\rho}{\rho_e}\left\{\left[1 - 2\frac{\delta(x)}{r_0} + \left(\frac{\delta(x)}{r_0}\right)^2\right](1 + X)^\alpha + \frac{4}{3}X^\alpha \frac{\delta(x)}{r_0}\right\} \\ 1 &= \rho_0\left\{\left[1 - 2\frac{\delta(x)}{r_0} + \left(\frac{\delta(x)}{r_0}\right)^2\right](1 + X)^\alpha + \frac{4}{3}X^\alpha \frac{\delta(x)}{r_0}\right\} \\ 1 &= 1 + \left(\frac{\delta(x)}{r_0}\right)^2 \\ \delta(x) &= 0\end{aligned}$$

$\delta(x) = 0$，说明理想流体与实际流体运动分界线不存在。当然，进口段也就不存在。

8.1.2.3　利用综合无因次动量方程推导 $\delta(x)$

将式（8-1-45）与式（8-1-46）代入式（8-1-43），分项计算如下：

$$\begin{aligned}\frac{1}{2}\frac{r_0}{\delta(x)}\frac{\nu_0}{U}\frac{\partial U}{\partial X}\frac{\partial U}{\partial Y} &= -\frac{1}{2}\frac{r_0}{\delta(x)}\frac{\nu_0 \alpha X^{\alpha-1}(2Y - Y^2)X^\alpha 2(1 - Y)}{X^\alpha(2Y - Y^2)} \\ &= -\frac{r_0\nu_0}{\delta(x)}\alpha X^{\alpha-1}(1 - Y) = -\frac{r_0\nu_0}{2\delta(x)}\alpha X^{\alpha-1}\end{aligned} \tag{1}$$

$$ReU\frac{\partial U}{\partial X} = ReX^\alpha(2Y - Y^2)^2\alpha X^{\alpha-1} = 0.533Re\alpha X^{2\alpha-1} \tag{2}$$

$$\nu_0\frac{r_0}{\delta(x)}\frac{\partial U}{\partial Y}\frac{\partial U}{\partial X} = 2\nu_0\frac{r_0}{\delta(x)}\alpha(1 - Y)(2Y - Y^2)X^{2\alpha-1} = 0.5\nu_0\frac{r_0}{\delta(x)}\alpha X^{2\alpha-1} \tag{3}$$

$$ReU_0\frac{\mathrm{d}U_0}{\mathrm{d}X} = Re(1 + X)^\alpha\alpha(1 + X)^{\alpha-1} = Re\alpha(1 + X)^{2\alpha-1} \tag{4}$$

$$\frac{4}{3}\nu_0\frac{\partial^2 U}{\partial X^2} = \frac{4}{3}\nu_0(2Y - Y^2)\alpha(\alpha - 1)X^{\alpha-2} \tag{5}$$

$$\begin{aligned}\nu_0(1 - \varphi^{2/3})\left(\frac{r_0}{\delta(x)}\right)^2\frac{\partial^2 U}{\partial Y^2} &= \nu_0(1 - \varphi^{2/3})\left(\frac{r_0}{\delta(x)}\right)^2 X^\alpha(-2) \\ &= -2(1 - \varphi^{2/3})\left(\frac{r_0}{\delta(x)}\right)^2 X^\alpha\end{aligned} \tag{6}$$

$$\begin{aligned}\nu_0 K_2\varphi^{2/3}\left(\frac{r_0}{\delta(x)}\right)^2\frac{\partial U}{\partial Y}\frac{\partial^2 U}{\partial Y^2} &= -4\varphi^{2/3}\nu_0 K_2\left(\frac{r_0}{\delta(x)}\right)^2(1 - Y)X^{2\alpha} \\ &= -2\varphi^{2/3}\nu_0 K_2\left(\frac{r_0}{\delta(x)}\right)^2 X^{2\alpha}\end{aligned} \tag{7}$$

将式（1）~式（7）代表的各项代回式（8-1-43），

$$
-\frac{1}{2}\frac{r_0}{\delta(x)}\nu_0\alpha X^{\alpha-1}+0.533\alpha ReX^{2\alpha-1}+0.5\frac{r_0}{\delta(x)}\alpha X^{2\alpha-1}
$$

$$
=Re\alpha(1+X)^{2\alpha-1}+0.889\nu_0\alpha(\alpha-1)^{\alpha-2}-
$$

$$
2\nu_0(1-\varphi^{2/3})\left(\frac{r_0}{\delta(x)}\right)^2X^{\alpha}-2\varphi^{2/3}\nu_0K_2\left(\frac{r_0}{\delta(x)}\right)^2X^{2\alpha} \tag{8-1-51}
$$

因为 $\nu_0\approx1$，将式（8-1-51）整理成：

$$
\left[2(1-\varphi^{2/3})X^{\alpha}+2\varphi^{2/3}K_2X^{2\alpha}\right]\left(\frac{r_0}{\delta(x)}\right)^2+0.5(X^{2\alpha-1}-X^{\alpha-1})\frac{r_0}{\delta(x)}-
$$

$$
0.467\alpha ReX^{2\alpha-1}-0.889\alpha(\alpha-1)X^{\alpha-2}=0 \tag{8-1-52}
$$

令

$$
\begin{aligned}
a&=2(1-\varphi^{2/3})X^{\alpha}+2\varphi^{2/3}K_2X^{2\alpha}\\
b&=0.5(X^{2\alpha-1}-X^{\alpha-1})\\
c&=-(0.467\alpha ReX^{2\alpha-1}+0.889\alpha(\alpha-1)X^{\alpha-2})
\end{aligned}
$$

则

$$
\frac{r_0}{\delta(x)}=\frac{-b+\sqrt{b^2-4ac}}{2a}
$$

$$
\delta(x)=\frac{2r_0a}{-b+\sqrt{b^2-4ac}} \tag{8-1-53}
$$

当 $X=0$，$a=0$，$b=0$，$c=0$ 时，$\delta(x)$没有意义，即它不存在。

以上是对圆形管道进行分析所得的结果，对于矩形管道，分析结果也会如此。所以可压缩湍流管道与不可压缩湍流管道不同，它没有理想流体与实际流体分界线，研究可压缩湍流进口段时，应该用新的概念新的思路去解决问题。

8.2 可压缩湍流管道进口段

可压缩湍流管道进口段与不可压缩湍流管道进口段的概念是不同的。前者都是实际流体运动；而后者，其中间区域为理想流体运动，外围为实际流体运动。

气体管道一般分为等温与绝热两种情况，当管道与气源连接时，由于气源与管道温度不同，总是存在一个过渡段，也就是进口段（如图 8-2-1 所示）。在进口段，气体状态变化可根据气体状态方程进行分析。所以，应另对其运动规律进行分析。

本节讨论圆形管道与矩形管道两种情况的进口段。

8.2.1 可压缩湍流圆形管道进口段

为进行数学分析，必须首先结合本问题选定坐标系与原点位置（如图 8-2-2 所示）。

8.2.1.1 运动控制方程与边界条件

动量方程，依式（3-19-22），结合本节问题得：

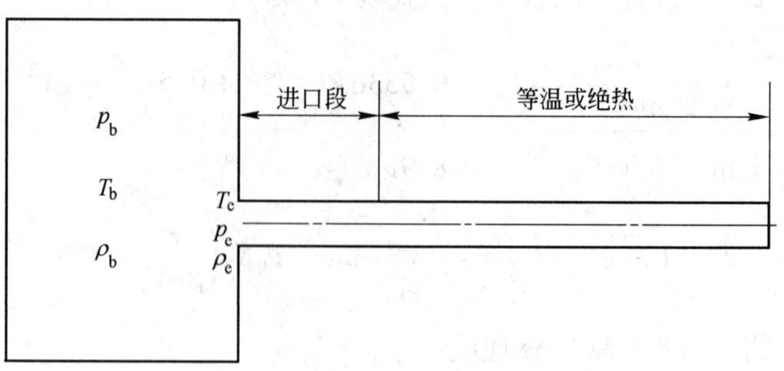

图 8-2-1　可压缩湍流管道进口段示意图

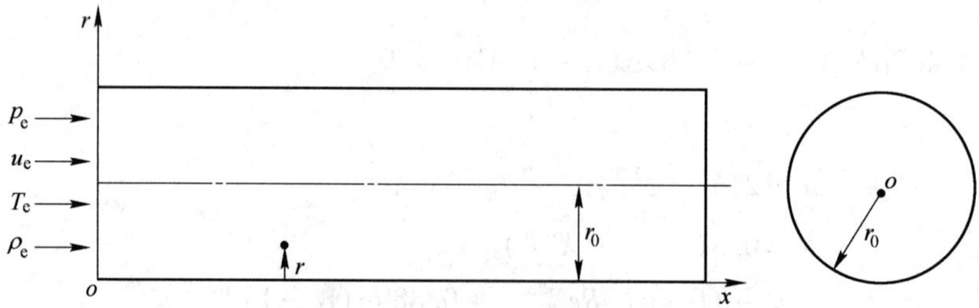

图 8-2-2　进口段所选坐标系与原点示意图

$$\frac{\nu}{2}\frac{\partial\rho}{\rho\partial X}\frac{\partial u}{\partial r}+u\frac{\partial u}{\partial x}+\frac{\nu}{2}\left(\frac{1}{u}\frac{\partial u}{\partial r}\right)\frac{\partial u}{\partial x}$$

$$=-\frac{\partial p}{\rho\partial x}+\nu\left[\frac{4}{3}\frac{\partial^2 u}{\partial x^2}+(1-\varphi^{-2/3})\frac{\partial^2 u}{\partial r^2}+6\varphi^{2/3}t\frac{\partial u}{\partial r}\frac{\partial^2 u}{\partial r^2}\right] \tag{8-2-1}$$

能量方程：由于在进口段气体运动有温度变化，所以，应引入能量方程。依式(3-19-49)，忽略分子能 e，结合本节问题为：

$$u^2\frac{\partial u}{\partial x}-\frac{u^3}{2}\frac{\partial\rho}{\rho\partial x}+\frac{\varphi}{2}\nu u\frac{\partial^2 u}{\partial x\partial r}+\frac{1}{2}\nu\frac{\partial u}{\partial r}\left(\frac{u}{\rho}\frac{\partial\rho}{\partial x}+\frac{\partial u}{\partial x}\right)$$

$$=\frac{\lambda}{\rho}\left(\frac{\partial^2 T}{\partial x^2}+\frac{\partial^2 T}{\partial r^2}\right)+u\left(-\frac{1}{\rho}\frac{\partial p}{\partial x}+\frac{4}{3}\nu\frac{\partial^2 u}{\partial x^2}\right)-\frac{1}{2}\varphi^{2/3}\nu\frac{\partial u}{u\partial r}$$

$$\left[-\frac{\partial p}{\rho\partial x}+\frac{4}{3}\nu\frac{\partial^2 u}{\partial x^2}+2\nu t\left(\frac{\partial u}{\partial r}\frac{\partial^2 u}{\partial r^2}\right)\right] \tag{8-2-2}$$

气体状态方程，由

$$\frac{p}{\rho}=RT \tag{8-2-3}$$

则

$$\frac{\partial p}{\partial x}=R\left(T\frac{\partial\rho}{\partial x}+\rho\frac{\partial T}{\partial x}\right) \tag{8-2-4}$$

连续性方程，由

$$\rho_e u_e=\rho u=\text{常量} \tag{8-2-5}$$

则

$$\frac{\partial\rho}{\rho\partial x}=-\frac{1}{u}\frac{\partial u}{\partial x} \tag{8-2-6}$$

边界条件：

$$u(x,r)\big|_{x=0}=u_{\mathrm{e}} \tag{8-2-7}$$

$$\left.\frac{\partial u(x,r)}{\partial r}\right|_{r=r_0}=0 \tag{8-2-8}$$

$$\frac{\partial^2 u(x,r)}{\partial r^2}<0 \tag{8-2-9}$$

$$p(x,r)\big|_{x=0}=p_{\mathrm{e}} \tag{8-2-10}$$

$$T(x,r)\big|_{x=0}=T_{\mathrm{e}} \tag{8-2-11}$$

$$\rho(x,r)\big|_{x=0}=\rho_{\mathrm{e}} \tag{8-2-12}$$

8.2.1.2 无因次运动控制方程与边界条件

取：$\frac{x}{r_0}=X;\frac{r}{r_0}=R;\frac{u}{u_{\mathrm{e}}}=U;\frac{\rho}{\rho_{\mathrm{e}}}=\rho_0;\frac{p}{p_{\mathrm{e}}}=p_0;\frac{T}{T_{\mathrm{e}}}=T_0;\frac{\nu}{\nu_{\mathrm{e}}}=\nu_0$

将以上比值代入运动控制方程与边界条件，可得无因次运动控制方程和边界条件。

动量方程：

$$\frac{1}{2}\frac{\nu_0}{\rho_0}\frac{\partial\rho_0}{\partial X}\frac{\partial U}{\partial R}+ReU\frac{\partial U}{\partial X}+\frac{\nu_0\partial U}{2U\partial R}\frac{\partial U}{\partial X}$$
$$=-K_1\frac{1}{\rho_0}\frac{\partial p_0}{\partial X}+\nu_0\left[\frac{4}{3}\frac{\partial^2 U}{\partial X^2}+(1-\varphi^{2/3})\frac{\partial^2 U}{\partial R^2}+K_2\varphi^{2/3}\frac{\partial U}{\partial R}\frac{\partial^2 U}{\partial R^2}\right] \tag{8-2-13}$$

能量方程：

$$\frac{u_0^3}{r_0}U^3\frac{\partial U}{\partial X}-\frac{u_{\mathrm{e}}^3}{2r_0}\frac{U^3}{\rho_0}\frac{\partial\rho_0}{\partial X}+\frac{\varphi}{2}\frac{\nu_{\mathrm{e}}}{r_0^2}u_{\mathrm{e}}^2\nu_0U\frac{\partial^2 U}{\partial X\partial R}+\frac{1}{2}\frac{\nu_{\mathrm{e}}u_{\mathrm{e}}^2}{r_0^2}\nu_0\frac{\partial U}{\partial R}\left(\frac{U}{\rho_0}\frac{\partial\rho_0}{\partial X}+\frac{\partial U}{\partial X}\right)$$
$$=\frac{\lambda_{\mathrm{e}}T_{\mathrm{e}}\lambda_0}{\rho_{\mathrm{e}}T_0\rho_0}\left(\frac{\partial^2 T_0}{\partial X^2}+\frac{\partial^2 T_0}{\partial R^2}\right)+U\left(-\frac{p_{\mathrm{e}}u_{\mathrm{e}}}{\rho_{\mathrm{e}}r_0}\frac{\partial p_0}{\rho_0\partial X}+\frac{\nu_{\mathrm{e}}u_{\mathrm{e}}^2}{r_0^2}\frac{4}{3}\nu_0\frac{\partial^2 U}{\partial X^2}\right)-\frac{\varphi^{2/3}}{2}\frac{\nu_0}{U}\frac{\partial U}{\partial R}$$
$$\left(-\frac{\nu_{\mathrm{e}}p_{\mathrm{e}}}{r_0^2\rho_{\mathrm{e}}}\frac{\partial p_0}{\rho_0\partial X}+\frac{4}{3}\frac{\nu_{\mathrm{e}}u_{\mathrm{e}}}{r_0^3}\nu_0\frac{\partial^2 U}{\partial X^2}+\frac{2\nu_{\mathrm{e}}^2t}{r_0^4}u_{\mathrm{e}}^2\nu_0\frac{\partial U}{\partial R}\frac{\partial^2 U}{\partial R^2}\right)$$

全式除以 $\frac{\nu_{\mathrm{e}}u_{\mathrm{e}}^2}{r_0^2}$

$$ReU^3\frac{\partial U}{\partial X}-\frac{1}{2}ReU^3\frac{\partial\rho_0}{\rho_0\partial X}+\frac{\varphi}{2}\nu_0U\frac{\partial^2 U}{\partial X\partial R}+\frac{\nu_0}{2}\frac{\partial U}{\partial R}\left(\frac{U}{\rho_0}\frac{\partial\rho_0}{\partial X}+\frac{\partial U}{\partial X}\right)$$
$$=\frac{K_3\lambda_0}{\rho_0}\left(\frac{\partial^2 T_0}{\partial X^2}+\frac{\partial^2 T_0}{\partial R^2}\right)+U\left(-K_4\frac{\partial p_0}{\rho_0\partial X}+\frac{4}{3}\nu_0\frac{\partial^2 U}{\partial X^2}\right)-\frac{\varphi^{2/3}}{2}\frac{\nu_0}{U}\frac{\partial U}{\partial R}$$
$$\left(-K_5\frac{\partial p_0}{\rho_0\partial X}+\frac{4}{3}\frac{\nu_0}{Re}\frac{\partial^2 U}{\partial X^2}+K_6\nu_0\frac{\partial^2 U}{\partial R^2}\frac{\partial U}{\partial R}\right) \tag{8-2-14}$$

气体状态方程：

$$\frac{p_0}{\rho_0}=R_0T_0 \tag{8-2-15}$$

$$\frac{\partial p_0}{\partial X}=R_0\left(T_0\frac{\partial\rho_0}{\partial X}+\rho_0\frac{\partial T_0}{\partial X}\right) \tag{8-2-16}$$

质量守恒方程：

由 $\rho_e u_e = \rho u$，则：

$$1 = \rho_0 U \tag{8-2-17}$$

$$\frac{1}{\rho_0}\frac{\partial \rho_0}{\partial X} = -\frac{1}{U}\frac{\partial U}{\partial X} \tag{8-2-18}$$

以上各式中：

$$Re = \frac{r_0 u_e}{\nu_e} \tag{8-2-19}$$

$$K_1 = \frac{p_e r_0}{\rho_e \nu_e u_e} \tag{8-2-20}$$

$$K_2 = \frac{6tu_e}{r_0} \tag{8-2-21}$$

$$K_3 = \frac{\lambda_e T_e}{\rho_e \nu_e u_e^2} \tag{8-2-22}$$

$$K_4 = \frac{p_e r_0}{\rho_e u_e \nu_e} \tag{8-2-23}$$

$$K_5 = \frac{p_e}{\rho_e u_e^2} \tag{8-2-24}$$

$$K_6 = \frac{2\nu_e t}{r_B^2} \tag{8-2-25}$$

边界条件：

$$U(X,R)\big|_{X=0} = 1 \tag{8-2-26}$$

$$\left.\frac{\partial U(X,R)}{\partial R}\right|_{R=1} = 0 \tag{8-2-27}$$

$$\frac{\partial^2 U(X,R)}{\partial R^2} < 0 \tag{8-2-28}$$

$$p_0(X,R)\big|_{X=0} = 1 \tag{8-2-29}$$

$$T_0(X,R)\big|_{X=0} = 1 \tag{8-2-30}$$

$$\rho_0(X,R)\big|_{X=0} = 1 \tag{8-2-31}$$

$$U(X,R)\big|_{R=0} = 0 \tag{8-2-32}$$

8.2.1.3　速度分布与温度分布

根据边界条件，选定速度分布与温度分布分别为：

$$U = (1+X)^{\alpha}(2R - R^2) \tag{8-2-33}$$

$$T = (1+X)^{\beta} \tag{8-2-34}$$

求解式(8-2-33)和式(8-2-34)，必须首先确定参变常数 α 和 β。为此，将式(8-2-33)代入式（8-2-13），式（8-2-34）代入式（8-2-14）；同时利用质量守恒和气体状态方程，将两式中压力 p_0 与密度 ρ_0 均转化成速度 U 与温度 T_0，则得两个各自只含 α 与 β 的方程，然后联立求解。式（8-2-33）代入式（8-2-13），其各项结果为：

$$-\frac{1}{2}\frac{\nu_0}{\rho_0}\frac{\partial\rho_0}{\partial X}\frac{\partial U}{\partial R}=\frac{1}{2}\frac{\nu_0}{U}\frac{\partial U}{\partial X}\frac{\partial U}{\partial R}=\nu_0\alpha(1+X)^{\alpha-1}(1-R)$$

$$=\nu_0\alpha(1+X)^{\alpha-1}\int_0^1(1-R)\mathrm{d}R=\frac{1}{2}\nu_0\alpha(1+X)^{\alpha-1}\tag{1}$$

$$ReU\frac{\partial U}{\partial X}=Re(1+X)^{2\alpha-1}\alpha\int_0^1(2R-R^2)^2\mathrm{d}R$$

$$=Re\alpha(1+X)^{2\alpha-1}\int_0^1(4R^2-4R^3+R^4)\mathrm{d}R$$

$$=\frac{17}{15}Re\alpha(1+X)^{\alpha-1}\tag{2}$$

$$\frac{\nu_0}{2}\frac{1}{U}\frac{\partial U}{\partial R}\frac{\partial U}{\partial X}=\frac{\nu_0}{2}\alpha(1+X)^{\alpha-1}\tag{3}$$

$$-K_1\frac{1}{\rho_0}\frac{\partial p_0}{\partial X}=-K_1U\frac{\partial p_0}{\partial X}=-K_1U\left(T_0\frac{\partial\rho_0}{\partial X}+\rho_0\frac{\partial T_0}{\partial X}\right)$$

$$=-K_1U\left[T\frac{\partial}{\partial X}\left(\frac{1}{U}\right)+\frac{1}{U}\frac{\partial T_0}{\partial X}\right]=K_1\left(\frac{T_0}{U}\frac{\partial U}{\partial X}-\frac{\partial T_0}{\partial X}\right)$$

$$=K_1\left[\frac{\alpha(1+X)^{\beta}}{(1+X)}+\beta(1+X)^{\beta-1}\right]\tag{4}$$

$$\frac{4}{3}\nu_0\frac{\partial^2U}{\partial X^2}=\frac{8}{3}\nu_0\alpha(\alpha-1)(1+X)^{\alpha-2}\tag{5}$$

$$\nu_0(1-\varphi^{2/3})\frac{\partial^2U}{\partial R^2}=-2\nu_0(1-R)(1-\varphi^{2/3})(1+X)^{\alpha}\tag{6}$$

$$\nu_0K_3\varphi^{2/3}\frac{\partial U}{\partial R}\frac{\partial^2U}{\partial R^2}=-4K_2\varphi^{2/3}\nu_0(1-R)(1+X)^{2\alpha}\tag{7}$$

将式（1）~式（7）代表的各项代回式（8-2-13），取 $\nu_0\approx1$，得：

$$\frac{1}{2}\alpha(1+X)^{\alpha-1}+\frac{17}{15}Re\alpha(1+X)^{\alpha-1}+\frac{1}{2}\alpha(1+X)^{\alpha-1}$$

$$=K_1[\alpha(1+X)^{\beta-1}+\beta(1+X)^{\beta-1}]+\frac{8}{3}(\alpha-1)\alpha(1+X)^{\alpha-2}-$$

$$(1-\varphi^{2/3})(1+X)^{\alpha}-2K_2\varphi^{2/3}(1+X)^{2\alpha}$$

上式整理为：

$$\left(1+\frac{17}{15}Re\right)\alpha(1+X)^{\alpha-1}$$

$$=K_1(\alpha+\beta)(1+X)^{\beta-1}+\frac{8}{3}\alpha(\alpha-1)(1+X)^{\alpha-1}-$$

$$(1-\varphi^{2/3})(1+X)^{\alpha}-2K_2\varphi^{2/3}(1+X)^{2\alpha}$$

对上式（$1+X$）项取对数

$$\left(1+\frac{17}{15}Re\right)\alpha(\alpha-1)\ln(1+X)$$

$$=K_1(\alpha+\beta)(\beta-1)\ln(1+X)+\frac{8}{3}(\alpha-1)\alpha(\alpha-2)\ln(1+X)-$$

$$(1-\varphi^{2/3})\alpha\ln(1+X)-4K_2\varphi^{2/3}\alpha\ln(1+X)$$

$$\left(1+\frac{17}{15}Re\right)(\alpha-1)$$

$$=K_1\frac{(\alpha+\beta)(\beta-1)}{\alpha}+\frac{8}{3}(\alpha-1)(\alpha-2)-(1-\varphi^{2/3})-4K_2\varphi^{2/3}$$

将上式化简整理为：

$$\alpha^3-0.425Re\alpha^2+\Big[0.425Re+0.325K_1(\beta-1)-$$

$$1.5K_2\varphi^{2/3}\Big]\alpha+0.325K_1\beta(\beta-1)=0 \tag{8-2-35}$$

将式（8-2-33）与式（8-2-34）代入式（8-2-14），分别计算各项为：

$$ReU^3\frac{\partial U}{\partial X}=\frac{16}{81}Re(1+X)^{4\alpha-1}\alpha \tag{1}$$

$$-\frac{1}{2}ReU^3\frac{\partial\rho_0}{\rho_0\partial X}=\frac{4}{27}Re(1+X)^{3\alpha-1}\alpha \tag{2}$$

$$\frac{1}{2}\varphi\nu_0U\frac{\partial^2U}{\partial X\partial R}=\frac{\varphi}{6}\nu_0\alpha(1+X)^{2\alpha-1} \tag{3}$$

$$\frac{\nu_0}{2}\frac{\partial U}{\partial R}\left(\frac{U}{\rho_0}\frac{\partial\rho_0}{\partial X}+\frac{\partial U}{\partial X}\right)=\frac{\nu_0}{2}2(1-R)(1+X)^{\alpha}\left[-\frac{\partial U}{\partial X}+\frac{\partial U}{\partial X}\right]=0 \tag{4}$$

$$\frac{K_3\lambda_0}{\rho_0}\left(\frac{\partial^2T_0}{\partial X^2}+\frac{\partial^2T_0}{\partial R^2}\right)=K_3\lambda_0U\left(\frac{\partial^2T_0}{\partial X^2}+0\right)$$

$$=K_3\lambda_0(1+X)^{\alpha}(2R-R^2)\left[\beta(\beta-1)(1+X)^{\beta-2}\right]$$

$$=\frac{2}{3}K_3\lambda_0(1+X)^{\alpha}\beta(\beta-1)(1+X)^{\beta-2} \tag{5}$$

$$U\left(-K_4\frac{\partial p_0}{\rho_0\partial X}\right)+K_5\frac{\varphi^{2/3}}{2}\frac{\nu_0}{U}\frac{\partial U}{\partial R}\frac{\partial p_0}{\rho_0\partial X}$$

$$=\left(K_5\frac{\varphi^{2/3}}{2}\frac{\nu_0}{U}\frac{\partial U}{\partial R}-K_4U\right)\frac{\partial p_0}{\rho_0\partial X}$$

$$=3K_4(1+X)^{\alpha+\beta-1}(\alpha-\beta)+\frac{3}{2}\nu_0\varphi^{2/3}K_5(1+X)^{\beta-1}(\beta-1) \tag{6}$$

$$\frac{4}{3}\nu_0U\frac{\partial^2U}{\partial X^2}=\frac{4}{3}\nu_0(1+X)^{\alpha}(2R-R^2)^2\alpha(\alpha-1)(1+X)^{\alpha-2}$$

$$=\frac{16}{27}\alpha(\alpha-1)(1+X)^{\alpha-2} \tag{7}$$

$$-\frac{2}{3}\frac{\varphi^{2/3}\nu_0^2}{URe}\frac{\partial U}{\partial R}\frac{\partial^2 U}{\partial X^2}=-\frac{2}{3}\varphi^{2/3}\nu_0^2\frac{(1-R)}{Re}\alpha(\alpha-1)(1+X)^{\alpha-2}$$

$$=-\frac{2}{3}\frac{\varphi^{2/3}\nu_0^2}{Re}\alpha(\alpha-1)(1+X)^{\alpha-2} \tag{8}$$

$$\frac{\varphi^{2/3}}{2}\frac{\nu_0 K_6}{U}\left(\frac{\partial U}{\partial R}\right)^2\frac{\partial^2 U}{\partial R^2}=\frac{\varphi^{2/3}}{2}\frac{\nu_0 K_6(1+\alpha)^{2\alpha}4(1-R)^2}{(2R-R^2)(1+X)^{\alpha}}(1+X)^{\alpha}(-2)$$

$$=\frac{3}{2}\varphi^{2/3}\nu_0^2K_6(1+X)^{2\alpha} \tag{9}$$

分别对式（1）~式（9）代表的各项中的（$1+X$）取对数：

$$ReU^3\frac{\partial U}{\partial X}=\frac{16}{81}Re(1+X)^{4\alpha-1}\alpha=\frac{16}{81}Re(4\alpha-1)\alpha\ln(1+X) \tag{1$'$}$$

$$-\frac{1}{2}ReU^3\frac{\partial\rho_0}{\rho_0\partial X}=\frac{4}{27}Re(1+X)^{3\alpha-1}\alpha=\frac{4}{27}Re(3\alpha-1)\alpha\ln(1+X) \tag{2$'$}$$

$$\frac{1}{2}\varphi\nu_0U\frac{\partial^2 U}{\partial X\partial R}=\frac{\varphi}{6}\nu_0\alpha(1+X)^{2\alpha-1}=\frac{1}{6}\varphi\nu_0\alpha(2\alpha-1)\ln(1+X) \tag{3$'$}$$

$$\frac{1}{2}\nu_0\frac{\partial U}{\partial X}\left(\frac{U}{\rho_0}\frac{\partial\rho_0}{\partial X}+\frac{\partial U}{\partial X}\right)=0 \tag{4$'$}$$

$$\frac{K_3\lambda_0}{\rho_0}\left(\frac{\partial^2 T_0}{\partial X^2}+\frac{\partial^2 T_0}{\partial R^2}\right)=\frac{2}{3}K_3\lambda_0\beta(\beta-1)(1+X)^{\beta-2}(1+X)^{\alpha}$$

$$=\frac{2}{3}K_3\lambda_0\beta(\beta-1)(1+X)^{\alpha+\beta-2}$$

$$=\frac{2}{3}K_3\lambda_0\beta(\beta-1)(\alpha+\beta-2)\ln(1+X) \tag{5$'$}$$

$$\frac{K_3\lambda_0}{\rho_0}\left(\frac{\partial^2 T_0}{\partial X^2}+\frac{\partial^2 T_0}{\partial R^2}\right)$$

$$=3K_4(1+X)^{\alpha+\beta-1}(\alpha-\beta)+\frac{3}{2}\nu_0\varphi^{2/3}K_5(\beta-1)(1+X)^{\beta-1}$$

$$=3K_4(\alpha+\beta-1)(\alpha-\beta)\ln(1+X)+\frac{3}{2}\nu_0\varphi^{2/3}K_5(\beta-1)^2\ln(1+X) \tag{6$'$}$$

$$\frac{4}{3}\nu_0U\frac{\partial^2 U}{\partial X^2}=\frac{16}{27}\nu_0\alpha(\alpha-1)(1+X)^{\alpha-2}$$

$$=\frac{16}{27}\nu_0\alpha(\alpha-1)(\alpha-2)\ln(1+X) \tag{7$'$}$$

$$-\frac{2}{3}\frac{\nu_0^2\varphi^{2/3}}{URe}\frac{\partial U}{\partial R}\frac{\partial^2 U}{\partial X^2}=\frac{2}{3}\varphi^{2/3}\nu_0^2\alpha(\alpha-1)(\alpha-2)\ln(1+X) \tag{8$'$}$$

$$\frac{1}{2}\varphi^{2/3}\frac{\nu_0K_6}{U}\left(\frac{\partial U}{\partial R}\right)^2\frac{\partial^2 U}{\partial R^2}=\frac{3}{2}\varphi^{2/3}\nu_0^2K_6 2\alpha\ln(1+X)=3\varphi^{2/3}\nu_0^2K_6\alpha\ln(1+X) \tag{9$'$}$$

将式（1）′、式（2）′、式（3）′、式（4）′、式（5）′、式（6）′、式（7）′、式（8）′

和式（9）′代表的各项除以 $\alpha\ln(1+X)$，代入式（8-2-14），并取 $\nu_0\approx1$，得：

$$\begin{aligned}&Re(0.792\alpha-0.05)+0.167(2\alpha-1)\\&=0.667K_3\lambda_0\beta\frac{(\beta-1)(\alpha+\beta-2)}{\alpha}+3K_4\frac{(\alpha+\beta-1)}{\alpha}(\alpha-\beta)+\\&\quad 1.5\varphi^{2/3}K_5(\beta-1)^2+(0.592+\varphi^{2/3}0.667)(\alpha-1)(\alpha-2)+3\varphi^{2/3}K_6\end{aligned}\tag{8-2-36}$$

利用式（8-2-35）与式（8-2-36）可求解 α 和 β 两个未知数。然后代入式（8-2-33）和式（8-2-34）即可得到速度分布与温度分布的表达式。

8.2.1.4　管长确定公式

可压缩流体在管内的运动过程是压力下降、温度变化、密度变小、速度加大的过程，而且伴随着能量损失。为它建立能量守恒公式，即：

$$\frac{p_e}{\rho_e}+\frac{u_e^2}{2}=\frac{p_a}{\rho_a}+\frac{u_a^2}{2}+E_f\tag{8-2-37}$$

式中，p_e 为管道进口处压力；ρ_e 为管道进口处流体密度；u_e 为管道进口速度，它是均匀分布的；u_a 为管道出口处速度，它是断面平均速度；ρ_a 为管道出口处流体密度；E_f 为管道全长损失能量。

设管道无因次长度为 L，它是待求的未知数。现在计算管道出口断面平均速度 u_a，

$$\begin{aligned}u_a&=\frac{1}{2}u_e(1+L)^\alpha\int_0^1(2R-R^2)\mathrm{d}R\\&=\frac{1}{2}u_e(1+L)^\alpha\frac{2}{3}=\frac{1}{3}u_e(1+L)^\alpha\end{aligned}\tag{8-2-38}$$

因为研究对象是管道，壁面粗糙度是摩擦损失主要影响因素。所以应用流体力学中沿程阻力系数 λ 来计算阻力损失功率。

$$\frac{\gamma h_f}{\rho}=\frac{\gamma}{\rho}\frac{\lambda l}{D}\frac{u_a^2}{2g}=\frac{\lambda}{2}\frac{l}{D}u_a^2=\left(\frac{\lambda L}{2}\right)\frac{u_a^2}{2}\tag{8-2-39}$$

将式（8-2-38）与式（8-2-39）代入式（8-2-37），则：

$$\frac{p_e}{\rho_e}-\frac{p_a}{\rho_a}+\frac{u_e^2}{2}=\left(1+\frac{\lambda L}{2}\right)\frac{1}{2}\left[\frac{u_e}{3}(1+L)^\alpha\right]^2\tag{8-2-40}$$

式中，λ 为沿程阻力系数。

8.2.1.5　边层流界面位置（R_B）

将式（8-2-37）代入式（8-2-33），则：

$$\frac{1}{3}(1+X)^\alpha=(1+X)^\alpha(2R_B-R_B^2)$$

$$\frac{1}{3}=2R_B-R_B^2$$

$$R_B=\frac{2-\sqrt{2^2-4\times\frac{1}{3}}}{2}=0.189$$

8.2.1.6　边层流界面涡旋旋转速度与大小

依式（8-2-33）与涡旋定义，可以推导得：

$$\begin{aligned}\omega|_{r=r_B}&=\frac{u_e}{r_0}(1+X)^\alpha(1-R_B)=\frac{u_e}{r_0}(1+X)^\alpha(1-0.189)\\&=0.811\frac{u_e}{r_0}(1+X)^\alpha\end{aligned}\tag{8-2-41}$$

涡旋直径
$$d_s = 2r_s = 2\sqrt{\frac{10\nu}{\omega}}$$

$$d_s = 2\sqrt{\frac{10\nu r_0}{0.811u_e(1+X)^\alpha}} \tag{8-2-42}$$

8.2.1.7 涡旋于界面上径向速度 u_r^*

依式（4-3-1），结合本问题，则：

$$u_r^* = \frac{12\nu t(\omega|_{r=r_B})^2}{u} = \frac{12\nu t\left[0.811\dfrac{u_e}{r_0}(1+X)^\alpha\right]^2}{\dfrac{1}{3}(1+X)^\alpha}$$

因为式中 $t = \dfrac{r_0 - r_B}{u_r^*}$，代入上式，化简整理：

$$u_r^* = 4.866\sqrt{\frac{\nu(r_0 - r_B)u_e(1+X)^\alpha}{r_0^2}} \tag{8-2-43}$$

8.2.1.8 涡旋体积分数 φ 公式

根据第 4 章建立的涡旋体积分数公式，可得：

$$\varphi = k\frac{\pi u_r^*}{48r_0} \tag{8-2-44}$$

式中，k 为实验系数，s。

8.2.2 可压缩湍流矩形管道进口段

为进行数学分析，坐标系与原点的选定如图 8-2-3 所示。

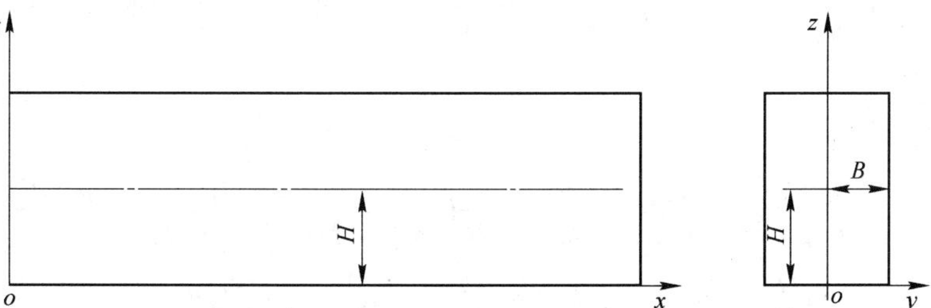

图 8-2-3 可压缩湍流矩形管道坐标系与原点选定示意图

8.2.2.1 运动控制方程与边界条件

动量方程依式（3-19-22），结合本节条件，动量方程为：

$$\frac{\nu}{2}\frac{\partial\rho}{\rho\partial x}\left(\frac{\partial u}{\partial y} + \frac{\partial u}{\partial z}\right) + u\frac{\partial u}{\partial x} + \frac{\nu}{2}\left[\frac{1}{u}\left(\frac{\partial u}{\partial y} + \frac{\partial u}{\partial z}\right)\right]\nabla\cdot\boldsymbol{v}$$
$$= -\frac{1}{\rho}\frac{\partial p}{\partial x} + \nu\left[\frac{4}{3}\frac{\partial^2 u}{\partial x^2} + (1-\varphi^{2/3})\left(\frac{\partial^2 u}{\partial y^2} + \frac{\partial^2 u}{\partial z^2}\right) + 6\varphi^{2/3}t\left(\frac{\partial u}{\partial y}\frac{\partial^2 u}{\partial y^2} + \frac{\partial u}{\partial z}\frac{\partial^2 u}{\partial z^2}\right)\right] \tag{8-2-45}$$

能量方程：由式（3-19-49），结合本问题，在定常流情况下，忽略质量力与分子能，可得：

$$u^2\frac{\partial u}{\partial x} - \frac{u^2}{2}\frac{u}{\rho}\frac{\partial\rho}{\partial x} + \frac{1}{2}\varphi\nu u\left(\frac{\partial^2 u}{\partial x\partial y} + \frac{\partial^2 u}{\partial x\partial z}\right) + \frac{\nu}{2}\left(\frac{\partial u}{\partial y} + \frac{\partial u}{\partial z}\right)\left(\frac{u}{\rho}\frac{\partial\rho}{\partial x} + \frac{\partial u}{\partial x}\right)$$
$$= \frac{\lambda}{\rho}\left(\frac{\partial^2 T}{\partial x^2} + \frac{\partial^2 T}{\partial y^2} + \frac{\partial^2 T}{\partial z^2}\right) + u\left(-\frac{1}{\rho}\frac{\partial p}{\partial x} + \frac{4}{3}\nu\frac{\partial^2 u}{\partial x^2}\right) -$$

$$\frac{\varphi^{2/3}}{2}\frac{\nu}{u}\left(\frac{\partial u}{\partial y}+\frac{\partial u}{\partial z}\right)\left[-\frac{1}{\rho}\frac{\partial p}{\partial x}+\frac{4}{3}\nu\frac{\partial^2 u}{\partial x^2}+2\nu t\left(\frac{\partial u}{\partial y}\frac{\partial^2 u}{\partial y^2}+\frac{\partial u}{\partial z}\frac{\partial^2 u}{\partial z^2}\right)\right] \tag{8-2-46}$$

气体状态方程与质量守恒方程可分别用式（8-2-3）至式（8-2-6）。

边界条件：

$$u(x,y,z)\big|_{x=0}=u_e \tag{8-2-47}$$

$$u(x,y,z)\big|_{y=B}=0 \tag{8-2-48}$$

$$u(x,y,z)\big|_{z=0}=0 \tag{8-2-49}$$

$$\left.\frac{\partial u(x,y,z)}{\partial y}\right|_{y=0}=0 \tag{8-2-50}$$

$$\left.\frac{\partial u(x,y,z)}{\partial z}\right|_{z=H}=0 \tag{8-2-51}$$

$$\frac{\partial^2 u(x,y,z)}{\partial y^2}<0 \tag{8-2-52}$$

$$\frac{\partial^2 u(x,y,z)}{\partial z^2}<0 \tag{8-2-53}$$

$$p(x,y,z)\big|_{x=0}=p_e \tag{8-2-54}$$

$$T(x,y,z)\big|_{x=0}=T_e \tag{8-2-55}$$

8.2.2.2　无因次运动控制方程与边界条件

为了应用数学工具，必须将运动控制方程与边界条件变成无因次形式。为此取：$\frac{x}{H}=X;\frac{z}{H}=Z;\frac{y}{B}=Y;\frac{u}{u_e}=U;\frac{p}{p_e}=p_0;\frac{T}{T_e}=T_0;\frac{\nu}{\nu_e}=\nu_0$。将以上比值代回运动控制方程与边界条件。

动量方程：

$$\frac{\nu_e u_e}{2H^2}\frac{\nu_0}{\rho_0}\frac{\partial\rho_0}{\partial X}\left(\frac{H}{B}\frac{\partial U}{\partial Y}+\frac{\partial U}{\partial Z}\right)+\frac{u_e^2}{H}U\frac{\partial U}{\partial X}+\frac{\nu_e u_e}{2H^2}\frac{\nu_0}{U}\left(\frac{H}{B}\frac{\partial U}{\partial Y}+\frac{\partial U}{\partial Z}\right)\frac{\partial U}{\partial X}$$

$$=-\frac{p_e H}{\rho_e\nu_e u_e}\frac{\partial p_0}{\rho_0\partial X}+\nu_0\left\{\frac{4}{3}\frac{\nu_e u_e}{H^2}\frac{\partial^2 U}{\partial X^2}+(1-\varphi^{2/3})\frac{\nu_e u_e}{H^2}\right.$$

$$\left.\left[\left(\frac{H}{B}\right)^2\frac{\partial^2 U}{\partial Y^2}+\frac{\partial^2 U}{\partial Z^2}\right]+\frac{\nu_e u_e^2}{H^3}6t\varphi^{2/3}\left[\left(\frac{H}{B}\right)^3\frac{\partial U}{\partial Y}\frac{\partial^2 U}{\partial Y^2}+\frac{\partial U}{\partial Z}\frac{\partial^2 U}{\partial Z^2}\right]\right\}$$

将上式全式除以 $\frac{\nu_e u_e}{H^2}$，则：

$$\frac{\nu_0}{2}\frac{\partial\rho_0}{\rho_0\partial X}\left(\frac{H}{B}\frac{\partial U}{\partial Y}+\frac{\partial U}{\partial Z}\right)+ReU\frac{\partial U}{\partial X}+\frac{\nu_0}{2U}\left(\frac{H}{B}\frac{\partial U}{\partial Y}+\frac{\partial U}{\partial Z}\right)\frac{\partial U}{\partial X}$$

$$=-K_1\frac{1}{\rho_0}\frac{\partial p_0}{\partial X}+\nu_0\left\{\frac{4}{3}\frac{\partial^2 U}{\partial X^2}+(1-\varphi^{2/3})\left[\left(\frac{H}{B}\right)^2\frac{\partial^2 U}{\partial Y^2}+\frac{\partial^2 U}{\partial Z^2}\right]+\right.$$

$$\left.K_2\varphi^{2/3}\left[\left(\frac{H}{B}\right)^3\frac{\partial U}{\partial Y}\frac{\partial^2 U}{\partial Y^2}+\frac{\partial U}{\partial Z}\frac{\partial^2 U}{\partial Z^2}\right]\right\} \tag{8-2-56}$$

能量方程：

$$\frac{u_e^3}{H}\frac{U^2\partial U}{\partial X}-\frac{1}{2}\frac{u_e^3}{H}\frac{U^3}{\rho_0}\frac{\partial\rho_0}{\partial X}+\frac{\varphi\nu_e}{2}\frac{u_e^2}{H^2}\nu_0 U\left(\frac{H\partial^2 U}{B\partial X\partial Y}+\frac{\partial^2 U}{\partial X\partial Z}\right)+$$

$$\frac{\nu_e}{2}\frac{u_e^2}{H^2}\nu_0\left(\frac{H}{B}\frac{\partial U}{\partial Y}+\frac{\partial U}{\partial Z}\right)\left(\frac{U}{\rho_0}\frac{\partial\rho_0}{\partial X}+\frac{\partial U}{\partial X}\right)$$

$$=\frac{\lambda_e T_e\lambda_0}{\rho_e H^2\rho_0}\left(\frac{\partial^2 T_0}{\partial X^2}+\left(\frac{H}{B}\right)^2\frac{\partial^2 T_0}{\partial Y^2}+\frac{\partial^2 T_0}{\partial Z^2}\right)+$$

$$U\left(-\frac{p_e u_e}{\rho_e H}\frac{\partial p_0}{\rho_0\partial X}+\frac{4}{3}\frac{\nu_e u_e}{H^2}\nu_0\frac{\partial^2 U}{\partial X^2}\right)-\frac{\varphi^{2/3}}{2}\frac{\nu_0}{U}\left(\frac{H}{B}\frac{\partial U}{\partial Y}+\frac{\partial U}{\partial Z}\right)$$

$$\left\{-\frac{\nu_e}{H^2}\frac{p_e}{\rho_e}\frac{\partial p_0}{\rho_0\partial X}+\frac{4}{3}\frac{\nu_e^2 u_e}{H^3}\frac{\nu_0\partial^2 U}{\partial X^2}+2\nu_e^2 t\frac{u_e^2}{H^4}\nu_0\left[\left(\frac{H}{B}\right)^3\frac{\partial U}{\partial Y}\frac{\partial^2 U}{\partial Y^2}+\frac{\partial U}{\partial Z}\frac{\partial^2 U}{\partial Z^2}\right]\right\}$$

上式除以 $\frac{\nu_e u_e^2}{H^2}$，则:

$$ReU^3\frac{\partial U}{\partial X}-\frac{1}{2}Re\frac{U^3}{\rho_0}\frac{\partial\rho_0}{\partial X}+\frac{\varphi}{2}\nu_0 U\left(\frac{H}{B}\frac{\partial^2 U}{\partial X\partial Y}+\frac{\partial^2 U}{\partial X\partial Z}\right)+$$

$$\frac{\nu_0}{2}\left(\frac{H}{B}\frac{\partial U}{\partial Y}+\frac{\partial U}{\partial Z}\right)\left(\frac{U}{\rho_0}\frac{\partial\rho_0}{\partial X}+\frac{\partial U}{\partial X}\right)$$

$$=K_3\frac{\lambda_0}{\rho_0}\left(\frac{\partial^2 T_0}{\partial X^2}+\left(\frac{H}{B}\right)^2\frac{\partial^2 T_0}{\partial Y^2}+\frac{\partial^2 T_0}{\partial Z^2}\right)+$$

$$U\left(-K_4\frac{\partial p_0}{\rho_0\partial X}+\frac{4}{3}\nu_0\frac{\partial^2 U}{\partial X^2}\right)-\frac{\varphi^{2/3}}{2}\frac{\nu_0}{U}\left(\frac{H}{B}\frac{\partial U}{\partial Y}+\frac{\partial U}{\partial Z}\right)$$

$$\left\{-K_5\frac{\partial p_0}{\rho_0\partial X}+\frac{4}{3}\left(\frac{\nu_0^2}{Re}\right)\frac{\partial^2 U}{\partial X^2}+K_6\nu_0\left[\left(\frac{H}{B}\right)^2\frac{\partial U}{\partial Y}\frac{\partial^2 U}{\partial Y^2}+\frac{\partial U}{\partial Z}\frac{\partial^2 U}{\partial Z^2}\right]\right\} \tag{8-2-57}$$

边界条件:

$$U(X,Y,Z)\big|_{X=0}=1 \tag{8-2-58}$$

$$U(X,Y,Z)\big|_{Y=1}=0 \tag{8-2-59}$$

$$U(X,Y,Z)\big|_{Z=0}=0 \tag{8-2-60}$$

$$\left.\frac{\partial U(X,Y,Z)}{\partial Y}\right|_{Y=0}=0 \tag{8-2-61}$$

$$\left.\frac{\partial U(X,Y,Z)}{\partial Z}\right|_{Z=1}=0 \tag{8-2-62}$$

$$\frac{\partial^2 U(X,Y,Z)}{\partial Y^2}<0 \tag{8-2-63}$$

$$\frac{\partial^2 U(X,Y,Z)}{\partial Z^2}<0 \tag{8-2-64}$$

$$p_0(X,Y,Z)\big|_{X=0}=1 \tag{8-2-65}$$

$$T_0(X,Y,Z)\big|_{X=0}=1 \tag{8-2-66}$$

以上各式中：

$$Re = \frac{u_e H}{\nu_e} \tag{8-2-67}$$

$$K_1 = \frac{p_e H}{\rho_e \nu_e u_e} \tag{8-2-68}$$

$$K_2 = \frac{6tu_e}{H} \tag{8-2-69}$$

$$K_3 = \frac{\lambda_e T_e}{\rho_e \nu_e u_e^2} \tag{8-2-70}$$

$$K_4 = \frac{p_e H}{\rho_e u_e} \tag{8-2-71}$$

$$K_5 = \frac{p_e H}{\rho_e u_e^2} \tag{8-2-72}$$

$$K_6 = \frac{2\nu_e T}{H^2} \tag{8-2-73}$$

8.2.2.3 速度分布与温度分布

根据边界条件，选定速度分布与温度分布分别为：

$$U = (1 + X)^{\alpha}(2Z - Z^2)(1 - Y^2) \tag{8-2-74}$$

$$T = (1 + X)^{-\beta} \tag{8-2-75}$$

应用式(8-2-74)和式(8-2-75)之前，首先确定参变常数 α 和 β。为此，将以上两式代入式(8-2-56)与式(8-2-57)中，然后利用气体状态方程与质量守恒方程，将压力 p_0 与密度 ρ_0 均转化为速度与温度的表达形式，结果得两个均含 α 和 β 的独立方程，联立求解即得 α 和 β。

首先将式(8-2-74)代入式(8-2-56)，逐项计算：

$$\begin{aligned}
&\frac{\nu_0}{2}\frac{\partial \rho_0}{\rho_0 \partial X}\left(\frac{H}{B}\frac{\partial U}{\partial Y} + \frac{\partial U}{\partial Z}\right) = \frac{\nu_0}{2U}\frac{\partial U}{\partial X}\left(\frac{H}{B}\frac{\partial U}{\partial Y} + \frac{\partial U}{\partial Z}\right)\\
&= \nu_0 \alpha (1 + X)^{\alpha - 1}\left[(1 - Z)(1 - Y^2) - \frac{H}{B}Y(2Z - Z^2)\right]\\
&= \nu_0 \alpha (1 + X)^{\alpha - 1}\left(\frac{1}{2} \times \frac{2}{3} - \frac{H}{B}\frac{1}{2} \times \frac{2}{3}\right)\\
&= \frac{1}{3}\nu_0 \alpha (1 + X)^{\alpha - 1}\left(1 - \frac{H}{B}\right)\\
&= \frac{1}{3}\nu_0 \alpha \left(1 - \frac{H}{B}\right)(1 + X)^{\alpha - 1}
\end{aligned} \tag{1}$$

$$\begin{aligned}
ReU\frac{\partial U}{\partial X} &= Re(1 + X)^{2\alpha - 1}\alpha \int_0^1\int_0^1 (2Z - Z^2)^2(1 - Y^2)^2 \mathrm{d}Z\mathrm{d}Y\\
&= ReU\frac{\partial U}{\partial X} = 0.355Re\alpha(1 + X)^{2\alpha - 1}
\end{aligned} \tag{2}$$

$$\begin{aligned}
\frac{\nu_0}{2U}\left(\frac{H}{B}\frac{\partial U}{\partial Y} + \frac{\partial U}{\partial Z}\right)\frac{\partial U}{\partial X} &= \frac{1}{2}\nu_0 \alpha (1 + X)^{\alpha - 1}\left[\frac{H}{B}(-2Y)(2Z - Z^2) + (1 - Z)(1 - Y^2)\right]\\
&= \nu_0 \alpha (1 + X)^{\alpha - 1}\left[\int_0^1\int_0^1 (1 - Z)(1 - Y^2)\mathrm{d}Z\mathrm{d}Y - \frac{H}{B}\int_0^1\int_0^1 Y(2Z - Z^2)\mathrm{d}Y\mathrm{d}Z\right]
\end{aligned}$$

$$= \nu_0 \alpha (1+X)^{\alpha-1} \frac{1}{3}\left(1-\frac{H}{B}\right) \tag{3}$$

$$-K_1 \frac{\partial p_0}{\rho_0 \partial X} = -KU\frac{\partial p_0}{\partial X} = -K_1 U\left(T_0 \frac{\partial \rho_0}{\partial X} + \rho_0 \frac{\partial T_0}{\partial X}\right)$$

$$= -K_1 U\left[T_0 \frac{\partial}{\partial X}\left(\frac{1}{U}\right) + \frac{1}{U}\frac{\partial T_0}{\partial X}\right] = K_1\left(T_0 \frac{1}{U}\frac{\partial U}{\partial X} - \frac{\partial T_0}{\partial X}\right)$$

$$= K_1 \alpha (1+X)^{\beta-1}(\alpha-\beta) \tag{4}$$

$$\frac{4}{3}\nu_0 \frac{\partial^2 U}{\partial X^2} = \frac{4}{3}\nu_0 \alpha(\alpha-1)(1+X)^{\alpha-2}(2Z-Z^2)(1-Y^2)$$

$$= \frac{4}{3}\nu_0 \alpha(\alpha-1)(1+X)^{\alpha-2}\int_0^1\int_0^1 (2Z-Z^2)(1-Y^2)\mathrm{d}Z\mathrm{d}Y$$

$$= \frac{16\nu_0}{27}\alpha(\alpha-1)(1+X)^{\alpha-2} \tag{5}$$

$$\nu_0(1-\varphi^{2/3})\left[\left(\frac{H}{B}\right)^2 \frac{\partial^2 U}{\partial Y^2} + \frac{\partial^2 U}{\partial Z}\right]$$

$$= -2\nu_0(1-\varphi^{2/3})(1+X)^{\alpha}\left[\left(\frac{H}{B}\right)^2(2Z-Z^2) + (1-Y^2)\right]$$

$$= -2\nu_0(1-\varphi^{2/3})(1+X)^{\alpha}\int_0^1\int_0^1\left[\left(\frac{H}{B}\right)^2(2Z-Z^2) + (1-Y^2)\right]\mathrm{d}Y\mathrm{d}Z$$

$$= -\frac{4}{3}\nu_0(1-\varphi^{2/3})(1+X)^{\alpha}\left[\left(\frac{H}{B}\right)^2 + 1\right] \tag{6}$$

$$\nu_0 K_2 \varphi^{2/3}\left[\left(\frac{H}{B}\right)^3 \frac{\partial U}{\partial Y}\frac{\partial^2 U}{\partial Y^2} + \frac{\partial U}{\partial Z}\frac{\partial^2 U}{\partial Z^2}\right]$$

$$= \nu_0 K_2 \varphi^{2/3}\left[\left(\frac{H}{B}\right)^3 (1+X)^{2\alpha}(2Z-Z^2)^2(-2Y)(-2) + (1+X)^{2\alpha}(1-Y^2)^2 2(1-Z)(-2)\right]$$

$$= 1.066\nu_0 K_2 \varphi^{2/3}\left[\left(\frac{H}{B}\right)^3 - 1\right](1+X)^{2\alpha} \tag{7}$$

将式(1)、式(2)、式(3)、式(4)、式(5)、式(6)和式(7)代表的各项代回式(8-3-56)，

$$\frac{1}{3}\nu_0\alpha\left(1-\frac{H}{B}\right)(1+X)^{\alpha-1} + 0.355 Re\alpha(1+X)^{2\alpha-1} - 2.08\nu_0\alpha(1+X)^{\alpha-1}$$

$$= K_1\alpha(1+X)^{\beta-1}(\alpha-\beta) + 0.593\nu_0\alpha(\alpha-1)(1+X)^{\alpha-2} -$$

$$\frac{4}{3}\nu_0(1-\varphi^{2/3})(1+X)^{\alpha} + 1.066\nu_0 K_2\varphi^{2/3}\left[\left(\frac{H}{B}\right)^3 - 1\right](1+X)^{2\alpha}$$

全式对含$(1+X)$的项取对数，然后除$\alpha\ln(1+X)$，并取$\nu_0 \approx 1$，则：

$$\frac{1}{3}\left(1-\frac{H}{B}\right)(\alpha-1) + 0.355 Re(2\alpha-1) - 2.08(\alpha-1)$$

$$= K_1 \frac{(\alpha-\beta)(\beta-1)}{\alpha} + 0.593(\alpha-1)(\alpha-2) -$$

$$\frac{4}{3}(1-\varphi^{2/3})\left[\left(\frac{H}{B}\right)^2 + 1\right] + 2.132K_2\varphi^{2/3}\left[\left(\frac{H}{B}\right)^3 - 1\right] \tag{8-2-76}$$

将式(8-2-74)与式(8-2-75)代入式(8-2-57)，分别计算各项，

$$ReU^3\frac{\partial U}{\partial X}=Re(1+X)^{3\alpha}(2Z-Z^2)^3(1-Y^2)^3\alpha(1+X)^{\alpha-1}(2Z-Z^2)(1-Y^2)$$

$$=Re\alpha(1+X)^{4\alpha-1}(2Z-Z^2)^4(1-Y^2)^4$$

$$=Re\alpha(1+X)^{4\alpha-1}\int_0^1(Z^8-8Z^7+24Z^6-32Z^5+16Z^4)\mathrm{d}Z\int_0^1(Y^8-4Y^6+6Y^4-4Y^2+1)\mathrm{d}Y$$

$$=Re\alpha(1+X)^{4\alpha-1}(6.745-6.333)(2.325-1.904)$$

$$=0.173Re\alpha(1+X)^{4\alpha-1}\tag{1}$$

$$-\frac{1}{2}Re\frac{U^3}{\rho_0}\frac{\partial\rho_0}{\partial X}=-\frac{1}{2}ReU^3\left(-\frac{1}{U}\frac{\partial U}{\partial X}\right)=\frac{1}{2}ReU^2\frac{\partial U}{\partial X}$$

$$=\frac{1}{2}Re\alpha(1+X)^{3\alpha-1}(2Z-Z^2)^3(1-Y^2)^3$$

$$=\frac{1}{2}Re\alpha(1+X)^{3\alpha-1}\int_0^1\int_0^1(8Z^3-12Z^4+6Z^5-Z^6)(1-3Y^2+3Y^4-Y^6)\mathrm{d}Z\mathrm{d}Y$$

$$=\frac{1}{2}Re\alpha(1+X)^{3\alpha-1}(0.457)^2$$

$$=0.104Re\alpha(1+X)^{3\alpha-1}\tag{2}$$

$$\frac{\varphi}{2}\nu_0U\left(\frac{H}{B}\frac{\partial^2U}{\partial X\partial Y}+\frac{\partial^2U}{\partial X\partial Z}\right)=\frac{\varphi}{2}\nu_0(1+X)^{\alpha}(2Z-Z^2)(1-Y^2)\left[\frac{H}{B}\alpha(1+X)^{\alpha-1}(2Z-Z^2)(-2Y)+\alpha(1+X)^{\alpha-1}(1-Y^2)2(1-Z)\right]$$

$$=\frac{\varphi}{2}\nu_0\alpha(1+X)^{2\alpha-1}\left[\int_0^1\int_0^1(1-Z)(1-Y^2)^2-\frac{H}{B}Y(2Z-Z^2)^2\right]\mathrm{d}Y\mathrm{d}Z$$

$$=-0.216\varphi\nu_0\alpha(1+X)^{2\alpha-1}\tag{3}$$

$$\frac{\nu_0}{2}\left(\frac{H}{B}\frac{\partial U}{\partial Y}+\frac{\partial U}{\partial Z}\right)\left(\frac{U}{\rho}\frac{\partial\rho_0}{\partial X}+\frac{\partial U}{\partial X}\right)=\frac{\nu_0}{2}\left(\frac{H}{B}\frac{\partial U}{\partial Y}+\frac{\partial U}{\partial Z}\right)-\frac{\partial U}{\partial X}+\frac{\partial U}{\partial X}=0\tag{4}$$

$$K_3\frac{\lambda_0}{\rho_0}\left[\frac{\partial^2T_0}{\partial X^2}+\left(\frac{H}{B}\right)^2\frac{\partial^2T_0}{\partial Y^2}+\frac{\partial^2T_0}{\partial Z^2}\right]=K_3\lambda_0U\left(\frac{\partial^2T_0}{\partial X^2}\right)$$

$$=K_3\lambda_0(1+X)^{\alpha}(2Z-Z^2)(1-Y^2)\beta(\beta-1)(1+X)^{\beta-2}$$

$$=K_3\lambda_0\beta(\beta-1)(1+X)^{\alpha+\beta-1}\int_0^1\int_0^1(2Z-Z^2)(1-Y^2)\mathrm{d}Y\mathrm{d}Z$$

$$=\frac{4}{9}K_3\lambda_0\beta(\beta-1)(1+X)^{\alpha+\beta-1}\tag{5}$$

$$-UK_4\frac{\partial p_0}{\beta\partial X}+\frac{\varphi^{2/3}}{2}\frac{\nu_0}{U}K_5\left(\frac{H}{B}\frac{\partial U}{\partial Y}+\frac{\partial U}{\partial Z}\right)\frac{\partial p_0}{\rho_0\partial X}$$

$$=\left[K_5\frac{\varphi^{2/3}}{2}\frac{\nu_0}{U}\left(\frac{H}{B}\frac{\partial U}{\partial Y}+\frac{\partial U}{\partial Z}\right)-UK_4\right]\frac{\partial p_0}{\rho_0\partial X}$$

$$=(\alpha-\beta)\left[1.039K_5\varphi^{2/3}\nu_0(1+X)^{\beta-1}+\frac{4}{9}K_4(1+X)^{\alpha+\beta-1}\right]\tag{6}$$

$$\frac{4}{3}\nu_0 U\frac{\partial^2 U}{\partial X^2} = \frac{4}{3}\nu_0(1+X)^{2\alpha-2}\alpha(\alpha-1)\int_0^1\int_0^1(2Z-Z^2)^2(1-Y^2)^2\mathrm{d}Z\mathrm{d}Y$$

$$=0.379\nu_0\alpha(\alpha-1)(1+X)^{2\alpha-2} \tag{7}$$

$$-\frac{\varphi^{2/3}}{2}\frac{\nu_0}{U}\left(\frac{H}{B}\frac{\partial U}{\partial Y}+\frac{\partial U}{\partial Z}\right)\frac{4}{3}\frac{\nu_0}{Re}\frac{\partial^2 U}{\partial X^2}$$

$$=1.039\nu_0\frac{4}{3}\frac{\nu_0\varphi^{2/3}}{Re}\alpha(\alpha-1)(1+X)^{\alpha-2}\int_0^1\int_0^1(2Z-Z^2)(1-Y^2)\mathrm{d}Z\mathrm{d}Y$$

$$=0.462\nu_0^2\varphi^{2/3}\frac{\alpha}{Re}(\alpha-1)(1+X)^{\alpha-2} \tag{8}$$

$$-\frac{\varphi^{2/3}}{2}\frac{\nu_0}{U}\left(\frac{H}{B}\frac{\partial U}{\partial Y}+\frac{\partial U}{\partial Z}\right)K_6\nu_0\left[\left(\frac{H}{B}\right)^3\left(\frac{\partial U}{\partial Y}\right)\frac{\partial^2 U}{\partial Y^2}+\frac{\partial U}{\partial Z}\frac{\partial^2 U}{\partial Z^2}\right]$$

$$=\frac{1.039}{2}\varphi^{2/3}K_6\nu_0^2\left[\left(\frac{H}{B}\right)^3(1+X)^{2\alpha}(2Z-Z)^2(-2Y)(-2)+\right.$$

$$\left.(1+X)^{2\alpha}(1-Y^2)^2 2(1-Z)(-2)\right]$$

$$=0.519\varphi^{2/3}K_6\nu_0^2(1+X)^{2\alpha}\left[\left(\frac{H}{B}\right)^3\int_0^1\int_0^1 Y(2Z-Z^2)^2\mathrm{d}Y\mathrm{d}Z-\right.$$

$$\left.\int_0^1\int_0^1(1-Y^2)^2(1-Z)\mathrm{d}Y\mathrm{d}Z\right]$$

$$=0.519\varphi^{2/3}K_6\nu_0^2(1+X)^{2\alpha}\left[0.6\left(\frac{H}{B}\right)^3-0.333\right] \tag{9}$$

将式(1)~式(9)代表的各项代回式(8-2-57)

$$0.173Re\alpha(1+X)^{4\alpha-1}+0.104Re\alpha(1+X)^{3\alpha-1}-0.216\nu_0\alpha(1+X)^{2\alpha-1}+0$$

$$=0.444K_3\lambda_0\beta(\beta-1)(1+X)^{\alpha+\beta-1}+(\alpha-\beta)\left[1.039K_5\varphi^{2/3}\nu_0(1+X)^{\beta-1}+\right.$$

$$\left.0.444K_4(1+X)^{\alpha+\beta-1}\right]+0.379\nu_0\alpha(\alpha-1)(1+X)^{2(\alpha-1)}+$$

$$0.462\nu_0^2\varphi^{2/3}\frac{\alpha}{Re}(\alpha-1)(1+X)^{\alpha-2}+$$

$$0.519\varphi^{2/3}K_6\nu_0^2\left[0.6\left(\frac{H}{B}\right)^3-0.333\right](1+X)^{2\alpha}$$

对上式含$(1+X)$的项取对数，取$\nu_0\approx1$，则：

$$0.173Re\alpha(4\alpha-1)\ln(1+X)+0.104Re\alpha(3\alpha-1)\ln(1+X)-$$

$$0.216\varphi\alpha(2\alpha-1)\ln(1+X)+0$$

$$=0.444K_3\lambda_0\beta(\beta-1)(\alpha+\beta-1)\ln(1+X)+(\alpha-\beta)$$

$$[1.039K_5(\beta-1)\ln(1+X)+0.444K_4(\alpha+\beta-1)\ln(1+X)]+$$

$$0.379\alpha(\alpha-1)(2\alpha-1)\ln(1+X)+0.462\varphi^{2/3}\frac{\alpha}{Re}(\alpha-1)(\alpha-2)$$

$$\ln(1+X)+0.519\varphi^{2/3}K_6\left[0.6\left(\frac{H}{B}\right)^3-0.333\right]2\alpha\ln(1+X)$$

上式全式除以 $\alpha\ln(1+X)$，则：

$$
\begin{aligned}
&0.173Re(4\alpha-1)+0.104Re(3\alpha-1)-0.216\varphi(2\alpha-1)\\
=&\frac{0.444K_3\lambda_0\beta(\beta-1)(\alpha+\beta-1)}{\alpha}+\frac{\alpha-\beta}{\alpha}\\
&\left[1.039K_5\varphi^{2/3}(\beta-1)+0.444K_4(\alpha+\beta-1)\right]+\\
&0.379(\alpha-1)(2\alpha-1)+\frac{0.462}{Re}(\alpha-1)(\alpha-2)+1.038\varphi^{2/3}K_6\\
&\left[0.6\left(\frac{H}{B}\right)^3-0.333\right]
\end{aligned}
\tag{8-2-77}
$$

式(8-2-76)与式(8-2-77)是独立方程，均含 α 和 β 两个未知数，联立求解，可得其二数。

8.2.2.4 等质量流量管长确定

在确定圆形断面管道进口段长度时，利用了能量守恒方程式(8-2-37)。现在确定矩形进口段长度，仍然应用此式，所不同的是结合矩形断面的特点，第一要用矩形管道的水力半径 R' 的 4 倍代替圆形管直径 D，第二要按矩形断面计算出平均速度 u_a。

A E_f 计算公式

E_f 是 1kg 流体由进口处流到进口段末端时所损失的功。

矩形断面水力半径 R' 公式为：

$$
R'=\frac{ab}{2(a+b)}
\tag{8-2-78}
$$

式中，a 为矩形断面高度；b 为矩形断面宽度；R' 为矩形断面水力半径。

由式(8-2-39)可知：

$$
\begin{aligned}
E_f&=\frac{\gamma h_f}{\rho}=gh_f=g\lambda\frac{l}{D}\frac{u_a^2}{2g}=\lambda\frac{l}{D}\frac{u_a^2}{2}=\lambda\frac{l}{4R'}\frac{u_a^2}{2}\\
&=\frac{\lambda}{8}\frac{H}{R'}\frac{l}{H}u_a^2=\frac{\lambda}{8}\frac{H}{R'}Lu_a^2
\end{aligned}
\tag{8-2-79}
$$

B 矩形断面下平均速度：

$$
u_a=\frac{1}{2}u_e(1+L)^\alpha\int_0^1\int_0^1(2Z-Z^2)(1-Y^2)\mathrm{d}Y\mathrm{d}Z=\frac{2}{9}u_e(1+L)^\alpha
\tag{8-2-80}
$$

C 确定等质量流量管长公式

$$
\frac{p_e}{\rho_e}+\frac{u_e^2}{2}=\frac{p_a}{\rho_a}+\frac{u_a^2}{2}+\frac{\gamma h_f}{\rho_a}
\tag{8-2-81}
$$

将式(8-2-79)与式(8-2-80)代入式(8-2-81)

$$
\begin{aligned}
\frac{p_e}{\rho_e}-\frac{p_a}{\rho_a}+\frac{u_e^2}{2}&=\frac{4}{81}\left(1+\frac{\lambda}{4}\frac{H}{R'}L\right)\frac{1}{2}u_e^2(1+X)^{2\alpha}\\
&=\frac{2}{81}\left(1+\frac{\lambda}{4}\frac{H}{R'}L\right)u_e^2(1+X)^{2\alpha}
\end{aligned}
\tag{8-2-82}
$$

8.2.2.5 进口段(等质量流量)压力分布

利用质量守恒，将式(8-2-56)改写为：

$$- \frac{\nu_0}{2} \frac{1}{U} \frac{\partial U}{\partial X}\left(\frac{H}{B} \frac{\partial U}{\partial Y} + \frac{\partial U}{\partial Z}\right) + ReU \frac{\partial U}{\partial X} + \frac{\nu_0}{U}\left(\frac{H}{B} \frac{\partial U}{\partial Y} + \frac{\partial U}{\partial Z}\right)\frac{\partial U}{\partial X}$$

$$= - K_1 U \frac{\partial p_0}{\partial X} + \nu_0 \left\{ \frac{4}{3} \frac{\partial^2 U}{\partial X^2} + (1 - \varphi^{2/3}) \left[\left(\frac{H}{B}\right)^2 \frac{\partial^2 U}{\partial Y^2} + \frac{\partial^2 U}{\partial Z^2}\right] + K_2 \varphi^{2/3} \left[\left(\frac{H}{B}\right)^3 \frac{\partial U}{\partial Y} \frac{\partial^2 U}{\partial Y^2} + \frac{\partial U}{\partial Z} \frac{\partial^2 U}{\partial Z^2}\right]\right\} \tag{8-2-83}$$

将式(8-2-74)代入式(8-2-83)，则：

$$- \frac{\nu_0}{2} \frac{1}{U} \frac{\partial U}{\partial X}\left(\frac{H}{B} \frac{\partial U}{\partial Y} + \frac{\partial U}{\partial Z}\right) = \frac{1}{3}\nu_0 \left(\frac{H}{B} - 1\right)\alpha (1 + X)^{\alpha - 1} \tag{1}$$

$$ReU \frac{\partial U}{\partial X} = 0.285 Re\alpha (1 + X)^{2\alpha - 1} \tag{2}$$

$$\frac{\nu_0}{U}\left(\frac{H}{B} \frac{\partial U}{\partial Y} + \frac{\partial U}{\partial Z}\right) = 0.222\left(1 - \frac{H}{B}\right)\alpha (1 + X)^{\alpha - 1} \tag{3}$$

$$- K_1 U \frac{\partial p_0}{\partial X} = - \frac{4}{9} K_1 (1 + X)^{\alpha} \frac{\partial p_0}{\partial X} \tag{4}$$

$$\nu_0 \frac{4}{3} \frac{\partial^2 U}{\partial X^2} = 0.593 \nu_0 \alpha (\alpha - 1)(1 + X)^{\alpha - 2} \tag{5}$$

$$\nu_0 (1 - \varphi^{2/3}) \left[\left(\frac{H}{B}\right)^2 \frac{\partial^2 U}{\partial Y^2} + \frac{\partial^2 U}{\partial Z^2}\right] = \frac{4}{3}\nu_0 \left[\left(\frac{H}{B}\right)^2 + 1\right](1 + X)^{\alpha} \tag{6}$$

$$\nu_0 K_2 \varphi^{2/3} \left[\left(\frac{H}{B}\right)^3 \frac{\partial U}{\partial Y} \frac{\partial^2 U}{\partial Y^2} + \frac{\partial U}{\partial Z} \frac{\partial^2 U}{\partial Z^2}\right] = 2.132 \nu_0 K_2 \varphi^{2/3} \left[\left(\frac{H}{B}\right)^3 - 1\right] \tag{7}$$

将式(1)、式(2)、式(3)、式(4)、式(5)、式(6)、式(7)代表的各项代入式(8-2-83)，取 $\nu_0 \approx 1$ 则：

$$0.111\left(\frac{H}{B} - 1\right)\alpha (1 + X)^{\alpha - 1} + 0.285 Re\alpha (1 + X)^{2\alpha - 1}$$

$$= - 0.444 K_1 (1 + X)^{\alpha} \frac{\partial p_0}{\partial X} + 0.593\alpha (\alpha - 1)(1 + X)^{\alpha - 2} - 1.333(1 - \varphi^{2/3}) \left[\left(\frac{H}{B}\right)^2 + 1\right](1 + X)^{\alpha} + 2.132 K_2 \varphi^{2/3} \left[\left(\frac{H}{B}\right)^3 - 1\right](1 + X)^{2\alpha}$$

将上式除以$(1 + X)^{\alpha}$，整理为：

$$\frac{\mathrm{d}p_0}{\mathrm{d}X} = \frac{1}{0.444 K_1}\left\{0.593\alpha (\alpha - 1)(1 + X)^{-2} + 2.132 K_2 \varphi^{2/3} \left[\left(\frac{H}{B}\right)^3 - 1\right] (1 + X)^{\alpha} - 1.333(1 - \varphi^{2/3}) \left[\left(\frac{H}{B}\right)^2 + 1\right] - 0.111\alpha \left(\frac{H}{B} - 1\right)(1 + X)^{-1} - 0.285 Re\alpha (1 + X)^{\alpha - 1} \right\}$$

将上式积分后得：

$$p_0 = \frac{1}{0.444 K_1}\left\{ - \frac{0.593\alpha (\alpha - 1)}{1 + X} + \frac{2.132 K_2 \varphi^{2/3}}{\alpha + 1}\left[\left(\frac{H}{B}\right)^3 - 1\right]\right.$$

$$(1+X)^{\alpha+1} - 1.333(1-\varphi^{2/3})\left[\left(\frac{H}{B}\right)^2+1\right](1+X) -$$

$$0.111\left(\frac{H}{B}-1\right)\alpha\ln(1+X) - 0.285Re(1+X)^{\alpha}\Big\} + C$$

当 $X=0$，$p_0=1$ 时，C 为

$$C = 1+\frac{1}{0.444K_1}\left\{0.285Re + 1.333(1-\varphi^{2/3})\left[\left(\frac{H}{B}\right)^2+1\right] + 0.593\alpha(\alpha-1) - \frac{2.132K_2\varphi^{2/3}\left[\left(\frac{H}{B}\right)^3-1\right]}{\alpha+1}\right\}$$

将 C 代回原式，则：

$$p_0 = 1+\frac{1}{0.444K_1}\left\{0.285Re\left[1-(1+X)^{\alpha}\right] + 1.333(1-\varphi^{2/3})\left[\left(\frac{H}{B}\right)^2+1\right]\left[1-(1+X)\right] + 0.593\alpha(\alpha-1)\left[1-\frac{1}{(1+X)}\right] + 2.132\frac{K_2\varphi^{2/3}}{(\alpha+1)}\left[\left(\frac{H}{B}\right)^3-1\right]\left[(1+X)^{\alpha+1}-1\right] - 0.111\left(\frac{H}{B}-1\right)\alpha\ln(1+X)\right\} \tag{8-2-84}$$

式中，$p_0=\dfrac{p}{p_e}$，将它代入则为有因次压力。

8.2.2.6 边层流界面位置(R_B)

将式(8-2-80)代入式(8-2-74)，

$$\frac{2}{9}u_e(1+X)^{\alpha} = u_e(1+X)^{\alpha}(2Z-Z^2)(1-Y^2)$$

$$\frac{2}{9} = (2Z-Z^2)(1-Y^2) \tag{8-2-85}$$

当确定垂直 z 方向两个壁面上的边层流界面时，则上式取 $Z=Z_B$；当确定垂直 y 方向两个壁面上的边层流界面时，则上式取 $Y=Y_B$。

$$\frac{2}{9} = (2Z_B-Z_B^2)(1-Y^2) \tag{8-2-86}$$

$$\frac{2}{9} = (2Z-Z^2)(1-Y^2) \tag{8-2-87}$$

例如，当 $Y=0$ 时，由式(8-2-86)，

$$Z_B = 1-\sqrt{1-\frac{2}{9}} = 0.118$$

$$z_B = 0.015\times0.118 = 0.0018\text{m}$$

当 $Y=0.5$ 时，由式(8-2-86)，

$$Z_B = 1-\sqrt{1-\frac{2}{9\times0.75}} = 0.161$$

$$z_B = 0.015\times0.161 = 0.0024\text{m}$$

当 $Z=1$ 时，由式(8-2-87)，

$$Y^2 = 1 - \frac{2}{9} = 0.778$$

$$Y = 0.882$$

根据所选坐标，$Y_B = B - Y = 1 - 0.882 = 0.118$

$$y_B = 0.04 \times 0.118 = 0.0047\text{m}$$

当 $Z = 0.5$ 时，由式(8-2-87)，

$$\frac{2}{9} = (1 - 0.5^2)(1 - Y^2)$$

$$Y^2 = 0.704$$

$$Y = 0.839$$

$$Y_B = B - Y = 1 - 0.839 = 0.161$$

$$y_B = 0.04 \times 0.161 = 0.0064\text{m}$$

8.2.2.7 边层流界面上涡旋旋转速度与大小

根据式(8-2-71)及涡旋定义式，可按垂直于 z 轴与垂直于 y 轴分别得到边层流界面上涡旋旋转速度与大小。首先垂直于 z 轴，涡旋旋转速度为：

$$\omega\big|_{z=z_b} = \frac{u_e}{H}(1+X)^{\alpha}(1-Y^2)(1-Z_B) \tag{8-2-88}$$

涡旋直径：

$$d_{sz} = 2\sqrt{\frac{10\nu}{\omega\big|_{z=z_B}}} \tag{8-2-89}$$

垂直于 y 轴，涡旋旋转速度为：

$$\omega\big|_{y=y_B} = \frac{1}{2}\frac{u_e}{B}(1+X)^{\alpha}(2Z-Z^2)(-2Y) = \frac{u_e}{B}(1+X)^{\alpha}(2Z-Z)Y_B \tag{8-2-90}$$

涡旋直径：

$$d_{sy} = 2\sqrt{\frac{10\nu}{\omega\big|_{y=y_B}}} \tag{8-2-91}$$

8.2.2.8 涡旋在垂直于 z 轴和 y 轴边层流界面上的速度

根据式(4-3-1)，结合本节问题，在垂直于 z 轴的边层流界面上的涡旋速度 u_z^* 为

$$u_z^* = \frac{12\nu\, t(\omega\big|_{z=z_B})^2}{u}$$

$$u_z^{*2} = \frac{12(H-z_B)\nu\, u_e^2(1+X)^{2\alpha}(1-Y^2)^2(1-Z_B)^2}{\frac{2}{9}(1+X)^{\alpha}u_e H^2}$$

$$u_z^* = \sqrt{\frac{54(H-z_B)\nu\, u_e(1+X)^{\alpha}(1-Y^2)^2(1-Z_B)^2}{H^2}} \tag{8-2-92}$$

在垂直于 y 轴的边层流界面上的涡旋速度

$$u_y^* = \sqrt{\frac{50(B-y_B)\nu\, u_e(1+X)^{\alpha}(2Z-Z^2)^2Y_B^2}{B^2}} \tag{8-2-93}$$

8.2.2.9 涡旋体积分数 φ 公式

根据第4章有关涡旋体积分数定义，

$$\varphi = \frac{t(Hu_y^* + Bu_z^*)}{48HB} \tag{8-2-94}$$

8.3　可压缩湍流变质量流量管道流动

第 8.3 节讨论可压缩湍流等质量流量管道流动，它的长度一般比较短。如果在出口压力不变的条件下，管道长度超过等质量流量管长，质量流量沿程则逐渐减少，成为变质量流量管道。于是提出断面上流速分布沿程如何变化和管道通过的质量流量与管长有何关系等问题。

根据等质量流量的讨论，一切推导均以出口压力 p_a 为依据。因此，等质量流量管道末端的压力已是 p_a。所以，变质量流量的管道中压力均为出口处压力 p_a，即其管道压力不会沿程变化。

变质量流量管道其长度比较大，一般分为等温与绝热两种情况。等温管道内压力和密度均不变，绝热管道内温度与密度均变化。

本节将讨论等温圆形管道与绝热圆形管道的变质量流量运动；等温矩形管道与绝热矩形管道的变质量流量运动。

8.3.1　等温圆形管道

坐标系与原点的选定如图 8-3-1 所示。

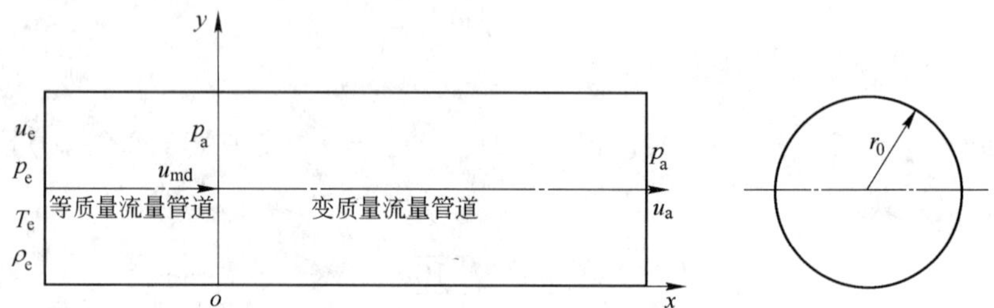

图 8-3-1　变质量流量管道流动示意图

8.3.1.1　运动控制方程与边界条件

由式(3-19-22)，结合所讨论的问题，运动控制方程为：

$$u\frac{\partial u}{\partial x} + \frac{\nu}{2}\left(\frac{1}{u}\frac{\partial u}{\partial y}\right)\frac{\partial u}{\partial x} = \nu\left(\frac{4}{3}\frac{\partial^2 u}{\partial x^2} + (1-\varphi^{2/3})\frac{\partial^2 u}{\partial y^2} + 6\varphi^{2/3}t\frac{\partial u}{\partial y}\frac{\partial^2 u}{\partial y^2}\right] \tag{8-3-1}$$

$$u(x,y)\mid_{x=0} = u_{md} \tag{8-3-2}$$

$$\frac{\partial u(x,y)}{\partial y}\mid_{y=r_0} = 0 \tag{8-3-3}$$

$$\frac{\partial^2 u(x,y)}{\partial y^2} < 0 \tag{8-3-4}$$

8.3.1.2　无因次运动控制方程与边界条件

取
$$\frac{u}{u_{md}} = U;\ \frac{y}{r_0} = Y;\ \frac{x}{r_0} = X;\ \frac{\nu}{\nu_d} = \frac{\nu}{\nu_a} = \nu_0$$

式中，u_{md} 为等质量流量管段末端断面平均速度。

将以上比值代入式(8-3-1)，各项分别写出：

$$u\frac{\partial u}{\partial x} = \frac{u_{md}^2}{r_0}U\frac{\partial U}{\partial X} \tag{1}$$

$$\frac{\nu}{2}\left(\frac{1}{u}\frac{\partial u}{\partial y}\right)\frac{\partial u}{\partial x} = \frac{\nu_e\nu_0}{2}\left(\frac{1}{u_{md}U}\frac{u_{md}\partial U}{r_0\partial Y}\right)\frac{u_{md}\partial U}{r_0\partial X} = \frac{1}{2}\frac{\nu_e u_{md}}{r_0^2}\frac{\nu_0}{U}\frac{\partial U}{\partial Y}\frac{\partial U}{\partial X} \tag{2}$$

$$\frac{4}{3}\nu\frac{\partial^2 u}{\partial x^2} = \frac{4\nu_e}{3}\cdot\frac{u_{md}}{r_0^2}\frac{\partial^2 U}{\partial X^2} \tag{3}$$

$$\nu(1-\varphi^{2/3})\frac{\partial^2 u}{\partial y^2} = \nu_e(1-\varphi^{2/3})\nu_0\frac{u_{md}}{r_0^2}\frac{\partial^2 U}{\partial Y^2} \tag{4}$$

$$6\varphi^{2/3}t\frac{\partial u}{\partial y}\frac{\partial^2 u}{\partial y^2} = \frac{6t\nu_e\varphi^{2/3}\nu_0}{r_0^3}u_{md}^2\frac{\partial U}{\partial Y}\frac{\partial^2 U}{\partial Y^2} \tag{5}$$

将式(1)、式(2)、式(3)、式(4)和式(5)代表的各项代回式(8-3-1),

$$\frac{u_{md}^2}{r_0}U\frac{\partial U}{\partial X} + \frac{1}{2}\frac{\nu_e u_{md}}{r_0^2}\frac{\nu_0}{U}\frac{\partial U}{\partial Y}\frac{\partial U}{\partial X} = \frac{4}{3}\frac{\nu_e u_{md}}{r_0^2}\nu_0\frac{\partial^2 U}{\partial X^2} + \nu_e\frac{u_{md}}{r_0^2}\nu_0\frac{\partial^2 U}{\partial Y^2} + \frac{6t\nu_e u_{md}^2}{r_0^3}\varphi^{2/3}\nu_0\frac{\partial U}{\partial Y}\frac{\partial^2 U}{\partial Y^2}$$

将上式除以$\frac{\nu_e u_{md}}{r_0^2}$,则:

$$ReU\frac{\partial U}{\partial X} + \frac{1}{2}\frac{\nu_0}{U}\frac{\partial U}{\partial Y}\frac{\partial U}{\partial X} = \frac{4}{3}\nu_0\frac{\partial^2 U}{\partial X^2} + \nu_0(1-\varphi^{2/3})\frac{\partial^2 U}{\partial Y^2} + K_2\varphi^{2/3}\nu_0\frac{\partial U}{\partial Y}\frac{\partial^2 U}{\partial Y^2} \tag{8-3-5}$$

式中

$$Re = \frac{r_0 u_{md}}{\nu_e} \tag{8-3-6}$$

$$K_2 = \frac{6tu_{md}}{r_0} \tag{8-3-7}$$

无因次边界条件:

$$U(X,Y)\mid_{X=0} = 1 \tag{8-3-8}$$

$$\frac{\partial U(X,Y)}{\partial Y}\mid_{Y=1} = 0 \tag{8-3-9}$$

$$\frac{\partial^2 U(X,Y)}{\partial Y^2} < 0 \tag{8-3-10}$$

8.3.1.3 速度分布

根据边界条件,选无因次速度为:

$$U = (1+X)^{-\alpha}(2Y-Y^2) \tag{8-3-11}$$

将式(8-3-11)代入式(8-3-5),以便确定 α,

$$\begin{aligned} &-Re(2Y-Y^2)^2\alpha(1+X)^{-(2\alpha+1)} + \nu_0(1-Y)\alpha(1+X)^{-(\alpha+1)} \\ &= \frac{4}{3}\nu_0(2Y-Y^2)\alpha(\alpha+1)(1-X)^{-(\alpha+2)} - \\ &2\nu_0(1-\varphi^{2/3})(1+X)^{-\alpha} - 4K\varphi^{2/3}\nu_0(1-Y)(1+X)^{-2\alpha} \end{aligned} \tag{8-3-12}$$

对上式中含 Y 的项积分,为:

$$\int_0^1(2Y-Y^2)^2\mathrm{d}Y = \int_0^1(4Y^2-4Y^3+Y^4)\mathrm{d}Y = 0.533$$

$$\int_0^1(1-Y)\mathrm{d}Y = \left(Y-\frac{Y^2}{2}\right)\Big|_0^1 = 0.5$$

$$\int_0^1 (2Y - Y^2)\mathrm{d}Y = (Y^2 - \frac{Y^3}{3})\Big|_0^1 = 0.667$$

将以上三项代入式(8-3-12)，

$$-0.533Re\alpha(1+X)^{-(2\alpha+1)} - 0.5\nu_0\alpha(1+X)^{-(\alpha+1)}$$
$$= 0.889\alpha(\alpha+1)(1+X)^{(\alpha+2)} - 2(1-\varphi^{2/3})\nu_0(1+X)^{-\alpha} -$$
$$2K\varphi^{2/3}\nu_0(1+X)^{-2\alpha} \tag{8-3-13}$$

对式(8-3-13)含(1－X)的项取对数，而 $\nu_0 \approx 1$，则

$$0.533Re\alpha(2\alpha+1)\ln(1+X) + 0.5\alpha(\alpha+1)\ln(1+X)$$
$$= -0.889\alpha(\alpha+1)(\alpha+2)\ln(1+X) +$$
$$2(1-\varphi^{2/3})\alpha\ln(1+X) + 2K\varphi^{2/3}2\alpha\ln(1+X)$$

将上式除以 $\alpha\ln(1+X)$，整理为：

$$0.533Re(2\alpha+1) + 0.5(\alpha-1) = 0.889(\alpha+2) + 2(1-\varphi^{2/3}) + 4K\varphi^{2/3}$$

上式除以 Re，则：

$$1.066\alpha + 0.533 + \frac{0.5(\alpha+1)}{Re} = -\frac{0.889(\alpha+2)}{Re} + \frac{2(1-\varphi^{2/3})}{Re} + \frac{4K\varphi^{2/3}}{Re} \tag{8-3-14}$$

式中

$$\frac{K}{Re} = \frac{6t_K u_{md}}{r_0} \times \frac{\nu_e}{u_{md} r_0} = \frac{6t_K \nu_e}{r_0^2} \tag{8-3-15}$$

代回式(8-3-14)，则

$$\alpha = -0.34 + \frac{22.514 t_K \nu_e}{r_0^2} \tag{8-3-16}$$

式中，t_K 为湍流管道准定常流时间，一般为 0.01～0.001s，具体数值应根据实测而定。

当空气温度 $t = 30℃$ 时，$\nu_e = 16.56 \times 10^{-6}\,\mathrm{m^2/s}$，$r_0 = 0.02\mathrm{m}$，$t_K = 0.01\mathrm{s}$，则式(8-3-16)中

$$\frac{22.514 t_K \nu_0}{r_0^2} = \frac{22.514 \times 0.01 \times 16.56}{0.4 \times 10^{-3} \times 10^6} = 0.000563 \ll 0.1$$

一般情况，α 可以取近似值，所以 $\alpha = -0.34$，则

$$U = (1+X)^{-0.34}(2Y - Y^2) \tag{8-3-17}$$

8.3.1.4　流量衰减与距离的关系

$$Q(x) = \pi r_0^2 u^2 = \pi r_0^2 u_{md}(1+X)^{-0.34}\frac{1}{2}\int_0^1 (2Y - Y^2)\mathrm{d}Y$$
$$= \frac{1}{2}\pi r_0^2 u_{md}(1+X)^{-0.34}\frac{2}{3} = \frac{u_{md}}{3}\pi r_0^2(1+X)^{-0.34} \tag{8-3-18}$$

运用式(8-3-18)可以在已知等质量流量条件下，确定距离超过等质量流量管道任何位置处的流量。其中 u_{md} 是等质量流量管段末端断面的平均速度。

8.3.1.5　边层流界面位置(Y_B)

将断面平均速度代入式(8-3-17)，

$$\frac{1}{3}u_{md}(1+X)^{-0.34} = u_{md}(1+X)^{-0.34}(2Y_B - Y_B^2)$$

$$\frac{1}{3}=2Y_{\mathrm{B}}-Y_B^2 \tag{8-3-19}$$

由上式解出 $Y_{\mathrm{B}}=0.189$

8.3.1.6　边层流界面上涡旋旋转速度与大小

依式(8-3-17)与涡旋定义，可得

$$\begin{aligned}\omega|_{y=y_{\mathrm{B}}}&=\frac{u_{\mathrm{md}}}{r_0}(1+X)^{-0.34}(1-Y_{\mathrm{B}})\\&=\frac{u_{\mathrm{md}}}{r_0}(1+X)^{-0.34}(1-0.189)\\&=0.811\frac{u_{\mathrm{md}}}{r_0}(1+X)^{-0.34}\end{aligned} \tag{8-3-20}$$

涡旋直径

$$d_{\mathrm{s}}=2r_{\mathrm{s}}=2\sqrt{\frac{10\nu}{\omega|_{y=y_{\mathrm{B}}}}} \tag{8-3-21}$$

8.3.1.7　涡旋在边层流界面上径向速度 u_y^*

依第 4 章有关公式，结合本节讨论问题，涡旋径向分速度 u_y^* 为：

$$\begin{aligned}u_y^*&=\frac{12\nu t_{\mathrm{k}}}{u}(\omega|_{y=y_{\mathrm{B}}})^2\\&=\frac{12\nu t_{\mathrm{k}}\left[0.811\frac{u_{\mathrm{md}}}{r_0}(1+X)^{-0.34}\right]^2}{\frac{1}{3}u_{\mathrm{a}}(1+X)^{-0.34}}\\&=\frac{3\times12\nu(r_0-y_{\mathrm{B}})}{u_y^*}\frac{(0.811)^2u_{\mathrm{md}}}{r_0^2}(1+X)^{-0.34}\end{aligned}$$

$$u_y^*=4.866\sqrt{\frac{\nu(r_0-y_{\mathrm{B}})u_{\mathrm{md}}(1+X)^{-0.34}}{r_0^2}} \tag{8-3-22}$$

8.3.1.8　涡旋体积分数 φ 公式

根据第 4 章建立的涡旋体积分数公式，可得

$$\varphi=k\frac{\pi t_{\mathrm{k}}u_y^*}{48r_0} \tag{8-3-23}$$

式中，k 为实验系数。

8.3.2　绝热圆形管道

绝热与等温圆形管道相同之处是管内压力均为大气压力 p_{a}，沿程不变。两者不同之处是，等温管道沿程流体密度不变，速度在壁面摩擦力作用下，沿程逐渐减小，沿程质量流量的减小，完全是由于速度下降造成的；绝热管道，速度在壁面摩擦力作用下，沿程逐渐减小，但摩擦力做功产生热量，由于绝热，产生的热量不能外传，引起流体温度升高，而温度升高又引起密度下降，所以绝热管道中质量流量的下降，是由速度与密度同时下降而造成的。

流动情况、坐标系选定及原点位置与图 8-3-1 相同。

8.3.2.1 运动控制方程与边界条件

动量方程：依式(3-19-22)，结合本问题得：

$$\frac{\nu}{2}\frac{1}{\rho}\frac{\partial\rho}{\partial x}\frac{\partial u}{\partial y}+u\frac{\partial u}{\partial x}+\frac{\nu}{2}\left(\frac{1}{u}\frac{\partial u}{\partial y}\right)\frac{\partial u}{\partial x}$$
$$=\nu\left[\frac{4}{3}\frac{\partial^2 u}{\partial x^2}+(1-\varphi^{2/3})\frac{\partial^2 u}{\partial y^2}+6\varphi^{2/3}t\frac{\partial^2 u}{\partial y^2}\frac{\partial u}{\partial y}\right] \tag{8-3-24}$$

能量方程：绝热变质量流量管道特点，就是沿管道有温度变化，要找到它的温度变化规律，必须引入能量方程，依式(3-19-49)，结合本问题，则：

$$u^2\frac{\partial u}{\partial x}-\frac{u^3}{2}\frac{\partial\rho}{\rho\partial x}+\frac{\varphi}{2}\nu u\frac{\partial^2 u}{\partial x\partial y}+\frac{1}{2}\nu\frac{\partial u}{\partial y}\left(\frac{u}{\rho}\frac{\partial\rho}{\partial x}+\frac{\partial u}{\partial x}\right)$$
$$=\frac{\lambda}{\rho}\left(\frac{\partial^2 T}{\partial x^2}+\frac{\partial^2 T}{\partial y^2}\right)+u\left(\frac{4}{3}\nu\frac{\partial^2 u}{\partial x^2}-\frac{1}{2}\varphi^{2/3}\nu\frac{\partial u}{u\partial y}\right)\left(\frac{4}{3}\nu\frac{\partial^2 u}{\partial x^2}+2\nu t\frac{\partial u}{\partial y}\frac{\partial^2 u}{\partial y^2}\right) \tag{8-3-25}$$

气体绝热条件为：

$$\frac{p}{\rho^{\mathrm{k}}}=c \tag{8-3-26}$$

现在讨论的问题是绝热变质量流量管道，其中压力 p 沿程不变，则它应写成：

$$p=c\rho^{\mathrm{k}}=常数 \tag{8-3-27}$$

将它代入气体状态方程

$$p=R\rho T$$

则

$$c\rho^{\mathrm{k}}=\rho RT \tag{8-3-28}$$

$$\rho^{\mathrm{k}-1}=\frac{R}{c}T \tag{8-3-29}$$

将上式对 x 微分，则：

$$(k-1)\rho^{\mathrm{k}-2}\frac{\partial\rho}{\partial x}=\frac{R\partial T}{c\partial x} \tag{8-3-30}$$

连续性方程，由

$$\rho u=1 \tag{8-3-31}$$

则

$$\rho\frac{\partial u}{\partial x}=-u\frac{\partial\rho}{\partial x} \tag{8-3-32}$$

$$u\frac{\partial u}{\partial x}=-\frac{1}{\rho}\frac{\partial\rho}{\partial x} \tag{8-3-33}$$

边界条件：

$$u(x,y)\mid_{x=0}=u_{\mathrm{md}} \tag{8-3-34}$$

$$\frac{\partial u(x,y)}{\partial y}\mid_{y=r_0}=0 \tag{8-3-35}$$

$$\frac{\partial^2 u(x,y)}{\partial y^2}<0 \tag{8-3-36}$$

$$T(x,y)\mid_{x=0}=T_{\mathrm{md}} \tag{8-3-37}$$

式中，u_{md}为等质量流量管道末端断面平均速度；T_{md}为等质量流量管道末端断面平均温度；R 为摩尔气体常数。

8.3.2.2 无因次运动控制方程与边界条件

取$\frac{u}{u_{md}}=U$；$\frac{x}{r_0}=X$；$\frac{y}{r_0}=Y$；$\frac{T}{T_{md}}=T_0$；$\frac{\nu}{\nu_d}=\nu_0$；$\frac{\rho}{\rho_d}=\rho_0$，将比值代入运动控制方程与边界条件。

动量方程：

$$\frac{\nu_d}{2}\frac{u_{md}}{r_0^2}\frac{\nu_0\partial\rho_0}{\rho_0\partial X}\frac{\partial U}{\partial Y}+\frac{u_{md}^2}{r_0}U\frac{\partial U}{\partial X}+\frac{\nu_d}{2}\frac{u_{md}}{r_0^2}\frac{\nu_0}{U}\frac{\partial U}{\partial Y}\frac{\partial U}{\partial X}$$
$$=\frac{4}{3}\frac{\nu_d u_{md}}{r_0^2}\nu_0\frac{\partial^2 U}{\partial X^2}+(1-\varphi^{2/3})\frac{\nu_d}{r_0^2}\nu_0 u_{md}\frac{\partial^2 U}{\partial Y^2}+\frac{6t\varphi^{2/3}\nu_d}{r_0^3}u_{md}\nu_0\frac{\partial U\partial^2 U}{\partial Y\partial Y^2}$$

将上式除以$\frac{\nu_e u_{md}}{r_0^2}$，则：

$$\frac{\nu_0}{2}\frac{\partial\rho_0}{\rho_0\partial X}\frac{\partial U}{\partial Y}+ReU\frac{\partial U}{\partial X}+\frac{\nu_0}{2}\frac{1}{U}\frac{\partial U}{\partial Y}\frac{\partial U}{\partial X}$$
$$=\frac{4}{3}\nu_0\frac{\partial^2 U}{\partial X^2}+(1-\varphi^{2/3})\nu_0\frac{\partial^2 U}{\partial Y^2}+K_2\varphi^{2/3}\nu_0\frac{\partial U}{\partial Y}\frac{\partial^2 U}{\partial Y^2} \tag{8-3-38}$$

能量方程：

$$\frac{u_{md}^3}{r_0}U^3\frac{\partial U}{\partial X}-\frac{u_{md}^3}{2r_0}\frac{U^3}{\rho_0}\frac{\partial\rho_0}{\partial X}+\frac{\varphi}{2}\frac{\nu_d}{r_0^2}u_{md}^2\nu_0 U\frac{\partial^2 U}{\partial Y\partial X}+\frac{1}{2}\frac{\nu_e u_{md}^2}{r_0^2}\nu_0\frac{\partial U}{\partial Y}\left(\frac{U\partial\rho_0}{\rho_0\partial X}+\frac{\partial U}{\partial X}\right)$$
$$=\frac{\lambda_d}{\rho_d}\frac{T_d}{r_0^2}\frac{\lambda_0}{\rho_0}\left(\frac{\partial^2 T_0}{\partial X^2}+\frac{\partial^2 T_0}{\partial Y^2}\right)+U\left(\frac{\nu_e u_{md}}{r_0^2}\frac{4}{3}\nu_0\frac{\partial^2 U}{\partial X^2}\right)-\frac{\varphi^{2/3}}{2}\frac{\nu_0}{U}\frac{\partial U}{\partial Y}\left(\frac{4}{3}\frac{\nu_e u_{md}}{r_0^3}\nu_0\frac{\partial^2 U}{\partial X^2}+\right.$$
$$\left.\frac{2\nu_d^2 t}{r_0^4}u_{md}\nu_0\frac{\partial U}{\partial Y}\frac{\partial^2 U}{\partial Y^2}\right)$$

全式除以$\frac{u_{md}^2\nu_d}{r_0^2}$，则：

$$ReU^3\frac{\partial U}{\partial X}-\frac{1}{2}ReU^3\frac{\partial\rho_0}{\rho_0\partial X}+\frac{\varphi}{2}\nu_0 U\frac{\partial^2 U}{\partial X\partial Y}+\frac{\nu_0}{2}\frac{\partial U}{\partial Y}\left(\frac{U}{\rho_0}\frac{\partial\rho_0}{\partial X}+\frac{\partial U}{\partial X}\right)$$
$$=\frac{K_3\lambda_0}{\rho_0}\left(\frac{\partial^2 T_0}{\partial X^2}+\frac{\partial^2 T_0}{\partial Y^2}\right)+U\left(\frac{4}{3}\nu_0\frac{\partial^2 U}{\partial X^2}\right)-\frac{\varphi^{2/3}}{2}\nu_0\frac{1}{U}\frac{\partial U}{\partial Y}\left(\frac{4}{3}\frac{\nu_0}{Re}\frac{\partial^2 U}{\partial X^2}+\right.$$
$$\left.K_6\nu_0\frac{\partial U}{\partial Y}\frac{\partial^2 U}{\partial Y^2}\right) \tag{8-3-39}$$

式中
$$K_3=\frac{\lambda_d T_d}{\rho_d\nu_d u_{md}^2} \tag{8-3-40}$$

$$K_6=\frac{6t\nu_d}{r_0^2} \tag{8-3-41}$$

气体绝热条件无因次化：将有关比值代入式(8-3-30)，则：

$$\frac{\rho_0^{(k-1)}\partial\rho_0}{r_0\rho_0\partial X}=\frac{R_d T_d}{(k-1)C_d\rho_d^{(k-1)}}\frac{R_0}{C_0 r_0}\frac{\partial T_0}{\partial X} \tag{8-3-42}$$

实际上 $R_0=1$，$C_0=1$，$R_d=R$，$C_d=C$，则上式可以写成：

$$\rho_0^{(k-1)}\frac{\partial\rho_0}{\rho_0\partial X}K_7\frac{1}{(k-1)}\frac{\partial T_0}{\partial X} \tag{8-3-43}$$

式中
$$K_7=\frac{RT_d}{C\rho_d^{(k-1)}} \tag{8-3-44}$$

连续性方程无因次化：

$$\frac{1}{U}\frac{\partial U}{\partial X} = -\frac{\partial \rho_0}{\rho_0 \partial X} \tag{8-3-45}$$

8.3.2.3　综合微分方程

将式(8-3-43)代入式(8-3-38)与式(8-3-39)中，考虑到式(8-3-31)，则得动量方程：

$$\frac{\nu_0}{2}\frac{K_7}{k-1}U^{(k-1)}\frac{\partial T_0}{\partial X}\frac{\partial U}{\partial Y} + ReU\frac{\partial U}{\partial X} + \frac{\nu_0}{2}\frac{1}{U}\frac{\partial U}{\partial Y}\frac{\partial U}{\partial X}$$
$$= \frac{4}{3}\nu_0\frac{\partial^2 U}{\partial X^2} + (1-\varphi^{2/3})\nu_0\frac{\partial^2 U}{\partial Y^2} + K_2\varphi^{2/3}\nu_0\frac{\partial U}{\partial Y}\frac{\partial^2 U}{\partial Y^2} \tag{8-3-46}$$

式中，k 为气体绝热指数。

能量方程：

$$ReU^3\frac{\partial U}{\partial X} - \frac{1}{2}Re\frac{K_7}{k-1}U^{(2+k)}\frac{\partial T_0}{\partial X} + \frac{\varphi}{2}\nu_0 U\frac{\partial^2 U}{\partial X \partial Y} + \frac{\nu_0}{2}\frac{\partial U}{\partial Y}\left(U^k\frac{K_7}{k-1}\frac{\partial T_0}{\partial X} + \frac{\partial U}{\partial X}\right)$$
$$= K_3\lambda_0 U\left(\frac{\partial^2 T_0}{\partial X^2} + \frac{\partial^2 T_0}{\partial Y^2}\right) + U\left(\frac{4}{3}\nu_0\frac{\partial^2 U}{\partial X^2}\right) - \frac{1}{2}\varphi^{2/3}\nu_0\frac{\partial U}{\partial Y}\left(\frac{4}{3}\frac{\nu_0}{Re}\frac{\partial^2 U}{\partial X^2} +\right.$$
$$\left. K_6\nu_0\frac{\partial U}{\partial Y}\frac{\partial^2 U}{\partial Y^2}\right) \tag{8-3-47}$$

无因次边界条件：

$$U(X,Y)\big|_{X=0} = 1 \tag{8-3-48}$$

$$\left.\frac{\partial U(X,Y)}{\partial Y}\right|_{Y=1} = 0 \tag{8-3-49}$$

$$\frac{\partial^2 U(X,Y)}{\partial Y^2} < 0 \tag{8-3-50}$$

$$T_0(X,Y)\big|_X = 1 \tag{8-3-51}$$

管道中心，速度最大，温度最低；边壁，速度小，温度高。因此，其边界条件为：

$$\left.\frac{\partial T_0(X,Y)}{\partial Y}\right|_{Y=0} = 0 \tag{8-3-52}$$

$$\frac{\partial^2 T_0(X,Y)}{\partial Y^2} > 0 \tag{8-3-53}$$

8.3.2.4　温度分布与速度分布

根据边界条件，选无因次速度为：

$$U = (1+X)^{-\alpha}(2Y - Y^2) \tag{8-3-54}$$

根据边界条件，选无因次温度为：

$$T_0 = (1+X)^{\beta}(1+Y^2) \tag{8-3-55}$$

以上两式要利用动量方程式(8-3-46)与能量方程式(8-3-47)联合起来确定 α 与 β。为此将式(8-3-54)和式(8-3-55)代入动量方程与能量方程。首先代入式(8-3-46)：

$$\frac{\nu_0 K_7\beta}{k-1}(1+X)^{\beta-(\alpha k+1)}[(2)^{k-1}(Y^{k-1} - Y^k + Y^{k+1} - Y^{k+2}) -$$
$$(k-1)(2)^{k-2}(Y^{k+2} - Y^{k+1} + Y^{k+2} - Y^{k+3})] -$$

$$Re\alpha(2Y-Y^2)^2(1+X)^{-(2\alpha+1)}-\nu_0\alpha(1-Y)(1+X)^{-(\alpha+1)}$$

$$=\frac{4}{3}\nu_0(2Y-Y^2)\alpha(\alpha+1)(1+X)^{-(\alpha+2)}-2(1-\varphi^{2/3})\nu_0(1+X)^{-\alpha}-$$

$$4K_2\varphi^{2/3}\nu_0(1-Y)(1+X)^{-2\alpha}$$

对上式中含 Y 的项进行积分，

$$\frac{\nu_0K_7\beta}{k-1}(1+X)^{\beta-(\alpha k+1)}\left[2^{k-1}\left(\frac{1}{k}-\frac{1}{k+1}+\frac{1}{k+2}-\frac{1}{k+3}\right)-\right.$$

$$\left.(k-1)2^{k-2}\left(\frac{1}{k+3}-\frac{1}{k+2}+\frac{1}{k+3}-\frac{1}{k+4}\right)\right]-$$

$$0.533Re\alpha(1+X)^{-(2\alpha+1)}-0.5\nu_0\alpha(1+X)^{-(\alpha+1)}$$

$$=0.889\nu_0\alpha(\alpha+1)(1+X)^{-(\alpha+2)}-2(1-\varphi^{2/3})\nu_0(1+X)^{-\alpha}-$$

$$2K_2\varphi^{2/3}\nu_0(1+X)^{-2\alpha}$$

对上式中 $(1+X)$ 项取对数，

$$\frac{\nu_0K_7\beta}{k-1}\left[2^{k-1}\left(\frac{1}{k}-\frac{1}{k+1}+\frac{1}{k+2}-\frac{1}{k+3}\right)-(k-1)2^{k-2}\left(\frac{1}{k+3}-\frac{1}{k+2}+\frac{1}{k+3}-\frac{1}{k+4}\right)\right]$$

$$[\beta-(\alpha k+1)]\ln(1+X)+0.533Re\alpha(2\alpha+1)\ln(1+X)+0.5\nu_0\alpha(\alpha+1)\ln(1+X)$$

$$=-0.889\nu_0\alpha(\alpha+1)(\alpha+2)+2(1-\varphi^{2/3})\nu_0\ln(1+X)+4K_2\varphi^{2/3}\nu_0\alpha\ln(1+X)$$

全式除以 $\alpha\ln(1+X)$，则：

$$\frac{\nu_0K_7\beta}{(k-1)\alpha}\left[2^{k-1}\left(\frac{1}{k}-\frac{1}{k+1}+\frac{1}{k+2}-\frac{1}{k+3}\right)-(k-1)2^{k-2}\left(\frac{1}{k+3}-\frac{1}{k+2}+\frac{1}{k+3}-\frac{1}{k+4}\right)\right]+$$

$$0.533Re(2\alpha+1)+0.5\nu_0(\alpha+1)$$

$$=-0.889\nu_0(\alpha+1)(\alpha+2)+2(1-\varphi^{2/3})\nu_0+4K_2\varphi^{2/3}\nu_0 \tag{8-3-56}$$

对于具体问题，式(8-3-56)中只有 α 和 β 是未知数，即待求之值。

将式(8-3-54)与式(8-3-55)代入式(8-3-47)，则：

$$-Re\alpha(2Y-Y^2)^4(1+X)^{-(4\alpha+1)}-\frac{1}{2}Re\frac{K_7}{k-1}\beta(1+X)^{-(1+\alpha k+\alpha-\beta)}[2^{k+2}(Y^{k+2}+Y^{k+4})-$$

$$(k+2)2^{k+1}(Y^{k+3}+Y^{k+5})]-\varphi\nu_0\alpha(1+X)^{-(2\alpha+1)}(1-Y)(2Y-Y^2)+$$

$$\nu_0\left[\frac{K_7\beta}{k-1}(1-Y)(1+Y^2)(2Y-Y^2)^k(1+X)^{\beta-[\alpha(1+k)+1]}-\alpha(1-Y)(2Y-Y^2)(1+X)^{-(2\alpha+1)}\right]$$

$$=K_3\lambda_0[(1+Y^2)(2Y-Y^2)\beta(\beta-1)(1+X)^{\beta-\alpha-2}+2(2Y-Y^2)(1+X)^{\beta-\alpha}]+\frac{4}{3}\nu_0\alpha(\alpha+1)$$

$$(2Y-Y^2)^2(1+X)^{-2(\alpha+1)}-\varphi^{2/3}\nu_0\left[\frac{4}{3}\frac{\nu_0}{Re}(1-Y)(2Y-Y^2)(1+X)^{-2(\alpha+1)}-\right.$$

$$4K_6\nu_0(1-Y)^2(1+X)^{-3\alpha}\Big]$$

将上式进一步改写为：

$$-Re\alpha(16Y^4-32Y^5+24Y^6-8Y^7+Y^8)(1+X)^{-(4\alpha+1)}-\frac{1}{2}Re\frac{K_7\beta}{k-1}$$

$$(1+X)^{-[\alpha(k+1)-\beta+1]}\Big[2^{k+2}(Y^{k+2}+Y^{k+4})-(k+2)2^{k+1}(Y^{k+3}+Y^{k+5})\Big]-$$

$$\varphi\nu_0\alpha(1+X)^{-(2\alpha+1)}(2Y-3Y^2+Y^3)+\nu_0\Big\{\frac{K_7\beta}{k-1}\Big[2^k(Y^k-Y^{k+1}+Y^{k+2}-Y^{k+3})+$$

$$K_2^{k-1}(Y^{k+4}-Y^{k+3}+Y^{k+2}-Y^{k+1})\Big](1+X)^{\beta-[\alpha(1+k)+1]}-\alpha(2Y-3Y^2+Y^3)(1+X)^{-(2\alpha+1)}\Big\}$$

$$=K_3\lambda_0\Big[(2Y-Y^2+2Y^3-Y^4)\beta(\beta-1)(1+X)^{\beta-\alpha-2}+2(2Y-Y^2)(1+X)^{\beta-\alpha}\Big]+$$

$$\frac{4}{3}\nu_0\alpha(\alpha+1)(4Y^2-4Y^3+Y^4)(1+X)^{-2(\alpha+1)}-$$

$$\varphi^{2/3}\nu_0\Big[\frac{4}{3}\frac{\nu_0}{Re}(2Y-3Y^2+Y^3)(1+X)^{-2(\alpha+1)}-4K_6\nu_0(1-2Y+Y^2)(1+X)^{-3\alpha}\Big]$$

对上式中含 Y 项进行积分：

$$-0.404Re\alpha(1+X)^{-(4\alpha+1)}-\frac{1}{2}Re\frac{K_7\beta}{k-1}\Big[2^{k+2}\Big(\frac{1}{k+3}+\frac{1}{k+5}\Big)-(k+2)2^{k+1}\Big(\frac{1}{k+4}+\frac{1}{k+6}\Big)\Big]$$

$$(1+X)^{-[\alpha(k+1)-\beta+1]}-0.25\varphi\nu_0\alpha(1+X)^{-(2\alpha+1)}+\nu_0\Big\{\frac{K_7\beta}{k-1}\Big[2^k\Big(\frac{1}{k+1}-\frac{1}{k+2}+\frac{1}{k+3}-\frac{1}{k+4}\Big)-$$

$$K_2^{k-1}\Big(\frac{1}{k+5}-\frac{1}{k+4}+\frac{1}{k+3}-\frac{1}{k+2}\Big)\Big](1+X)^{\beta-[\alpha(1+k)+1]}-0.25\alpha(1+X)^{-(2\alpha+1)}\Big\}$$

$$=K_3\lambda_0\Big[1.05\beta(\beta-1)(1+X)^{\beta-\alpha-2}+\frac{4}{3}(1+X)^{\beta-\alpha}\Big]+0.533\nu_0\alpha(\alpha+1)(1+X)^{-(2\alpha+1)}-$$

$$\varphi^{2/3}\nu_0\Big[\frac{1}{3}\frac{\nu_0}{Re}(1+X)^{-2(\alpha+1)}-\frac{1}{3}K_6\nu_0(1+X)^{-3\alpha}\Big]$$

对上式中 $(1+X)$ 取对数：

$$0.404Re\alpha(4\alpha+1)\ln(1+X)+\frac{1}{2}Re\frac{K_7\beta}{k-1}[\alpha(k+1)-\beta+1]$$

$$\Big[2^{k+2}\Big(\frac{1}{k+3}+\frac{1}{k+5}\Big)-(k+2)2^{k+1}\Big(\frac{1}{k+4}+\frac{1}{k+6}\Big)\Big]\ln(1+X)+$$

$$0.25\varphi\nu_0\alpha(2\alpha+1)\ln(1+X)+\nu_0\frac{K_7\beta}{k-1}\Big[2^k\Big(\frac{1}{k+1}-\frac{1}{k+2}+\frac{1}{k+3}-\frac{1}{k+4}\Big)-$$

$$k2^{k-1}\Big(\frac{1}{k+5}-\frac{1}{k+4}+\frac{1}{k+3}-\frac{1}{k+2}\Big)\Big]\Big\{\beta-\Big[\alpha(1+k)+1\Big]\Big\}\ln(1+X)+$$

$$0.25\nu_0\alpha(2\alpha+1)\ln(1+X)$$

$$=K_3\lambda_0\left[1.05\beta(\beta-1)(\beta-\alpha-2)\right.$$

$$\ln(1+X)+\frac{4}{3}(\beta-\alpha)\ln(1+X)-0.533\nu_0\alpha(\alpha+1)(2\alpha+1)$$

$$\left.\ln(1+X)+\varphi^{2/3}\nu_0\left[\frac{2}{3}\frac{\nu_0}{Re}(\alpha+1)\ln(1+X)+K_6\nu_0\alpha\ln(1+X)\right]\right]$$

将上式除以 $\alpha\ln(1+X)$，则：

$$0.404Re(4\alpha+1)+\frac{1}{2}Re\frac{K_7\beta}{k-1}\alpha\left[\alpha(k+1)-\beta+1\right]\left[2^{k+2}\left(\frac{1}{k+3}+\frac{1}{k+5}\right)-\right.$$

$$\left.(k+2)2^{k+1}\left(\frac{1}{k+4}+\frac{1}{k+6}\right)\right]+0.25\varphi\nu_0(2\alpha+1)+\nu_0\frac{K_7\beta}{(k-1)\alpha}$$

$$\left[2^k\left(\frac{1}{k+1}-\frac{1}{k+2}+\frac{1}{k+3}-\frac{1}{k+4}\right)-k2^{k-1}\left(\frac{1}{k+5}-\frac{1}{k+4}+\frac{1}{k+3}-\frac{1}{k+2}\right)\right]$$

$$(\beta-\alpha+\alpha k+1)+0.25\nu_0(2\alpha+1)$$

$$=K_3\lambda_0\left[1.05\frac{\beta(\beta-1)}{\alpha}(\beta-\alpha-2)+\frac{4}{3}\frac{(\beta-\alpha)}{\alpha}\right]+$$

$$0.533\nu_0(\alpha+1)(1+X)^{-(2\alpha+1)}+\varphi^{2/3}\nu_0\left[\frac{2}{3}\frac{\nu_0}{Re}\frac{(\alpha+1)}{\alpha}+K_6\nu_0\right] \tag{8-3-57}$$

式(8-3-57)中只有 α 和 β 是未知数，它与式(8-3-56)联立可以解出 α 和 β，而 $\varphi^{2/3}$ 和 φ 是很小的值，在近似过程中自然被去掉。

8.3.3 等温矩形管道

坐标系与原点的选定，如图 8-3-2 所示。当等质量流量管长超过其进口段后，必然有等温或绝热变质量流量管道与其衔接。此处只讨论等温管道。

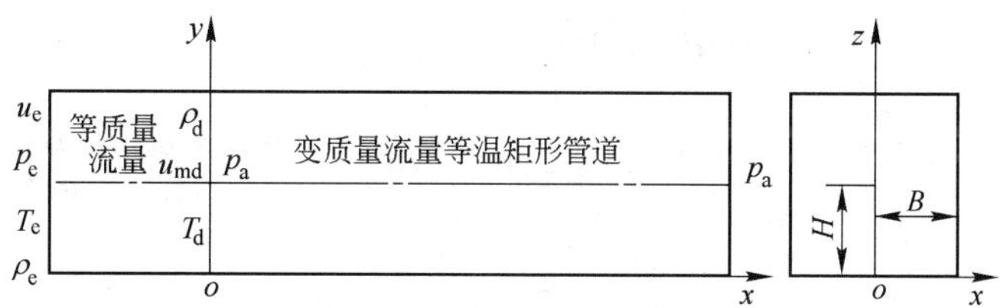

图 8-3-2　等温矩形管道所选坐标系与原点示意图

等温变质量流量管道特点是沿程压力、密度和温度均不变，只是速度在壁面摩擦力作用下逐渐减少。自然要提出质量流量减少与速度是何关系。要回答这个问题，就需要找到速度分布，其他问题则均能迎刃而解。

8.3.3.1　运动控制方程与边界条件

由于具有等温的特点，等温矩形管道变质量流量运动控制方程只有一个动量微分方程，依式(3-19-22)，结合本问题，为：

$$u\frac{\partial u}{\partial x}+\frac{\nu}{2}\left[\frac{1}{u}\left(\frac{\partial u}{\partial y}+\frac{\partial u}{\partial z}\right)\right]\boldsymbol{\nabla U}=\nu\left[\frac{4}{3}\frac{\partial^2 u}{\partial x^2}+(1-\varphi^{2/3})\left(\frac{\partial^2 u}{\partial y^2}+\frac{\partial^2 u}{\partial z^2}\right)+6\varphi^{2/3}t\left(\frac{\partial u}{\partial y}\frac{\partial^2 u}{\partial y^2}+\frac{\partial u}{\partial z}\frac{\partial^2 u}{\partial z^2}\right)\right] \tag{8-3-58}$$

边界条件：

$$u(x,\ y,\ z)\mid_{x=0}=u_{md} \tag{8-3-59}$$

式中，u_{md}为进口段末端断面平均速度，它可以用进口段速度分布公式计算出来，在本题中是已知的边界条件。

$$u(x,\ y,\ z)\mid_{y=B}=0 \tag{8-3-60}$$

$$u(x,\ y,\ z)\mid_{z=0}=0 \tag{8-3-61}$$

$$\left.\frac{\partial u(x,\ y,\ z)}{\partial y}\right|_{y=0}=0 \tag{8-3-62}$$

$$\left.\frac{\partial u(x,\ y,\ z)}{\partial z}\right|_{z=H}=0 \tag{8-3-63}$$

$$\frac{\partial^2 u(x,\ y,\ z)}{\partial y^2}<0 \tag{8-3-64}$$

$$\frac{\partial^2 u(x,\ y,\ z)}{\partial z^2}<0 \tag{8-3-65}$$

8.3.3.2　无因次运动控制方程与边界条件

为进行数学分析，必须将运动控制方程与边界条件无因次化。为此取：

$$\frac{x}{H}=X;\ \frac{z}{H}=Z;\ \frac{y}{B}=Y;\ \frac{u}{u_{md}}=U$$

将以上比值代入运动控制方程与边界条件。

$$\frac{u_{md}^2}{H}U\frac{\partial U}{\partial X}+\frac{\nu_d u_{md}^2}{2H^2}\frac{\nu_0}{U}\left(\frac{H}{B}\frac{\partial U}{\partial Y}+\frac{\partial U}{\partial Z}\right)$$

$$=\nu_0\left\{\frac{4}{3}\frac{\nu_d u_{md}}{H^2}\frac{\partial^2 U}{\partial X^2}+(1-\varphi^{2/3})\frac{\nu_d u_{md}}{H^2}\left[\left(\frac{H}{B}\right)^2\frac{\partial^2 U}{\partial Y^2}+\frac{\partial^2 U}{\partial Z^2}\right]+\frac{\nu_d u_{md}^2}{H^3}6t\varphi^{2/3}\left[\left(\frac{H}{B}\right)^3\frac{\partial U}{\partial Y}\frac{\partial^2 U}{\partial Y^2}+\frac{\partial U}{\partial Z}\frac{\partial^2 U}{\partial Z^2}\right]\right\}$$

将上式除以$\frac{\nu_d u_{md}}{H^2}$，则：

$$ReU\frac{\partial U}{\partial X}+\frac{\nu_0}{2U}\left(\frac{H}{B}\frac{\partial U}{\partial Y}+\frac{\partial U}{\partial Z}\right)\frac{\partial U}{\partial X}=\nu_0\left\{\frac{4}{3}\frac{\partial^2 U}{\partial X^2}+(1-\varphi^{2/3})\left[\left(\frac{H}{B}\right)^2\frac{\partial^2 U}{\partial Y^2}+\frac{\partial^2 U}{\partial Z^2}\right]+K_2\varphi^{2/3}\left[\left(\frac{H}{B}\right)^3\frac{\partial U}{\partial Y}\frac{\partial^2 U}{\partial Y^2}+\frac{\partial U}{\partial Z}\frac{\partial^2 U}{\partial Z^2}\right]\right\} \tag{8-3-66}$$

无因次边界条件：

$$U(X,\ Y,\ Z)\mid_{Z=0}=1 \tag{8-3-67}$$

$$U(X,\ Y,\ Z)\mid_{Y=1}=0 \tag{8-3-68}$$

$$U(X,\ Y,\ Z)\mid_{Z=0}=0 \tag{8-3-69}$$

$$\left.\frac{\partial U(X,\ Y,\ Z)}{\partial Y}\right|_{Y=0}=0 \tag{8-3-70}$$

$$\left.\frac{\partial U(X,\ Y,\ Z)}{\partial Z}\right|_{Z=1}=0 \tag{8-3-71}$$

$$\frac{\partial^2 U(X,\ Y,\ Z)}{\partial Y^2}<0 \tag{8-3-72}$$

$$\frac{\partial^2 U(X,\ Y,\ Z)}{\partial Z^2}<0 \tag{8-3-73}$$

式中

$$Re=\frac{u_{\mathrm{md}}H}{\nu_{\mathrm{d}}} \tag{8-3-74}$$

$$K_2=\frac{6tu_{\mathrm{md}}}{H} \tag{8-3-75}$$

8.3.3.3 速度分布

根据边界条件，选定速度分布为：

$$U=(1+X)^{-\alpha}(2Z-Z^2)(1-Y^2) \tag{8-3-76}$$

为确定 α，必须将上式代入式(8-3-66)：

$$\begin{aligned}ReU\frac{\partial U}{\partial X}&=-Re\alpha(1+X)^{-(2\alpha+1)}\int_0^1\int_0^1(2Z-Z^2)(1-Y^2)^2\mathrm{d}Z\mathrm{d}Y\\&=-0.284Re\alpha(1+X)^{-(2\alpha+1)}\end{aligned} \tag{1}$$

$$\begin{aligned}\frac{\nu_0}{2U}\left(\frac{H}{B}\frac{\partial U}{\partial Y}+\frac{\partial U}{\partial Z}\right)\frac{\partial U}{\partial X}&=\frac{\nu_0\alpha}{(1+X)^{\alpha+1}}\left[\frac{H}{B}Y(2Z-Z^2)-(1-Y^2)(1-Z)\right]\\&=\frac{\nu_0\alpha}{(1+X)^{\alpha+1}}\left[\int_0^1\int_0^1\frac{H}{B}Y(2Z-Z^2)\mathrm{d}Y\mathrm{d}Z-\right.\\&\quad\left.\int_0^1\int_0^1(1-Y^2)(1-Z)\mathrm{d}Y\mathrm{d}Z\right]\\&=\frac{1}{3}\frac{\nu_0\alpha}{(1+X)^{\alpha+1}}\left(\frac{H}{B}-1\right)\\&=\frac{1}{3}\nu_0\alpha(1+X)^{-(\alpha+1)}\left(\frac{H}{B}-1\right)\end{aligned} \tag{2}$$

$$\frac{4}{3}\nu_0\frac{\partial^2 U}{\partial X^2}=\frac{4}{3}\nu_0\alpha(\alpha+1)(1+X)^{-(\alpha+2)}(2Z-Z^2)(1-Y^2)$$

$$= \frac{4}{3}\nu_0\alpha(\alpha+1)(1+X)^{-(\alpha+2)}\int_0^1\int_0^1(2Z-Z^2)(1-Y^2)\mathrm{d}Z\mathrm{d}Y$$

$$= \frac{16}{27}\nu_0\alpha(\alpha+1)(1+X)^{-(\alpha+2)} \tag{3}$$

$$\nu_0(1-\varphi^{2/3})\left[\left(\frac{H}{B}\right)^2\frac{\partial^2 U}{\partial Y^2}+\frac{\partial^2 U}{\partial Z^2}\right]$$

$$= \nu_0(1-\varphi^{2/3})\left[\left(\frac{H}{B}\right)^2(-2)(2Z-Z^2)-2(1-Y^2)\right](1+X)^{-\alpha}$$

$$= -2(1-\varphi^{2/3})(1+X)^{-\alpha}\left[\left(\frac{H}{B}\right)^2(2Z-Z^2)+(1-Y^2)\right]\nu_0$$

$$= -2(1-\varphi^{2/3})(1+X)^{-\alpha}\left[\left(\frac{H}{B}\right)^2\int_0^1(2Z-Z^2)\mathrm{d}Z+\int_0^1(1-Y^2)\mathrm{d}Y\right]\nu_0$$

$$= -\frac{4}{3}\nu_0(1-\varphi^{2/3})(1+X)^{-\alpha}\left[\left(\frac{H}{B}\right)^2+1\right] \tag{4}$$

$$\nu_0K_2\varphi^{2/3}\left[\left(\frac{H}{B}\right)^3\frac{\partial U}{\partial Y}\frac{\partial^2 U}{\partial Y^2}+\frac{\partial U}{\partial Z}\frac{\partial^2 U}{\partial Z^2}\right]$$

$$= \nu_0K_2\varphi^{2/3}(1+X)^{-2\alpha}\left[\left(\frac{H}{B}\right)^3(-2Y)(-2)(2Z-Z^2)^2+2(1-Z)(-2)(1-Y^2)^2\right]$$

$$= 4\nu_0K_2\varphi^{2/3}(1+X)^{-2\alpha}\left[\left(\frac{H}{B}\right)^3\int_0^1\int_0^1 Y(2Z-Z^2)^2\mathrm{d}Z\mathrm{d}Y-\int_0^1\int_0^1(1-Z)(1-Y^2)^2\mathrm{d}Z\mathrm{d}Y\right]$$

$$= 4\times 0.5\times 0.533\nu_0K_2\varphi^{2/3}\left[\left(\frac{H}{B}\right)^3-1\right](1+X)^{-2\alpha}$$

$$= 1.066\nu_0K_2\varphi^{2/3}\left[\left(\frac{H}{B}\right)^3-1\right](1+X)^{-2\alpha} \tag{5}$$

将式(1)、式(2)、式(3)、式(4)和式(5)代表的各项代回式(8-3-66)，则：

$$-0.284Re\alpha(1+X)^{-(2\alpha+1)}+\frac{1}{3}\nu_0\alpha(1+X)^{-(\alpha+1)}\left(\frac{H}{B}-1\right)$$

$$= \frac{16}{27}\nu_0(\alpha+1)\alpha(1+X)^{-(\alpha+2)}-\frac{4}{3}\nu_0(1-\varphi^{2/3})(1+X)^{-\alpha}\left[\left(\frac{H}{B}\right)^2+1\right]+$$

$$1.066\nu_0K_2\varphi^{2/3}\left[\left(\frac{H}{B}\right)^3-1\right](1+X)^{-2\alpha}$$

对上式 $(1+X)$ 项取对数，则：

$$0.284Re\alpha(2\alpha+1)\ln(1+X)-\frac{1}{3}\nu_0\alpha(\alpha+1)\ln(1+X)\left(\frac{H}{B}-1\right)$$

$$= -\frac{16}{27}\nu_0(1+\alpha)\alpha(\alpha+2)\ln(1+X)+\frac{4}{3}\nu_0(1-\varphi^{2/3})\alpha\left[\left(\frac{H}{B}\right)^2+1\right]\ln(1+X)-$$

$$1.066\nu_0 K_2 \varphi^{2/3}\left[\left(\frac{H}{B}\right)^3 - 1\right]2\alpha\ln(1+X)$$

全式除以 $\alpha\ln(1+X)$，则

$$0.284Re(2\alpha+1) - \frac{1}{3}\nu_0(\alpha+1)\left(\frac{H}{B}-1\right)$$

$$= -\frac{16}{27}\nu_0(\alpha+1)(\alpha+2) + \frac{4}{3}\nu_0(1-\varphi^{2/3})\left[\left(\frac{H}{B}\right)^2+1\right] - 2.132\nu_0 k_2\varphi^{2/3}\left[\left(\frac{H}{B}\right)^3-1\right]$$

全式除以 Re，去掉微小量，则

$$0.284(2\alpha+1) - \frac{0.333}{Re}\nu_0(\alpha+1)\left(\frac{H}{B}-1\right)$$

$$= -\frac{0.593}{Re}\nu_0(\alpha+1)(\alpha+2) + \frac{1.333}{Re}\nu_0(1-\varphi^{2/3})\left[\left(\frac{H}{B}\right)^2+1\right] -$$

$$\frac{2.132\nu_0 K_2\varphi^{2/3}}{Re}\left[\left(\frac{H}{B}\right)^3-1\right] \tag{8-3-77}$$

式中，取 $\nu_0 \approx 1$，去掉微小量，又 $\frac{K_2}{Re} = \frac{6t_K u_{md}^2}{\nu_d}$，则有

$$0.284(2\alpha+1) = -\frac{2.132\times 6t_K u_{md}^2\varphi^{2/3}}{\nu_d}\left[\left(\frac{H}{B}\right)^3-1\right]$$

则

$$\alpha = -\frac{1}{0.584}\left\{0.284 + \frac{12.74t_K\varphi^{2/3}}{\nu_d}u_{md}^2\left[\left(\frac{H}{B}\right)^3-1\right]\right\} \tag{8-3-78}$$

式中，t_K 是准定常流时间，可实测而定，一般在 0.01 ~ 0.001s 范围，φ 是涡旋体积分数，一般在 0.01 ~ 0.1 范围，可以通过公式计算出来。所以将式(8-3-78)近似处理：

$$\alpha = -\frac{0.284}{0.584} = -0.485$$

则

$$U = (1+X)^{-0.485}(2Z-Z^2)(1-Y^2) \tag{8-3-79}$$

8.3.3.4 流量衰减与距离的关系

$$Q(x) = 4HBu = 4HB\,\frac{1}{2}\int_0^1\int_0^1 u_{md}(1+X)^{-0.485}(2Z-Z^2)(1-Y^2)\,dZ$$

$$= 2HBu_a(1+X)^{-0.485}\int_0^1\int_0^1(2Z-Z^2)\,dZ(1-Y^2)\,dY$$

$$= \frac{8}{9}HBu_a(1+X)^{-0.485} \tag{8-3-80}$$

8.3.4 绝热矩形管道

坐标系与原点的选定，如图 8-3-2 所示。绝热变质量流量管道的特点是，温度会沿流

程增加，由此会引起密度的减小；由于压力不变，从能量守恒的观点，总的质量流量一定会沿程逐渐减少。

8.3.4.1　运动控制方程与边界条件

动量方程：由式(3-19-22)，结合本节条件，为：

$$\frac{\nu}{2}\frac{\partial\rho}{\rho\partial x}\left(\frac{\partial u}{\partial y}+\frac{\partial u}{\partial z}\right)+u\frac{\partial u}{\partial x}+\frac{\nu}{2}\left[\frac{1}{u}\left(\frac{\partial u}{\partial y}+\frac{\partial u}{\partial z}\right)\right]\frac{\partial u}{\partial x}$$

$$=\nu\left[\frac{4}{3}\frac{\partial^2 u}{\partial x^2}+(1-\varphi^{2/3})\left(\frac{\partial^2 u}{\partial y^2}+\frac{\partial^2 u}{\partial z^2}\right)+6\varphi^{2/3}t\left(\frac{\partial u}{\partial y}\frac{\partial^2 u}{\partial y^2}+\frac{\partial u}{\partial z}\frac{\partial^2 u}{\partial z^2}\right)\right] \tag{8-3-81}$$

能量方程：由式(3-19-49)，结合本题，可得：

$$u^2\frac{\partial u}{\partial x}-\frac{u^2}{2}\frac{u}{\rho}\frac{\partial\rho}{\partial x}+\frac{1}{2}\varphi\nu u\left(\frac{\partial^2 u}{\partial x\partial y}+\frac{\partial^2 u}{\partial x\partial z}\right)+\frac{\nu}{2}\left(\frac{\partial u}{\partial y}+\frac{\partial u}{\partial z}\right)\left(\frac{u}{\rho}\frac{\partial\rho}{\partial x}+\frac{\partial u}{\partial x}\right)$$

$$=\frac{\lambda}{\rho}\left(\frac{\partial^2 T}{\partial x^2}+\frac{\partial^2 T}{\partial y^2}+\frac{\partial^2 T}{\partial z^2}\right)+u\left(\frac{4}{3}\nu\frac{\partial^2 u}{\partial x^2}\right)-$$

$$\frac{\varphi^{2/3}}{2}\frac{\nu}{u}\left(\frac{\partial u}{\partial y}+\frac{\partial u}{\partial z}\right)\left[\frac{4}{3}\nu\frac{\partial^2 u}{\partial x^2}+2\nu t\left(\frac{\partial u}{\partial y}\frac{\partial^2 u}{\partial y^2}+\frac{\partial u}{\partial z}\frac{\partial^2 u}{\partial z^2}\right)\right] \tag{8-3-82}$$

绝热条件：可用式(8-3-30)：

$$(K-1)\rho^{K-2}\frac{\partial\rho}{\partial x}=\frac{R}{C}\frac{\partial T}{\partial x}$$

连续性方程，可用式(8-3-33)：

$$u\frac{\partial u}{\partial x}=-\frac{1}{\rho}\frac{\partial\rho}{\partial x}$$

边界条件：

$$u(x,\ y,\ z)\mid_{x=0}=u_{\mathrm{md}} \tag{8-3-83}$$

$$u(x,\ y,\ z)\mid_{y=B}=0 \tag{8-3-84}$$

$$u(x,\ y,\ z)\mid_{z=0}=0 \tag{8-3-85}$$

$$\left.\frac{\partial u(x,\ y,\ z)}{\partial y}\right|_{y=0}=0 \tag{8-3-86}$$

$$\left.\frac{\partial u(x,\ y,\ z)}{\partial z}\right|_{z=H}=0 \tag{8-3-87}$$

$$\frac{\partial^2 u(x,\ y,\ z)}{\partial y^2}<0 \tag{8-3-88}$$

$$\frac{\partial^2 u(x,\ y,\ z)}{\partial z^2}<0 \tag{8-3-89}$$

$$T(x,\ y,\ z)\mid_{x=0}=T_{\mathrm{d}} \tag{8-3-90}$$

$$\rho(x,\ y,\ z)\mid_{x=0}=\rho_{\mathrm{d}} \tag{8-3-91}$$

式中，T_{d}，ρ_{d} 分别是进口段末端断面上平均温度与断面上平均密度。

8.3.4.2 无因次运动控制方程与边界条件

为使运动控制方程与边界条件无因次化，取：

$$\frac{x}{H}=X;\ \frac{z}{H}=Z;\ \frac{y}{B}=Y;\ \frac{u}{u_{\mathrm{md}}}=U;\ \frac{\rho}{\rho_{\mathrm{d}}}=\rho_0;\ \frac{T}{T_{\mathrm{d}}}=T_0;\ \frac{\nu}{\nu_{\mathrm{d}}}=\nu_0$$

将以上比值代入运动控制方程与边界条件：

$$\frac{\nu}{2}\frac{\partial\rho}{\rho\partial x}\left(\frac{\partial u}{\partial y}+\frac{\partial u}{\partial z}\right)=\frac{1}{2}\frac{\nu_{\mathrm{d}}u_{\mathrm{md}}}{H^2}\frac{\nu_0\partial\rho_0}{\rho_0\partial X}\left(\frac{H}{B}\frac{\partial U}{\partial Y}+\frac{\partial U}{\partial Z}\right) \tag{1}$$

$$u\frac{\partial u}{\partial x}=\frac{u_{\mathrm{md}}^2}{H}U\frac{\partial U}{\partial X} \tag{2}$$

$$\frac{\nu}{2}\frac{1}{u}\left(\frac{\partial u}{\partial y}+\frac{\partial u}{\partial z}\right)\frac{\partial u}{\partial x}=\frac{\nu_{\mathrm{d}}u_{\mathrm{md}}}{2H^2}\frac{\nu_0}{U}\left(\frac{H}{B}\frac{\partial U}{\partial Y}+\frac{\partial U}{\partial Z}\right)\frac{\partial U}{\partial X} \tag{3}$$

$$\frac{4}{3}\nu\frac{\partial^2 u}{\partial x^2}=\frac{4}{3}\frac{\nu_{\mathrm{d}}u_{\mathrm{md}}}{H^2}\nu_0\frac{\partial^2 U}{\partial X^2} \tag{4}$$

$$\nu(1-\varphi^{2/3})\left(\frac{\partial^2 u}{\partial y^2}+\frac{\partial^2 u}{\partial z^2}\right)=\frac{u_{\mathrm{md}}\nu_{\mathrm{d}}}{H^2}(1-\varphi^{2/3})\nu_0\left[\left(\frac{H}{B}\right)^2\frac{\partial^2 U}{\partial Y^2}+\frac{\partial^2 U}{\partial Z^2}\right] \tag{5}$$

$$\nu 6\varphi^{2/3}t\left(\frac{\partial u}{\partial y}\frac{\partial^2 u}{\partial y^2}+\frac{\partial u}{\partial z}\frac{\partial^2 u}{\partial z^2}\right)=\frac{6\varphi^{2/3}t\nu_{\mathrm{d}}u_{\mathrm{md}}^2}{H^3}\nu_0\left[\left(\frac{H}{B}\right)^3\frac{\partial U}{\partial Y}\frac{\partial^2 U}{\partial Y^2}+\frac{\partial U}{\partial Z}\frac{\partial^2 U}{\partial Z^2}\right] \tag{6}$$

将式(1)、式(2)、式(3)、式(4)、式(5)和式(6)代表的各项代回式(8-3-81)后得无因次动量方程：

$$\frac{\nu_{\mathrm{d}}u_{\mathrm{md}}}{2H^2}\frac{\nu_0}{\rho_0}\frac{\partial\rho_0}{\partial X}\left(\frac{H}{B}\frac{\partial U}{\partial Y}+\frac{\partial U}{\partial Z}\right)+\frac{u_{\mathrm{md}}}{H}U\frac{\partial U}{\partial X}+\frac{\nu_{\mathrm{d}}u_{\mathrm{md}}}{2H^2}\nu_0\frac{1}{U}\left(\frac{H}{B}\frac{\partial U}{\partial Y}+\frac{\partial U}{\partial Z}\right)\frac{\partial U}{\partial X}$$

$$=\nu_0\left\{\frac{4}{3}\frac{\nu_{\mathrm{d}}u_{\mathrm{md}}}{H^2}\frac{\partial^2 U}{\partial X^2}+(1-\varphi^{2/3})\frac{\nu_{\mathrm{d}}u_{\mathrm{md}}}{H^2}\left[\left(\frac{H}{B}\right)^2\frac{\partial^2 U}{\partial Y^2}+\frac{\partial^2 U}{\partial Z^2}\right]+\right.$$

$$\left.\frac{6\varphi^{2/3}t\nu_{\mathrm{d}}u_{\mathrm{md}}}{H^3}\left[\left(\frac{H}{B}\right)^3\frac{\partial U}{\partial Y}\frac{\partial^2 U}{\partial Y^2}+\frac{\partial U}{\partial Z}\frac{\partial^2 U}{\partial Z^2}\right]\right\}$$

将上式除以$\frac{\nu_{\mathrm{d}}u_{\mathrm{md}}}{H^2}$，则：

$$\frac{1}{2}\frac{\nu_0}{\rho_0}\frac{\partial\rho_0}{\partial X}\left(\frac{H}{B}\frac{\partial U}{\partial Y}+\frac{\partial U}{\partial Z}\right)+ReU\frac{\partial U}{\partial X}+\frac{\nu_0}{2U}\left(\frac{H}{B}\frac{\partial U}{\partial Y}+\frac{\partial U}{\partial Z}\right)$$

$$=\frac{4}{3}\nu_0\frac{\partial^2 U}{\partial X^2}+\nu_0(1-\varphi^{2/3})\left[\left(\frac{H}{B}\right)^2\frac{\partial^2 U}{\partial Y^2}+\frac{\partial^2 U}{\partial Z^2}\right]+$$

$$K_2\varphi^{2/3}\nu_0\left[\left(\frac{H}{B}\right)^3\frac{\partial U}{\partial Y}\frac{\partial^2 U}{\partial Y^2}+\frac{\partial U}{\partial Z}\frac{\partial^2 U}{\partial Z^2}\right] \tag{8-3-92}$$

下面推导无因次能量方程，分各单项计算，

$$u^2\frac{\partial u}{\partial x}=\frac{u_{md}^3}{H}U^2\frac{\partial U}{\partial X} \tag{1}$$

$$-\frac{u^2}{2}\frac{u}{\rho}\frac{\partial \rho}{\partial x}=-\frac{u_{md}^3}{2H}\frac{U^3}{\rho_0}\frac{\partial \rho_0}{\partial X} \tag{2}$$

$$\frac{1}{2}\varphi\nu u\left(\frac{\partial^2 u}{\partial x\partial y}+\frac{\partial^2 u}{\partial x\partial z}\right)=\frac{1}{2}\frac{\nu_d u_{md}^2\nu_0 U}{H^2}\varphi\left(\frac{H}{B}\frac{\partial^2 U}{\partial X\partial Y}+\frac{\partial^2 U}{\partial X\partial Z}\right) \tag{3}$$

$$\frac{\nu}{2}\left(\frac{\partial u}{\partial y}+\frac{\partial u}{\partial z}\right)\left(\frac{u}{\rho}\frac{\partial \rho}{\partial x}+\frac{\partial u}{\partial x}\right)=\frac{\nu_d}{2}\frac{u_{md}^2\nu_0}{H^2}\left(\frac{H}{B}\frac{\partial U}{\partial Y}+\frac{\partial U}{\partial Z}\right)\left(\frac{U}{\rho_0}\frac{\partial \rho_0}{\partial X}+\frac{\partial U}{\partial X}\right) \tag{4}$$

$$\frac{\lambda}{\rho}\left(\frac{\partial^2 T_0}{\partial x^2}+\frac{\partial^2 T_0}{\partial y^2}+\frac{\partial^2 T_0}{\partial z^2}\right)=\frac{\lambda_d T_d}{\rho_d H^2}\frac{\lambda_0}{\rho_0}\left(\frac{\partial^2 T_0}{\partial X^2}+\left(\frac{H}{B}\right)^2\frac{\partial^2 T_0}{\partial Y^2}+\frac{\partial^2 T_0}{\partial Z^2}\right) \tag{5}$$

$$\frac{4}{3}\nu u\frac{\partial^2 u}{\partial x^2}=\frac{4}{3}\frac{\nu_d u_{md}^2}{H^2}\nu_0\frac{\partial^2 U}{\partial X^2} \tag{6}$$

$$-\frac{\varphi^{2/3}}{2}\frac{\nu}{u}\left(\frac{\partial u}{\partial y}+\frac{\partial u}{\partial z}\right)\frac{4}{3}\nu\frac{\partial^2 u}{\partial x^2}=-\frac{2}{3}\frac{u_{md}\nu_d^2\varphi^{2/3}\nu_0^2}{H^3 U}\left(\frac{H}{B}\frac{\partial U}{\partial Y}+\frac{\partial U}{\partial Z}\right)\frac{\partial^2 U}{\partial X^2} \tag{7}$$

$$-\frac{\varphi^{2/3}}{2}\frac{\nu}{u}\left(\frac{\partial u}{\partial y}+\frac{\partial u}{\partial z}\right)2\nu t\left(\frac{\partial u}{\partial y}\frac{\partial^2 u}{\partial y^2}+\frac{\partial u}{\partial z}\frac{\partial^2 u}{\partial z^2}\right)$$

$$=-\frac{\nu_d^2 u_a^2 t}{H^4}\varphi^{2/3}\frac{\nu_0^2}{U}\left(\frac{H}{B}\frac{\partial U}{\partial Y}+\frac{\partial U}{\partial Z}\right)\left[\left(\frac{H}{B}\right)^3\frac{\partial U}{\partial Y}\frac{\partial^2 U}{\partial Y^2}+\frac{\partial U}{\partial Z}\frac{\partial^2 U}{\partial Z^2}\right] \tag{8}$$

将式(1)、式(2)、式(3)、式(4)、式(5)、式(6)、式(7)和式(8)代表的各项代回式(8-3-82)，

$$\frac{u_{md}^3}{H}U^2\frac{\partial U}{\partial X}-\frac{u_{md}^3}{2H}\frac{U^3}{\rho_0}\frac{\partial \rho_0}{\partial X}+\frac{1}{2}\frac{\nu_d u_{md}^2}{H^2}\nu_0\varphi U\left(\frac{H}{B}\frac{\partial^2 U}{\partial X\partial Y}+\frac{\partial^2 U}{\partial X\partial Z}\right)+$$

$$\frac{\nu_d u_{md}^2}{2H^2}\left(\frac{H}{B}\frac{\partial U}{\partial Y}+\frac{\partial U}{\partial Z}\right)\left(\frac{U}{\rho_0}\frac{\partial \rho_0}{\partial X}+\frac{\partial U}{\partial X}\right)$$

$$=\frac{\lambda_d T_d}{\rho_d H^2}\frac{\lambda_0}{\rho_0}\left(\frac{\partial^2 T_0}{\partial X^2}+\left(\frac{H}{B}\right)^2\frac{\partial^2 T_0}{\partial Y^2}+\frac{\partial^2 T_0}{\partial Z^2}\right)+\frac{4}{3}\frac{\nu_d u_{md}^2}{H^2}\nu_0\frac{\partial^2 U}{\partial X^2}-$$

$$\frac{2}{3}\frac{\nu_d^2 u_{md}}{H^3}\frac{\varphi^{2/3}\nu_0^2}{U}\left(\frac{H}{B}\frac{\partial U}{\partial Y}+\frac{\partial U}{\partial Z}\right)\frac{\partial^2 U}{\partial X^2}-$$

$$\frac{\nu_d^2 u_{md}^2 t}{H^4}\varphi^{2/3}\frac{\nu_0^2}{U}\left(\frac{H}{B}\frac{\partial U}{\partial Y}+\frac{\partial U}{\partial Z}\right)\left[\left(\frac{H}{B}\right)^3\frac{\partial U}{\partial Y}\frac{\partial^2 U}{\partial Y^2}+\frac{\partial U}{\partial Z}\frac{\partial^2 U}{\partial Z^2}\right]$$

上式除以$\dfrac{\nu_e u_{\mathrm{md}}^2}{H^2}$，则：

$$
\begin{aligned}
&ReU^3\frac{\partial U}{\partial X}-\frac{1}{2}Re\frac{U^3}{\rho_0}\frac{\partial \rho_0}{\partial X}+\frac{\varphi}{2}\nu_0 U\left(\frac{H}{B}\frac{\partial^2 U}{\partial X\partial Y}+\frac{\partial^2 U}{\partial X\partial Z}\right)+\\
&\frac{\nu_0}{2}\left(\frac{H}{B}\frac{\partial U}{\partial Y}+\frac{\partial U}{\partial Z}\right)\left(\frac{U}{\rho_0}\frac{\partial \rho_0}{\partial X}+\frac{\partial U}{\partial X}\right)\\
=&\frac{K_3\lambda_0}{\rho_0}\left(\frac{\partial^2 T_0}{\partial X^2}+\left(\frac{H}{B}\right)^2\frac{\partial^2 T_0}{\partial Y^2}+\frac{\partial^2 T_0}{\partial Z^2}\right)+\frac{4}{3}\nu_0\frac{\partial^2 U}{\partial X^2}-\frac{2}{3}\frac{\nu_0^2}{Re}\varphi^{2/3}\left(\frac{H}{B}\frac{\partial U}{\partial Y}+\frac{\partial U}{\partial Z}\right)-\\
&K_4\varphi^{2/3}\frac{\nu_0^2}{U}\left[\left(\frac{H}{B}\right)^3\frac{\partial U}{\partial Y}\frac{\partial^2 U}{\partial Y^2}+\frac{\partial U}{\partial Z}\frac{\partial^2 U}{\partial Z^2}\right]\left(\frac{H}{B}\frac{\partial U}{\partial Y}+\frac{\partial U}{\partial Z}\right)
\end{aligned}
\tag{8-3-93}
$$

边界条件：

$$U(X,\ Y,\ Z)\mid_{X=0}=1 \tag{8-3-94}$$

$$U(X,\ Y,\ Z)\mid_{Y=1}=0 \tag{8-3-95}$$

$$U(X,\ Y,\ Z)\mid_{Z=0}=0 \tag{8-3-96}$$

$$\left.\frac{\partial U(X,\ Y,\ Z)}{\partial Y}\right|_{Y=0}=0 \tag{8-3-97}$$

$$\left.\frac{\partial U(X,\ Y,\ Z)}{\partial Z}\right|_{Z=1}=0 \tag{8-3-98}$$

$$\frac{\partial^2 U(X,\ Y,\ Z)}{\partial Y^2}<0 \tag{8-3-99}$$

$$\frac{\partial^2 U(X,\ Y,\ Z)}{\partial Z^2}<0 \tag{8-3-100}$$

$$T_0(X,\ Y,\ Z)\mid_{X=0}=1 \tag{8-3-101}$$

$$\rho_0(X,\ Y,\ Z)\mid_{X=0}=1 \tag{8-3-102}$$

绝热条件无因次化：由式(8-3-30)，

$$(K-1)\rho_{\mathrm{d}}^{K-2}\frac{\rho_{\mathrm{d}}}{H}\frac{\partial \rho_0}{\partial X}=\frac{R_{\mathrm{d}}R_0T_{\mathrm{d}}}{C_{\mathrm{d}}C_0H}\frac{\partial T_0}{\partial X}$$

化简为：

$$(K-1)\frac{\rho_0^{K-1}\partial \rho_0}{\rho_0\partial X}=K_5\frac{R_0}{C_0}\frac{\partial T_0}{\partial X} \tag{8-3-103}$$

$$K_5=\frac{R_{\mathrm{d}}T_{\mathrm{d}}}{C_{\mathrm{d}}\rho_{\mathrm{d}}^{K-1}} \tag{8-3-104}$$

连续性方程无因次化：由式(8-3-32)

$$\rho_{\mathrm{d}}\rho_0 \frac{u_{\mathrm{md}}\partial U}{H\partial X} = -\frac{u_{\mathrm{md}}\rho_{\mathrm{d}}U}{H}\frac{\partial \rho_0}{\partial X}$$

$$-\frac{\partial \rho_0}{\rho_0 \partial X} = \frac{1}{U}\frac{\partial U}{\partial X} \tag{8-3-105}$$

以上各式中：

$$Re = \frac{u_{\mathrm{md}}H}{\nu_{\mathrm{d}}} \tag{8-3-106}$$

$$K_2 = \frac{6tu_{\mathrm{md}}}{H} \tag{8-3-107}$$

$$K_3 = \frac{\lambda_{\mathrm{d}}T_{\mathrm{d}}}{\rho_{\mathrm{d}}\nu_{\mathrm{d}}u_{\mathrm{md}}^2} \tag{8-3-108}$$

$$K_4 = \frac{\nu_{\mathrm{d}}t}{H^2} \tag{8-3-109}$$

8.3.4.3　速度分布与温度分布

根据边界条件，选无因次速度分布为：

$$U = (1+X)^{-\alpha}(2Z-Z^2)(1-Y^2) \tag{8-3-110}$$

根据边界条件，选无因次温度分布为：

$$T_0 = (1+X)^{\beta}(1+Y^2)(1+Z^2) \tag{8-3-111}$$

将以上两式代入无因次动量方程与无因次能量方程，确定 α 和 β。首先分项代入式(8-3-92)。

对式(8-3-92)第一项中的$\frac{1}{\rho_0}\frac{\partial \rho_0}{\partial X}$，首先要利用式(8-3-43)置换掉，然后温度分布与速度分布公式代入式(8-3-92)，注意 $R_0=1$，$C_0=1$，

$$\frac{1}{2}\frac{\nu_0}{\rho_0}\frac{\partial \rho_0}{\partial X}\left(\frac{H}{B}\frac{\partial U}{\partial Y}+\frac{\partial U}{\partial Z}\right) = \frac{\nu_0}{2}\frac{K_5}{\rho_0^{k-1}}\frac{1}{k-1}\frac{\partial T_0}{\partial X}\left(\frac{H}{B}\frac{\partial U}{\partial Y}+\frac{\partial U}{\partial Z}\right)$$

$$= \frac{\nu_0}{2}\frac{K_5}{k-1}\left[(1+X)^{-\alpha}(2Z-Z^2)(1-Y^2)\right]^{k-1}2(1+X)^{-\alpha}\left[(1-Z)(1-Y^2)-Y(2Z-Z^2)\right]\beta(1+X)^{\beta-1}(1+Y^2)(1+Z^2)$$

$$= -0.064\left[\frac{2^{k-1}}{k}-\frac{2^{k-2}}{k+1}-\frac{1}{3}\frac{(k-1)2^{k-1}}{k}+(k-1)^2 2^{k-2}\frac{1}{3(k+1)}\right]\frac{\nu_0 K_5\beta}{k-1}(1+X)^{\beta-\alpha(k+2)-1} \tag{1}$$

$$ReU\frac{\partial U}{\partial X} = -Re\alpha(2Z-Z^2)^2(1-Y^2)^2(1+X)^{-(2\alpha+1)}$$

$$= -\alpha Re\int_0^1\int_0^1(4Z^2-4Z^3+Z^4)(1-2Y^2+Y^4)\,\mathrm{d}Z\mathrm{d}Y(1+X)^{-(2\alpha+1)}$$

$$= -0.285\alpha Re(1+X)^{-(2\alpha+1)} \tag{2}$$

$$\frac{\nu_0}{2U}\left(\frac{H}{B}\frac{\partial U}{\partial Y}+\frac{\partial U}{\partial Z}\right)$$

$$=\frac{\nu_0(1+X)^{-\alpha}}{2(1+X)^{-\alpha}(2Z-Z^2)(1-Y^2)}\left[\left(\frac{H}{B}\right)(-2Y)(2Z-Z^2)+2(1-Z)(1-Y^2)\right]$$

$$=\nu_0\left[\frac{1-Z}{2Z-Z^2}-\frac{H}{B}\frac{Y}{(1-Y^2)}\right]$$

$$=\nu_0\int_0^1\int_0^1\left(\frac{1-Z}{2Z-Z^2}-\frac{H}{B}\frac{Y}{1-Y^2}\right)\mathrm{d}Y\mathrm{d}Z$$

$$=-\nu_0\frac{H}{B}\ln 2=-0.693\nu_0\frac{H}{B} \tag{3}$$

$$\frac{4}{3}\nu_0\frac{\partial^2 U}{\partial X^2}=\frac{4}{3}\nu_0(2Z-Z^2)(1-Y^2)(\alpha+1)\alpha(1+X)^{-(\alpha+2)}$$

$$=\frac{4}{3}\nu_0\alpha(\alpha+1)(1+X)^{-(\alpha+2)}\int_0^1\int_0^1(2Z-Z^2)(1-Y^2)\mathrm{d}Z\mathrm{d}Y$$

$$=\frac{16}{27}\nu_0(\alpha+1)\alpha(1+X)^{-(\alpha+2)} \tag{4}$$

$$\nu_0(1-\varphi^{2/3})\left[\left(\frac{H}{B}\right)^2\frac{\partial^2 U}{\partial Y^2}+\frac{\partial^2 U}{\partial Z^2}\right]$$

$$=\nu_0(1-\varphi^{2/3})(1+X)^{-\alpha}\left[\left(\frac{H}{B}\right)^2(-2)(2Z-Z^2)+(-2)(1-Y^2)\right]$$

$$=-2\nu_0(1-\varphi^{2/3})(1+X)^{-\alpha}\int_0^1\int_0^1\left[\left(\frac{H}{B}\right)^2(2Z-Z^2)+(1-Y^2)\right]\mathrm{d}Z\mathrm{d}Y$$

$$=-\frac{4}{3}\nu_0(1-\varphi^{2/3})\left[\left(\frac{H}{B}\right)^2+1\right](1+X)^{-\alpha} \tag{5}$$

$$K_2\varphi^{2/3}\nu_0\left[\left(\frac{H}{B}\right)^3\frac{\partial U}{\partial Y}\frac{\partial^2 U}{\partial Y^2}+\frac{\partial U}{\partial Z}\frac{\partial^2 U}{\partial Z^2}\right]$$

$$=4K_2\varphi^{2/3}\nu_0(1+X)^{-2\alpha}\left[\left(\frac{H}{B}\right)^3Y(2Z-Z^2)^2-(1-Z)(1-Y^2)\right]$$

$$=4K_2\varphi^{2/3}\nu_0(1+X)^{-2\alpha}\int_0^1\int_0^1\left[\left(\frac{H}{B}\right)^3Y(2Z-Z^2)^2-(1-Z)(1-Y^2)^2\right]\mathrm{d}Z\mathrm{d}Y$$

$$=1.066K_2\varphi^{2/3}\nu_0(1+X)^{-2\alpha}\left[\left(\frac{H}{B}\right)^3-1\right] \tag{6}$$

将式(1)、式(2)、式(3)、式(4)、式(5)和式(6)代表的后项代回式(8-3-92)，

$$-0.064\left[\frac{2^{k-1}}{k}-\frac{2^{k-2}}{k+1}-\frac{(k-1)2^{k-1}}{3k}+(k-1)^2 2^{k-2}\frac{1}{3(k+1)}\right]\frac{\nu_0K_5\beta}{k-1}(1+X)^{\beta-\alpha(k+1)-1}-$$

$$0.285\alpha Re(1+X)^{-(2\alpha+1)}-0.693\nu_0\frac{H}{B}$$

$$=0.593\nu_0\alpha(\alpha+1)(1+X)^{-(\alpha+2)}-\frac{4}{3}\nu_0(1-\varphi^{2/3})\left[\left(\frac{H}{B}\right)^2+1\right](1+X)^{-\alpha}+$$

$$1.066K_2\varphi^{2/3}\nu_0\left[\left(\frac{H}{B}\right)^3-1\right](1+X)^{-2\alpha}$$

将上式除以 Re，则，

$$-0.064\left[\frac{2^{k-1}}{k}-\frac{2^{k-2}}{k+1}-\frac{(k-1)2^{k-1}}{3k}+(k-1)^2\frac{2^{k-2}}{3(k+1)}\right]\frac{\nu_0K_5\beta}{(k-1)Re}(1+X)^{\beta-\alpha(k+1)-1}-$$

$$0.285\alpha(1+X)^{-(2\alpha+1)}-\frac{0.693\nu_0}{Re}\frac{H}{B}$$

$$=\frac{0.593}{Re}\nu_0\alpha(\alpha+1)(1+X)^{-(\alpha+2)}-\frac{1.333}{Re}\nu_0(1-\varphi^{2/3})\left[\left(\frac{H}{B}\right)^2+1\right](1+X)^{-\alpha}+$$

$$\frac{1.066}{Re}K_2\varphi^{2/3}\left[\left(\frac{H}{B}\right)^3-1\right](1+X)^{-2\alpha}$$

进行数量级比较，$\frac{0.693\nu_0}{Re}\frac{H}{B}\ll 1$，取 $\nu_0\approx 1$，然后对上式中$(1+X)$项取对数，

$$-0.064\left[\frac{2^{k-1}}{k}-\frac{2^{k-2}}{k+1}-\frac{k-1}{3k}2^{k-1}+(k-1)^2\frac{2^{k-1}}{3(k+1)}\right]$$

$$\frac{\nu_0K_5\beta}{(k-1)Re}[\beta-\alpha(k+1)-1]\ln(1+X)+0.285\alpha(2\alpha+1)\ln(1+X)$$

$$=-\frac{0.593}{Re}\nu_0\alpha(\alpha+1)(\alpha+2)\ln(1+X)+\frac{1.333}{Re}\nu_0(1-\varphi^{2/3})\left[\left(\frac{H}{B}\right)^2+1\right]$$

$$\alpha\ln(1+X)-\frac{2.132}{Re}K_2\varphi^{2/3}\left[\left(\frac{H}{B}\right)^3-1\right]\alpha\ln(1+X)$$

将上式除以 $\alpha\ln(1+X)$，则：

$$-0.064\left[\frac{2^{k-1}}{k}-\frac{2^{k-2}}{k+1}-\frac{k-1}{3k}2^{k-1}+(k-1)^2\frac{2^{k-1}}{3(k+1)}\right]\frac{\nu_0\beta}{(k-1)}$$

$$\frac{K_5}{Re\alpha}[\beta-\alpha(k+1)-1]+0.285(2\alpha+1)$$

$$=-\frac{0.593}{Re}\nu_0(\alpha+1)(\alpha+2)+\frac{1.333}{Re}\nu_0(1-\varphi^{2/3})\left[\left(\frac{H}{B}\right)^2+1\right]-$$

$$\frac{2.132}{Re}K_2\varphi^{2/3}\left[\left(\frac{H}{B}\right)^3-1\right] \tag{8-3-112}$$

对上式进行数量级比较，由 $\nu_0\approx 1$，$\varphi<1$，而 Re 很大，则可以忽略微小项，则

$$-0.064\left[\frac{2^{k-1}}{k}-\frac{2^{k-2}}{k+1}-\frac{k-1}{3k}2^{k-1}+(k-1)^2\frac{2^{k-1}}{3(k+1)}\right]\frac{\beta}{\alpha(k-1)}$$

$$\frac{K_5}{Re}[\beta-\alpha(k+1)-1]+0.285(2\alpha+1)=-\frac{2.132K_2}{Re}\varphi^{2/3}\left[\left(\frac{H}{B}\right)^3-1\right] \tag{8-3-113}$$

上式只有 α、β 和 φ 是未知数，而 φ 是可以计算出来的。

将式(8-3-109)与式(8-3-110)代入能量方程式(8-3-93)，为计算方便，先以分项进行计算。

$$ReU^3\frac{\partial U}{\partial X}=Re\alpha(1+X)^{-(4\alpha+1)}\int_0^1\int_0^1(2Z-Z^2)^4(1-Y^2)^4\mathrm{d}Y\mathrm{d}Z$$

$$=Re\alpha(1+X)^{-(4\alpha+1)}\int_0^1\int_0^1(Z^8-6Z^7+17Z^6-24Z^5+16Z^4)$$

$$(Y^8-4Y^6+4Y^2+1)\mathrm{d}Y\mathrm{d}Z$$

$$=-0.162Re\alpha(1+Z)^{-(4\alpha+1)} \tag{1}$$

$$-\frac{1}{2}Re\frac{U^3}{\rho_0}\frac{\partial\rho_0}{\partial X}=-\frac{1}{2}ReU^3\frac{K_5}{\rho_0^{k-1}}\frac{\partial T_0}{\partial X}$$

$$=-\frac{1}{2}Re\frac{K_5}{(k-1)}[(1+X)^{-\alpha}(2Z-Z^2)(1-Y^2)]^{(2+k)}$$

$$\beta(1+X)^{\beta-1}(1+Y^2)(1+Z^2)$$

$$=-\frac{1}{2}Re\frac{\beta K_5}{(k-1)}(1+X)^{[\beta-\alpha(2+k)]}\int_0^1\int_0^1(2Z-Z^2)^{(2+k)}$$

$$(1-Y^2)^{(2+k)}(1+Y^2)(1+Z^2)\mathrm{d}Y\mathrm{d}Z$$

$$=-\frac{1}{2}Re\frac{\beta K_5}{(k+1)}(1+X)^{[\beta-\alpha(2+k)]}\Big\{2^{(2+k)}\Big[1.333\left(\frac{1}{3+k}+\frac{1}{5+k}\right)-$$

$$0.616(2+k)\left(0.178-\frac{0.533}{3+k}+\frac{1.067}{5+k}\right)\Big]-k\Big[\frac{1.333}{4+k}+$$

$$\frac{1}{6+k}+(2+k)\left(\frac{0.533}{4+k}+\frac{0.533}{6+k}\right)\Big]\Big\} \tag{2}$$

$$\frac{\varphi}{2}\nu_0U\left(\frac{H}{B}\frac{\partial^2U}{\partial X\partial Y}+\frac{\partial^2U}{\partial X\partial Z}\right)$$

$$=\varphi\nu_0\alpha(1+X)^{-(2\alpha+1)}\left[\frac{H}{B}(2Z-Z^2)^2Y(1-Y^2)+(1-Z)(2Z-Z^2)(1-Y^2)^2\right]$$

$$=\varphi\nu_0\alpha(1+X)^{-(2\alpha+1)}\left(0.134\frac{H}{B}-0.05\right) \tag{3}$$

$$\frac{\nu_0}{2}\left(\frac{H}{B}\frac{\partial U}{\partial Y}+\frac{\partial U}{\partial Z}\right)\left(\frac{U}{\rho_0}\frac{\partial\rho_0}{\partial X}+\frac{\partial U}{\partial X}\right)$$

$$=\frac{\nu_0}{2}\left(\frac{H}{B}\frac{\partial U}{\partial Y}+\frac{\partial U}{\partial Z}\right)\left(\frac{1}{\rho_0^{k-1}}\frac{K_5}{(k-1)}\frac{U\partial T_0}{\partial X}+\frac{\partial U}{\partial X}\right)$$

$$
\begin{aligned}
&= \frac{\nu_0}{2}\left(\frac{H}{B}\frac{\partial U}{\partial Y}+\frac{\partial U}{\partial Z}\right)\left(\frac{K_5}{k-1}U^k\frac{\partial T_0}{\partial X}+\frac{\partial U}{\partial X}\right)\\
&= \frac{\nu_0}{2}\left(\frac{H}{B}\frac{K_5}{k-1}U^k\frac{\partial U}{\partial Y}\frac{\partial T_0}{\partial X}+\frac{H}{B}\frac{\partial U}{\partial Y}\frac{\partial U}{\partial X}+\frac{K_5}{k-1}U^k\frac{\partial T_0}{\partial X}\frac{\partial U}{\partial X}+\frac{\partial U}{\partial Z}\frac{\partial U}{\partial X}\right)\\
&= \nu_0\Big[-\frac{H}{B}\frac{K_5}{k-1}\beta(1+X)^{[\beta-\alpha(k+1)-1]}(2Z-Z^2)^{1+k}Y(1+Y^2)^k+\\
&\quad \frac{H}{B}\alpha(2Z-Z^2)^2Y(1-Y^2)(1+X)^{-(2\alpha+1)}+\frac{\beta K_5}{k-1}(1+X)^{[\beta-\alpha(k+1)-1]}\\
&\quad (2Z-Z^2)^k(1+Z^2)(1-Z)(1-Y^2)^{(k+1)}(1+Y^2)-\\
&\quad \alpha(1+X)^{-(2\alpha+1)}(1-Y^2)^2(1-Z)(2Z-Z^2)\Big]\\
&= \nu_0\Big\{^{*}_{*}-\frac{H}{B}\frac{K_5\beta}{k-1}(1+X)^{[\beta-\alpha(k+1)-1]}\Big[\frac{2}{k+2}-\frac{k(2)^k}{k+4}+\frac{1}{k+3}+\frac{k}{k+2}-\\
&\quad \frac{2}{5}\frac{k^2(2)^k}{k+4}+\frac{2}{5}\frac{k}{k+3}\Big]+0.133\alpha\frac{H}{B}(1+X)^{-(2\alpha+1)}+\\
&\quad \frac{\beta k_5}{k-1}(1+X)^{[\beta-\alpha(k+1)-1]}\Big\{\frac{1}{k+1}(0.943-0.333k)+\\
&\quad (0.19k-0.8)\Big[\left(\frac{1}{k+2}-\frac{1}{k+3}+\frac{1}{k+4}\right)+\\
&\quad k(2)^{k-1}\left(\frac{1}{k+2}-\frac{1}{k+3}+\frac{1}{k+4}-\frac{1}{k+5}\right)\Big]\Big\}-\alpha(1+X)^{-(2\alpha+1)}\Big[\frac{1}{k+2}-\\
&\quad \frac{k(2)^k}{k+4}-\frac{1}{k+1}+\frac{k}{k+2}-\frac{2}{5}\frac{k(2)^k}{(k+4)}+\frac{2}{5}\frac{k}{(k+3)}\Big]^{*}_{*}\Big\}
\end{aligned}
\tag{4}
$$

$$
\begin{aligned}
&\frac{K_3\lambda_0}{\rho_0}\left(\frac{\partial^2T_0}{\partial X^2}+\left(\frac{H}{B}\right)^2\frac{\partial^2T_0}{\partial Y^2}+\frac{\partial^2T_0}{\partial Z^2}\right)\\
&= K_3\lambda_0U\left(\frac{\partial^2T_0}{\partial X^2}+\left(\frac{H}{B}\right)^2\frac{\partial^2T_0}{\partial Y^2}+\frac{\partial^2T_0}{\partial Z^2}\right)\\
&= K_3\lambda_0\Big\{\Big[(1+X)^{(\beta-\alpha-2)}\beta(\beta-1)\int_0^1\int_0^1(1+Z^2)(1+Y^2)(2Z-Z^2)(1-Y^2)\mathrm{d}Y\mathrm{d}Z\Big]+\\
&\quad 2(1+X)^{\beta-\alpha}\Big[\left(\frac{H}{B}\right)^2\int_0^1\int_0^1(1+Z^2)(2Z-Z^2)(1-Y^2)\mathrm{d}Y\mathrm{d}Z+\\
&\quad \int_0^1\int_0^1(1+Y^2)(2Z-Z^2)(1-Y^2)\mathrm{d}Y\mathrm{d}Z\Big]\Big\}\\
&= K_3\lambda_0\Big\{(1+X)^{(\beta-\alpha-2)}\beta(\beta-1)0.273+2(1+X)^{\beta-\alpha}\Big[0.322\left(\frac{H}{B}\right)^2+0.534\Big]\Big\}
\end{aligned}
$$

$$= K_3\lambda_0\left\{0.273\beta(\beta-1)(1+X)^{(\beta-\alpha-2)}+2(1+X)^{\beta-\alpha}\left[0.322\left(\frac{H}{B}\right)^2+0.534\right]\right\} \tag{5}$$

$$\begin{aligned}\frac{4}{3}\nu_0\frac{\partial^2U}{\partial X^2} &= \frac{4}{3}\nu_0\alpha(1+X)^{-(\alpha+1)}(2Z-Z^2)(1-Y^2)\\ &= \frac{4}{3}\nu_0\alpha(1+X)^{-(\alpha+1)}\int_0^1\int_0^1(2Z-Z^2)(1-Y^2)\mathrm{d}Y\mathrm{d}Z\\ &= \frac{16}{27}\nu_0\alpha(1+X)^{-(\alpha+1)}\\ &= 0.593\nu_0\alpha(1+X)^{-(\alpha+1)}\end{aligned} \tag{6}$$

$$\begin{aligned}-\frac{2}{3}\frac{\nu_0^2}{Re}\varphi^{2/3}\left(\frac{H}{B}\frac{\partial U}{\partial Y}+\frac{\partial U}{\partial Z}\right) &= -\frac{4}{3}\nu_0\varphi^{2/3}(1+X)^{-\alpha}[(1-Z)(1-Y^2)-Y(2Z-Z^2)]\\ &= -\frac{4}{3}\nu_0\varphi^{2/3}(1+X)^{-\alpha}\int_0^1\int_0^1[(1-Z)(1-Y^2)-\\ &\quad Y(2Z-Z^2)]\mathrm{d}Y\mathrm{d}Z\\ &= -\frac{4}{3}\nu_0\varphi^{2/3}(1+X)^{-\alpha}\left(\frac{1}{3}-\frac{1}{3}\right)=0\end{aligned} \tag{7}$$

$$-K_4\varphi^{2/3}\frac{\nu_0^2}{U}\left(\frac{H}{B}\frac{\partial U}{\partial Y}+\frac{\partial U}{\partial Z}\right)\left[\left(\frac{H}{B}\right)^3\frac{\partial U}{\partial Y}\frac{\partial^2U}{\partial Y^2}+\frac{\partial U}{\partial Z}\frac{\partial^2U}{\partial Z^2}\right]$$

$$= -K_4\varphi^{2/3}\nu_0^2(1+X)^{-2\alpha}\frac{1}{(2Z-Z^2)(1-Y^2)}\left[-\frac{H}{B}2Y(2Z-Z^2)+(1-Z)(1-Y^2)\right]$$

$$\left[\left(\frac{H}{B}\right)^2(-2Y)(-2)(2Z-Z^2)^2+2(1-Z)(-2)(1-Y^2)^2\right]$$

$$= -16K_4\varphi^{2/3}\nu_0^2\left(-\frac{H}{B}\frac{Y}{1-Y^2}+\frac{1-Z}{2Z-Z^2}\right)\left[\left(\frac{H}{B}\right)^3Y(2Z-Z^2)^2+(1-Z)(1-Y^2)^2\right](1+X)^{-2\alpha}$$

$$= -16K_4\varphi^{2/3}\nu_0^2(1+X)^{-2\alpha}\left[-\left(\frac{H}{B}\right)^4\frac{Y^2}{1-Y^2}(2Z-Z^2)^2-\right.$$

$$\left.\frac{H}{B}Y(1-Y^2)(1-Z)+\left(\frac{H}{B}\right)^3Y(1-Z)(2Z-Z^2)+\frac{(1-Z)^2}{(2Z-Z^2)}(1-Y^2)^2\right]$$

$$= -16K_4\varphi^{2/3}\nu_0^2\left[0.266+\frac{2}{3}\left(\frac{H}{B}\right)^4+\frac{1}{6}\left(\frac{H}{B}\right)^3-\frac{H}{B}\right](1+X)^{-2\alpha} \tag{8}$$

将式(1)、式(2)、式(3)、式(4)、式(5)、式(6)、式(7)和式(8)代表的各项代回式(8-3-93),则:

$$-0.162Re\alpha(1+X)^{-(4\alpha+1)}-\frac{1}{2}Re\frac{\beta K_5}{(k-1)}(1+X)^{[\beta-\alpha(2+k)]}$$

$$\left\{2^{(2+k)}\left[1.333\left(\frac{1}{3+k}+\frac{1}{5+k}\right)-0.616(2+k)\left(0.178-\frac{0.533}{3+k}+\frac{1.067}{5+k}\right)\right]-\right.$$

$$k\left[\frac{1.333}{4+k}+\frac{1}{6+k}+(2+k)\left(\frac{0.533}{4+k}+\frac{0.533}{6+k}\right)\right]\Bigg\}+\varphi\nu_0\alpha(1+X)^{-(2\alpha+1)}$$

$$\left(0.134\frac{H}{B}-0.05\right)+\nu_0\left\{^{*}_{*}-\frac{H}{B}\frac{K_5\beta}{k-1}(1+X)^{[\beta-\alpha(k+1)-1]}\left[\frac{2}{k+2}-\frac{k(2)^k}{k+4}+\right.\right.$$

$$\left.\frac{1}{k+3}+\frac{k}{k+2}-\frac{2}{5}\left(\frac{k^2(2)^k}{k+4}-\frac{k}{k+3}\right)\right]+0.133\alpha\frac{H}{B}(1+X)^{-(2\alpha+1)}+$$

$$\frac{\beta K_5}{k+1}(1+X)^{[\beta-\alpha(k+1)-1]}\left\{\frac{1}{k+1}\left[0.943-0.333k+(0.19k-0.8)\right.\right.$$

$$\left.\left.\left(\frac{1}{k+2}-\frac{1}{k+3}+\frac{1}{k+4}\right)+k(2)^{k-1}\left(\frac{1}{k+2}-\frac{1}{k+3}+\frac{1}{k+4}-\frac{1}{k+5}\right)\right]\right\}-$$

$$\left.\alpha(1+X)^{-(2\alpha+1)}\left[\frac{1}{k+2}-\frac{k(2)^k}{k+2}+\frac{1}{k+1}+\frac{k}{k+2}-\frac{2}{5}\left(\frac{k(2)^k}{k+4}-\frac{k}{5+3}\right)\right]^{*}_{*}\right\}$$

$$=K_3\lambda_0\left\{0.273\beta(\beta-1)(1+X)^{(\beta-\alpha-2)}+2(1+X)^{(\beta-\alpha)}\left[0.322\left(\frac{H}{B}\right)^2+0.534\right]\right\}+$$

$$0.593\nu_0\alpha(1+X)^{-(\alpha+1)}-16K_4\varphi^{2/3}\nu_0^2\left[0.266+\frac{2}{3}\left(\frac{H}{B}\right)^4+\right.$$

$$\left.\frac{1}{6}\left(\frac{H}{B}\right)^3-\frac{H}{B}\right](1+X)^{-2\alpha} \tag{8-3-114}$$

对式(8-3-114)中(1 + X)取自然对数,则

$$0.162Re\alpha(4\alpha+1)\ln(1+X)-\frac{1}{2}Re\frac{\beta K_5}{(k-1)}\left[\beta-\alpha(k+2)\right]$$

$$\left\{2^{(k+2)}\left[1.333\left(\frac{1}{3+k}+\frac{1}{5+k}\right)-0.616(2+k)\left(0.178-\frac{0.533}{3+k}-\frac{1.007}{5+k}\right)\right]-\right.$$

$$\left.k\left[\frac{1.333}{4+k}+\frac{1}{6+k}+(2+k)\left(\frac{0.533}{4+k}+\frac{0.533}{6+k}\right)\right]\right\}\ln(1+X)-$$

$$\varphi\nu_0\alpha(2\alpha+1)\left(0.134\frac{H}{B}-0.05\right)\ln(1+X)-\nu_0\frac{H}{B}\frac{K_5\beta}{k-1}[\beta-\alpha(k+1)-1]$$

$$\left[\frac{2}{k+2}-\frac{k2^k}{k+4}+\frac{1}{k+3}+\frac{k}{k+2}-\frac{2}{5}\left(\frac{k^22^k}{k+4}-\frac{k}{k+3}\right)\right]\ln(1+X)-$$

$$0.133\nu_0(2\alpha+1)\alpha\frac{H}{B}\ln(1+X)+\frac{\nu_0\beta K_5}{(k+1)}[\beta-\alpha(k+1)-1]$$

$$\left\{\frac{1}{k+1}\left[0.943-0.333k+(0.19k-0.8)\left(\frac{1}{k+2}-\frac{1}{k+3}+\frac{1}{k+4}\right)+\right.\right.$$

$$\left.\left.k(2)^{k-1}\left(\frac{1}{k+2}-\frac{1}{k+3}+\frac{1}{k+4}-\frac{1}{k+5}\right)\right]\right\}\ln(1+X)+$$

$$\nu_0\alpha(2\alpha+1)\left[\frac{1}{k+2}-\frac{k2^k}{k+2}+\frac{1}{k+1}+\frac{k}{k+2}-\frac{2}{5}\left(\frac{k2^k}{k+4}-\frac{k}{5+3}\right)\right]$$

$$=K_3\lambda_0\left\{0.273\beta(\beta-1)(\beta-\alpha-2)\ln(1+X)+2(\beta-\alpha)\left[0.322\left(\frac{H}{B}\right)^2+\right.\right.$$

$$\left.\left.0.534\right]\ln(1+X)\right\}-0.533\nu_0\alpha(\alpha+1)\ln(1+X)+$$

$$32K_4\varphi^{2/3}\nu_0^2\alpha\left[0.266+\frac{2}{3}\left(\frac{H}{B}\right)^4+\frac{1}{6}\left(\frac{H}{B}\right)^3-\frac{H}{B}\right]\ln(1+X) \tag{8-3-115}$$

将式(8-3-115)除以 $\ln(1+X)$，然后全式除 Re，并进行数量级比较，忽略相对小量，则：

$$0.162\alpha(4\alpha+1)-\frac{1}{2}\frac{\beta K_5}{(k-1)}[\beta-\alpha(k+2)]$$

$$\left\{2^{(k+2)}\left[1.333\left(\frac{1}{3+k}+\frac{1}{5+k}\right)-0.616(2+k)\left(0.178-\frac{0.533}{3+k}-\frac{1.067}{5+k}\right)\right]-\right.$$

$$\left.k\left[\frac{1.333}{4+k}+\frac{1}{6+k}+(2+k)\left(\frac{0.533}{4+k}+\frac{0.533}{6+k}\right)\right]\right\}-$$

$$\frac{\nu_0}{Re}\frac{H}{B}\frac{K_5\beta}{(k-1)}[\beta-\alpha(k+1)-1]$$

$$\left[\frac{2}{k+2}-\frac{k2^k}{k+4}+\frac{1}{k+3}+\frac{k}{k+2}-\frac{2}{5}\left(\frac{k^22^k}{k+4}-\frac{k}{k+3}\right)\right]+$$

$$\frac{\nu_0\beta K_5}{(k+1)Re}[\beta-\alpha(k+1)-1]\left[\frac{1}{k+1}(0.943-0.333k+\right.$$

$$(0.19k-0.8)\left(\frac{1}{k+2}-\frac{1}{k+3}+\frac{1}{k+4}\right)+k2^{(k-1)}$$

$$\left.\left(\frac{1}{k+2}-\frac{1}{k+3}+\frac{1}{k+4}-\frac{1}{k+5}\right)\right]$$

$$=\frac{K_3\lambda_0}{Re}\left\{0.273\beta(\beta-1)(\beta-\alpha-2)+2(\beta-\alpha)\left[0.322\left(\frac{H}{B}\right)^2+0.534\right]\right\}+$$

$$\frac{32}{Re}K_4\varphi^{2/3}\nu_0^2\alpha\left[0.266+\frac{2}{3}\left(\frac{H}{B}\right)^4+\frac{1}{6}\left(\frac{H}{B}\right)^3-\frac{H}{B}\right] \tag{8-3-116}$$

式(8-3-116)是由能量方程导出，式(8-3-113)是动量方程导出。式中，Re，K_2，K_3，K_4 对具体问题均可以计算出来，而 φ 可以通过涡旋体积分数公式计算，这样 α、β 和 φ 三个未知数可以由三个方程解出。

一旦 α 和 β 确定之后，速度分布与温度分布就确定了，其他深一层的问题就迎刃而解。

8.3.4.4 流量沿程衰减计算公式

当流量沿程下降时，流量与距离的变化关系是必须解决的问题。

$$Q(x) = 4u_{\mathrm{md}}HB = 4HB(1+X)^{-\alpha}\int_0^1\int_0^1(2Z-Z^2)(1-Y^2)\mathrm{d}Y\mathrm{d}Z = \frac{8}{9}HB(1+X)^{-\alpha} \tag{8-3-117}$$

8.3.4.5　湍流极限距离

现在研究的湍流管道，当速度沿程下降时总是在一定距离后，管道内变成层流运动。那这个长度是多少呢？

对于圆形管道，应用公式为：

$$2320 = \frac{ud}{\nu} = \frac{2r_0u_{\mathrm{md}}}{\nu_0}\frac{2}{9}(1+X)^{-\alpha} \tag{8-3-118}$$

对于非圆形管道，采用水力半径计算：

$$580 = \frac{Ru}{\nu} = \frac{2}{9}\frac{HB(1+X)^{-\alpha}}{(H+B)\nu} \tag{8-3-119}$$

9 定常湍流边界层

本章研究定常流不可压缩与定常流可压缩湍流边界层，按无压力变化与有压力变化平板边界层分别讨论。

分析认为，平板边界层外理想流体运动为一维运动一维变化，层内为二维变化一维流动，如图 9-0-1 所示。

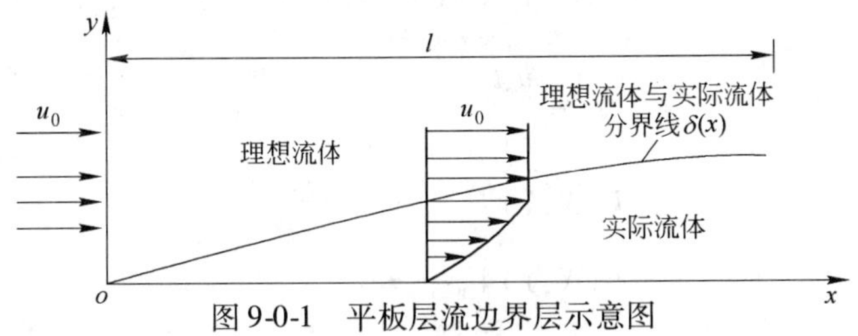

图 9-0-1　平板层流边界层示意图

本章分为 5 节，其中，第 9.1 节，推导定常层流平板边界层厚度计算公式，目的是旁证本章研究方法的正确性，第 9.2 节为不可压缩定常无压力变化湍流平板边界层，其内容为确定边界层厚度、层内速度分布、边层流界面位置上产生的涡旋强度和大小以及其速度，最后得出涡旋体积分数 φ。第 9.3 节，讨论定常流不可压缩有压力变化湍流平板边界层；第 9.4 节为定常可压缩无压力变化湍流平板边界层；第 9.5 节为定常可压缩有压力变化湍流平板边界层。第三节至第五节研究内容与第二节相同。

9.1　定常层流平板边界层

本节研究无压力变化与有压力变化平板边界层。确定层内速度分布和边界层厚度。

9.1.1　无压力变化层流平板边界层

坐标系与原点选定如图 9-0-1 所示。

9.1.1.1　运动控制方程与边界条件

动量方程：依式(3-16-11)为：

$$u\frac{\partial u}{\partial x}=\nu\left(\frac{\partial^2 u}{\partial x^2}+\frac{\partial^2 u}{\partial y^2}\right) \tag{9-1-1}$$

边界条件：

$$u(x,\ y)\mid_{x=0}=0 \tag{9-1-2}$$

$$u(x,\ y)\mid_{y=\delta(x)}=u_c \tag{9-1-3}$$

$$\left.\frac{\partial u(x,\ y)}{\partial y}\right|_{y=\delta(x)}=0 \tag{9-1-4}$$

$$\frac{\partial^2 u}{\partial y^2}<0 \tag{9-1-5}$$

式中，u_c 为边界层外理想流体速度，即来流速度。

9.1.1.2 运动控制方程与边界条件无因次化

无因次化的第一种方法。取$\frac{u}{u_c}=U$，$\frac{x}{l}=X$，$\frac{y}{\delta(x)}=Y$，$\frac{\nu}{\nu_c}=\nu_0$，其中 l 是平板长度；$\delta(x)$是理想流体与实际流体运动分界线，即边界层厚度；ν_c 是来流流体运动黏度。将以上比值代入运动控制方程与边界条件，则

$$ReU\frac{\partial U}{\partial X}=\nu_0\left(\frac{\partial^2 U}{\partial X^2}+\left(\frac{l}{\delta(x)}\right)^2\frac{\partial^2 U}{\partial Y^2}\right) \tag{9-1-6}$$

式中

$$Re=\frac{u_c l}{\nu_c} \tag{9-1-7}$$

$$U(X,Y)\mid_{X=0}=0 \tag{9-1-8}$$

$$U(X,Y)\mid_{Y=1}=1 \tag{9-1-9}$$

$$\left.\frac{\partial U(X,Y)}{\partial Y}\right|_{Y=1}=0 \tag{9-1-10}$$

$$\frac{\partial^2 U(X,Y)}{\partial Y^2}<0 \tag{9-1-11}$$

第二种方法：与第一种方法取法不同之处是$\frac{y}{l}=Y$，$\frac{\delta(x)}{l}=\delta_Y$。将它们代入运动控制方程与边界条件，将不同之处写出：

$$ReU\frac{\partial U}{\partial X}=\nu_0\left(\frac{\partial^2 U}{\partial X^2}+\frac{\partial^2 U}{\partial Y^2}\right) \tag{9-1-12}$$

$$U(X,Y)\mid_{Y=\delta_Y}=1 \tag{9-1-13}$$

$$\left.\frac{\partial U(X,Y)}{\partial Y}\right|_{Y=\delta_Y}=0 \tag{9-1-14}$$

9.1.1.3 确定边界层厚度$\delta(x)$与层内速度分布

根据边界条件，选层内速度分布为：

$$U=nX^{\frac{1}{2}}(2Y-Y^2) \tag{9-1-15}$$

式中，n 是参变量，为确定它，应将上式代入式(9-1-6)，则：

$$\frac{1}{2}nRe(2Y-Y^2)^2=-\nu_0\left[\frac{1}{4}(2Y-Y^2)X^{-3/2}+2X^{\frac{1}{2}}\left(\frac{l}{\delta(x)}\right)^2\right] \tag{9-1-16}$$

根据问题实质 n 不能为负值，故应取正值；当 $X=0$ 时，$X^{-\frac{3}{2}}$趋于∞，所以应去掉含$X^{-\frac{3}{2}}$一项；$\nu_0\approx1$，则式(9-1-16)应为

$$\frac{1}{2}nRe(2Y-Y^2)^2 = 2X^{\frac{1}{2}}\left(\frac{l}{\delta(x)}\right)^2 \tag{9-1-17}$$

$$n = \frac{4X^{\frac{1}{2}}\left(\frac{l}{\delta(x)}\right)^2}{Re(2Y-Y^2)^2} \tag{9-1-18}$$

将 n 代入式(9-1-15)

$$U = \frac{4X\left(\frac{l}{\delta(x)}\right)^2(2Y-Y^2)}{Re(2Y-Y^2)^2} = \frac{4X\left(\frac{l}{\delta(x)}\right)^2}{Re(2Y-Y^2)} \tag{9-1-19}$$

当 $Y=1, U=1$ 时，

$$1 = \frac{4X\left(\frac{l}{\delta(x)}\right)^2}{Re} \tag{9-1-20}$$

由式(9-1-20) 得边界层厚度为：

$$\delta(x) = \frac{2X^{\frac{1}{2}}l}{\sqrt{Re}} \tag{9-1-21}$$

式(9-1-19)作为速度分布，则无法满足$\left.\frac{\partial U}{\partial Y}\right|_{Y=1}=0$ 的条件。所以必须将式(9-1-15)代入式(9-1-12)得：

$$n = \frac{4X^{\frac{1}{2}}}{Re(2Y-Y^2)^2} \tag{9-1-22}$$

因为 n 是参变量，是反映流体受力后运动强度的，所以将分母中$(2Y-Y^2)^2$ 进行处理，对任一断面上均为平均值，

$$\frac{1}{2}(2Y-Y^2)^2 = \frac{1}{2}\int_0^{\delta_Y}(2Y-Y^2)^2\mathrm{d}Y = \frac{1}{2}\delta_Y^3\left(\frac{4}{3}-\delta_Y+\frac{1}{5}\delta_Y^2\right) \tag{9-1-23}$$

$\delta_Y = \frac{\delta(x)}{l} \ll 1$,故可近似为：$\frac{2}{3}\delta_Y^3$,代入式(9-1-22)

$$n = \frac{6X^{\frac{1}{2}}}{Re\delta_Y^3} \tag{9-1-24}$$

将式(9-1-24),代入式(9-1-15),得：

$$U = \frac{6X}{Re\delta_Y^3}(2Y-Y^2) \tag{9-1-25}$$

式(9-1-25)不满足$\left.\frac{\partial U}{\partial Y}\right|_{Y=\delta_Y}=0$ 与 $U|_{Y=\delta_Y}=1$ 的条件。因此，它只是边界层内速度分布的通式。按数学方法，要想使式(9-1-25)成为适合边界层内速度分布的公式，必须添上两个常数 a 和 c，如下所示

$$U = a\left[\frac{6X}{Re\delta_Y^3}(2Y - Y^2)\right] + c \tag{9-1-26}$$

然后利用边界条件确定常数 a 和 c。

然而，这种数学方法在此行不通，无法计算 a 和 c 的确切值。所以在这种情况下，采用分析综合的办法，得到：

$$U = \frac{2X}{Re\delta_Y^4}(2\delta_Y Y - Y^2) \tag{9-1-27}$$

式中

$$\delta_Y = \frac{\delta(x)}{l} = \frac{2X^{\frac{1}{2}}}{Re^{\frac{1}{2}}} \tag{9-1-28}$$

式(9-1-27)满足成为边界层内速度分布的一切条件，即 $U|_{X=0} = 0$；$\left.\frac{\partial U}{\partial Y}\right|_{Y=\delta_Y} = 0$；$U|_{Y=\delta_Y} = 1$。

在这里，有必要小结一下：选取第一种无因次化方法，可找到边界层厚度 $\delta(x)$ 的计算公式；选取第二种无因次化方法，可找到最后确切的边界层内速度分布公式。这明显表现出，无因次化方法的重要作用。

9.1.2　有压力变化层流平板边界层

有压力变化层流平板边界层一般出现在具体设备(压力包或气罐)上，如图 9-1-1 所示，在定水头水箱引出的收缩或扩散型的管嘴中，其雷诺数在层流范围内。

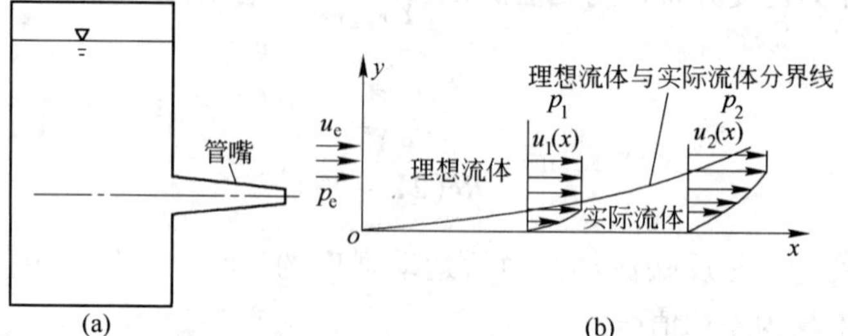

图 9-1-1　有压力变化层流平板边界层示意图

(a)发生条件举例；(b)定常流有压力变化层流平板边界层流动示意图

$p_1 > p_2$；$u_1(x) < u_2(x)$

9.1.2.1　运动控制方程与边界条件

实际流体运动区动量方程：依式(3-16-11)，结合本问题，为：

$$u\frac{\partial u}{\partial x} = -\frac{\partial p}{\rho \partial x} + \nu\left(\frac{\partial^2 u}{\partial x^2} + \frac{\partial^2 u}{\partial y^2}\right) \tag{9-1-29}$$

实际流体运动区,流体运动边界条件

$$u(x,y)|_{x=0} = 0 \tag{9-1-30}$$

$$u(x,y)|_{y=\delta(x)} = u(x) \tag{9-1-31}$$

$$\left.\frac{\partial u(x,y)}{\partial y}\right|_{y=\delta(x)} = 0 \tag{9-1-32}$$

$$\frac{\partial^2 u(x,y)}{\partial y^2} < 0 \tag{9-1-33}$$

理想流体运动区流体运动动量方程：

$$u(x)\frac{\mathrm{d}u(x)}{\partial x}=-\frac{\mathrm{d}p}{\rho\mathrm{d}x} \tag{9-1-34}$$

边界条件：

$$u(x)\mid_{x=0}=u_{\mathrm{e}} \tag{9-1-35}$$

压力只是 x 的函数,与实际流体或理想流体运动无关,

$$p(x)\mid_{x=0}=p_{\mathrm{e}} \tag{9-1-36}$$

9.1.2.2 运动控制方程与边界条件无因次化

取 $$\frac{u(x,y)}{u_{\mathrm{e}}}=U(X,Y);\frac{x}{l}=X;\frac{y}{l}=Y;\frac{\rho}{\rho_{\mathrm{e}}}=\rho_0;\frac{\nu}{\nu_{\mathrm{e}}}=\nu_0;\frac{p}{p_{\mathrm{e}}}=p_0$$

其中：$u(x)$是理想流体运动速度，它只是 x 函数；$u(x, y)$是实际流体运动速度；p_{e} 是进口处流体压力；由于不可压缩流体 $\nu_0=1$，$\rho_0=1$，将比值代入方程与边界条件，则得：
实际流体运动区：

$$ReU\frac{\partial U}{\partial X}=-K_1\frac{\partial p_0}{\rho_0\partial X}+\nu_0\left(\frac{\partial^2U}{\partial X^2}+\left(\frac{l}{\delta(x)}\right)^2\frac{\partial^2U}{\partial Y^2}\right) \tag{9-1-37}$$

式中

$$Re=\frac{u_{\mathrm{e}}l}{\nu_{\mathrm{e}}} \tag{9-1-38}$$

$$K_1=\frac{p_{\mathrm{e}}l}{\rho_{\mathrm{e}}\nu_{\mathrm{e}}u_{\mathrm{e}}} \tag{9-1-39}$$

$$U(X,Y)\mid_{X=0}=0 \tag{9-1-40}$$

$$U(X,Y)\mid_{Y=\delta_Y}=U(X) \tag{9-1-41}$$

$$\left.\frac{\partial U(X,Y)}{\partial Y}\right|_{Y=\delta_Y}=0 \tag{9-1-42}$$

$$\frac{\partial^2U(X,Y)}{\partial Y^2}<0 \tag{9-1-43}$$

理想流体运动区：

$$U(X)\frac{\mathrm{d}U(X)}{\mathrm{d}(X)}=-K_2\frac{\mathrm{d}p_0}{\rho_0\mathrm{d}X} \tag{9-1-44}$$

$$U(X)\Big|_{X=0}=1 \tag{9-1-45}$$

式中

$$K_2=\frac{p_{\mathrm{e}}}{\rho_{\mathrm{e}}u_{\mathrm{e}}^2} \tag{9-1-46}$$

压力只是 x 的函数，故：

$$p_0(X)\Big|_{X=0} = 1 \tag{9-1-47}$$

9.1.2.3 理想流体运动区与实际流体运动区速度分布关系

如图 9-1-2 所示为不同断面流量守恒情况，图 9-1-3 所示为两坐标系中各变量间关系。

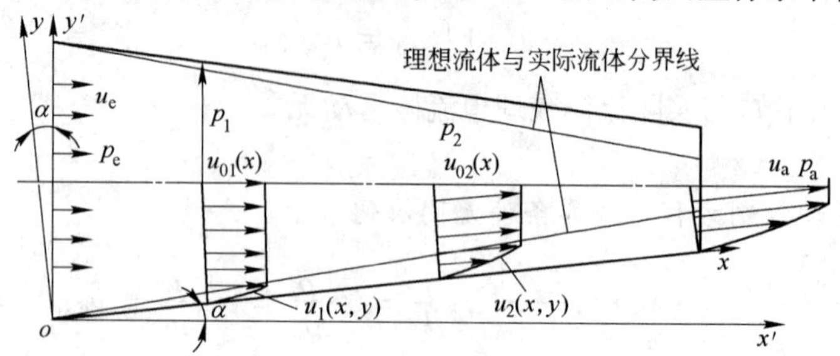

图 9-1-2 各不同断面流量守恒示意图

$p_1 > p_2$；$u_{01}(x) < u_{02}(x)$

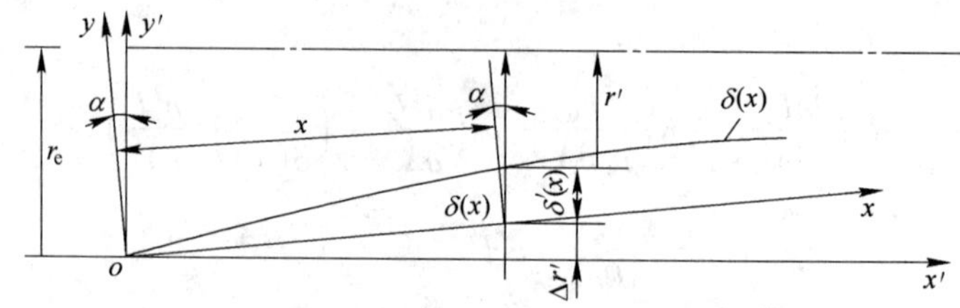

图 9-1-3 两坐标系变量间关系示意图

进口断面流量

$$Q_e = \pi r_e^2 u_e \tag{9-1-48}$$

通过理想流体运动区某一断面上的流量 $Q_{理}$

$$Q_{理} = \pi(r_e - x'\tan\alpha - \delta'(x))^2 u(x) \tag{9-1-49}$$

通过实际流体运动区某一断面上流量 $Q_{实}$

$$Q_{实} = 2\pi(r_e - x'\tan\alpha)\delta(x)'_{\frac{1}{2}}\int_0^{\delta'(x)} u(x,y)\,dy' \tag{9-1-50}$$

根据流量守恒原则，则：

$$\pi r_e^2 u_e = \pi(r_e - x'\tan\alpha - \delta(x)')^2 u(x) + \pi(r_e - x'\tan\alpha)\delta(x)'\int_0^{\delta(x)'} u(x,y)\,dy' \tag{9-1-51}$$

因为 $x' = x\cos\alpha$；$\delta(x) = \delta'(x)\cos\alpha$；$y\cos\alpha = y'$。将式(9-1-51)中$(r_e - x'\tan\alpha - \delta'(x))^2$展开为：

$$\begin{aligned}&(r_e - x'\tan\alpha - \delta'(x))^2\\ &= r_e^2 + x'^2\tan^2\alpha + \delta(x)^2 - 2r_e x'\tan\alpha - 2r_e\delta'(x) + 2x'\delta(x)'\tan\alpha\end{aligned} \tag{9-1-52}$$

将式(9-1-52)代回式(9-1-51)，并将 x'变成 x，则：

$$\begin{aligned}\pi r_e^2 u_e = \pi[&r_e^2 + x^2\sin^2\alpha + \sec^2\alpha\delta(x)^2 - 2r_e x\sin\alpha - 2r_e\delta(x)'\sec\alpha +\\ &2x\delta(x)\tan\alpha]u(x) + \pi(r_e - x\sin\alpha)\delta(x)\int_0^{\delta(x)} u(x,y)\,dy\end{aligned} \tag{9-1-53}$$

将式(9-1-53)无因次化，除以 $\pi l^2 u_e$，且$\dfrac{\delta(x)}{l} = \delta_Y$

$$R^2 = [R^2 + X^2\sin^2\alpha + \sec^2\alpha\delta_Y^2 - 2RX\sin\alpha - 2R\delta_Y\sec\alpha + 2X\delta_Y\tan\alpha]U(X) + (R - X\sin\alpha)\delta_Y\int_0^{\delta_Y}U(X,Y)\mathrm{d}Y \quad (9\text{-}1\text{-}54)$$

9.1.2.4 实际流体运动区控制方程应用形式

因为压力变化只是 x 的函数，所以将理想流体运动控制方程代入式(9-1-37)，消掉含压力变化项，则：

$$ReU\frac{\partial U}{\partial X} = ReU(X)\frac{\mathrm{d}U(X)}{\mathrm{d}(X)} + \nu\left(\frac{\partial^2 U(X,Y)}{\partial X^2} + \frac{\partial^2 U(X,Y)}{\partial Y^2}\right) \quad (9\text{-}1\text{-}55)$$

9.1.2.5 理想流体运动区与实际流体运动区速度分布

根据边界条件要求，选定实际流体运动区速度分布为：

$$U(X,Y) = nX^{\frac{1}{2}}(2Y - Y^2) \quad (9\text{-}1\text{-}56)$$

理想流体运动区速度分布为：

$$U(X) = 1 + nX^{\frac{1}{2}}(2\delta_Y - \delta_Y^2) \quad (9\text{-}1\text{-}57)$$

9.1.2.6 确定参变量 n 与边界层厚度 $\delta(x)$

将式(9-1-56)与式(9-1-57)分别代入式(9-1-55)

$$\frac{1}{2}Ren^2(2Y - Y^2)^2 = Re\left[1 + nX^{\frac{1}{2}}(\delta_Y - \delta_Y^2)\right]nX^{-\frac{1}{2}}(2\delta_Y - \delta_Y^2) + \nu_0\left[-\frac{1}{4}n(2Y - Y^2)X^{-3/2} - 2nX^{\frac{1}{2}}\right] \quad (9\text{-}1\text{-}58)$$

$$\frac{1}{2}Ren^2(2Y - Y^2)^2 = \frac{Re}{2}\left[nX^{-\frac{1}{2}}(2\delta_Y - \delta_Y^2) + n^2(\delta_Y - \delta_Y^2)^2\right] + \nu_0\left[\frac{1}{4}n(2Y - Y^2)X^{-3/2} + 2X^{\frac{1}{2}}n\right] \quad (9\text{-}1\text{-}59)$$

将式(9-1-59)中消去 n，则为：

$$\frac{1}{2}Ren(2Y - Y^2)^2 = \frac{1}{2}Re\left[X^{-\frac{1}{2}}(2\delta_Y - \delta_Y^2) + n(2\delta_Y - \delta_Y^2)^2\right] + \nu_0\left[-\frac{1}{4}(2Y - Y^2)X^{-3/2} - 2X^{\frac{1}{2}}\right]$$

将上式化简：当 $X=0$，所含 $X^{-\frac{1}{2}}$ 和 $X^{-3/2}$ 项为∞，这实际是不存在的。因此，应将其消去，即：

$$n = \frac{4X^{\frac{1}{2}}}{Re[(2\delta_Y - \delta_Y^2)^2 - (2Y - Y^2)^2]}$$

上式中，当 $X=0$，$Y=0$，$\delta_Y = \frac{\delta(x)}{l} = \frac{0}{l} = 0$ 时，则出现分母为零的情况，这是不合理的。应将其合理化，故为

$$n = \frac{2X^{\frac{1}{2}}}{1 + 0.5Re[(2\delta_Y - \delta_Y^2)^2 - (2Y - Y^2)^2]} \quad (9\text{-}1\text{-}60)$$

将式(9-1-56)与式(9-1-57)分别代入式(9-1-54)，则：

$$R^2 = R^2 + X^2\sin^2\alpha + \sec^2\alpha\delta_Y^2 - 2RX\sin\alpha - 2R\delta_Y\sec\alpha + 2X\delta_Y\tan\alpha]$$

$$\left[1+nX^{\frac{1}{2}}(\delta_Y-\delta_Y^2)\right]+(R-X\sin\alpha)nX^{\frac{1}{2}}\delta_Y^2 \tag{9-1-61}$$

$$\begin{aligned}R^2 &= R^2+X^2\sin^2\alpha+\sec^2\alpha\delta_Y^2-2RX\sin\alpha-2R\delta_Y\sec\alpha+2X\delta_Y\tan\alpha+\\&\left\{\left[R^2+X^2\sin^2\alpha+\sec^2\alpha\delta_Y^2-2RX\sin\alpha-2R\delta_Y\sec\alpha+2X\delta_Y\tan\alpha\right]\right.\\&\left.X^{\frac{1}{2}}(\delta_Y-\delta_Y^2)+(R-X\sin\alpha)X^{\frac{1}{2}}\delta_Y^2\right\}n\end{aligned} \tag{9-1-62}$$

因为$\dfrac{\delta(x)}{l}=\delta_Y\ll 1$　δ_Y^2可以忽略不计，则：

$$n=\frac{2RX\sin\alpha-X^2\sin^2\alpha+2(R\sec\alpha-X\tan\alpha)\delta_Y}{(R^2+X^2\sin^2\alpha-2RX\sin\alpha)X^{\frac{1}{2}}\delta_Y} \tag{9-1-63}$$

利用式(9-1-60)等于式(9-1-63)，则：

$$\begin{aligned}&\frac{2X^{\frac{1}{2}}}{1+0.5Re[(2\delta_Y-\delta_Y^2)^2-(2Y-Y^2)^2]}\\&=\frac{2RX\sin\alpha-X^2\sin^2\alpha+(R\sec\alpha-X\tan\alpha)2\delta_Y}{(R^2+X^2\sin^2\alpha-2RX\sin\alpha)X^{\frac{3}{2}}\delta_Y}\end{aligned} \tag{9-1-64}$$

利用边界条件，对式(9-1-64)分析，现在是找边界层厚度$\delta(x)$，而$\dfrac{\delta(x)}{l}=\delta_Y$，因此将$Y=\delta_Y$代入上式

$$\frac{2X^{\frac{1}{2}}}{1}=\frac{2RX\sin\alpha-X^2\sin\alpha+(R\sec\alpha-X\tan\alpha)2\delta_Y}{(R^2+X^2\sin^2\alpha-2RX\sin\alpha)X^{\frac{1}{2}}\delta_Y} \tag{9-1-65}$$

将上式整理为：

$$\delta_Y=\frac{2RX\sin\alpha-X^2\sin\alpha}{2[X(R^2+X^2\sin^2\alpha-2RX\sin\alpha)-(R\sin\alpha-X\tan\alpha)]} \tag{9-1-66}$$

根据边界条件要求，$X=0$，$\delta_Y=0$，又δ_Y不能为负值，由此可知，当$X=0$时，则：

$$\delta_Y=\frac{0}{-2R\sin\alpha} \tag{9-1-67}$$

使其合理，根据边界条件要求，修正为：

$$\delta_Y=\frac{2RX\sin\alpha-X^2\sin^2\alpha}{1+2[X(R^2+X^2\sin^2\alpha-2RX\sin\alpha)-(R\sin\alpha-X\tan\alpha)]} \tag{9-1-68}$$

式(9-1-68)与式(9-1-60)是两个独立方程，有了它们，则可以计算速度分布。现在应用例题对两式进行检验。

9.1.2.7　实际流体运动速度修正

根据边界条件：

$$U(X,Y)\Big|_{Y=\delta_Y}=U(X)$$

对式(9-1-56)进一步修正，在应用层流运动微分方程时，在$X=0$时定为

$$U(X,\ Y)\Big|_{X=0}=0$$

这样得到的速度就相差一个来流速度 u_e，所以边界层内的速度分布应修正为：

$$U(X,Y) = 1 + nX^{\frac{1}{2}}(2Y - Y^2) \tag{9-1-69}$$

9.2　不可压缩湍流无压力变化平板边界层

定常流、无质量力、不可压缩湍流无压力变化平板边界层流动情况，如图 9-2-1 所示。

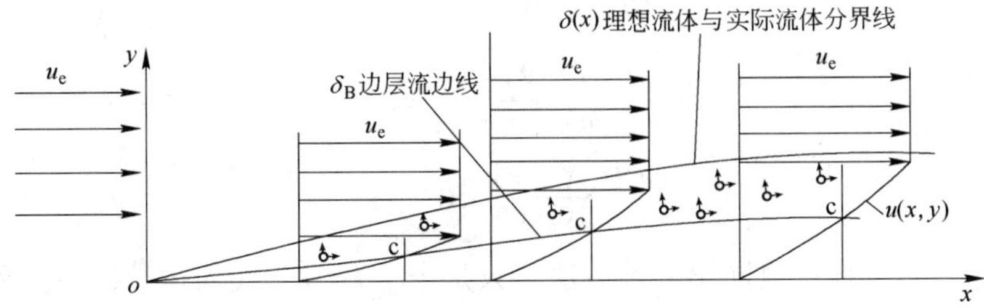

图 9-2-1　不可压缩湍流无压力变化平板边界层示意图

9.2.1　运动控制方程与边界条件

动量方程：依式(3-18-29)结合本问题，可得其运动控制方程：

$$\frac{\nu}{2}\left[(1 - \varphi^{2/3})\frac{\partial^2 u}{\partial y \partial x} - (\varphi^{2/3} - 1)\frac{1}{u}\frac{\partial u}{\partial x}\frac{\partial u}{\partial y}\right] = \nu\left(\frac{\partial^2 u}{\partial x^2} + \frac{\partial^2 u}{\partial y^2}\right) + 6\varphi^{2/3}\nu t\frac{\partial u}{\partial y}\frac{\partial^2 u}{\partial y^2} \tag{9-2-1}$$

边界条件：

$$u(x,y)\Big|_{\substack{x=0\\y=0}} = 0 \tag{9-2-2}$$

$$u(x,y)\Big|_{y=\delta(x)} = u_e \tag{9-2-3}$$

$$\frac{\partial u(x,y)}{\partial y}\Big|_{y=\delta(x)} = 0 \tag{9-2-4}$$

$$\frac{\partial^2 u(x,y)}{\partial y^2} < 0 \tag{9-2-5}$$

将运动控制方程与边界条件无因次化有两种方法。

第一种方法：取$\frac{u(x,\ y)}{u_e} = U$，$\frac{x}{l} = X$，$\frac{y}{\delta(x)} = Y$，$\frac{\nu}{\nu_e} = \nu_0$，将比值代入方程与边界条件：

$$\frac{\nu_0}{2}\left[(1 - \varphi^{2/3})\frac{\nu_e u_e}{l^2}\frac{\partial^2 U}{\partial X \partial Y} - (\varphi^{-2/3} - 1)\frac{\nu_e u_e}{l^2}\frac{1}{U}\frac{\partial U}{\partial X}\frac{\partial U}{\partial Y}\right]\frac{l}{\delta(x)}$$

$$= \nu_0\left[\frac{u_e\nu_e}{l^2}\frac{\partial^2 U}{\partial X^2} + \left(\frac{l}{\delta(x)}\right)^2\frac{u_e\nu_e}{l^2}\frac{\partial^2 U}{\partial Y^2}\right] + \frac{6tu_e^2}{l^3}\varphi^{2/3}\left(\frac{l}{\delta(x)}\right)^3\frac{\partial U}{\partial Y}\frac{\partial^2 U}{\partial Y^2} \tag{9-2-6}$$

式(9-2-6)除以$\frac{\nu_e u_e}{l^2}$，则：

$$\frac{\nu_0}{2}\left[(1 - \varphi^{2/3})\frac{\partial^2 U}{\partial X \partial Y} - (\varphi^{2/3} - 1)\frac{1}{U}\frac{\partial U}{\partial X}\frac{\partial U}{\partial Y}\right]\frac{l}{\delta(x)}$$

$$=\nu_0\left[\frac{\partial^2 U}{\partial X^2}+\left(\frac{l}{\delta(x)}\right)^2\frac{\partial^2 U}{\partial Y^2}\right]+\nu_0 K_1\varphi^{2/3}\left(\frac{l}{\delta(x)}\right)^3\frac{\partial U}{\partial Y}\frac{\partial^2 U}{\partial Y^2} \tag{9-2-7}$$

式中

$$K_1=\frac{6tu_e}{l} \tag{9-2-8}$$

$$U(X,\ Y)\bigg|_{X=0,Y=0}=0 \tag{9-2-9}$$

$$U(X,\ Y)\bigg|_{Y=1}=1 \tag{9-2-10}$$

$$\frac{\partial U(X,\ Y)}{\partial Y}\bigg|_{Y=1}=0 \tag{9-2-11}$$

$$\frac{\partial^2 U(X,\ Y)}{\partial Y^2}<0 \tag{9-2-12}$$

第二种方法：其他比值同第一种方法，只是令 $y/l=Y$，代入运动控制方程与边界条件：

$$\nu_0\left[(1-\varphi^{2/3})\frac{\partial^2 U}{\partial Y\partial X}-(\varphi^{2/3}-1)\frac{1}{U}\frac{\partial U}{\partial X}\frac{\partial U}{\partial Y}\right]$$

$$=\nu_0\left(\frac{\partial^2 U}{\partial X^2}+\frac{\partial^2 U}{\partial Y^2}\right)+\nu_0 K_1\varphi^{2/3}\frac{\partial U}{\partial Y}\frac{\partial^2 U}{\partial Y^2} \tag{9-2-13}$$

$$U(X,Y)\bigg|_{X=0,Y=0}=0 \tag{9-2-14}$$

$$U(X,Y)\bigg|_{Y=\delta_Y}=1 \tag{9-2-15}$$

9.2.2 确定边界层厚度 $\delta(x)$ 与速度分布

根据边界条件要求，选择速度分布为：

$$U=n\operatorname{arccot}X(2Y-Y^2) \tag{9-2-16}$$

为确定边界层厚度，将其代入式(9-2-7)。

$$-2(1-\varphi^{2/3})\frac{(1-Y)}{1+X^2}\frac{l}{\delta(x)}n=2n(2Y-Y^2)\frac{X}{(1+X^2)^2}-2n\operatorname{arccot}X\left(\frac{l}{\delta(x)}\right)^2$$

$$-4K_1\varphi^{2/3}\operatorname{arccot}^2X(1-Y)n^2 \tag{9-2-17}$$

因为要求边界层厚度 $\delta(x)$，故取 $Y=1$，则：

$$\frac{\delta(x)}{l}=(1+X^2)\sqrt{\frac{\operatorname{arccot}X}{X}} \tag{9-2-18}$$

当 $X=0$ 时，出现奇点，去掉奇点后为：

$$\frac{\delta(x)}{l}=(1+X^2)\sqrt{\frac{\operatorname{arccot}X}{1+X}} \tag{9-2-19}$$

由式(9-2-19)，则可以确定边界层厚度 $\delta(x)$。

要确定边界层内的速度分布，除知道边界层厚度 $\delta(x)$ 外，还要确定参变量 n，为此，将式(9-2-16)代入式(9-2-13)。

$$\frac{1}{2}(1-\varphi^{2/3})\left(\frac{\partial^2 U}{\partial X\partial Y}+\frac{1}{U}\frac{\partial U}{\partial X}\frac{\partial \mathrm{U}}{\partial Y}\right)=-(1-\varphi^{2/3})\left(\frac{1-Y}{1+X^2}\right)n \tag{9-2-20}$$

$$\frac{\partial^2 U}{\partial X^2}+\frac{\partial^2 U}{\partial Y^2}=2\left[(2Y-Y^2)\frac{X}{(1+X^2)^2}-\operatorname{arccot}X\right]n \tag{9-2-21}$$

$$K_1\varphi^{2/3}\frac{\partial U}{\partial Y}\frac{\partial^2 U}{\partial Y^2}=-4K_1\varphi^{2/3}\operatorname{arccot}^2 X(1-Y)n^2 \tag{9-2-22}$$

将式(9-2-20)、式(9-2-21)和式(9-2-22)代回式(9-2-13)，则：

$$n=\frac{2(2Y-Y^2)\dfrac{X}{(1+X^2)^2}+(1-\varphi^{2/3})\dfrac{(1-Y)}{1+X^2}-\operatorname{arccot}X}{4K_1\varphi^{2/3}(\operatorname{arccot}X)^2(1-Y)} \tag{9-2-23}$$

将 n 代入式(9-2-16)，则可以确定速度分布；但有一个问题，它不满足边界条件，当 $Y=\delta_Y$ 时，速度为1，即来流速度 u_e。当 $Y=\delta_Y$ 时，参变量 $n=n_1$，则：

$$n_1=\frac{2(2\delta_Y-\delta_Y^2)\dfrac{X}{(1+X^2)^2}+(1-\varphi^{2/3})\dfrac{(1-\delta_Y)}{1+X^2}-\operatorname{arccot}X}{4K_1\varphi^{2/3}(\operatorname{arccot}X)^2(1-\delta_Y)} \tag{9-2-24}$$

根据边界条件，$Y=\delta_Y$ 时 $U=1$，确定边界层速度分布：将式(9-2-16)写成：

$$U=\zeta n\operatorname{arccot}X(2Y-Y^2) \tag{9-2-25}$$

当 $Y=\delta_Y$ 时：

$$1=\zeta n_1\operatorname{arccot}X(2\delta_Y-\delta_Y^2) \tag{9-2-26}$$

解出 $\zeta=\dfrac{1}{n_1(\operatorname{arccot}X)(2\delta_Y-\delta_Y^2)}$，代入式(9-2-25)，则得

$$U=\frac{n(2Y-Y^2)}{n_1(2\delta_Y-\delta_Y^2)} \tag{9-2-27}$$

若将 n 与 n_1，具体表达式代入式(9-2-27)，则

$$U=\frac{\left[2(2Y-Y^2)\dfrac{X}{(1+X^2)^2}+(1-\varphi^{2/3})\dfrac{(1-Y)}{1+X^2}-\operatorname{arccot}X\right](1-Y)(2Y-Y^2)}{\left[2(2\delta_Y-\delta_Y^2)\dfrac{X}{(1+X^2)^2}+(1-\varphi^{2/3})\dfrac{1-\delta_Y}{1+X^2}-\operatorname{arccot}X\right](1-\delta_Y)(2\delta_Y-\delta_Y^2)} \tag{9-2-28}$$

式(9-2-28)满足边界条件要求；而且当 $X=0$，$Y=0$ 时 $U=0$；当 $Y=\delta_Y$ 时，$U=1$，即为来流速度 u_e；而在边界层内，即 $Y<\delta_Y$ 时，速度 $u<u_e$。所以它是合理式。

9.2.3　边层流厚度 $Y_B(x)$

首先确定边界层内断面上平均速度 $\overline{U}$，根据式(9-2-27)，可以计算为：

$$\overline{U}=\frac{n}{n_1}\frac{1}{2}\int_0^{\delta_Y}(2Y-Y^2)\mathrm{d}Y$$

$$\overline{U}=\frac{n}{n_1}\frac{1}{2}\left(\frac{2Y^2}{2}-\frac{Y^3}{3}\right)\bigg|_0^{\delta_Y}$$

$$\overline{U}=\frac{n_B}{n_1}\frac{\delta_Y^2}{2}\left(1-\frac{\delta_Y}{3}\right) \tag{9-2-29}$$

将式(9-2-29)代回式(9-2-27)，则：

$$\frac{\delta_Y^2}{2}\left(1-\frac{\delta_Y}{3}\right)=2Y_B-Y_B^2 \tag{9-2-30}$$

式(9-2-30)中，Y_B 就是对应 X 处的边层流厚度。将它解出，

$$Y_{\mathrm{B}} = 1 - \sqrt{1 - \frac{\delta_Y^2}{2}\left(1 - \frac{\delta_Y}{3}\right)} \tag{9-2-31}$$

因为 $\delta_Y = \dfrac{\delta(x)}{l}$，它已由式(9-2-19)计算，所以边层流厚 Y_{B} 也是可以计算的。

9.2.4 边层流界面上涡旋旋转速度与垂直于流向的速度

$$\omega_z^- = \frac{1}{2}\frac{\partial u}{\partial y} = \frac{1}{2}\frac{u_{\mathrm{c}}}{\delta(x)}\frac{\partial U}{\partial Y} = \frac{1}{2}\frac{u_{\mathrm{c}}}{\delta(x)}\frac{n}{n_1}2(1 - Y_{\mathrm{B}}) = \frac{n_{\mathrm{B}}}{n_1}\frac{u_{\mathrm{c}}}{\delta(x)}(1 - Y_{\mathrm{B}}) \tag{9-2-32}$$

涡旋转向是顺时针。

涡旋在与流向垂直方向速度 u_y^* 为：

$$\begin{aligned}
u_y^* &= 12\nu l(\omega_z^-)^2\nu_0^{-1} \\
&= 12\nu t\left[\frac{n_{\mathrm{B}}}{n_1}\frac{u_{\mathrm{c}}}{\delta(x)}(1 - Y_{\mathrm{B}})\right]^2\left[\frac{n_{\mathrm{B}}}{n_1}\frac{\delta_Y^2}{2}\left(1 - \frac{\delta_Y}{3}\right)u_{\mathrm{c}}\right]^{-1} \\
&= \frac{12\nu(\delta(x) - y_{\mathrm{B}})}{u_y^*}\frac{\dfrac{n_{\mathrm{B}}}{n_1}u_{\mathrm{c}}(1 - Y_{\mathrm{B}})^2}{\delta(x)^2\dfrac{\delta_Y^2}{2}\left(1 - \dfrac{\delta_Y}{3}\right)}
\end{aligned}$$

$$u_y^* = \sqrt{\frac{72\nu(\delta(x) - y_{\mathrm{B}})u_{\mathrm{c}}n_{\mathrm{B}}(1 - Y_{\mathrm{B}})^2}{n_1\delta(x)^2\delta_Y^2(1 - \delta_Y)}} \tag{9-2-33}$$

涡旋直径：

$$d_{\mathrm{s}} = 2r_{\mathrm{s}} = 2\sqrt{\frac{10\nu}{\omega_{\mathrm{z}}^-}} \tag{9-2-34}$$

9.2.5 涡旋体积分数 φ

根据涡旋体积分数 φ 的定义

$$\varphi = \frac{\pi u_y^*}{48\delta(x)} \tag{9-2-35}$$

9.3 不可压缩湍流有压力变化平板边界层

在类似图 9-1-2 所示的设备上，有收缩管段，其后接有一定长度的等截面管道。在收缩管段部分，中间为理想流体，它与壁面之间为湍流运动，即为湍流边界层。这正是本节要讨论的问题。

9.3.1 运动控制方程与边界条件

湍流边界层内流体运动受湍流运动微分方程控制；其外是理想流体运动区，流体运动受理想流体运动微分方程控制。

9.3.1.1 边界层内流体运动区

根据式(3-18-29)，结合本问题，可得边界层内流体运动区的运动控制方程：

$$\frac{\nu}{2}\left[(1 - \varphi^{2/3})\frac{\partial^2 u}{\partial y\partial x} - (\varphi^{2/3} - 1)\frac{1}{u}\frac{\partial u}{\partial x}\frac{\partial u}{\partial y}\right]$$

$$= -\frac{\partial p}{\rho \partial x} + \nu\left(\frac{\partial^2 u}{\partial x^2} + \frac{\partial^2 u}{\partial y^2}\right) + 6\varphi^{2/3}\nu t\frac{\partial u}{\partial y}\frac{\partial^2 u}{\partial y^2} \tag{9-3-1}$$

$$u(x,y)\Big|_{x=0,y=0} = 0 \tag{9-3-2}$$

$$u(x,y)\Big|_{y=\delta(x)} = u_0(x) \tag{9-3-3}$$

$$\frac{\partial u(x,y)}{\partial y}\Big|_{y=\delta(x)} = 0 \tag{9-3-4}$$

$$\frac{\partial^2 u(x,y)}{\partial y^2} < 0 \tag{9-3-5}$$

9.3.1.2　理想流体运动区

在理想流体运动区，依流体力学可知：

$$u_0(x)\frac{\mathrm{d}u_0(x)}{\mathrm{d}x} = \frac{1}{\rho}\frac{\mathrm{d}p}{\mathrm{d}x} \tag{9-3-6}$$

$$u_0(x)\Big|_{x=0,y=0} = u_e \tag{9-3-7}$$

压力的变化只与 x 有关，它与理想流体或实际流体运动区无关，所以它的边界条件：

$$p(x、y)\Big|_{x=0,y=0} = p_e \tag{9-3-8}$$

式中，u_e 和 p_e 分别表示进口处流体的速度与压力；$u_0(x)$表示理想流体运动区流体运动速度。

9.3.2　运动控制方程与边界条件无因次化

9.3.2.1　边界层内流体运动区

在边界层内流体运动区，取$\frac{u(x、y)}{u_e} = U$，$\frac{x}{l} = X$，$\frac{y}{\delta(x)} = Y$，$\frac{\nu}{\nu_e} = \nu_0$，$\frac{p}{p_e} = p_0$，将比值代入相应的运动控制方程与边界条件中，则：

$$\frac{\nu_0}{2}(1-\varphi^{2/3})\frac{l}{\delta(x)}\left[\frac{\nu_e u_e}{l^2}\frac{\partial^2 U}{\partial Y \delta X} + \frac{\nu_e u_e}{l^2}\frac{1}{U}\frac{\partial U}{\partial X}\frac{\partial U}{\partial Y}\right]$$

$$= -\frac{p_e}{\rho_e l p_0}\frac{\mathrm{d}p}{\mathrm{d}X} + \nu_0\left[\frac{\nu_e u_e}{l^2}\frac{\partial^2 U}{\partial X^2} + \frac{l^2}{\delta(x)^2}\frac{\nu_e u_e}{l^2}\frac{\partial^2 U}{\partial Y^2}\right] + \frac{l^3}{\delta(x)^3}6\varphi^{2/3}\frac{\nu_e u_e^2}{l^3}t\frac{\partial U}{\partial Y}\frac{\partial^2 U}{\partial Y^2} \tag{9-3-9}$$

全式除以$\frac{\nu_e u_e}{l^2}$，则：

$$\frac{\nu_0 l}{2\delta(x)}(1-\varphi^{2/3})\left(\frac{\partial^2 U}{\partial Y \partial X} + \frac{1}{U}\frac{\partial U}{\partial X}\frac{\partial U}{\partial Y}\right)$$

$$= -K_1\frac{\mathrm{d}p_0}{\rho_0 \mathrm{d}X} + \nu_0\left[\left(\frac{\partial^2 U}{\partial X^2} + \left(\frac{l}{\delta(x)}\right)^2\frac{\partial^2 U}{\partial Y^2}\right) + \varphi^{2/3}K_2\frac{\partial U}{\partial Y}\frac{\partial^2 U}{\partial Y^2}\right] \tag{9-3-10}$$

式中

$$K_1 = \frac{p_e l}{\rho_e \nu_e u_e} \tag{9-3-11}$$

$$K_2 = \frac{6tu_e}{\delta(x)} \tag{9-3-12}$$

$$U(X,Y)\Big|_{X=0,Y=0}=0 \tag{9-3-13}$$

$$U(X,Y)\Big|_{Y=\delta_Y}=U_0(X) \tag{9-3-14}$$

$$\frac{\partial U(X,Y)}{\partial Y}\Big|_{Y=\delta_Y}=0 \tag{9-3-15}$$

$$\frac{\partial^2 U(X,Y)}{\partial Y^2}<0 \tag{9-3-16}$$

9.3.2.2　理想流体运动区

在理想流体运动区，取$\frac{u_0(x)}{u_e}=U_0(X)$，将比值代入式(9-3-6)与式(9-3-7)，

$$\frac{u_e^2 U_0(X)}{l}\frac{\mathrm{d}U_0(X)}{\mathrm{d}X}=-\frac{p_e}{\rho_e\rho_0 l}\frac{\mathrm{d}p_0}{\mathrm{d}X} \tag{9-3-17}$$

全式除以$\frac{u_e^2}{l}$，则：

$$U_0(X)\frac{\mathrm{d}U_0(X)}{\mathrm{d}X}=-K_3\frac{\mathrm{d}p_0}{\rho_0\mathrm{d}X} \tag{9-3-18}$$

式中

$$K_3=\frac{p_e}{\rho_e u_e^2} \tag{9-3-19}$$

$$U_0(X)\Big|_{X=0}=1 \tag{9-3-20}$$

9.3.3　建立流量守恒方程

因是不可压缩收缩管嘴，流量沿各断面是相等的，依此可以建立起理想流体运动区速度分布与实际流体运动区速度分布之间的关系式。

由于边界层厚度是倾斜于壁面变化，而断面变化是水平方向变化的。为把两者结合起来，将采用两个坐标系，如图9-3-1所示。

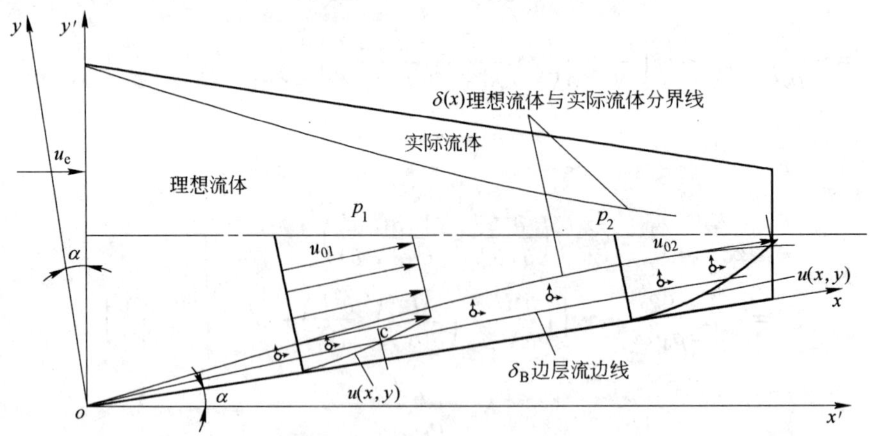

图9-3-1　不可压缩湍流有压力变化平板边界层示意图

$p_1>p_2$；$u_{01}<u_{02}$

进口断面流量：

$$Q_e = \pi r_e^2 u_e \tag{9-3-21}$$

通过理想流体运动区断面流量：

$$Q_{理} = \pi(r_e - x'\tan\alpha - \delta'(x))^2 u(x) \tag{9-3-22}$$

通过实际流体运动区断面上流量：

$$Q_{实} = 2\pi(r_e - \tan\alpha)\delta(x)\ \frac{1}{2}\int_0^{\delta'(x)} u(x,y)\,\mathrm{d}y' \tag{9-3-23}$$

根据流量守恒原则，则：

$$\pi r_e^2 u_e = \pi(r_e - x'\tan\alpha - \delta'(x))^2 u(x) + \pi(r_e - x'\tan\alpha)\delta'(x)\int_0^{\delta'(x)} u(x,y)\,\mathrm{d}y' \tag{9-3-24}$$

将式(9-3-24)中$(r_e - x'\tan\alpha - \delta'(x))^2$ 展开：

$$\begin{aligned}&(r_e - x'\tan\alpha - \delta'(x))^2 \\ &= r_e^2 + x'^2\tan^2\alpha + \delta^2(x) - 2r_e x'\tan\alpha - 2r_e\delta'(x) + 2x'\delta'(x)\tan\alpha\end{aligned} \tag{9-3-25}$$

因为：$x' = x\cos\alpha$，$\delta(x) = \delta'(x)\cos\alpha$，$y\cos\alpha = y'$将它们与式(9-3-25)均代回式(9-3-24)：

$$\begin{aligned}\pi r_e^2 u_e =& \pi[r_e^2 + x^2\sin^2\alpha + \sec^2\alpha\delta^2(x) - 2r_e x\sin\alpha - 2r_e\delta'(x)\sec x + \\ & 2x\delta(x)\tan\alpha]u(x) + \pi(r_e - x\sin\alpha)\delta(x)\int_0^{\delta(x)} u(x,y)\,\mathrm{d}y\end{aligned} \tag{9-3-26}$$

将式(9-3-26)无因次化，全式除以 $\pi l^2 u_e$，而$\frac{\delta(x)}{l} = \delta_Y$，$\frac{r_e}{l} = R$，则

$$\begin{aligned}R^2 =& [R^2 + X^2\sin^2\alpha + \sec^2\alpha\delta_Y^2 - 2RX\sin\alpha - 2R\delta_Y\sec\alpha + 2X\delta_Y\tan\alpha]U(X) + \\ & (R - X\sin\alpha)\delta_Y\int_0^{\delta_Y} U(X,Y)\,\mathrm{d}Y\end{aligned} \tag{9-3-27}$$

9.3.4 确定速度分布

这里说确定速度分布，就是确定理想流体运动区速度分布和实际流体运动区速度分布。首先根据边界条件确定实际流体运动区速度分布为：

$$U = nX^{\frac{1}{2}}(2Y - Y^2) \tag{9-3-28}$$

式中，n 是待定参变量。

将式(9-3-28)代入式(9-3-10)，则：

$$\begin{aligned}&\nu_0(1 - \varphi^{2/3})\ \frac{l}{\delta(x)}n(1 - Y)X^{-\frac{1}{2}} \\ &= ReU_0(X)\ \frac{\mathrm{d}U_0(X)}{\mathrm{d}X} - \nu n\left[\frac{1}{4}(2Y - Y^2)X^{-3/2}\right] - 4n^2K_2\varphi^{-2/3}\left(\frac{l}{\delta(x)}\right)^3(1 - Y)X\end{aligned} \tag{9-3-29}$$

通过式(9-3-29)求理想流体运动区速度分布，为此令 $Y = 1$，则：

$$Re\,\frac{\mathrm{d}U_0(X)^2}{\mathrm{d}X} = \frac{\nu_0 n}{4}X^{-3/2} + 2\left(\frac{l}{\delta(x)}\right)^2 nX^{\frac{1}{2}} \tag{9-3-30}$$

$$U_0^2(X) = \frac{1}{Re}\left[-\frac{\nu_0}{2}nX^{-\frac{1}{2}} + \frac{4}{3}\left(\frac{l}{\delta(x)}\right)^2 nX^{3/2}\right] + C \tag{9-3-31}$$

去掉当 $X = 0$ 时速度造成的无穷大项，则式(9-3-31)为：

$$U_0^2(X) = \frac{4}{3Re}\left(\frac{l}{\delta(x)}\right)^2 nX^{3/2} + C \tag{9-3-32}$$

当 $X=0$，$U_0(X)=1$，则 $C=1$

$$U_0(X) = \sqrt{\frac{4}{3Re}\left(\frac{l}{\delta(x)}\right)^2 nX^{3/2} + 1} \tag{9-3-33}$$

实际流体运动速度 $U(X, Y)$ 与理想流体运动速度 $U_0(X)$ 分别由式(9-3-28)与式(9-3-33)表示出来；但要应用它们还必须知道 n 与 $\delta(x)$，下边就解决这个问题。

9.3.5　理想流体与实际流体运动分界线 $\delta(x)$

利用动能活动微量 E_v 与损失能量活动微量相平衡的原则，求 $\delta(x)$ 的表达式。依图9-3-2建立坐标系。

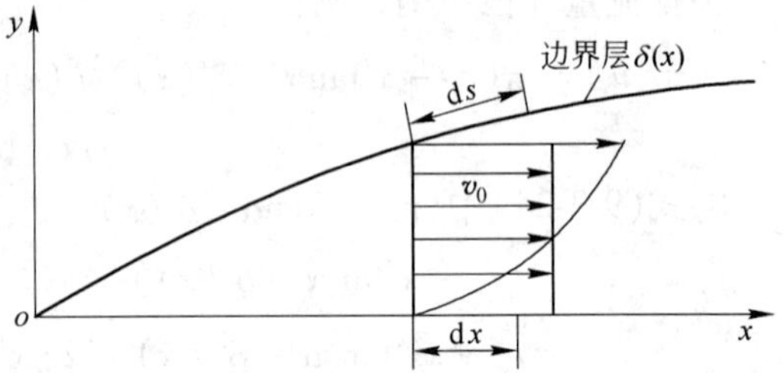

图 9-3-2　动量运动微量平衡示意图

$$\rho A x U_0^2 \mathrm{d}s = \frac{\lambda}{4}\rho A x \frac{x}{r_0}\nu_0 \mathrm{d}x \tag{9-3-34}$$

$$\sqrt{1 + y'^2} = \frac{\lambda}{4}\frac{x}{r_0} \tag{9-3-35}$$

将上式无因次化：

$$\sqrt{1 + Y'^2} = \frac{\lambda}{4}\frac{x}{l}\frac{l}{r_0} = \frac{\lambda}{4}\frac{l}{r_0}X \tag{9-3-36}$$

$$Y'^2 = \left(\frac{\lambda}{4}\right)^2\left(\frac{l}{r_0}\right)^2 X^2 - 1 \tag{9-3-37}$$

$$Y' = \sqrt{\left(\frac{\lambda}{4}\right)^2\left(\frac{l}{r_0}\right)^2 X^2 - 1} \tag{9-3-38}$$

对式(9-3-38)分析，当 $X=0$ 时，$Y'=0$，所以

$$Y' = \left(\frac{\lambda}{4}\right)^2\left(\frac{l}{r_0}\right)X \tag{9-3-39}$$

$$\frac{\mathrm{d}Y}{\mathrm{d}X} = \frac{\lambda}{4}\frac{l}{r_0}X \tag{9-3-40}$$

积分

$$Y = \frac{\lambda}{8}\frac{l}{r_0}X^2 + C \tag{9-3-41}$$

当 $X=0$，$Y=\delta_Y=\dfrac{\delta(x)}{l}=0$，故 $C=0$

$$Y = \delta_Y = \frac{\delta(x)}{l} = \frac{\lambda}{8}\frac{l}{r_0}X^2 \tag{9-3-42}$$

9.3.6　确定参变量 n

首先将式(9-3-27)去掉变量略小者

$$R^2 = [R^2 + 2\delta_Y(X\tan\alpha - R\sec\alpha) - 2RX\sin\alpha]U_0(X) + (R - X\sin\alpha)\delta_Y\int_0^1 U(X,Y)\mathrm{d}Y \tag{9-3-43}$$

将式(9-3-33)，式(9-3-28)和式(9-3-42)各式代入式(9-3-43)中，

$$R^2 = \left[R^2 + \frac{\lambda}{4}\frac{l}{r_0}X^2(X\tan\alpha - R\sec\alpha) - 2RX\sin\alpha\right]\sqrt{\frac{4}{3Re}\left(\frac{l}{\delta(x)}\right)^2 X^{\frac{3}{2}n} + 1} + (R - X\sin\alpha)\frac{\lambda}{8}\frac{l}{r_0}X^2 \cdot X^{\frac{1}{2}}n\int_0^1(2Y - Y^2)\mathrm{d}Y \tag{9-3-44}$$

将式(9-3-44)整理为:

$$R^2 = \left[R^2 + \frac{\lambda}{4}\frac{l}{r_0}X^2(X\tan\alpha - R\sec\alpha) - 2RX\sin\alpha\right]\sqrt{\frac{4l^2X^{3/2}n}{3Re\delta^2(x)} + 1} + \frac{\lambda}{12}(R - X\sin\alpha)\frac{l}{r_0}X^{5/2}n \tag{9-3-45}$$

由上式可知，参变量 n 是 X 的隐函数，不好计算，应采取在设定 X 后，再设不同 n 值，以绘曲线与常数 R^2 相交的办法解决。

9.3.7　理想流体与实际流体速度对接

理想流体运动速度分布，由式(9-3-33)计算；实际流体运动速度分布，由式(9-3-28)计算；理想流体与实际流体运动分界线 $\delta(x)$，由式(9-3-42)计算；参变量 n 由式(9-3-45)计算。但是有一个问题还没有得到解决，就是理想流体速度与实际流体运动速度在分界线上应该相等，也就是说边界条件式(9-3-14)还没有用上。

因为理想流体运动控制微分方程与实际流体运动控制方程是不一样的，所以由各自导出的速度分布是不同的。要想实现它们在边界线上相等，必须利用式(9-3-14)的条件。

当在理想流体与实际流体运动分界线 $\delta(x)$ 上时，实际流体运动速度分布式(9-3-28)应为:

$$U_0(X) = \zeta n X^{\frac{1}{2}}(2\delta_Y - \delta_Y^2) \tag{9-3-46}$$

式中，ζ 是衔接系数，为确定它，将式(9-3-33)代入上式

$$\sqrt{\frac{4l^2X^{3/2}n}{3Re\delta^2(x)} + 1} = \zeta n X^{1/2}(2\delta_Y - \delta_Y^2) \tag{9-3-47}$$

$$\zeta = \sqrt{\frac{4l^2X^{3/2}n}{3Re\delta^2(x)} + 1}\left[\frac{1}{nX^{\frac{1}{2}}(2\delta_Y - \delta_Y^2)}\right] \tag{9-3-48}$$

将上式代入式(9-3-28)

$$U(X,Y) = \sqrt{\frac{4l^2X^{3/2}n}{3Re\delta^2(x)} + 1}\left[\frac{(2Y - Y^2)}{(2\delta_Y - \delta_Y^2)}\right] \tag{9-3-49}$$

式(9-3-49)是边界层内速度分布具体计算公式。

在不可压缩湍流管嘴分析过程中，首先是以实际流体运动控制方程为主导，而将理想流体速度 $U_0(X)$ 作为参变量引入实际流体运动控制方程，利用流量守恒原则，首先导出它的具体计算公式(9-3-45)，最后，利用式(9-3-14)边界条件，将实际流体运动速度分布找到，即式(9-3-49)。

9.4　可压缩湍流无压力变化平板边界层

由于可压缩流体密度 ρ 随速度与温度变化，所以，研究可压缩湍流无压力变化平板边

界层的流体运动控制方程，除动量方程外，还有能量方程连续性方程和气体状态方程。

9.4.1　运动控制方程与边界条件

由于要运用数学分析，所以，必须对所研究对象选定坐标系与原点，如图 9-4-1 所示。

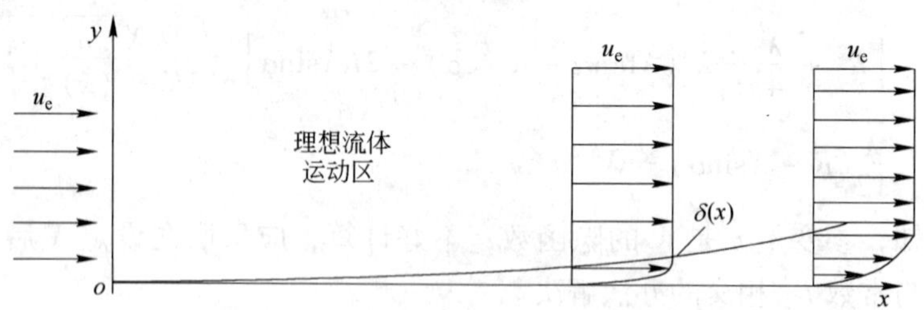

图 9-4-1　坐标系与原点选定示意图

动量方程：依式(3-19-29)，结合本题得：

$$\frac{\nu}{2}\rho\frac{\partial\rho}{\partial x}\frac{\partial u}{\partial y}+u\frac{\partial u}{\partial x}+\frac{\nu}{2}\left(\frac{1}{u}\frac{\partial u}{\partial y}\right)\frac{\partial u}{\partial x}=\nu\left[\frac{4}{3}\frac{\partial^2 u}{\partial x^2}+(1-\varphi^{2/3})\frac{\partial^2 u}{\partial y^2}+6\varphi^{2/3}t\frac{\partial u}{\partial y}\frac{\partial^2 u}{\partial y^2}\right] \tag{9-4-1}$$

能量方程：依式(3-19-49)，结合本题，忽略分子能量，为：

$$u^2\frac{\partial u}{\partial x}-\frac{u^3}{2}\frac{\partial\rho}{\rho\partial x}+\varphi\frac{\nu}{2}u\frac{\partial^2 u}{\partial x\partial y}+\frac{\nu}{2}\frac{\partial u}{\partial y}\left(\frac{u}{\rho}\frac{\partial\rho}{\partial x}+\frac{\partial u}{\partial x}\right)$$

$$=\frac{\lambda}{\rho}\left(\frac{\partial^2 T}{\partial x^2}+\frac{\partial^2 T}{\partial y^2}\right)+u\left(\frac{4}{3}\nu\frac{\partial^2 u}{\partial x^2}\right)-\frac{1}{2}\varphi^{2/3}\nu\frac{\partial u}{u\partial y}\left[\frac{4}{3}\nu\frac{\partial^2 u}{\partial x^2}+2\nu t\frac{\partial u}{\partial y}\frac{\partial^2 u}{\partial y^2}\right] \tag{9-4-2}$$

连续性方程：

$$\rho_e u_e=\rho u=常量 \tag{9-4-3}$$

$$\frac{\partial\rho}{\rho\partial x}=-\frac{1}{u}\frac{\partial u}{\partial x} \tag{9-4-4}$$

气体状态方程：

$$\frac{p}{\rho}=RT,p=R\rho T;\frac{p}{R}=\rho T$$

因压力为常量，则

$$\frac{1}{T}\frac{\partial T}{\partial x}=-\frac{1}{\rho}\frac{\partial\rho}{\partial x} \tag{9-4-5}$$

边界条件：

$$u(x,y)\Big|_{\substack{x=0\\y=0}}=0 \tag{9-4-6}$$

$$u(x,y)\Big|_{y=\delta(x)}=u_e(x) \tag{9-4-7}$$

$$\frac{\partial u(x,y)}{\partial y}\Big|_{y=\delta(x)}=0 \tag{9-4-8}$$

$$\frac{\partial^2 u(x,y)}{\partial y^2}<0 \tag{9-4-9}$$

当来流温度 T_e 比平板边壁温度 T_w 高时，则边界条件为：

$$T(x,y)\Big|_{x=0,y=0} = T_e \tag{9-4-10}$$

$$T(x,y)\Big|_{y=\delta_T(x)} = T_e \tag{9-4-11}$$

$$\frac{\partial T(x,y)}{\partial y}\Big|_{y=\delta_T(x)} = 0 \tag{9-4-12}$$

$$\frac{\partial^2 T(x,y)}{\partial y^2} < 0 \tag{9-4-13}$$

$$T(x,y)\Big|_{y=0} = T_w \tag{9-4-14}$$

$\delta_T(x)$是理想流体运动区与实际流体运动区从温度角度划分的分界线。

9.4.2　运动控制方程与边界条件无因次化

无因次化质量守恒方程，取$\frac{\rho}{\rho_e}=\rho_0$，$\frac{u}{u_e}=U$，$\frac{x}{l}=X$，将比值代入式(9-4-4)，

$$\frac{\partial \rho_0}{\rho_0 \partial X} = -\frac{1}{U}\frac{\partial U}{\partial X} \tag{9-4-15}$$

气体状态方程无因次化：取$\frac{T}{T_e}=T_0$ 其他比值不变，将它们代入式(9-4-5)，

$$\frac{\partial T_0}{T_0 \partial X} = -\frac{\partial \rho_0}{\rho_0 \partial X} \tag{9-4-16}$$

动量方程无因次化：$\frac{y}{\delta(x)}=Y$，$\frac{\nu}{\nu_e}=\nu_0$，其他比值不变，将其代入式(9-4-1)，$\delta(x)$是理想流体运动区与实际流体运动区分界线。

$$\frac{\nu_e u_e}{l^2}\frac{l}{\delta(x)}\frac{\nu_0}{2}\frac{\partial \rho_0}{\rho_0 \partial X}\frac{\partial U}{\partial Y} + \frac{u_e^2}{l}U\frac{\partial U}{\partial X} + \frac{\nu_e u_e}{l^2}\frac{\nu_0}{2}\frac{l}{\delta(x)}\frac{1}{U}\frac{\partial U}{\partial Y}\frac{\partial U}{\partial X}$$

$$= \frac{\nu_e u_e}{l^2}\nu_0\left[\frac{4}{3}\frac{\partial^2 U}{\partial X^2} + (1-\varphi^{2/3})\frac{l}{\delta(x)}\frac{\partial^2 U}{\partial Y^2}\right] + \frac{6\nu_e t u_e^2}{l^3}\varphi^{2/3}\nu_0\left(\frac{l}{\partial(x)}\right)^3\frac{\partial U}{\partial Y}\frac{\partial^2 U}{\partial Y^2} \tag{9-4-17}$$

式(9-4-17)除以$\frac{\nu_e u_e}{l^2}$，则：

$$\frac{\nu_0}{2}\frac{l}{\delta(x)}\frac{\partial \rho_0}{\rho_0 \partial X}\frac{\partial U}{\partial Y} + ReU\frac{\partial U}{\partial X} + \frac{\nu_0}{2}\frac{l}{\delta(x)}\frac{1}{U}\frac{\partial U}{\partial Y}\frac{\partial U}{\partial X}$$

$$= \nu_0\left[\frac{4}{3}\frac{\partial^2 U}{\partial X^2} + (1-\varphi^{2/3})\left(\frac{l}{\delta(x)}\right)^2\frac{\partial^2 U}{\partial Y^2}\right] + K_1\nu_0\left(\frac{l}{\delta(x)}\right)^2\varphi^{2/3}\frac{\partial U \partial^2 U}{\partial Y \partial Y^2} \tag{9-4-18}$$

将式(9-4-15)代入式(9-4-18)，则：

$$ReU\frac{\partial U}{\partial X} = \nu_0\left[\frac{4}{3}\frac{\partial^2 U}{\partial X^2} + (1-\varphi^{2/3})\left(\frac{l}{\delta(x)}\right)^2\frac{\partial^2 U}{\partial Y^2}\right] + K_1\nu_0\varphi^{2/3}\left(\frac{l}{\delta(x)}\right)^3\frac{\partial U \partial^2 U}{\partial Y \partial Y^2} \tag{9-4-19}$$

式中
$$Re=\frac{u_e l}{\nu_e} \tag{9-4-20}$$

$$K_1=\frac{6u_e t}{l} \tag{9-4-21}$$

$$U(X,\ Y)\Big|_{X=0,Y=0}=0 \tag{9-4-22}$$

$$U(X,\ Y)\Big|_{Y=1}=1 \tag{9-4-23}$$

$$\frac{\partial U(X,\ Y)}{\partial Y}\Big|_{Y=1}=0 \tag{9-4-24}$$

$$\frac{\partial^2 U(X,\ Y)}{\partial Y^2}<0 \tag{9-4-25}$$

能量方程无因次化：取$\frac{y}{\delta_T(x)}=Y$，其中，$\delta_T(x)$是理想流体温度区与温度边界层分界线，或者说它是温度边界层厚度，其他比值同前，代入式(9-4-2)，则：

$$\begin{aligned}&\frac{u_e^3}{l}U^2\frac{\partial U}{\partial X}-\frac{u_e^3}{2l}\frac{U^3}{\rho_0}\frac{\partial\rho_0}{\partial X}+\varphi\frac{\nu_e u_e^2}{2l^2}\nu_0 U\frac{\partial^2 U}{\partial X\partial Y}\frac{l}{\delta_T(x)}+\frac{\nu_0}{2}\frac{l}{\delta_T(x)}\frac{\partial U}{\partial Y}\left(\frac{\nu_e u_e^2}{l^2\rho_0}\frac{\partial\rho_0}{\partial X}+\frac{\nu_e u_e^2}{l^2}\frac{\partial U}{\partial X}\right)\\&=\frac{\lambda_e T_e}{\rho_e l^2}\frac{\lambda_0}{\rho_0}\left[\frac{\partial^2 T_0}{\partial X^2}+\left(\frac{l}{\delta(x)}\right)^2\frac{\partial^2 T_0}{\partial Y^2}\right]+\frac{u_e^2\nu_e}{l^2}\frac{4}{3}\nu_0 U\frac{\partial^2 U}{\partial X^2}-\\&\frac{1}{2}\varphi^{2/3}\nu_0\frac{\partial U}{\partial Y}\frac{l}{\delta_T(x)}\left[\frac{4\nu_0}{3}\frac{\nu_e^2 u_e}{l^3}\frac{\partial^2 U}{\partial X^2}+\frac{2\nu_e^2\nu_0 u_e^2}{l^4}\left(\frac{l}{\delta_T(x)}\right)^3\frac{\partial U}{\partial Y}\frac{\partial^2 U}{\partial Y^2}\right]\end{aligned} \tag{9-4-26}$$

式(9-4-26)除以$\frac{\nu_e u_e^2}{l^2}$，则：

$$\begin{aligned}&ReU^2\frac{\partial U}{\partial X}-\frac{Re}{2}U^3\frac{\partial\rho_0}{\rho_0\partial X}+\frac{\varphi}{2}\nu_0\left(\frac{l}{\delta_T(x)}\right)U\frac{\partial^2 U}{\partial X\partial Y}+\frac{\nu_0}{2}\frac{l}{\delta_T(x)}\frac{\partial U}{\partial Y}\left(\frac{U\partial\rho_0}{\rho_0\partial X}+\frac{\partial U}{\partial X}\right)\\&=K_2\frac{\alpha_0}{\rho_0}\left[\frac{\partial^2 T_0}{\partial X^2}+\left(\frac{l}{\delta_T(x)}\right)^2\frac{\partial^2 T_0}{\partial Y^2}\right]+\frac{4}{3}\nu_0 U\frac{\partial^2 U}{\partial X^2}+\\&\frac{1}{2}\nu_0\varphi^{2/3}\frac{l}{\delta_T(x)}\frac{1}{U}\frac{\partial U}{\partial Y}\left[\frac{4}{3}\frac{1}{Re}\frac{\partial^2 U}{\partial X^2}+K_3\left(\frac{l}{\delta_T(x)}\right)^3\frac{\partial U}{\partial Y}\frac{\partial^2 U}{\partial Y^2}\right]\end{aligned} \tag{9-4-27}$$

将式(9-4-15)和式(9-4-3)无因次化后，代入式(9-4-27)则：

$$\begin{aligned}&\frac{3}{2}ReU^2\frac{\partial U}{\partial X}+\frac{\varphi}{2}\nu_0\frac{l}{\delta(x)}U\frac{\partial^2 U}{\partial X\partial Y}\\&=K_2\lambda_0 U\left[\frac{\partial^2 T_0}{\partial X^2}+\left(\frac{l}{\delta_T(x)}\right)^2\frac{\partial^2 T_0}{\partial Y^2}\right]+\frac{4}{3}\nu_0 U\frac{\partial^2 U}{\partial X^2}+\\&\frac{1}{2}\nu_0\varphi^{2/3}\frac{l}{\delta(x)}\frac{1}{U}\frac{\partial U}{\partial Y}\left[\frac{4}{3}\frac{1}{Re}\frac{\partial^2 U}{\partial X^2}+K_3\left(\frac{l}{\delta(x)}\right)^3\frac{\partial U}{\partial Y}\frac{\partial^2 U}{\partial Y^2}\right]\end{aligned} \tag{9-4-28}$$

式中
$$K_2=\frac{\lambda_e T_e}{\rho_e\nu_e u_e^2} \tag{9-4-29}$$

$$K_3 = \frac{2\nu_e t}{l^2} \tag{9-4-30}$$

$$T_0(X,Y)\Big|_{X=0,Y=0} = 1 \tag{9-4-31}$$

$$T_0(X,Y)\Big|_{Y=1} = 1 \tag{9-4-32}$$

$$\frac{\partial T_0(X,Y)}{\partial Y}\Big|_{Y=1} = 0 \tag{9-4-33}$$

$$T_0(X,Y)\Big|_{Y=0} = T_w \tag{9-4-34}$$

$$\frac{\partial^2 T_0(X,Y)}{\partial Y^2} < 0 \tag{9-4-35}$$

9.4.3 确定边界层内速度分布

根据边界条件与式(9-4-19)，暂选速度分布：

$$U = n\mathrm{arccot}X(2Y - Y^2) \tag{9-4-36}$$

式中，n 是参变量，$\delta(x)$是边界层厚度，$Y=\frac{y}{\delta(x)}$，上式只有确定 n 与 $\delta(x)$后才可应用。

9.4.3.1 建立边界层厚度$\delta(x)$计算公式

涡流边界层厚度是涡旋运动所能达到的极限位置。由于受阻力，其运动速度逐渐衰减，当到达边界层边缘时，u^*为零。

根据球形物体在流体中所受的运动阻力，应按雷诺区、阿连区和牛顿区三个区域进行计算。至于湍流中涡旋微团在什么情况下运动、属于哪个区域，均得由实验测试决定。这里是按三种情况分别导出理论上计算边界层厚度公式。

A 雷诺区

$$\frac{\rho\pi d_s^3}{6}\frac{\mathrm{D}u^*}{\mathrm{D}t} = -3\pi\mu u^* \tag{9-4-37}$$

全式除以$\frac{\rho\pi d_s^3}{6}$，并将其展开：

$$\frac{\partial u^*}{\partial t} - u^*\frac{\partial u^*}{\partial y} = -18\nu\frac{u^*}{d_s^2} \tag{9-4-38}$$

式(9-4-38)为二元一阶非线性偏微分方程，将其无因次化，为此取$\frac{y}{\delta(x)} = Y;\frac{u^*}{u_e} = U^*$；$t_0 = \frac{l}{u_e}t$，$t_0$ 为无因次时间。将比值代入式（9-4-38)，则有：

$$\frac{\partial U^*}{\partial t_0} - \frac{l}{\delta(x)}U^*\frac{\partial U^*}{\partial Y} = -k_1U^* \tag{9-4-39}$$

式中

$$k_1 = \frac{18\nu}{d_s u_e} \tag{9-4-40}$$

式（9-4-39）是雷诺区涡旋运动无因次方程。因该式含有$\delta(x)$，可以通过求解式(9-4-39)，找到边界层厚度$\delta(x)$。

根据涡旋运动边界条件，选涡旋垂直气流方向无因次速度 U^* 为：

$$U^* = Xe^{-t_0 Y} \tag{9-4-41}$$

将上式代入式（9-4-39），整理后为：

$$\frac{l}{\delta(x)} t_0 X e^{-t_0 Y} = Y - K_1 \tag{9-4-42}$$

由于要求 $\delta(x)$，故取 $Y=1$，$t_0 = t_{0k} = \frac{l}{u_c} t_k$，$t_k$ 为湍流场时均化的时间，在任何湍流场中，均可测出其值，此处称 t_k 为准定常流时间。t_k 也可以从实际问题中计算得到。

$$\delta(x) = \frac{l t_0 X e^{-t_{0k}}}{1 - K_1} \tag{9-4-43}$$

式（9-4-43）是湍流中涡旋运动按雷诺区计算时得到的边界层厚度。

B 阿连区

$$\frac{\rho\pi d_s^3}{6} \frac{Du^*}{Dt} = -1.25\pi(\mu\rho d_s^3)^{\frac{1}{2}} u^{*1.5} \tag{9-4-44}$$

化简式（9-4-44）为：

$$\frac{Du^*}{Dt} = -7.5 \frac{\nu^{\frac{1}{2}}}{d_s^{1.5}} u^{*1.5} \tag{9-4-45}$$

将式（9-4-45）展开：

$$\frac{\partial u^*}{\partial t} - u^* \frac{\partial u^*}{\partial y} = -7.5 \frac{\nu^{\frac{1}{2}}}{d_s^{1.5}} u^{*1.5} \tag{9-4-46}$$

无因次化式（9-4-46），为：

$$\frac{\partial U^*}{\partial t_0} - \frac{l}{\delta(x)} U^* \frac{\partial U^*}{\partial Y} = -\frac{7.5}{K_2^{\frac{1}{2}}} U^{*1.5} \tag{9-4-47}$$

式中

$$K_2 = \frac{d_s u_e}{\nu} \tag{9-4-48}$$

将式（9-4-41）代入式（9-4-47），得：

$$\delta(x) = \frac{l X t_0 e^{-t_0 Y}}{Y - 7.5 K_2^{-\frac{1}{2}} X^{\frac{1}{2}} e^{-\frac{1}{2} t_0 Y}} \tag{9-4-49}$$

因为 $\delta(x)$ 是边界层厚度，故 $Y=1$，$t_0 = t_{0k}$，

$$\delta(x) = \frac{l X t_0 e^{-t_{0k}}}{1 - 7.5 (X)^{\frac{1}{2}} e^{-\frac{t_{0k}}{2}}} \tag{9-4-50}$$

式（9-4-50），是湍流场中涡旋运动按阿连区计算时，得到的边界层厚度。

C 牛顿区

$$\frac{\rho\pi d_s^3}{6} \frac{Du^*}{Dt} = -0.055\pi\rho d_s^2 u^* \tag{9-4-51}$$

式（9-4-51）化简为：

$$\frac{Du^*}{Dt} = -0.33 \frac{u^{*2}}{d_s} \tag{9-4-52}$$

将式（9-4-52），展开为：

$$\frac{\partial u^*}{\partial t} - u^* \frac{\partial u^*}{\partial y} = -0.33 \frac{u^{*2}}{d_s} \tag{9-4-53}$$

将上式无因次化：

$$\frac{\partial U^*}{\partial t_0} - \frac{l}{\delta(x)}U^* \frac{\partial U^*}{\partial Y} = -0.33U^{*2} \tag{9-4-54}$$

将式（9-4-41）代入上式，整理为：

$$\delta(x) = \frac{lt_0 X\mathrm{e}^{-t_0 Y}}{Y - 0.33X\mathrm{e}^{-t_0 Y}} \tag{9-4-55}$$

当 $Y=1$，$t_0=t_{0\mathrm{k}}$时，δ（x）是边界层厚度，故

$$\delta(x) = \frac{lt_0 X\mathrm{e}^{-t_{0\mathrm{k}}}}{1 - 0.33X\mathrm{e}^{-t_{0\mathrm{k}}}} \tag{9-4-56}$$

上式是湍流场中涡旋运动按牛顿区计算时边界层厚度。

9.4.3.2　确定参变量 $n(X、Y)$

将式（9-4-36）代入式（9-4-19），

$$\frac{-Re(\mathrm{arccot}X)(2Y-Y^2)^2}{1+X^2}n^2$$
$$= \nu_0\left[\frac{4}{3}\frac{2X}{(1+X^2)^2}(2Y-Y^2) - 2(1-\varphi^{2/3})\left(\frac{l}{\delta(x)}\right)^2\mathrm{arccot}X\right]n -$$
$$4K_1\nu_0^2\varphi^{2/3}\left(\frac{l}{\delta(x)}\right)^3(1-Y)n^2\mathrm{arccot}^2X \tag{9-4-57}$$

式中，$\nu_0=1$，化简

$$n(X,Y) = \frac{2(1-\varphi^{2/3})\left(\frac{l}{\delta(x)}\right)^2(1+X^2)^2\mathrm{arccot}X - \frac{8}{3}X(2Y-Y^2)}{Re(2Y-Y^2)\mathrm{arccot}X - 4K_1\varphi^{2/3}\left(\frac{l}{\delta(x)}\right)^3(1-Y)(1+X^2)^2\mathrm{arccot}X} \tag{9-4-58}$$

当 $Y=1$ 时，

$$n(X,1) = \frac{2(1-\varphi^{2/3})(1+X^2)^2\left(\frac{l}{\delta(x)}\right)^2\mathrm{arccot}X - \frac{8}{3}(1+X^2)^2X}{Re(\mathrm{arccot}X)(1+X^2)} \tag{9-4-59}$$

近似处理

$$n(X,\ Y) = \frac{n(X,Y)}{n(X,1)}$$
$$= \frac{Re(1+X^2)(2Y-Y^2)\mathrm{arccot}X - 4(1+X^2)^2K_1\varphi^{2/3}\left(\frac{l}{\delta(x)}\right)^3(1-Y)\mathrm{arccot}^2X}{Re(1+X^2)\mathrm{arccot}X} \tag{9-4-60}$$

综合分析，最后得速度分布为

$$U = n(X,\ Y)(2Y-Y^2) \tag{9-4-61}$$

式中，$n(X,\ Y)$ 是参变量，由式（9-4-60）计算。

9.4.4　确定温度分布

设来流温度大于板面温度，即 $T_{\mathrm{e}}^0 > T_{\mathrm{w}}^0$。据此，选

$$T_0 = n_1\frac{2X}{1+X}(2Y-Y^2) \tag{9-4-62}$$

式中，$Y_T = \dfrac{y}{\delta_T(x)}$；$\delta_T(x)$ 是温度边界层厚度；n 是参变量，它的计算公式与速度公式中参变量 n 的计算形式一样，只是 $\delta(x)$ 变为 $\delta_T(x)$，Y 变为 Y_T，即

$$n_T(X,\ Y) = \frac{Re(1+X^2)(2Y_T - Y_T^2)\operatorname{arccot}X - 4(1+X^2)K_1\varphi^{2/3}\left(\dfrac{l}{\delta_T(x)}\right)^3(1-Y_T)\operatorname{arccot}^2X}{Re(1+X^2)\operatorname{arccot}X} \tag{9-4-63}$$

将式（9-4-62）与式（9-4-36），代入式（9-4-28），则

$$-1.5Ren^3(2Y-Y^2)\frac{\operatorname{arccot}^2X}{1+X^2} + \frac{\varphi}{2}\nu_0\frac{l}{\delta(x)}n\frac{2(1-Y)}{1+X^2}$$

$$= \frac{-4K_2\lambda_0n^2(2Y-Y^2)}{1+X}\operatorname{arccot}X\left[\frac{(2Y_T-Y_T^2)}{(1+X)^2} + \left(\frac{l}{\delta_T(x)}\right)^2X\right]\frac{8}{3}n^2(2Y-Y^2)n^2\frac{X\operatorname{arccot}X}{(1+X^2)^2} +$$

$$\frac{1}{2}\nu_0\varphi^{2/3}\frac{l}{\delta(x)}\frac{2(1-Y)}{(2Y-Y^2)}\left[\frac{4}{3}\frac{1}{Re}\frac{\partial^2U}{\partial X^2} + K_3\left(\frac{l}{\delta(x)}\right)^3\frac{\partial U}{\partial Y}\frac{\partial^2U}{\partial Y^2}\right] \tag{9-4-64}$$

因为目的是确定温度边界层厚度 $\delta_T(x)$，所以分别取 $n(X,Y) = n(X、1) = 1$；$n_T(X,\ Y_T) = n_T(X,\ 1) = 1, Y = 1, Y_T = 1, \nu_0 = 1, \lambda_0 = 1$，则上式化为：

$$-1.5Re\frac{\operatorname{arccot}X}{1+X^2} = -4K_2\left[\frac{1}{(1+X)^3} + \frac{X}{1+X}\left(\frac{l}{\delta_T(x)}\right)^2\right] + \frac{8}{3}\frac{X\operatorname{arccot}X}{(1+X^2)^2} \tag{9-4-65}$$

$$\frac{4K_2X}{1+X}\left(\frac{l}{\delta_T(x)}\right)^2 = 1.5Re\frac{\operatorname{arccot}X}{1+X^2} + \frac{8}{3}\frac{X}{(1+X^2)^2} - \frac{4K_2}{(1+X)^3} \tag{9-4-66}$$

近似处理

$$\delta_T(x) = l\sqrt{\frac{4K_2X(1+X^2)}{1.5Re(1+X)\operatorname{arccot}X}} \tag{9-4-67}$$

9.5　可压缩湍流有压力变化平板边界层

9.5.1　流场情况分析

可压缩湍流有压力变化平板边界层，一般发生在沿流程有断面变化的设备结构上。如高压气罐外伸的收缩短管内（如图 9-5-1 所示），就会呈现这种边界层。

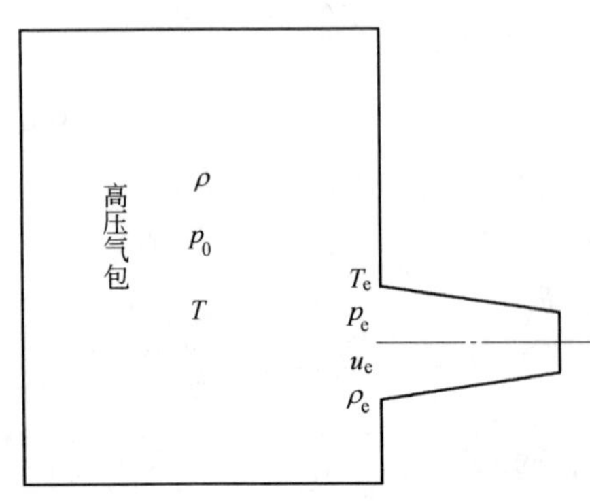

图 9-5-1　气罐

短管中心部分是理想流体运动区，靠近壁面是实际流体运动区，各自速度分布不同，在交界面又相等。从数学分析上来看，两个速度函数，定义域不同，但在相衔接的面上应该相等。

与速度场同时存在的还有温度场，它分为两个区域，中心区的温度只是 x 的函数，边壁区则是 x 和 y 的函数。两者之间也有一个分界面 $\delta_T(x)$，也就是温度边界层。$t^\circ(x)$

与 $t^{\circ}(x,y)$ 两个温度函数有着不同的定义域。

从数学分析角度来看，必须首先找到速度边界层厚度 $\delta(x)$ 的公式，然后再找到温度边界层厚度 $\delta_T(x)$ 。这样，速度分布和温度分布问题的讨论才有明确的定义域。

所涉及到的变量函数，有速度、温度、压力、准定常流时间 t_k、涡旋体积分数 φ、速度边界层厚度 $\delta(x)$ 和温度边界层厚度 $\delta_T(x)$ ，要同时求得它们必须建立相应的方程组，缺少相应方程时，可暂将某些函数作为参变量，待以后条件满足时再解决。

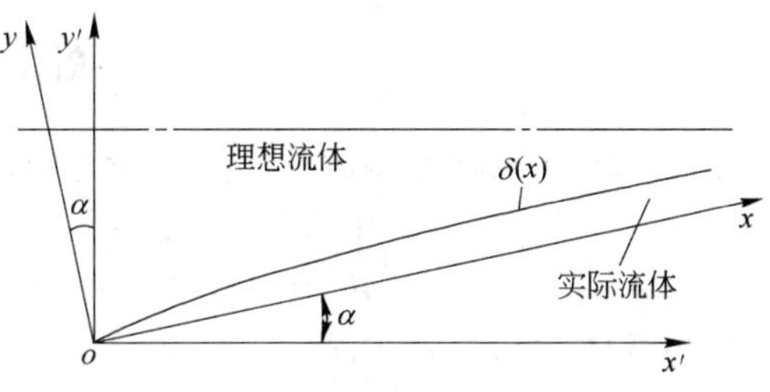

图 9-5-2 双坐标系与原点位置

运动控制方程组包括：动量方程、能量方程、气体状态方程和连续性方程。

在解决问题过程中，要用到双坐标系，如图 9-5-2 所示。

9.5.2 运动控制方程与边界条件

9.5.2.1 运动控制方程与边界条件

实际流体运动区动量方程：结合本问题，依式（3-19-29）

$$\frac{1}{2}\nu\frac{1}{\rho}\frac{\partial\rho}{\partial x}\frac{\partial u}{\partial y}+u\frac{\partial u}{\partial x}+\frac{1}{2}\nu\left(\frac{1}{u}\frac{\partial u}{\partial y}\right)\frac{\partial u}{\partial x}$$

$$=-\frac{1}{\rho}\frac{\partial p}{\partial x}+\nu\left[\frac{4}{3}\frac{\partial^2 u}{\partial x^2}+(1-\varphi^{2/3})\frac{\partial^2 u}{\partial y^2}+6\varphi^{2/3}t\frac{\partial u}{\partial y}\frac{\partial^2 u}{\partial y^2}\right] \tag{9-5-1}$$

理想流体运动区动量方程：

$$u_0\frac{\mathrm{d}u_0}{\mathrm{d}x}=\frac{-\mathrm{d}p}{\rho\mathrm{d}x} \tag{9-5-2}$$

能量方程：结合本问题，依式（3-19-49），忽略分子能量和质量力，则：

$$\frac{\mathrm{D}}{\mathrm{D}t}\left(\frac{v^2}{2}\right)-\left(\frac{v^2}{2}\right)\frac{1}{\rho}\frac{\mathrm{D}\rho}{\mathrm{D}t}+\frac{\varphi}{2}\nu\frac{\mathrm{D}}{\mathrm{D}t}\left(\frac{\partial u}{\partial y}\right)+\frac{\nu}{2}\frac{\partial u}{\partial y}\left(\frac{1}{\rho}\frac{\mathrm{D}\rho}{\mathrm{D}t}+\nabla\cdot\boldsymbol{V}\right)$$

$$=\frac{\lambda}{\rho}\left(\frac{\partial^2 T}{\partial x^2}+\frac{\partial^2 T}{\partial y^2}\right)+u\left[-\frac{1}{\rho}\frac{\partial p}{\partial x}+\frac{4}{3}\nu\frac{\partial^2 u}{\partial x^2}\right]-$$

$$\frac{1}{2}\varphi^{2/3}\nu\frac{1}{u}\frac{\partial u}{\partial y}\left[-\frac{1}{\rho}\frac{\partial p}{\partial x}+\frac{4}{3}\nu\frac{\partial^2 u}{\partial x^2}+2\nu t\frac{\partial u}{\partial y}\frac{\partial^2 u}{\partial y^2}\right] \tag{9-5-3}$$

将式（9-5-3）整理为：

$$u^2\frac{\partial u}{\partial x}-\frac{u^3}{2}\frac{\partial\rho}{\rho\partial x}+\frac{\varphi}{2}\nu u\frac{\partial^2 u}{\partial x\partial y}+\frac{\nu}{2}\frac{\partial u}{\partial y}\left(\frac{u}{\rho}\frac{\partial\rho}{\partial x}+\frac{\partial u}{\partial x}\right)$$

$$=\frac{\lambda}{\rho}\left(\frac{\partial^2 T}{\partial x^2}+\frac{\partial^2 T}{\partial y^2}\right)+u\left[-\frac{1}{\rho}\frac{\partial p}{\partial x}+\frac{4}{3}\nu\frac{\partial^2 u}{\partial x^2}\right]-$$

$$\frac{1}{2}\varphi^{\frac{2}{3}}\frac{\nu}{u}\frac{\partial u}{\partial y}\left[-\frac{1}{\rho}\frac{\partial p}{\partial x}+\frac{4}{3}\nu\frac{\partial^2 u}{\partial x^2}+2\nu t\frac{\partial u}{\partial y}\frac{\partial^2 u}{\partial y^2}\right] \tag{9-5-4}$$

理想流体运动区：

质量守恒微分方程：

$$\frac{1}{\rho}\frac{\partial \rho}{\partial x} = -\frac{1}{u_0}\frac{\partial u_0}{\partial x} \tag{9-5-5}$$

理想气体状态方程：

$$\frac{\partial p}{\partial x} = R\left(\rho\frac{\partial T}{\partial x} + T\frac{\partial \rho}{\partial x}\right) \tag{9-5-6}$$

边界层内（实际流体运动区）质量守恒微分方程：

$$\frac{1}{\rho}\frac{\partial^2 \rho}{\partial y \partial x} + \frac{1}{u}\frac{\partial^2 u}{\partial x \partial y} = \frac{1}{\rho^2}\frac{\partial \rho}{\partial x}\frac{\partial \rho}{\partial y} + \frac{1}{u^2}\frac{\partial u}{\partial x}\frac{\partial \mathrm{u}}{\partial y} \tag{9-5-7}$$

理想气体状态微分方程：

$$\frac{\partial T}{\partial x}\frac{\partial \rho}{\partial y} + \frac{\partial \rho}{\partial x}\frac{\partial T}{\partial y} + \rho\frac{\partial^2 T}{\partial x \partial y} + T\frac{\partial^2 \rho}{\partial x \partial y} = 0 \tag{9-5-8}$$

实际流体运动区速度与温度边界条件：

$$u(x,\ y)\mid_{\substack{x=0\\ y=0}} = 0 \tag{9-5-9}$$

$$u(x,\ y)\mid_{y=\delta(x)} = u_0(x) \tag{9-5-10}$$

$$\left.\frac{\partial u(x,\ y)}{\partial y}\right|_{y=\delta(x)} = 0 \tag{9-5-11}$$

$$\frac{\partial^2 u(x,\ y)}{\partial y^2} < 0 \tag{9-5-12}$$

设来流温度 T_e^0 大于平板壁面温度 T_w^0，故取

$$T(x,\ y)\mid_{x=0,y=0} = T_e^0 \tag{9-5-13}$$

$$T(x,\ y)\mid_{y=\delta_T(x)} = T(x) \tag{9-5-14}$$

$$T(x,\ y)\mid_{y=0} = T_w^0 \tag{9-5-15}$$

$$\left.\frac{\partial T(x,\ y)}{\partial y}\right|_{y=\delta_T(x)} = t(x) \tag{9-5-16}$$

$$\frac{\partial^2 T(x,\ y)}{\partial y^2} < 0 \tag{9-5-17}$$

$$p(x)\mid_{x=0} = p_e \tag{9-5-18}$$

9.5.2.2　无因次化方程与边界条件

取 $\frac{u_c}{u_e} = U$，$\frac{x}{r_e} = X$，$\frac{y}{\delta(x)} = Y$，$\frac{p}{p_e} = p_0$，$\frac{\rho}{\rho_e} = \rho_0$，$\frac{T}{T_e} = T_0$，$\frac{y}{\delta_T(x)} = Y_T$，式中，$r_e$ 是收缩管嘴进口处半径；$\delta(x)$是速度边界层厚度；$\delta_T(x)$是温度边界层厚度；u_e 是进口速度；p_e 是进口压力；ρ_e 是进口流体密度；T_e^0 是进口流体温度，T_w^0 是板面温度。

将有关比值代入动量方程式（9-5-1）

$$\frac{1}{2}\frac{\nu_e u_e}{r_e^2}\nu_0\frac{r_e}{\delta(x)}\frac{\partial \rho_0}{\rho_0 \partial X}\frac{\partial U}{\partial Y} + \frac{u_e^2}{r_e}U\frac{\partial U}{\partial X} + \frac{1}{2}\frac{\nu_e u_e}{r_e^2}\frac{r_e}{\delta(x)}\nu_0\left(\frac{1}{U}\frac{\partial U}{\partial y}\frac{\partial U}{\partial X}\right)$$

$$= -\frac{p_e}{\rho_e r_e}\frac{1}{\rho_0}\frac{\partial p_0}{\partial X} + \frac{\nu_e u_e}{r_e^2}\nu_0\frac{4\partial^2 U}{3\partial X^2} + \frac{\nu_e u_e}{r_e^2}\nu_0(1-\varphi^{2/3})\left(\frac{r_e}{\delta(x)}\right)^2\frac{\partial^2 U}{\partial Y^2} +$$

$$\frac{6t\nu_e u_e^2}{r_e^3}\left(\frac{r_e}{\delta(x)}\right)^3\varphi^{2/3}\nu_0\frac{\partial U}{\partial Y}\frac{\partial^2 U}{\partial Y^2} \tag{9-5-19}$$

式（9-5-19）除以 $\frac{\nu_e u_e}{r_e^2}$，则：

$$\frac{1}{2}\nu_0\frac{r_e}{\delta(x)}\frac{\partial \rho_0}{\rho_0\partial X}\frac{\partial U}{\partial Y} + ReU\frac{\partial U}{\partial X} + \frac{1}{2}\nu_0\frac{r_e}{\delta(x)}\frac{1}{U}\frac{\partial U}{\partial Y}\frac{\partial U}{\partial X}$$

$$= -K_1\frac{1}{\rho_0}\frac{\mathrm{d}p_0}{\mathrm{d}X} + \frac{4}{3}\nu_0\frac{\partial^2 U}{\partial X^2} + \nu_0(1-\varphi^{2/3})\left(\frac{r_e}{\delta(x)}\right)^2\frac{\partial^2 U}{\partial Y^2} +$$

$$K_2\varphi^{2/3}\nu_0\left(\frac{l}{\delta(x)}\right)^3\frac{\partial U}{\partial Y}\frac{\partial^2 U}{\partial Y^2} \tag{9-5-20}$$

式中

$$Re = \frac{u_e r_e}{\nu_e} \tag{9-5-21}$$

$$K_1 = \frac{p_c r_e}{\rho_e u_e \nu_e} \tag{9-5-22}$$

$$K_2 = \frac{6tu_e}{r_e} \tag{9-5-23}$$

将有关比值代入能量方程式（9-5-4），则：

$$\frac{u_e^3}{r_e}U^2\frac{\partial U}{\partial X} - \frac{1}{2}\frac{u_e^3}{r_e}\frac{U^3}{\rho_0}\frac{\partial \rho_0}{\partial X} + \frac{\varphi}{2}\frac{\nu_e u_e^2}{r_e^2}\frac{r_e}{\delta(x)}\frac{\partial^2 U}{\partial X\partial Y} + \frac{\nu_e u_e^2}{r_e^2}\frac{\nu_0}{2}\frac{r_e}{\delta(x)}\frac{\partial U}{\partial Y}\left(\frac{U}{\rho_0}\frac{\partial \rho_0}{\partial X} + \frac{\partial U}{\partial X}\right)$$

$$= \frac{\lambda_e T_e}{\rho_e r_e^2}\frac{\lambda_0}{\rho_0}\left[\frac{\partial^2 T_0}{\partial X^2} + \left(\frac{r_e}{\delta(x)}\right)^2\frac{\partial^2 T_0}{\partial Y^2}\right] - \frac{u_e p_e}{\rho_e r_e}\frac{U}{\rho_0}\frac{\partial p_0}{\partial X} + \frac{\nu_e u_e^2}{r_e^2}\nu_0\frac{4}{3}U\frac{\partial^2 U}{\partial X^2} -$$

$$\frac{1}{2}\varphi^{2/3}\frac{\nu_0}{U}\frac{\partial U}{\partial Y}\left[-\frac{\nu_e p_e}{\rho_e r_e^2}\frac{r_e}{\delta(x)}\frac{\partial p_0}{\rho_0\partial X} + \frac{\nu_e^2 u_e}{r_e^3}\nu_0\frac{r_e}{\delta(x)}\frac{\partial^2 U}{\partial X^2} +\right.$$

$$\left.\frac{2t_k\nu_e^2 u_e^2\nu_0}{r_e^4}\left(\frac{r_e}{\delta(x)}\right)^4\frac{\partial U}{\partial Y}\frac{\partial^2 U}{\partial Y^2}\right] \tag{9-5-24}$$

将式（9-5-24）除以 $\frac{\nu_e u_e^2}{r_e^2}$，则：

$$ReU^2\frac{\partial U}{\partial X} - \frac{1}{2}Re\frac{U^3}{\rho_0}\frac{\partial \rho_0}{\partial X} + \frac{\varphi}{2}\frac{r_e}{\delta(x)}\frac{\partial^2 U}{\partial X\partial Y} + \frac{1}{2}\nu_0\frac{r_e}{\delta(x)}\frac{\partial U}{\partial Y}\left(\frac{U}{\rho_0}\frac{\partial \rho_0}{\partial X} + \frac{\partial U}{\partial X}\right)$$

$$= K_3\frac{\lambda_0}{\rho_0}\left[\frac{\partial^2 T_0}{\partial X^2} + \left(\frac{r_e}{\delta_T(x)}\right)^2\frac{\partial^2 T_0}{\partial Y^2}\right] - K_4\frac{U}{\rho_0}\frac{\partial p_0}{\partial X} + \frac{4}{3}\nu_0 U\frac{\partial^2 U}{\partial X^2} -$$

$$\frac{1}{2}\varphi^{2/3}\frac{\nu_0}{U}\frac{\partial U}{\partial Y}\left[-K_5\frac{r_e}{\delta(x)}\frac{\partial p_0}{\rho_0\partial X} + \frac{U_0}{Re}\frac{r_e}{\delta(x)}\frac{\partial^2 U}{\partial X^2} + K_6\nu_0\left(\frac{l}{\delta(x)}\right)^4\frac{\partial U}{\partial Y}\frac{\partial^2 U}{\partial Y^2}\right] \tag{9-5-25}$$

式中

$$K_3 = \frac{X_e T_e}{\rho_e \nu_e u_e^2} \tag{9-5-26}$$

$$K_4 = \frac{p_e r_e}{\rho_e \nu_e u_e} \tag{9-5-27}$$

$$K_5 = \frac{p_e}{\rho_e u_e^2} \tag{9-5-28}$$

$$K_6 = \frac{2t_K \nu_e}{r_e^2} \tag{9-5-29}$$

理想流体运动区微分方程无因次化：取 $\frac{u_0}{u_e} = U_0$，其他比值不变，

运动微分方程：由式（9-5-2）可得：

$$U_0 \frac{dU_0}{dX} = -K_5 \frac{dp_0}{\rho_0 dX} \tag{9-5-30}$$

质量守恒方程无因次化：由式（9-5-5）得：

$$-\frac{1}{U_0}\frac{\partial U_0}{\partial X} = \frac{1}{\rho_0}\frac{\partial \rho_0}{\partial X} \tag{9-5-31}$$

理想气体状态方程无因次化，由式（9-5-6），

$$\frac{\partial p_0}{\partial X} = \rho_0 \frac{\partial T_0}{\partial X} + T_0 \frac{\partial \rho_0}{\partial X} \tag{9-5-32}$$

边界层内（实际流体运动区）质量守恒微分方程无因次化：由式（9-5-7）得：

$$\frac{\partial^2 \rho_0}{\rho_0 \partial X \partial Y} + \frac{1}{u}\frac{\partial^2 u}{\partial X \partial Y} = \frac{1}{\rho_0^2}\frac{\partial \rho_0}{\partial X}\frac{\partial \rho_0}{\partial Y} + \frac{1}{u^2}\frac{\partial u}{\partial X}\frac{\partial u}{\partial Y} \tag{9-5-33}$$

理想气体状态微分方程无因次化：由式（9-5-8）得：

$$\frac{\partial T_0 \partial \rho_0}{\partial X \partial Y} + \frac{\partial \rho_0}{\partial X}\frac{\partial T_0}{\partial Y} + \rho_0 \frac{\partial^2 T_0}{\partial X \partial Y} + T_0 \frac{\partial^2 T_0}{\partial X \partial Y} = 0 \tag{9-5-34}$$

边界条件无因次化：

$$U(X,\ Y)\mid_{X=0,Y=0} = 0 \tag{9-5-35}$$

$$U(X,\ Y)\mid_{Y=1} = U(X) \tag{9-5-36}$$

$$\left.\frac{\partial U(X,\ Y)}{\partial Y}\right|_{Y=1} = U'(X) \tag{9-5-37}$$

$$\frac{\partial^2 U(X,\ Y)}{\partial Y^2} < 0 \tag{9-5-38}$$

$$T(X,\ Y)\mid_{X=0,Y=0} = 1 \tag{9-5-39}$$

$$T(X,\ Y)\mid_{Y_T=1} = T(X) \tag{9-5-40}$$

$$T(X,\ Y)\mid_{Y=0} = T_w \tag{9-5-41}$$

$$\left.\frac{\partial T(X,\ Y)}{\partial Y}\right|_{Y=1} = T(X) \tag{9-5-42}$$

$$\frac{\partial^2 T(X,\ Y)}{\partial Y^2} < 0 \tag{9-5-43}$$

$$p_0(X)\mid_{X=0} = 1 \tag{9-5-44}$$

9.5.3 确定速度分布

根据式（9-5-31），将动量方程式（9-5-20）写成：

$$\begin{aligned}&\nu_0 \frac{r_e}{\delta(x)} \frac{1}{U} \frac{\partial U}{\partial Y} \frac{\partial U}{\partial X} + ReU \frac{\partial U}{\partial X} \\ &= ReU_0 \frac{dU_0}{dX} + \frac{4}{3}\nu_0 \frac{\partial^2 U}{\partial X^2} + \nu_0(1 - \varphi^{2/3})\left(\frac{r_e}{\delta(x)}\right)^2 \frac{\partial^2 U}{\partial Y^2} + \\ &\nu_0\left(\frac{r_e}{\delta(x)}\right)^3 \frac{\partial U}{\partial Y} \frac{\partial^2 U}{\partial Y^2}\end{aligned} \tag{9-5-45}$$

根据边界条件选不同速度分布，分别代入式（9-5-45），确定其中一个合理的速度分布为：

$$U = X^{\frac{1}{2}}(2Y - Y^{3/2}) \tag{9-5-46}$$

9.5.4 确定速度边界层厚度 $\delta(x)$

将式（9-5-46）代入式（9-5-45），并取 $Y=1$，则有对应的动量方程为：

$$\begin{aligned}&\frac{1}{2} \frac{r_e}{\delta(x)} + \frac{1}{2}Re \\ &= ReU_0 \frac{dU_0}{dX} - \frac{1}{3}X^{-\frac{3}{2}} - \frac{3}{4}(1 - \varphi^{\frac{2}{3}})\left(\frac{r_e}{\delta(x)}\right)^2 - \frac{3}{8}K_2\varphi^{\frac{2}{3}}X\left(\frac{r_e}{\delta(x)}\right)^3\end{aligned} \tag{9-5-47}$$

建立断面质量流量守恒方程：

进口处质量流量：

$$Q_{进} = \rho\pi r_e^2 u_e \tag{9-5-48}$$

通过理想流体运动区断面质量流量：

$$Q_{理} = \pi\rho[(r_e - x'\tan\alpha) - \delta(x)]^2 u(x) \tag{9-5-49}$$

通过边界区断面上质量流量：

$$\begin{aligned}Q_{层} &= \rho_{层} 2\pi(r_e - X\sin\alpha) \frac{\delta(x)u_e}{2}\int_0^1 X^{\frac{1}{2}}(2Y - Y^{\frac{3}{2}})dY \\ &= \frac{3}{5}\rho_{层}\,\pi(r_e - x\sin\alpha)u_e\delta(x)X^{\frac{1}{2}}\end{aligned} \tag{9-5-50}$$

$$\rho_e u_e r_e^2 = \rho_{理}\,\pi(r_e - x\sin\alpha - \delta(x))^2 u(x) + \frac{3}{5}\rho_{层}\,\pi(r_e - x\sin\alpha)u_e\delta(x)X^{\frac{1}{2}} \tag{9-5-51}$$

将上式无因次化：

$$\begin{aligned}1 = &\frac{\rho_{理}}{\rho_e}\left(1 + X^2\sin^2\alpha + \left(\frac{\delta(x)}{r_e}\right)^2 + 2X\frac{\delta(x)}{r_e}\sin\alpha - 2X\sin\alpha - 2\frac{\delta(x)}{r_e}\right) \\ &U_0(X) + \frac{\rho_{层}}{\rho_e}\frac{3}{5}(1 - X\sin\alpha)\frac{\delta(x)}{r_e}X^{\frac{1}{2}}\end{aligned} \tag{9-5-52}$$

式（9-5-52）的无因次化很复杂，须化简。为此，先对式中 $\rho_i(x)/\rho_e$ 和 $\rho_v(\delta,a)/\rho_e$ 进

行分析。$\rho_i(x)$ 表示理想流体运动区在 x 断面上流体密度；$\rho_v(\delta,a)$ 表示实际流体运动区，即边界层内某个断面上平均密度；ρ_e 是收缩管嘴进口处流体密度。

研究理想运动区的 $\rho_i(x)/\rho_e$，问题讨论条件是 $T_0 > T_w(x)$，T_0 是气包中的温度；T_w（x）是收缩管嘴某一断面上内壁温度。$T_0 > T_e$，T_e 是收缩管嘴进口处流体温度。$T_e > T_i$（x），T_i（x）是理想流体运动区某断面上的温度。

列进口断面与 x 断面的能量守恒方程为：

$$p_e + \frac{1}{2}\rho_e u_e^2 = p_i(x) + \frac{1}{2}\rho_i(x) u_i^2(x) + h_1 \tag{9-5-53}$$

式中，$p_i(x)$ 是距进口 x 处断面上压力。由于压力下降用以克服阻力，所以 $p_e > p_i(x)$。

写出进口处与距进口 x 处两断面上的气体状态方程为：

$$\frac{p_e}{\rho_e} = RT_e;\quad \frac{p_i(x)}{\rho_i(x)} = RT_i(x) \tag{9-5-54}$$

由上边分析已知，$p_e > p_i(x)$；$T_e > T_i(x)$。由式（9-5-54）可知，如果温度不变，$p_e > p_i(x)$，一定对应有 $\rho'_i(x)$，现在温度下降，$T_e > T_i(x)$，则这时也必对应 $\rho_i(x)$，此刻 $\rho_i(x) > \rho'_i(x)$。这说明温度下降促使密度下降量相对减少，使其 $\frac{\rho_i(x)}{\rho_e} < 1$，而且可取 $\frac{\rho_i(x)}{\rho_e} \approx 1$。这个事实可以通过例题计算得到证实。

另外从理论上讲：此处研究的可压缩流体通过收缩管嘴，无论气包内压力多大，其出口速度最多也只能达到音速。在亚音速范围内，断面缩小，要维持质量守恒，主要靠压力下降，加大速度，而不是靠密度下降造成膨胀来加速；同时，温度下降，又促使密度下降的相对量减少。所以 $\frac{\rho_i(x)}{\rho_e} \approx 1$。

研究实际流体运动区，即边界层内的 $\rho_v(\delta,a)/\rho_e$。在这个区内，断面上压力与理想流体一样，即在同一个断面上，无论是理想流体还是实际流体，压力是相同的。

分别列出进口断面与距进口 x 处断面上的气体状态方程：

$$\frac{p_e}{\rho_e} = RT_e; \frac{p_i(x)}{\rho_v(x,w)} = RT_w(x) \tag{9-5-55}$$

式中，$\rho_v(x,w)$ 表示边界层内距进口 x 处断面内壁上的流体密度，其对应温度是 $T_w(x)$。由上边分析，已知 $p_e > p_i(x)$，$T_e > T_w(x)$，则由式（9-5-55）得 $\rho_e > \rho_v(x,w)$，所以 $\rho_v(x,w)/\rho_e < 1$。

在边界层内同一个断面上引入质量守恒方程，则为

$$\rho_v(x,y'_1)u_v(x,y'_1) = \rho_v(x,y'_2)u_v(x,y'_2) \tag{9-5-56}$$

式中，y' 表示由壁面向上测取距离，$y'_2 > y'_1$。由于 $u_v(x,y'_2) > u_v(x,y'_1)$，则必然有 $\rho_v(x,y'_1) > \rho_v(x,y'_2)$ 这说明流体密度愈趋近壁面值愈大。综合起来，

$$\left[\frac{\rho_i(x)}{\rho_e}\right] < \left[\frac{\rho_v(\delta,a)}{\rho_e}\right] < \left[\frac{\rho_v(x,w)}{\rho_e}\right] < 1 \tag{9-5-57}$$

相对理想流体速度 U_0（X）来说，它们均可取近似为 1。这样式（9-5-52）可写成：

$$1 = \left[1 + X^2\sin^2\alpha + \left(\frac{\delta(x)}{r_e}\right)^2 + 2X\frac{\delta(x)}{r_e}\sin\alpha - 2X\sin\alpha - 2\frac{\delta(x)}{r_e}\right]U_0(X) +$$

$$\frac{3}{5}(1-X\sin\alpha)\frac{\delta(x)}{r_e}X^{\frac{1}{2}} \tag{9-5-58}$$

因为 $\frac{\delta(x)}{r_e}\ll 1;\sin\alpha\ll 1$，去掉相对小量，则上式为：

$$U_0(X)=\frac{1-\frac{3}{5}\frac{\delta(x)}{r_e}X^{\frac{1}{2}}}{1-2\left(X_0\sin\alpha+\frac{\delta(x)}{r_e}\right)} \tag{9-5-59}$$

式中，X_0 是参变量；$\frac{\delta(x)}{r_e}$ 也是参变量，故：

$$U_0(X)\frac{\mathrm{d}U_0(X)}{\mathrm{d}X}=\frac{\frac{-3}{10}\frac{\delta(x)}{r_e}X^{-\frac{1}{2}}}{\left[1-2\left(\frac{\delta(x)}{r_e}+X_0\sin\alpha\right)\right]^2} \tag{9-5-60}$$

将式（9-5-60）中分母用近似式表示：

$$\left[1-2\left(\frac{\delta(x)}{r_e}+X\sin\alpha\right)\right]^2=1-4\left(\frac{\delta(x)}{r_e}+X\sin\alpha\right)+4\left(\frac{\delta(x)}{r_e}+X\sin\alpha\right)^2 \tag{9-5-61}$$

因为 $\frac{\delta(x)}{r_e}<1,\sin\alpha\ll 1$，故式（9-5-61）可近似为：

$$\left[1-2\left(\frac{\delta(x)}{r_e}+X\sin\alpha\right)\right]^2=1-4\left(\frac{\delta(x)}{r_e}+X\sin\alpha\right) \tag{9-5-62}$$

将式（9-5-62）代入式（9-5-60），则：

$$U_0(X)\frac{\mathrm{d}U_0(X)}{\mathrm{d}X}=-\frac{0.3\frac{\delta(x)}{r_e}X^{-\frac{1}{2}}}{1-4\left(\frac{\delta(x)}{r_e}+X\sin\alpha\right)} \tag{9-5-63}$$

将式（9-5-63）代入式（9-5-47），则：

$$\begin{aligned}&\frac{1}{2}\frac{r_e}{\delta(x)}+\frac{1}{2}Re\\&=-Re\frac{0.3\frac{\delta(x)}{r_e}X^{-\frac{1}{2}}}{1-4\left(\frac{\delta(x)}{r_e}+X\sin\alpha\right)}-\frac{1}{3}X^{-3/2}-\frac{3}{4}(1-\varphi^{\frac{2}{3}})\left(\frac{r_e}{\delta(x)}\right)^2-\frac{3}{8}K_3\varphi^{\frac{2}{3}}X\left(\frac{r_e}{\delta(x)}\right)^3\end{aligned} \tag{9-5-64}$$

将上式写成：

$$\begin{aligned}&\frac{1}{2}\left(\frac{r_e}{\delta(x)}+Re\right)\left[1-4\left(\frac{\delta(x)}{r_e}+X\sin\alpha\right)\right]\\&=-0.3Re\frac{\delta(x)}{r_e}X^{-\frac{1}{2}}-\left[\frac{3}{4}(1-\varphi^{\frac{2}{3}})\left(\frac{r_e}{\delta(x)}\right)^2-\right.\\&\left.\frac{3}{8}K_3\varphi^{\frac{2}{3}}X\left(\frac{r_e}{\delta(x)}\right)^3\right]\left[1-4\left(\frac{\delta(x)}{r_e}+X\sin\alpha\right)\right]\end{aligned} \tag{9-5-65}$$

全式除以 $\left(\frac{r_e}{\delta(x)}\right)^3$，则上式为：

$$\left[\frac{1}{2}\left(\frac{\delta(x)}{r_e}\right)^2+\frac{1}{2}Re\left(\frac{\delta(x)}{r_e}\right)^3\right]\left[1-4\left(\frac{\delta(x)}{r_e}+X\sin\alpha\right)\right]$$

$$= -0.3Re\left(\frac{\delta(x)}{r_e}\right)^4 X^{-\frac{1}{2}} - \left[\frac{1}{3}\left(\frac{\delta(x)}{r_e}\right)^3 + \frac{3}{4}(1-\varphi^{\frac{2}{3}})\frac{\delta(x)}{r_e} + \frac{3}{8}K_2\varphi^{\frac{2}{3}}X\right]\left[1 - 4\left(\frac{\delta(x)}{r_e} + X\sin\alpha\right)\right] \quad (9\text{-}5\text{-}66)$$

去掉不合理项，将上式整理为：

$$2Re\left(\frac{\delta(x)}{r_e}\right)^4 + \left[2ReX\sin\alpha + 3(1-\varphi^{\frac{2}{3}})\right]\left(\frac{\delta(x)}{r_e}\right)^2 + \left[3(1-\varphi^{\frac{2}{3}})X\sin\alpha + \frac{3}{2}K_2\varphi^{\frac{2}{3}}X - \frac{3}{4}(1-\varphi^{\frac{2}{3}})\right]\frac{\delta(x)}{r_e} + 3K_2\varphi^{\frac{2}{3}}X^2\sin\alpha - \frac{3}{8}K_2\varphi^{\frac{2}{3}}X = 0 \quad (9\text{-}5\text{-}67)$$

即

$$\left(\frac{\delta(x)}{r_e}\right)^4 + (X\sin\alpha - 0.25)\left(\frac{\delta(x)}{r_e}\right)^3 + \left[\frac{X\sin\alpha}{Re} + \frac{1.5}{Re}(1-\varphi^{\frac{2}{3}})\right]\left(\frac{\delta(x)}{r_e}\right)^2 + \left[\frac{1.5}{Re}(1-\varphi^{\frac{2}{3}})X\sin\alpha + \frac{0.75}{Re}K_2\varphi^{\frac{2}{3}}X - \frac{0.375}{Re}(1-\varphi^{\frac{2}{3}})\right]\frac{\delta(x)}{r_e} + \frac{1.5}{Re}K_2\varphi^{\frac{2}{3}}X^2\sin\alpha - \frac{0.188}{Re}K_2\varphi^{\frac{2}{3}}X = 0 \quad (9\text{-}5\text{-}68)$$

将上式写成

$$\frac{\delta(x)^4}{r_e} + b\left(\frac{\delta(x)}{r_e}\right)^3 + c\left(\frac{\delta(x)}{r_e}\right)^2 + d\left(\frac{\delta(x)}{r_e}\right) + e = 0 \quad (9\text{-}5\text{-}69)$$

式中

$$b = X\sin\alpha - 0.25 \quad (9\text{-}5\text{-}70)$$

$$c = \frac{1}{Re}\left[X\sin\alpha + 1.5(1-\varphi^{\frac{2}{3}})\right] \quad (9\text{-}5\text{-}71)$$

$$d = \frac{1}{Re}\left[1.5(1-\varphi^{\frac{2}{3}})X\sin\alpha + 0.75K_2\varphi^{\frac{2}{3}}X - 0.375(1-\varphi^{\frac{2}{3}})\right] \quad (9\text{-}5\text{-}72)$$

$$e = \frac{1}{Re}(1.5K_2\varphi^{\frac{2}{3}}X^2\sin\alpha - 0.188K_2\varphi^{\frac{2}{3}}X) \quad (9\text{-}5\text{-}73)$$

式（9-5-69）是含参变量的四次代数方程，当给定参变量后，则为常系数四次代数方程。其解法，采用2000年5月第八次印刷的，高等教育出版社出版的《数学手册》介绍的方法。按该法，其四个根为：

$$\left(\frac{\delta(x)}{r_e}\right)^2 + \frac{1}{2}\left(b + \sqrt{8y + b^2 - 4c}\right)\frac{\delta(x)}{r_e} + \left(y + \frac{by - d}{\sqrt{8y + b^2 - 4c}}\right) = 0 \quad (9\text{-}5\text{-}74)$$

$$\left(\frac{\delta(x)}{r_e}\right)^2 + \frac{1}{2}\left(b - \sqrt{8y + b^2 - 4c}\right)\frac{\delta(x)}{r_e} + \left(y - \frac{by - d}{\sqrt{8y + b^2 - 4c}}\right) = 0 \quad (9\text{-}5\text{-}75)$$

式中，y 由下式计算，

$$y^3 - 0.5cy^2 + (0.25bd - e)y + e(4c - b^2) - d^2 = 0 \quad (9\text{-}5\text{-}76)$$

9.5.5　确定温度分布

既然流场分为理想流体与实际流体，则温度场也应分为理想流体运动区温度分布与实际流体运动区温度分布。

9.5.5.1　理想流体运动区温度分布

要找温度分布，必须由含温度的微分方程来完成，关键是建立理想流体运动区温度微分方程。

将式（9-5-31）代入式（9-5-30）

$$U_0 \frac{dU_0}{dX} = -\frac{K_5}{\rho_0}\frac{dP_0}{dX} = -K_5(1 - X\sin\alpha)^2 U_0 \frac{dp_0}{dX} \tag{9-5-77}$$

将理想气体无因次状态方程式（9-5-32）对 X 微分

$$\frac{dp_0}{dX} = \rho_0 \frac{dT_0}{dX} + T_0 \frac{d\rho_0}{dX} \tag{9-5-78}$$

因为

$$\frac{d\rho_0}{dX} = \frac{d}{dX}\left(\frac{1}{U_0(1 - X\sin\alpha)^2}\right) = \frac{1}{(1 - X\sin\alpha)^2}\frac{d}{dX}\left(\frac{1}{U}\right)$$

$$= -\frac{1}{(1 - X\sin\alpha)^2 U_0^2}\frac{dU_0}{dX} \tag{9-5-79}$$

将上式代入式（9-5-78）

$$\frac{dp_0}{dX} = \frac{1}{(1 - X\sin\alpha)^2}\left(\frac{1}{U_0}\frac{dT_0}{dX} - \frac{T_0}{U_0^2}\frac{dU_0}{dX}\right) \tag{9-5-80}$$

将上式代入式（9-5-77）

$$U_0 \frac{dU_0}{dX} = -K_5\left(\frac{dT_0}{dX} - \frac{T_0}{U_0}\frac{dU_0}{dX}\right) \tag{9-5-81}$$

将上式代入式（9-5-77），

$$\frac{dT_0}{dX} = \frac{T_0}{U_0}\frac{dU_0}{dX} - \frac{U_0}{K_5}\frac{dU_0}{dX} \tag{9-5-82}$$

将理想流体速度式（9-5-59）代入上式，

$$\frac{dT_0}{dX} + \frac{0.3\dfrac{\delta(x)}{r_e}X^{-\frac{1}{2}}}{1 - 0.6\dfrac{\delta(x)}{r_e}X^{\frac{1}{2}}}T_0 = \frac{0.3\dfrac{\delta(x)}{r_e}X^{-\frac{1}{2}}}{\left[1 - 2\left(\dfrac{\delta(x)}{r_e} + X\sin\alpha\right)\right]^2} \tag{9-5-83}$$

这是温度在理想流体运动区变化的控制微分方程，将它写成：

$$\frac{dT_0}{dX} + p(X)T_0 = Q(X) \tag{9-5-84}$$

式中

$$p(X) = \frac{0.3\dfrac{\delta(x)}{r_e}X^{-\frac{1}{2}}}{1 - 0.6\dfrac{\delta(x)}{r_e}X^{\frac{1}{2}}} = \frac{aX^{-\frac{1}{2}}}{1 - 2aX^{\frac{1}{2}}}$$

$$Q(X) = \frac{0.3\dfrac{\delta(x)}{r_e}X^{-\frac{1}{2}}}{\left[1 - 2\left(\dfrac{\delta(x)}{r_e} + X\sin\alpha\right)\right]^2} = nX^{-\frac{1}{2}} \tag{9-5-85}$$

这是非齐次一阶线性微分方程，其解公式为：

$$T_0 = e^{-\int p(X)dX}\left[C_1 + \int Q(X)e^{\int p(X)dX}dX\right] \tag{9-5-86}$$

式中
$$\int p(X)\,\mathrm{d}(X) = \int \frac{aX^{-\frac{1}{2}}}{1-2aX^{\frac{1}{2}}}\mathrm{d}X = a\int \frac{X^{-\frac{1}{2}}}{1-2aX^{\frac{1}{2}}}\mathrm{d}X$$

因为 $\mathrm{d}X = 2X^{\frac{1}{2}}\mathrm{d}(X^{\frac{1}{2}})$,代入上积分式,则

$$a\int \frac{2X^{\frac{1}{2}}X^{-\frac{1}{2}}\mathrm{d}(X^{\frac{1}{2}})}{1-2aX^{\frac{1}{2}}} = 2a\int \frac{\mathrm{d}(X^{\frac{1}{2}})}{1-2aX^{\frac{1}{2}}} = -2a\frac{1}{2a}\ln(1-2aX^{\frac{1}{2}}) = -\ln(1-2aX^{\frac{1}{2}})$$

将其代入式(9-5-86)则:

$$T_0 = \mathrm{e}^{\ln(1-2aX^{\frac{1}{2}})}\left[C_1 + \int Q(x)\mathrm{e}^{-\ln(1-2aX^{\frac{1}{2}})}\mathrm{d}X\right] \tag{9-5-87}$$

式中
$$\int Q(X)\mathrm{e}^{-\ln(1-2aX^{\frac{1}{2}})}\mathrm{d}X = n\int X^{-\frac{1}{2}}\mathrm{e}^{-\ln(1-2aX^{\frac{1}{2}})}\mathrm{d}X = 2n\int \mathrm{e}^{-\ln(1-2aX^{\frac{1}{2}})}\mathrm{d}X^{\frac{1}{2}}$$

$$\approx 2n\int \frac{\mathrm{d}X^{\frac{1}{2}}}{1+\ln(1-2aX^{\frac{1}{2}})} = 2n\int \frac{\mathrm{d}X^{\frac{1}{2}}}{1+2\left[\dfrac{1-2aX^{\frac{1}{2}}-1}{1-2aX^{\frac{1}{2}}+1}\right]}$$

$$= 2n\int \frac{(1-aX^{\frac{1}{2}})}{1-3aX^{\frac{1}{2}}}\mathrm{d}X^{\frac{1}{2}} = 2n\left\{\int \frac{\mathrm{d}X^{\frac{1}{2}}}{1-3aX^{\frac{1}{2}}} - \int \frac{aX^{\frac{1}{2}}}{1-3aX^{\frac{1}{2}}}\mathrm{d}X^{\frac{1}{2}}\right\}$$

$$= -2n\left\{\frac{1}{3a}\ln(1-3aX^{\frac{1}{2}}) - \left[\frac{X^{\frac{1}{2}}}{3} + \frac{1}{9a}\ln(1-3aX^{\frac{1}{2}})\right]\right\} \tag{9-5-88}$$

将上式代入式(9-5-87),则:

$$T_0 = \mathrm{e}^{\ln(1-2aX^{\frac{1}{2}})}\left\{C_1 + 2n\left[\frac{2}{9a}\ln(1-3aX^{\frac{1}{2}}) - \frac{X^{\frac{1}{2}}}{3}\right]\right\} \tag{9-5-89}$$

式中
$$a = 0.3\frac{\delta(x)}{r_e} \tag{9-5-90}$$

$$n = \frac{0.3\dfrac{\delta(x)}{r_e}}{\left[1-2\left(\dfrac{\delta(x)}{r_e} + X\sin\alpha\right)\right]^2} \tag{9-5-91}$$

根据边界条件 $X=0$,$T_0=1$,则 $C_1=1$

$$T_0 = \mathrm{e}^{\ln(1-2aX^{\frac{1}{2}})}\left\{1 + 2n\left[\frac{2}{9a}\ln(1-3aX^{\frac{1}{2}}) - \frac{X^{\frac{1}{2}}}{3}\right]\right\} \tag{9-5-92}$$

9.5.5.2　边界层内温度分布

已设来流温度 T_c 大于壁面温度 T_w。根据边界条件及其受流体运动速度分布的影响,选择边界层内温度分布为:

$$T = 1 - X^{\alpha}(2Y_T - Y_T^{3/2}) \tag{9-5-93}$$

式中,$Y_T = \dfrac{y}{\delta_T(x)}$,$\delta_T(x)$ 是温度边界层厚度;α 是待定指数。确定边界层内温度分布,就是确定 $\delta_T(x)$ 与 α。

A　确定 α 值

将质量守恒式(9-5-32)代入式(9-5-34),则气体状态方程为

$$\frac{\partial T}{\partial X}\frac{\partial}{\partial}\left(\frac{1}{U}\right)+\frac{\partial}{\partial X}\frac{1}{U}\frac{\partial T}{\partial Y}+\frac{1}{U}\frac{\partial^2 T}{\partial X\partial Y}+T_0\frac{\partial^2}{\partial X\partial Y}\left(\frac{1}{U}\right)=0 \tag{9-5-94}$$

令 $T_0 = T$，将上式展开后整理为：

$$\frac{1}{U}\left(\frac{\partial T}{\partial Y}\frac{\partial U}{\partial X}+\frac{\partial T}{\partial X}\frac{\partial U}{\partial Y}+\frac{\partial^2 U}{\partial Y\partial X}\right)=\frac{\partial^2 T}{\partial X\partial Y}+\frac{2}{U^2}\frac{\partial U}{\partial Y}\frac{\partial U}{\partial X} \tag{9-5-95}$$

式中

$$T_0 = T = \frac{t - t_w}{t_c - t_w} \tag{9-5-96}$$

将速度分布式（9-5-46）与温度分布式（9-5-93）代入式（9-5-95）：

$$\frac{1}{X^{\frac{1}{2}}(2Y-Y^{3/2})}\left\{-\alpha X^{\alpha-1}(2Y_T-Y_T^{3/2})X^{\frac{1}{2}}\left(2-\frac{3}{2}Y\right)-X^{\alpha}\left(2-\frac{3}{2}Y_T^{\frac{1}{2}}\right)\frac{1}{2}X^{-\frac{1}{2}}(2Y-Y^{3/2})+\right.$$
$$\left.\left[1-X^{\alpha}(2Y_T-Y_T^{3/2})\right]\frac{1}{2}X^{-\frac{1}{2}}\left(2-\frac{3}{2}Y^{\frac{1}{2}}\right)\right\}$$
$$=-\alpha X^{\alpha-1}\left(2-\frac{3}{2}Y_T^{\frac{1}{2}}\right)+\frac{2[1-X^{\alpha}(2Y_T-Y_T^{\frac{3}{2}})]}{X(2Y-Y^{\frac{3}{2}})^2}$$
$$\left[\frac{1}{2}X^{-\frac{1}{2}}(2Y-Y^{\frac{3}{2}})X^{\frac{1}{2}}\left(2-\frac{3}{2}Y^{\frac{1}{2}}\right)\right] \tag{9-5-97}$$

据分析，α 与 Y、Y_T 无关，应是常数。因此，将 $Y=1$，$Y_T=1$，代入式（9-5-97）：

$$\frac{1}{X^{\frac{1}{2}}}[-0.5\alpha X^{\alpha-\frac{1}{2}}-0.25X^{\alpha-\frac{1}{2}}+0.25(1-0.5X^{\alpha})X^{-\frac{1}{2}}]=-0.5\alpha X^{\alpha-1}+\frac{0.5(1-X^{\alpha})}{X} \tag{9-5-98}$$

将式（9-5-98）乘 X：

$$-0.5\alpha X^{\alpha}-0.25X^{\alpha}+0.25(1-0.5X^{\alpha})=-0.5\alpha X^{\alpha}+0.5(1-X^{\alpha}) \tag{9-5-99}$$

由式（9-5-99）得：

$$X^{\alpha}=2 \tag{9-5-100}$$

对式（9-5-100）取自然对数：

$$\alpha=\frac{0.693}{\ln X} \tag{9-5-101}$$

由上式，当 $X=0$ 时，$\ln X\to-\infty$，$\alpha=0$；当 $X=1$ 时，$\ln 1=0$，$\alpha\to\infty$。这说明，α 与 X 有关，而 α 应是常数，其大小与 X 无关，所以这只能说明温度分布选择不当，故改为

$$T=1-X^{\alpha}(2Y-Y_T^{2.15}) \tag{9-5-102}$$

将式（9-5-102）与式（9-5-46）代入式（9-5-95）

$$\frac{1}{X^{\frac{1}{2}}(2Y-Y^{\frac{3}{2}})}\left\{-\alpha X^{\alpha-1}(2Y_T-Y_T^{2.15})X^{\frac{1}{2}}(2-1.5Y^{\frac{1}{2}})-X^{\alpha}(2-2.15Y_T^{1.15})\right.$$
$$\left.\frac{1}{2}X^{-\frac{1}{2}}(2Y-Y^{1.5})+[1-X^{\alpha}(2Y_T-Y_T^{2.15})]\frac{1}{2}X^{-\frac{1}{2}}(2-1.5Y^{0.5})\right\}$$
$$=-\alpha X^{\alpha-1}(2-2.15Y^{1.15})+\frac{2[1-X^{\alpha}(2Y_T-Y_T^{2.15})]}{X(2Y-Y^{1.5})^2}\frac{1}{2}(2Y-Y^{1.5})$$
$$X^{-\frac{1}{2}}X^{\frac{1}{2}}(2-1.5Y^{0.5}) \tag{9-5-103}$$

将 $Y=1$，$Y_T=1$，代入式（9-5-103），得：

$$-\frac{1}{X^{0.5}}\left[-0.5\alpha X^{\alpha-0.5}+0.075X^{\alpha-0.5}+0.5(1-X^{\alpha})X^{-0.5}\right]$$

$$=0.15\alpha X^{\alpha-1}+\frac{0.5(1-X^{\alpha})}{X} \tag{9-5-104}$$

将式（9-5-104）乘以 X，则：

$$-0.5\alpha X^{\alpha}+0.075X^{\alpha}+0.5(1-X^{\alpha})=0.15\alpha X^{\alpha}+0.5(1-X^{\alpha}) \tag{9-5-105}$$

将式（9-5-105）整理为：

$$(-0.65\alpha+0.075)X^{\alpha}=0 \tag{9-5-106}$$

分析式（9-5-106），$X^{\alpha}\neq 0$，只有

$$\alpha=\frac{0.075}{0.65}=0.115 \tag{9-5-107}$$

最后确定温度分布为：

$$T=1-X^{0.115}(2Y_T-Y_T^{2.15}) \tag{9-5-108}$$

B 确定温度边界层厚度 $\delta_T(x)$

将质量守恒微分方程式（9-5-31）与理想流体运动微分方程式（9-5-30）代入式（9-5-25）：

$$ReU^2\frac{\partial U}{\partial X}+\frac{1}{2}ReU^2\frac{\partial U}{\partial X}+\frac{\varphi}{2}\frac{r_e}{\delta(x)}\frac{\partial^2 U}{\partial X\partial Y}+\frac{\nu_0}{2}\frac{r_e}{\delta(x)}\frac{\partial U}{\partial Y}\left(-\frac{\partial U}{\partial X}+\frac{\partial U}{\partial X}\right)$$

$$=K_3\frac{\lambda_0}{\rho_0}\left[\frac{\partial^2 T}{\partial X^2}+\left(\frac{r_e}{\delta_T(x)}\right)^2\frac{\partial^2 T}{\partial Y^2}\right]+ReUU_0\frac{\mathrm{d}U_0}{\mathrm{d}X}+\frac{4}{3}\nu_0U\frac{\partial^2 U}{\partial X^2}-$$

$$\frac{1}{2}\varphi^{\frac{2}{3}}\frac{\nu_0}{U}\frac{\partial U}{\partial Y}\left[\frac{r_e}{\delta(x)}U_0\frac{\mathrm{d}U_0}{\mathrm{d}X}+\frac{\nu_0}{Re}\frac{r_e}{\delta(x)}\frac{\partial^2 U}{\partial X^2}+\right.$$

$$\left.K_6\left(\frac{r_e}{\delta(x)}\right)^4\frac{\partial U}{\partial Y}\frac{\partial^2 U}{\partial Y^2}\right] \tag{9-5-109}$$

去掉相对小量，整理为：

$$1.5ReU^2\frac{\partial U}{\partial X}+\frac{\varphi}{2}\frac{r_e}{\delta(x)}\frac{\partial^2 U}{\partial X\partial Y}$$

$$=\frac{K_3\lambda_0}{\rho_0}\left[\frac{\partial^2 T}{\partial X^2}+\left(\frac{r_e}{\delta_T(x)}\right)^2\frac{\partial^2 T}{\partial Y^2}\right]+ReUU_0\frac{\mathrm{d}U_0}{\mathrm{d}X}+\frac{4}{3}\nu_0U\frac{\partial^2 U}{\partial X^2}-$$

$$\frac{1}{2}\varphi^{\frac{2}{3}}\frac{\nu_0}{U}\frac{\partial U}{\partial Y}\left[\frac{r_e}{\delta(x)}U_0\frac{\mathrm{d}U_0}{\mathrm{d}X}+K_6\left(\frac{r_e}{\delta(x)}\right)^4\frac{\partial U}{\partial Y}\frac{\partial^2 U}{\partial Y^2}\right] \tag{9-5-110}$$

因为在边界层内，无论断面如何变化，质量保持守恒，故可写成 $\rho_e u_e=\rho u$，将其变成无因次式：

$$1=\frac{\rho}{\rho_e}\frac{u}{u_e}=\rho_0 U \tag{9-5-111}$$

由此，用 U 置换式（9-5-110）中 ρ_0，同时将式（9-5-59）、式（9-5-63）、式（9-5-46）和式（9-5-108）代入式（9-5-110）：

$$0.75ReX^{\frac{1}{2}}(2Y - Y^{\frac{3}{2}})^3 + \frac{\varphi}{4}\frac{r_e}{\delta(x)}X^{-\frac{1}{2}}\left(2 - \frac{3}{2}Y^{\frac{1}{2}}\right)$$

$$= K_3\lambda_0X^{\frac{1}{2}}(2Y - Y^{\frac{3}{2}})\left[0.111X^{-1.985}(2Y_T - Y_T^{2.15}) + 2.473X^{0.115}Y^{0.15}\left(\frac{r_e}{\delta_T(X)}\right)^2\right] +$$

$$ReX^{\frac{1}{2}}(2Y - Y^{\frac{3}{2}})\left\{\frac{-\frac{3}{10}\frac{\delta(x)}{r_e}X^{-\frac{1}{2}}}{\left[1 - 2\left(\frac{\delta(x)}{r_e} + X\sin\alpha\right)\right]^2}\right\} - \frac{\nu_0}{6}X^{-\frac{3}{2}}(2Y - Y^{\frac{3}{2}})^2 - \frac{\varphi^{\frac{2}{3}}\nu_0\left(1 - \frac{3}{4}Y^{\frac{1}{2}}\right)}{(2Y - Y^{\frac{3}{2}})}$$

$$\left\{\frac{0.3X^{-\frac{1}{2}}}{\left[1 - 2\left(\frac{\delta(x)}{r_e} + X\sin\alpha\right)\right]^2} + \frac{3}{4}K_6\left(\frac{r_e}{\delta(x)}\right)^4X\left(2 - \frac{3}{2}Y^{\frac{1}{2}}\right)Y^{-\frac{1}{2}}\right\} \tag{9-5-112}$$

将 $Y=1$，$Y_T=1$ 代入式（9-5-112），则

$$0.75ReX^{\frac{1}{2}} + \frac{\varphi}{8}\frac{r_e}{\delta(x)}X^{-\frac{1}{2}}$$

$$= K_3\lambda_0X^{\frac{1}{2}}\left[0.111X^{-1.985} + 2.473X^{0.115}\left(\frac{\delta(x)}{r_e}\right)^2\right] + ReX^{\frac{1}{2}}\left\{\frac{-0.3\frac{\delta(x)}{r_e}X^{-\frac{1}{2}}}{\left[1 - 2\left(\frac{\delta(x)}{r_e} + X\sin\alpha\right)\right]^2}\right\} -$$

$$\frac{\nu_0}{6}X^{-\frac{3}{2}} - 0.25\varphi^{\frac{2}{3}}\nu_0\left\{\frac{0.3X^{-\frac{1}{2}}}{\left[1 - 2\left(\frac{\delta(x)}{r_e} + X\sin\alpha\right)\right]^2} + \frac{3}{8}K_6\left(\frac{r_e}{\delta(x)}\right)^4X\right\} \tag{9-5-113}$$

将式（9-5-113）中含 $X^{-\frac{1}{2}}$、$X^{-\frac{3}{2}}$和 $X^{-1.985}$项均去掉，并取 $\nu_0=1$，$\lambda_0=1$ 则：

$$0.75ReX^{\frac{1}{2}} + 0.094\varphi^{\frac{2}{3}}K_6X\left(\frac{r_e}{\delta(x)}\right)^4 + \frac{0.3Re\frac{\delta(x)}{r_e}}{\left[1 - 2\left(\frac{\delta(x)}{r_e} + X\sin\alpha\right)\right]^2}$$

$$= 2.473K_3X^{0.615}\left(\frac{r_e}{\delta_T(x)}\right)^2 \tag{9-5-114}$$

$$\delta_T(x) = r_e\sqrt{\frac{2.473K_3X^{0.615}}{Re\left\{0.75X^{\frac{1}{2}} + \frac{0.3\frac{\delta(x)}{r_e}}{\left[1 - 2\left(\frac{\delta(x)}{r_e} + X\sin\alpha\right)\right]^2}\right\} + 0.094\varphi^{\frac{2}{3}}K_6X\left(\frac{r_e}{\delta(x)}\right)^4}} \tag{9-5-115}$$

通过量级的比较，可以取式（9-5-115）为：

$$\delta_{\mathrm{T}}(x) = r_{\mathrm{e}}\sqrt{\frac{2.473K_3X^{0.615}}{Re\left\{0.75X^{\frac{1}{2}} + \frac{0.3\frac{\delta(x)}{r_{\mathrm{e}}}}{\left[1-\left(\frac{\delta(x)}{r_{\mathrm{e}}} + X\sin\alpha\right)\right]^2}\right\}}} \tag{9-5-116}$$

式中，K_3 由式（9-5-26）计算。温度边界层厚度 $\delta_{\mathrm{T}}(x)$ 与速度边界层厚度 $\delta(x)$ 有直接关系，只有先计算出速度边界层厚度后，才能计算温度边界层厚度 $\delta_{\mathrm{T}}(x)$。$\delta(x)$ 由式(9-5-69)计算。

冶金工业出版社部分图书推荐